Philosophische Anthropologie
im 21. Jahrhundert

Herausgegeben von Hans-Peter Krüger
und Gesa Lindemann

Philosophische Anthropologie Band 1

Herausgegeben von Hans-Peter Krüger und Gesa Lindemann

Was bisher Leben und Bewusstsein, Sprache und Geist genannt wurde, steht in den neuen biomedizinischen, soziokulturellen und kommunikationstechnologischen Verkörperungen zur Disposition. Diese neuen Sozio-Technologien führen zu einer tiefgreifenden anthropologischen Entsicherung, die eine offensive Erneuerung der Selbstbefragung des Menschen als vergesellschaftetes Individuum und als Spezies herausfordert.

Die philosophische Anthropologie reflektiert die Grenzen sowie die interdisziplinären Grenzübergänge zwischen den verschiedenen erfahrungswissenschaftlichen Disziplinen und ihren jeweiligen Anthropologien. Sie behandelt diese Grenzfragen philosophisch im Hinblick auf die Fraglichkeit der Lebensführung im Ganzen.

Diese Reihe ist ein Ort für die Publikation von Texten zur philosophischen Anthropologie. In ihr werden herausragende Monographien und Diskussionsbände zum Thema veröffentlicht.

Philosophische Anthropologie im 21. Jahrhundert

Herausgegeben von
Hans-Peter Krüger und Gesa Lindemann

Akademie Verlag

Abbildung auf dem Einband:
Samuel van Hoogestraten, Schattentheater, Radierung, 1678, in: Hoogstraten, 1678, S. 260.

ISBN-10: 3-05-004052-1
ISBN-13: 978-3-05-004052-3

Das eingesetzte Papier ist alterungsbeständig nach DIN/ISO 9706.

Lektorat: Mischka Dammaschke
Satz: Veit Friemert, Berlin
Druck und Bindung: Druckhaus „Thomas Müntzer", Bad Langensalza
Einbandgestaltung: Petra Florath, Berlin

Printed in the Federal Republic of Germany

Inhaltsverzeichnis

3. Die exemplarische Fassung grundlegender Probleme der Lebensführung

Vorwort zur Reihe

Seit dem letzten Drittel des 20. Jahrhunderts schienen anthropologische Fragen obsolet geworden zu sein. In der Philosophie und Gesellschaftstheorie kam dies durch eine Dominanz sprach- und diskursanalytischer Ansätze zum Ausdruck. Es sind Veränderungen jenseits der Eigenlogik philosophischer Diskurse, die zu einer Revision dieser Entwicklung geführt haben. Vier Punkte scheinen uns von besonderer Bedeutung zu sein: Die Entwicklungen im Bereich der Lebenswissenschaften, wie der Genforschung und Gentechnik, sowie die Ergebnisse der modernen Hirnforschung; weiterhin die Verbreitung neuer Kommunikationstechnologien und sogenannter intelligenter, sich zumindest teilweise selbst steuernder Maschinen; sowie drittens die Infragestellung tradierter Selbstverständlichkeiten durch die sozio-kulturelle Entwicklung; und schließlich viertens die faktische und geradezu alltäglich werdende Konfrontation mit kulturell fremden Verständnissen von Selbst- und Menschsein – denn es ist nicht mehr nur so, dass wir Europäer die Fremden aufsuchen, sondern die Fremden migrieren zu uns.

Was bisher Leben und Bewusstsein, Sprache, Person und Geist genannt wurde, steht in den neuen biomedizinischen, sozio-kulturellen und kommunikationstechnologischen Verkörperungen zur Disposition. Es ist nicht mehr klar, was unter einer menschlichen Person zu verstehen ist, wenn wir andere kulturelle (einschließlich der religiösen) Verständnisse zulassen als das westeuropäische. Die Grenzen zwischen den Gattungen, zwischen Leben und Tod, Bewusstsein und kausal zu rekonstruierenden Vorgängen verschwimmen in Anbetracht der technischen Möglichkeiten und der Forschungsergebnisse, die uns die Lebenswissenschaften bereit stellen. In Anbetracht solcher Verschiebungen erscheint es schon fast eine Kleinigkeit, wenn daran erinnert wird, welchem Wandel die sozio-kulturellen Lebensweisen in den letzten Jahrzehnten unterlagen. Zuvor als natürlich geltende Unterschiede wie die zwischen alt und jung oder Frau und Mann werden veränderbar im Rahmen individuell gestalteter Lebensentwürfe. Solche Entwicklungen stellen Verluste an Sicherheiten dar, und: Sie bieten neue Möglichkeiten der Lebensgestaltung. Sich davor nicht zu verschließen, erfordert eine Reflexion darauf, wie wir unser gesellschaftliches Leben verstehen wollen – und zwar unter Einschluss der Tatsache, dass Personen körperlich-leiblich existieren.

Wenn es keinen unproblematischen Rest an anthropologischen Gewissheiten mehr gibt, rücken anthropologische Fragen wieder stärker ins Zentrum der Aufmerksamkeit. Sie konnten nur solange ausgeblendet werden, wie wir anthropologische Gewissheiten in Anspruch nehmen konnten, die so selbstverständlich waren, dass sich eine Reflexion darauf scheinbar von selbst erübrigte. Die erfolgreiche jahrzehntelange Immunisierung der geistes- und sozialwissenschaftlichen Diskurse gegen eine Reflexion ihrer anthropologischen Vorannahmen legt hier ein beredtes oder besser schweigendes Zeugnis ab. Die tiefgreifenden anthropologischen Entsicherungen fordern nun eine Erneuerung der Selbstbefragung des Menschen als vergesellschaftetes Individuum und als Gattung geradezu heraus. Der Philosophischen Anthropologie fällt dabei eine Schlüsselrolle zu, denn sie ist ein Denken im Grenzfeld disziplinär gebunden Wissens. Sie reflektiert die Grenzen sowie die interdisziplinären Grenzübergänge zwischen den verschiedenen erfahrungswissenschaftlichen Disziplinen und ihren jeweiligen Anthropologien (biomedizinischen, historischen, sozial- und kulturwissenschaftlichen). Sie behandelt diese Grenzfragen philosophisch im Hinblick auf die menschliche Lebensführung im Ganzen. Eine solche integrierende Perspektive ermöglicht eine produktive Auseinandersetzung mit den modernen anthropologischen Entsicherungen.

Dem komplexen Ansatz der Philosophischen Anthropologie folgend sollen in der Reihe zum einen erfahrungswissenschaftlich orientierte Beiträge erscheinen, die ihre disziplinären Grenzen durch anthropologische Reflexionen überschreiten, und zum anderen philosophische Arbeiten, die sich reflexiv auf disziplinär gebundenes erfahrungswissenschaftliches Wissen und die entsprechenden Anthropologien einlassen. Damit wird die Reihe einen wichtigen Beitrag zur Debatte um ein neues Selbstverständnis des Menschen leisten. In ihr werden sowohl Monographien als auch Diskussionsbände zu anthropologischen Grenzfragen publiziert, die disziplinäre Wissensgrenzen markieren und neue Grenzübergänge zur Diskussion stellen.

Eine Auswahl aus den Themen der nächsten Bände dieser Reihe wird ihr Anliegen verdeutlichen:

- Ein zwischen den etablierten Spezialdiskursen schwer zu fassendes, aber für die Lebensführung wichtiges Problem stellt die Frage nach der Erfahrung der Anderen dar. Die Antwort auf Max Schelers Frage nach einer möglichen Grammatik des Gefühlslebens geht weder in der Selbstreferenz der Sprache noch in der Physiologie emotionaler Zustände auf.
- Wie hängen die erfahrungswissenschaftlich beschreibbaren Körperwahrnehmungen mit der leiblichen und ästhetischen Erfahrung im weiten Sinne der menschlichen Lebenspraxis zusammen? Die lebenspraktische Antwort der Selbstbildung auf die plurale Herausforderung der Gegenwart hat alltägliche und außeralltägliche Grenzprobleme in Lebensstil und Kunst.
- Es wird häufig in anthropologischen Diskussionen ein Gegensatz zwischen der Natur und der Geschichte des Menschen unterstellt, als ob diese Natur nicht geschichtsbedürftig und diese Geschichtlichkeit nicht durch eine Natur zu fundieren wäre. Die Philosophische Anthropologie hat demgegenüber neue Verschränkungen gegensinni-

ger Aspekte aus der Ermöglichung von Zukunft statt aus der Bewahrung der Tradition erschlossen.

- Ihr Verfahrensrahmen, in dem Denken und Anschauen anders als üblich verknüpft werden, wird im Vergleich mit anderen Philosophien und Anthropologien der Gegenwart und deren Problemgeschichten profiliert werden. Dabei bilden die aktuellen Problemlagen der biomedizinischen Wissenschaften und der Sozial- und Kulturwissenschaften die Schwerpunkte einzelner Bände.
- Die neuen Therapiemöglichkeiten zur Gestaltung des Anfanges, Verlaufes und Endes eines personalen Lebens werden Verschiebungen im geschichtlichen Selbstverständnis von Personen bewirken. Aber lassen sich dadurch auch solche Grundbedingtheiten der Lebensführung wie Natalität, Mortalität und Pluralität techno-mythisch aufheben?

Wir danken den beiden Beiräten für ihre Bereitschaft, der Buchreihe beratend zur Seite zu stehen: Herrn Prof. Dr. Dr. Gerhard Roth, Rektor des Hanse-Wissenschaftskollegs in Delmenhorst und Direktor des Instituts für Hirnforschung an der Universität Bremen, und Herrn Prof. Dr. Richard Shusterman, Dorothy F. Schmidt Eminent Scholar Chair in the Humanities und Professor of Philosophy am Dorothy F. Schmidt College of Arts and Letters der Florida Atlantic University in Boca Raton, Florida. Dadurch wird das reflexiv sozialanthropologische und das philosophisch anthropologische Profil der Herausgeber für die Grenzfragen der neurobiologischen Wissenschaften und hinsichtlich der neopragmatistischen Philosophie in den USA, die mit der Philosophischen Anthropologie vergleichbare Tendenzen aufweist, wesentlich ergänzt. Wir danken auch dem Akademie Verlag Berlin, insbesondere der Geschäftsführung sowie Herrn Dr. Mischka Dammaschke als dem Lektor, für ihre tatkräftige Unterstützung und den Mut zu dieser neuen Buchreihe.

Hans-Peter Krüger
Institut für Philosophie
Universität Potsdam

Gesa Lindemann
Institut für Soziologie
Technische Universität Berlin

Vorwort zum Eröffnungsband

Die Philosophische Anthropologie wurde im ersten Drittel des 20. Jahrhunderts systematisch begründet. In der Zeit nach dem zweiten Weltkrieg bis in die 60er Jahre hinein erlebte sie eine Blütezeit. Sie wurde aber sukzessiv durch konkurrierende philosophische Strömungen an den Rand gedrängt. Relevant waren hierbei der sogenannte „linguistic turn" sowie die Hinwendung zu gesellschaftstheoretischen Fragen. Erst seit den 90er Jahren gewinnt die Philosphische Anthropologie wieder an Bedeutung. Allerdings werden in der aktuellen Diskussion die Bezüge zu den klassischen Autoren (Scheler, Gehlen, Plessner) anders gesetzt. Während für die Zeit nach dem zweiten Weltkrieg Gehlen als der relevante Autor galt, wird die neuerliche Renaissance vor allem durch den Bezug auf Plessner getragen. Mit dem vorliegenden Band wollen wir keinen repräsentativen, sondern eine systematisch um Forschungsfragen zentrierte Darstellung des aktuellen Forschungsstandes bieten.

Die Renaissance im Geiste Plessners unterscheidet sich in mehreren Hinsichten von der ersten Blütezeit der Philosophischen Anthropologie. Die wichtigste Veränderung liegt sicher darin, dass die Diskussion nicht mehr von den Gründungsvätern selbst, nämlich Plessner und Gehlen, beherrscht wird. Vielleicht hat die Rezeptionspause, die in den siebziger Jahren einsetzte, auch einen Vorteil gehabt, denn sie hat offensichtlich einer kanonischen Erstarrung vorgebeugt. Philosophische Anthropologie wird seit den 90er Jahren des 20. Jahrhunderts nicht nur rezipiert, sondern beständig neuinterpretiert, systematisch weiterentwickelt und für materiale Analysen fruchtbar gemacht. Dabei kommen Themen zum Tragen, die für die Gründungsfiguren schon aus historischen Gründen nicht relevant sein konnten. Die rasanten Entwicklungen auf den Gebieten der Kommunikationstechnologien, der lebenswissenschaftlichen Forschung und der biomedizinisch-therapeutischen Praxis sowie die sozio-kulturelle Infragestellung tradierter Lebensformen deuteten sich für Gehlen und Plessner allenfalls an. Dass es gerade Plessner ist, an dessen Arbeiten sich die Reflexion auf diese Veränderungen orientiert, liegt unseres Erachtens an der anspruchsvollen methodischen Konstruktion seiner Arbeiten (vgl. hierzu die Beiträge von Krüger und Lindemann).

Die Beiträge des ersten Teils arbeiten aus unterschiedlichen Perspektiven den paradigmatischen und methodischen Kern der Philosophischen Anthropologie heraus. Diese

Beiträge orientieren sich an zwei Leitfragen: „Wer ist ein Mensch?“ Und: „Was ist ein Mensch?“ Trotz aller problemgeschichtlichen und systematischen Überlappungen fallen die Antworten deutlich verschieden aus. Dies liegt nur bedingt an den Herkunftsdisziplinen: Lindemann und Fischer aus der Soziologie sowie Gamm, Schürmann und Krüger aus der Philosophie. Denn die meisten Autoren verbleiben nicht in ihrer Disziplin, sondern überschreiten sie auf andere Wissensgebiete, d.h., sie arbeiten in ihren Forschungen mit der Möglichkeit zu transdisziplinären Grenzübergängen, welche die Philosophische Anthropologie offeriert.

Der Beitrag von Fischer versucht (als einziger), die Philosophische Anthropologie im Sinne eines einheitlichen Paradigmas zu verstehen, das die Hauptautoren M. Scheler, H. Plessner und A. Gehlen vereint. In den anderen Beiträgen wird dagegen die von Plessner vorgeschlagene Theorie als einzig systematisch tragfähiger Ansatz in den Mittelpunkt gerückt. Dabei wird vor allem der Gedanke der Negativität als der letzten Ermöglichungsbedingung personaler Lebensformen stark gemacht. Trotz dieser Gemeinsamkeit unterscheiden sich die Beiträge, denn es wird jeweils anders gewichtet, worin die positiven Erklärungsleistungen der Philosophischen Anthropologie liegen. Lindemann interpretiert Plessners Anthropologie im Sinne einer Grundlegung der Theorie personaler Vergesellschaftung. Dadurch wird die Methode der Grenzanalyse, die Plessner für lebendige Körper durchführt, für den Bereich elementarer gesellschaftlicher Grenzziehungen weiterentwickelt. Gamm und Krüger plädieren für eine philosophische Kultivierung des Umganges mit den Unbestimmtheitsrelationen unserer Wissensformen, aber auf verschiedene Weise. Während Gamm am Primat der praktischen Vernunft festhält, vertritt Krüger die Souveränität im Umgang mit den Grenzen der Selbstbestimmung und Selbstverwirklichung als die Konsequenz des theoretisch-methodischen Forschungsprogramms von Plessner. Schürmann erprobt den Reflexionsgewinn, der daraus entsteht, die letzte in Anspruch zu nehmende Ermöglichungsbedingung des Menschseins nicht einfach als exzentrische Positionalität, sondern als positionierte Exzentrizität zu verstehen, wodurch sich neue Vergleichsmöglichkeiten mit andern Philosophien ergeben würden.

Der zweite Teil des Bandes diskutiert die Spezifik der Philosophischen Anthropologie im Vergleich mit anderen Soziologien und Philosophien unter einer spezifisch sozialphilosophischen bzw. sozialtheoretischen Frage: Welche Bedeutung kommt der dritten Person – im Unterschied zur ersten und zweiten Person – für Soziales zu? Darüber hinaus wird der Unterschied zwischen der dritten Person und etwas sächlich Drittem für die gleichzeitige Überwindung dualistischer und monistischer Vorannahmen über die Welt und die in ihr personal möglichen Zugänge zu Phänomenen herausgearbeitet. Lindemann beantwortet die Frage nach dem Status der dritten Person auf eine neuartige Weise. Der Dritte wird nicht als Ergänzung, sondern als Bedingung der dyadischen Ego-Alter-Konstellation verstanden. Fischer diskutiert die Frage nach dem Dritten dahingehend, dass das Feld sozialer Formen erst dann angemessen begriffen werden könne, wenn man den Dritten konstitutiv mit einbezieht. Krüger unterscheidet in seiner Plessner-Interpretation die Rollen dritter Personen von der geschichtlich künftigen Ermöglichung ihrer Veränderbarkeit her: durch dasjenige Dritte, das als Medium die Begegnung mit Phänomenen ermöglicht, und in derjenigen Dreierstruktur von Welt, in der

Personen Phänomene verstehen können, statt nur wie zentrische Lebewesen in einer Vorangepasstheit an ihre Umwelt leben zu müssen.

Im dritten und letzten Teil wird die exemplarische Fassung grundlegender Probleme der Lebensführung in der Perspektive der Philosophischen Anthropologie untersucht. Dazu zählen wir das Verhältnis von Ausdrucksphänomen und Diskurs, sowie das Problem der Intersubjektivität. Krüger zufolge muss es nicht bei der Trennung oder allein existenzialen Verbindung zwischen phänomenologischen und hermeneutischen Vorgehensweisen in den Geisteswissenschaften und darüber hinaus bleiben. Denn auch die biomedizinischen Naturwissenschaften anerkennen zunehmend das Problem, wie ihre Erklärungsleistungen mit der phänomenologischen Perspektive der ersten Person und ihren gemeinsamen Verstehensleistungen in der *scientific community* zusammenhängen. Die Philosophische Anthropologie verschränkt, so Krügers Argumentation, phänomenologische und hermeneutische Aufgaben auf eine quasidialektische und quasitranszendentale Weise, die in anderen Gegenwartsphilosophien für die Herstellung des Zusammenhanges zwischen Phänomenen und Diskursen fehle. In eine ähnliche Richtung argumentiert Jäger auf dem Gebiet der Soziologie des Körpers, wobei ihr ein interessanter Brückenschlag zur anglo-amerikanischen Diskussion gelingt. Jäger untersucht das Verhältnis von phänomenologisch zu verstehender Leiblichkeit und poststrukturalistischer Diskurstheorie und rekonstruiert deren Verhältnis mit Bezug auf Plessners These der Verschränkung von Körper und Leib. Kämpf geht der hermeneutischen Dimension in einer Begegnung der Philosophien von W. Dilthey und H. Plessner näher nach, um die ethnologische Diskussion durch eine exzentrische Verstehenskonzeption bereichern zu können.

Schloßberger entfaltet insbesondere M. Schelers Phänomenologie für eine aktuelle Thematisierung des Unterscheidungsreichtums im menschlichen Gefühlsleben. Das prominente Thema der Intersubjektivität lässt sich so nicht nur im Sinne einer Theorie der sprachlichen Verständigung (Habermas) aufrollen. Dies zeigt auch Köllner in ihrem instruktiven Vergleich der Auffassungen von Intersubjektivität in J.-P. Sartres Existenzphilosophie und Plessners Philosophischer Anthropologie. Einer der großen konzeptionellen und methodischen Vorteile letzterer bestand von Anfang an darin, die Körper- und die Leibesdimensionen der Lebensführung nicht nur überhaupt zu thematisieren, wie dies inzwischen häufiger geschieht, sondern in ihrem Zusammenhang statt ihrer Trennung aufzuzeigen.

Herzlichen Dank sagen wir Frau stud. phil. Manuela Lehmann für Korrekturen und die Erstellung des Personen- und des Sachwort-Registers und Frau Yvonne Wilhelm für ihre Verwaltung der Dateien mit vielen Zwischenfassungen.

Wir hoffen, in diesem Eröffnungsband genügend Anregungen für eine produktive Diskussion innerhalb und außerhalb der Buchreihe bieten zu können, also auf Widerspruch in der Sache.

G. Lindemann H.-P. Krüger

1. Wer und was ist ein Mensch? – Paradigma und Methoden der Philosophischen Anthropologie heute

Hans-Peter Krüger

Die Fraglichkeit menschlicher Lebewesen

Problemgeschichtliche und systematische Dimensionen

Es ist im geschichtlichen Vergleich derjenigen Kulturen, die wir heute dem homo sapiens zuordnen, keineswegs selbstverständlich, dass sich ihre Teilnehmer *als* menschliche Lebewesen verstehen, sich als solche in Frage stellen, zu erklären und zu beantworten suchen. Wie haben sich Angehörige bestimmter Kulturen, die inzwischen weltgeschichtlich dominieren, als spezifikationsbedürftige Lebewesen im Unterschied zu unbelebten Dingen der Natur und unter den Lebewesen im Unterschied zu Pflanzen, Tieren und Göttern zu befragen gelernt? Worin bestehen die Gewinne und Verluste dieser Art und Weise, sich Fragen zu stellen und sich Antworten zu geben, die andere kulturelle Selbstverständnisse zurückdrängt, gar ausschließt und vergessen macht? Worin liegt der Fortschritt, sich auf diese Weise in Unterscheidungen zu halten, und worin liegen die Gefahren, so und nicht anders Zusammenhänge zum Unbelebten und Belebten, unter dem Belebten zum nicht-bewussten, einfach bewussten und seiner selbst (reflexiv) bewussten Verhalten herzustellen? Hegel hat die allgemeine Durchsetzung der abstrakten Redeweise vom Menschen als spezifikationsbedürftigem Lebewesen im Kontext der bürgerlichen Gesellschaft, mit einer ihr entsprechenden Moral, Rechts- und Familienordnung, situiert, d.h. in einem Zusammenfallen von Strukturbedingungen, die inzwischen auch in Auflösung sind: Wenn im Rechte „der Gegenstand die *Person*, im moralischen Standpunkt das *Subjekt*, in der Familie das *Familienglied*, in der bürgerlichen Gesellschaft überhaupt der *Bürger* (als bourgeois) – hier auf dem Standpunkte der Bedürfnisse" – geworden ist, dann sei es „das Konkretum der *Vorstellung*, das man *Mensch* nennt; es ist also erst hier und auch eigentlich nur hier vom *Menschen* in diesem Sinne die Rede" (Hegel 1981, § 190).

Lässt sich dasjenige, welches in einer Vielfalt von Kulturen als Geist oder sein Äquivalent angesprochen wurde und wird, überhaupt in den Spezifikationsnöten der lebendigen Natur unterbringen? Hegel hatte vor Darwin durch seine Konzeption von der Selbstbewegung des Begriffs zu dieser natürlichen Verankerung des Geistes Abstand halten können. Wie müsste sich das Verständnis der lebendigen Natur ändern, damit Geistiges (Mentalität) in ihr vorzukommen und sich – bei aller Verschiedenartigkeit von anderen Lebensformen – im Leben zu halten vermag? – Abgesehen vom Pantheismus und wenigen anderen Episoden brach diese Umstellung der Frage in der systematisch relevanten Problemgeschichte moderner Philosophie erst nach Darwin insbesondere in der Rezeption der Werke von F. Nietzsche und William James hervor. Kann ein Netzwerk begrifflicher Unterscheidungen in dem weitesten und daher höchst spezifikationsnötigen Sinne von *Leben* als ein in sich kohärenter und Menschen lebbarer Zusammenhang entwickelt werden? Oder haben wir es hier mit einer eklektischen Sonderentwicklung kultureller Ausprägung zu tun, die weder kohärent gemacht noch gelebt werden kann? Läuft sie nur in dem Zirkel des Lebens, darunter insbesondere des spezifisch menschlichen Lebens, leer? Oder bricht sie weiterhin dualistisch in die Alternative entweder Natur oder Geist auseinander? Der „philosophische Dualismus ist nur eine in Worte gefaßte Anerkennung einer Sackgasse im Leben; eine Unfähigkeit zur Interaktion, eine Unfähigkeit, einen wirksamen Übergang zu bewerkstelligen, eine Beschränkung der Fähigkeit, unser Dasein in unsere Hand zu nehmen und dadurch zu verstehen" (Dewey 1995, 234 f.). Vielleicht reicht aber auch der Zufall des Überlebens, wie es in dem Vokabular des Lebens über seinen Rand oft heißt, und ist eine weiterreichende Anstrengung der Kohärenz und Lebbarkeit noch viel zu sehr Gefangener dieser Art und Weise, nicht anders fragen und antworten zu können als in Bezug auf die Spezifikationsnot menschlichen Lebens? Womöglich kamen viele Philosophien im 20. Jahrhundert der problematisch aufwendigen Begrifflichkeit von der Spezifik menschlicher Lebensformen noch zu weit in der Rede von der „Lebenswelt" (seit Husserl) und den „Lebensformen" (seit Wittgenstein) entgegen, auch noch in deren normativer Aufladung gegen das „nackte Überleben" (Agamben), wie man mit Heideggers später Seinsphilosophie vermuten könnte.

Das hier angedeutete philosophische Problem betrifft Fragen und Antworten zweiter Ordnung. Man befragt so die in einer Kultur geläufigen Fragen und Antworten erster Ordnung nach deren in ihr ausgeblendeten Präsuppositionen und Folgen. Innerhalb einer bestimmten Kultur wird größter Wert darauf gelegt, die in ihr üblicher Weise bestimmten Fragen zu stellen und darauf bestimmte Antworten zu geben, damit ihre praktische Reproduktion möglichst reibungslos vollzogen werden kann. Daran gemessen erscheint die systematische Aufrollung einer ganzen Art und Weise von Fragen und Antworten im Vergleich zu anderen Weisen, sich fraglich und antwortlich zu verhalten, als eine zu vermeidende Störung. Man will erster Ordnung bestimmte Fragen bestimmt beantworten können. Aber bestimmte Frage-Antwort-Spiele gibt es historisch und systematisch gesehen nur im Plural, der ihre Beurteilung nach Kriterien für mindestens besser oder schlechter verlangt. Es geht nicht ohne Lösungsformen für Wertekonflikte. Dies wird spätestens in Kriegen und geschichtlichen Brüchen auch in der Erschütterung herkömmlicher Praktiken unabweisbar. Von „Fraglichkeit" und „Antwortlichkeit" wird in der Philosophie gesprochen, wenn es um die zweite Ordnung zu fragen und zu antworten geht, welche die jeweils erste Ordnung kontingent, d.h. als anders mögliche, setzt (vgl. Plessner 1981b, 188).

Diese zweite Ordnung hat problemgeschichtliche und systematische Dimensionen, in die im Folgenden eingeführt werden soll, um statt der gröbsten Missverständnisse sinnvolle Diskussionen unter dem Titel der Philosophischen Anthropologie zu ermöglichen. Das geläufigste Missverständnis der Philosophischen Anthropologie besteht in der Annahme, sie stelle – bei allem ihrem reflexiven Durchlauf – am Ende doch wieder ein

Äquivalent für den überwunden geglaubten Anthropomorphismus her, nämlich eine Form von Anthropozentrismus etwa in der Gestalt dieses Ethnozentrismus (des herrschenden Westens) oder jenes Speziesismus (der biologischen Speziesbestimmung). Nach erstens einer problemgeschichtlichen Verdeutlichung philosophisch-anthropologischer Fragen und Antworten versuche ich zweitens, diese im Sinne der Fraglichkeit und Antwortlichkeit der Philosophischen Anthropologie systematisch einzukreisen. Ich hoffe, dass nach den geschichtlich-systematischen Problematisierungen der Spezifikation menschlicher Lebewesen das Primat der Fraglichkeit des Menschen über seine bisherige Antwortlichkeit hervortritt. Dieses Primat entspricht einer merkwürdigen Verantwortlichkeit der *Philosophischen* Anthropologie für die Fraglichkeit der bisher Mensch genannten, sich exzentrisch positionierenden Lebewesen in ihren künftigen Beantwortungen durch entsprechende Forschungsunternehmen. Ihre Verantwortlichkeit ergibt sich aus keiner vorgängigen Ethik oder Moral, sondern aus ihrem philosophischen Erkenntnisanspruch auf dieses Primat der Fraglichkeit über die Antwortlichkeit in der sich exzentrisch positionierenden Lebensform. Anderenfalls könnte nicht mit der Wesenserkenntnis vom Hiatus in dem Forschungsprogramm der Philosophischen Anthropologie verfahren werden. Sie kann ihre Fraglichkeit und Antwortlichkeit (2. Ordnung) systematisch gegenüber der philosophischen Tradition anthropologischer Fragen vertreten, sofern sie die Verstehensleistungen aufdeckt, die erfahrungswissenschaftliche Teilanthropologien möglich machen.

1. Die Fraglichkeit des Menschen. Zur problemgeschichtlichen Dimension anthropologischer Fragen

Gewiss wäre es lohnenswert, den früheren Kanon der vermeintlich homogenen, sogenannt abendländischen Geschichte durch die Thematisierung anderer Kulturen und deren Spuren in Frage zu stellen (vgl. u.a. Assman 1997). Aber selbst wenn man nur, wie hier, den Kanon selbst liest, wird einem deutlich, wie heterogen die Herkünfte bleiben, in deren Überlappung sich dasjenige herausgebildet hat, was wir heute die westliche Kultur des Christentums und seiner Säkularisierung nennen. Ohne diese Heterogenität der sogenannten Quellen wäre nicht die erste Ordnung der philosophischen Relevanz anthropologischer Fragen zustande gekommen.

Unter „Anthropologie" wird die Lehre (aus griechisch: logos) vom Menschen (griechisch: anthropos) als spezifikationsbedürftigem Lebewesen verstanden. Sie hat insbesondere seit dem 18. Jahrhundert zu einer Vielfalt von erfahrungswissenschaftlichen Anthropologien geführt, darunter biologischen, medizinischen, geschichtlichen, politischen, Sozial- und Kultur-Anthropologien. Im Unterschied zu diesen erfahrungswissenschaftlich orientierten Anthropologien beschäftigt sich die *philosophische* Anthropologie mit dem *tätigen* Wesen des Menschen in seiner, ihm nicht abnehmbaren Lebensführung im Ganzen: Wie werden die vielen anthropologischen Teilaspekte in struktureller Integration so getätigt, dass in diesem *Vollzug* die Lebensführung von Menschen wesentlich (nicht zufällig, jedoch im Ganzen ermöglichend) spezifiziert wird?[1] – Seit den 1920er Jahren ist umstritten, ob die philosophische Anthropologie nur eine besondere Disziplin innerhalb der traditionellen Philosophie darstellt oder darüber hinaus die Fundierungs- und Begründungsaufgaben der Philosophie selbst übernehmen kann, die so aber nicht mehr außer und über dem Leben, sondern selbst in dessen Spezifikationsnot als Forschungsunternehmen steht. Der zuletzt genannte Anspruch wird „Philosophische" (großgeschrieben) Anthropologie (vgl. Fischer 2000, 7; Arlt 2001, 13) genannt. Die Philosophische Anthropologie behandelt als Philosophie die Grenzfragen der menschlichen Lebensführung, aber als Anthropologie auf die Themen und Methoden zweier Vergleichsreihen bezogen, der „horizontalen" und der „vertikalen" (Plessner 1975, 32) Vergleichsreihe: In der vertikalen Richtung wird die Gattung bzw. Spezies menschlicher Lebewesen mit anderen organischen (pflanzlichen und tierischen) Lebensformen im Hinblick auf die Frage verglichen, ob die Spezifikation des Menschen im Rahmen der lebendigen Natur hinreichend erfolgen kann oder darüber hinaus durch einen „Wesensunterschied" (Scheler 1995, 36) fundiert und begründet werden muss. In horizontaler Richtung werden Soziokulturen des homo sapiens untereinander im Hinblick auf das für die Spezifikation menschlichen Daseins wesensnötige Minimum an Möglichkeiten zum Seinkönnen verglichen. Dies erfolgt sowohl historisch unter Einschluss ausgestorbener als auch in der Unterscheidung gegenwärtig lebender Soziokulturen. In der englischen und französischen Literatur wurde das zuletzt genannte Vergleichsproblem auch unter der Bezeichnung „Ethnologie" diskutiert. Der Zusammenhang der vertikalen und horizontalen Spezifikationsrichtungen des Menschen als Individuum und Gattung wird selbst geschichtlich herausproduziert und bedarf daher einer „politischen Anthropologie" der „geschichtlichen Weltansicht" (Plessner 1981b, 139–144). – Bevor ich auf die Spezifik der Philosophischen Anthropologie als Theorie und Methodenkombination zurückkomme, möchte ich ihrem Unterschied und Zusammenhang mit der philosophischen Anthropologie im weiteren Sinne nachgehen, sofern diese problemgeschichtliche Konstellation in der westlichen Tradition der Pluralisierung von Kulturen von Belang bleibt.

[1] Heutzutage wird außerhalb der Philosophie oft vom „Essentialismus" der Philosophie gesprochen, der das Wesen entweder auf transzendente Weise hinter den Erscheinungen vermutet oder auf die Summe der ihm prädizierbaren Eigenschaften reduziert haben soll, eine Karikatur, wofür die problemgeschichtlich-systematisch relevanten Vertreter moderner Philosophie schwerlich in Anspruch genommen werden können, zumal es auch in den Erfahrungswissenschaften schon seit langem um keine Wesens-, sondern Funktionsbestimmungen (vgl. Cassirer 1994) geht. In der Kritik am Essentialismus kommt wohl eher ideologiegeschichtlich das Problem der Selbstermächtigung von „Laien" gegen „Experten" zum Ausdruck, die als Eliten die allgemeine und individuelle Lebensführung bestimmen wollen. In solchem politischen „Kulturkampf" sollte der lebendige Gehalt auch und gerade der Substanzphilosophie nicht untergehen. Vgl. zu ihr und ihren Transformationen Krüger 2001a, 2. Teil.

1.1. Entstehung philosophisch relevanter anthropologischer Fragen

Anthropologische Fragen nach der Spezifik des Menschen als Lebewesen setzen geschichtlich immer wieder eine gewisse Überwindung von Anthropomorphismen (in vertikaler Richtung) und von Ethnozentrismen (in horizontaler Richtung) voraus, ohne dass diese Überwindung je als gesichert gelten kann. Hier interessieren nur gedankliche Überwindungen als mentales Potential, dessen historisch-empirische Realisierungen und Verteilungen in historischen Forschungen untersucht, allen voran in der „historischen Anthropologie" im Kontrast zu auch nicht-kanonischen Auffassungen thematisiert werden (vgl. Wulf/Kamper 2002). Kulturgeschichtlich wird unter *Anthropomorphismus* zunächst verstanden, dass die von Menschen verehrten Natur- oder Götterwesen nach dem der Menschen eigenen Vorbild und ihrer eigenen Gestalt gebildet wurden, ohne dass die davon betroffenen Menschen darum wussten (vgl. Landmann 1982, 14 f.). So verwandt sich die frühen Völker mit den von ihnen verehrten Wesen fühlten, so wenig fühlten sie es sich mit – aus heutiger Sicht – ihresgleichen: „Alle Fremden waren keine ‚Menschen'. Man nennt dieses Phänomen Ethnozentrismus. [...] Hinter dem, was die andern in Aussehen, Sprache und Sitten vom eigenen Volk unterscheidet, ist das gemeinsam Menschliche noch nicht erkannt." (Ebd. 16) Die erste Überwindung von Anthropomorphismen und Ethnozentrismen setzt vorphilosophisch in den schriftlichen Hochkulturen ein. Sie wird philosophisch artikuliert, insofern in den gebildeten Schichten argumentativ mit den in Mythen und Religionen enthaltenen Menschenbildern umgegangen wird. Dieser Umgang ist für die griechische Antike seit den Sophisten und Kynikern, für die römische Antike insbesondere seit der Stoa und Cicero und für die theologische Reflexion der jüdisch-christlichen Religionsentwicklung im Anschluss an Paulus nachgewiesen.

Die sophistische Verwendung der Unterscheidung zwischen *physis* (von selbst wachsende Natur) und *nomos* (Brauch und Konvention nach eigener, geschichtlich erkämpfter Satzung) ermöglicht die grundsätzliche Gleichstellung aller Menschen *als* Menschen, woraus sich andere Unterschiede und Gemeinsamkeiten ergeben als zuvor im Rahmen einer kosmologischen Metaphysik. Dies zeige exemplarisch die Bejahung (nicht das Beklagen) des Homo-mensura-Satzes des Protagoras: „der Mensch – und das gilt für den Menschen als Gattung wie als Einzelwesen – ist das Maß aller Dinge, der seienden, daß sie sind, der nichtseienden, daß sie nicht sind" (Landmann 1982, 34, vgl. 20). Während der Sophist Protagoras die im Vergleich zu Tieren menschenspezifischen Kulturleistungen (Künste und Techniken, Scham und Recht) positiv bewertet, kritisieren die Kyniker die verschwenderische Verwöhnung und Verweichlichung des Menschen durch seine kulturellen Erleichterungen vom Standpunkt einer entbehrungsreichen Natur des Menschen (vgl. ebd. 32). Cicero griff stoische Anregungen auf, als er den Begriff der *humanitas* prägte. „Dem mehr nur politisch-militärischen, altrömischen Ideal des homo romanus stellt Cicero das neue Ideal des homo humanus gegenüber; ebenso tritt an die Stelle des nicht mehr brauchbaren Gegenbegriffs Barbar das Wort inhumanus. Humanitas ist die Entfaltung und Verfeinerung der höchsten sittlichen und geistigen Anlagen des Menschen. Es liegt in ihr komplex eine gewisse Rücksicht auf den Nebenmenschen" (ebd. 22). „Haben aber alle Menschen eine gemeinsame Natur als

Vernunftwesen und ein gemeinsames Ideal, dann ist damit ein Weiteres gewonnen: es gibt zumindest als Begriff, wie es aber auch der Wirklichkeit der hellenisierten Mittelmeerwelt und des römischen Reiches entsprach, die Eine Menschheit." (Ebd. 23)

Fasst man aus der späteren Sicht der philosophischen Anthropologie den Ertrag der kosmologisch eingebetteten antiken Diskussion unter Berücksichtigung von Platos Ideenlehre und Aristoteles' Naturphilosophie zusammen, so zeichnet sich die Handlungsfähigkeit eines Wesens vom Typ Mensch durch dreierlei aus: „a) Im Gegensatz zu reinen Vernunftwesen, einer Gottheit oder einem Engel, geht es um ein *zoon* bzw. *animal*: um ein Leib- und Lebewesen. b) Im Unterschied zu den uns gewöhnlichen Tieren ist es ein *zoon logon echon* oder *animal rationale*: ein denk- und sprachfähiges Wesen. c) Nicht zuletzt ist es *zoon politikon* sowohl im unspezifischen Sinn des *ens sociale*: der Angewiesenheit auf Gemeinschaft, als auch im spezifischen Sinn des *ens politicum*: der Anlage auf ein Gemeinwesen, eine Polis, hin." (Höffe 1999, 64)

Selbst wenn man in dem tradierten Bildungskanon der westlichen Kultur bleibt, bringt die dritte „Quelle" für philosophisch relevante anthropologische Fragen eine weitere Problematik ein. Die jüdisch-christliche Religionsentwicklung wird durch ihre theologische Reflexion in Grenzen auch philosophisch vergleichbar: „Wenn es nur einen einzigen Gott gibt, dann ist er der Gott aller Menschen, die dadurch als gemeinsame Kinder Gottes zusammenrücken. [...]: die von Gott einheitlich einem bestimmten Ziel zugelenkte Menschheit hat auch ein gemeinsames Schicksal, es gibt eine ‚Weltgeschichte'." (Landmann 1982, 23) Das Movens der christlichen Religionsentwicklung – bis hinein in ihre Schismen und missionarischen Verkehrungen – besteht in der ihr immanenten Spannung zwischen der Gottebenbildlichkeit (*imago dei*) des Menschen und dem transzendenten Abstand Gottes vom Menschen, an dem die jüdische Religion festhielt. Zu dieser Distanz gehört das Verbot, sich von Gott ein Bild zu machen, was andere Interpretationen der Gleichheit aller Menschen vor Gott ermöglicht und erfordert. Die christliche Spannung wird umso interpretationsbedürftiger, als in Christus der „Logos Fleisch" wird: „Der transzendenteste Gott gewinnt (in seinem Sohn) ein menschliches Schicksal." (Ebd. 57) Das Paradox der Identität und Differenz zwischen Gott und Mensch erfordert nicht nur spekulativ eine Drittheit (Trinitas) zu seiner Überbrückung. Es bedarf auch konstitutiv einer geschichtlichen Auslegung, in der gegenüber „einem gleichbleibenden Wesen des Menschen" etwas „Neues gewonnen" wird: „der Mensch ist ein geschichtliches Wesen, das im Laufe seiner Geschichte grundlegende Wandlungen durchmacht: [...] Anthropologie krönt sich in Geschichtsphilosophie" (ebd. 63).

Das Schrifttum des Mittelalters enthält Diskussionen über die Gemeinsamkeiten und Gegensätze der drei erwähnten Quellen, die ihrerseits auf arabische, jüdische bzw. muslimische Schriften verweisen. So stellt der Titel „Peri physeos anthropu" (Über die Natur des Menschen, entstanden gegen 400 n. Chr.) von Nemesios von Emesa ein durch viele Übersetzungen über Jahrhunderte (bei u.a. P. Lombardus, Th. von Aquin, Meister Eckhardt, G. Valla) bis in die Renaissance wirkungsmächtiges Thema dar. In ihm geht es um eine eklektische Vereinigung neuplatonischer Lehren und der neueren Erkenntnisse aus Medizin, Physiologie und Psychologie nach Galen mit der christlichen Offenbarung (vgl. Volpi 1999). Für den Humanisten Pico della Mirandola stellt jedoch der Mensch das Chamäleon der Schöpfung dar, das in seiner Natur nicht vorbestimmt, sondern frei ist, zwischen Tierheit und Gottheit wählen zu können, weshalb es der Wahrung seiner Würde bedarf. Unter humanistischem Einfluss (z.B. auf Magnus Hundts „Anthropologium de hominis dignitate, natura et proprietatibus" (1501)) und nach der Reformation kommt es in der deutschen Schulphilosophie zu der Disziplin Anthropologie als „doctrina humanae naturae" (Lehre der Menschennatur), wie sie der protestantische Humanist Otto Casmann versteht, dessen „Psychologia anthropologica" 1594/96 erscheint (vgl. Landmann 1982, 6; Marquard 1995, 143). Seit der Renaissance erfolgt die philosophische Umwertung anthropologischer Fragen vor allem in der Kritik am christlichen Theo- und Anthropozentrismus, an der christlichen Erbschuld- und Gnadenlehre und am christlichen Unsterblichkeitsglauben (vgl. Landmann 1982, Kapitel I. 2.).

1.2. Der Durchbruch zu philosophischen Anthropologien (18./19. Jh.)

Zweifellos machen Th. Hobbes, J. Locke und J.-J. Rousseau philosophischen Gebrauch von anthropologischen Annahmen, wenn sie auf sich widersprechende Weise die physis-nomos-Unterscheidung in der Differenz zwischen Natur- und Gesellschaftszuständen neu begründen. Die philosophische Relevanz anthropologischer Fragen verdichtet sich aber erst in dem Maße zu einer philosophischen Anthropologie, in dem *beide* anthropologische Fragerichtungen, der Vergleich menschlicher Kulturen untereinander und der Vergleich menschlicher mit nicht spezifisch menschlichen Lebewesen, in *einen* philosophischen Zusammenhang gebracht werden. „Einen Geist, der ohne und außer aller Materie wirkt, kennen wir nicht; und in dieser sehen wir so viele geistähnliche Kräfte, daß mir ein völliger Gegensatz und Widerspruch dieser beiden allerdings sehr verschiedenen Wesen des Geistes und der Materie, wo nicht selbst widersprechend, so doch wenigstens ganz unerwiesen scheint" (Herder 1952, II. Bd., 132). Dieser einheitliche Zusammenhang der in beiden Vergleichen Unterschiedenen ist insofern ein philosophisch-anthropologischer Zusammenhang, als er *weder mechanistisch* reduziert *noch metaphysisch* durch die *positive* Unendlichkeit eines *jenseitig* Absoluten legitimiert werden muss. In der Herausstellung eines derart einheitlichen Zusammenhanges Unterschiedener für die spezifisch menschliche Lebensführung bestand die übergreifende Tendenz von der englischen und schottischen zur französischen und deutschen Aufklärung (vgl. Krauss 1978, Ricken 1984, Irrlitz 2002, 442). Da sich die philosophischen Dualismen nicht des Menschen als *eines* sprachlich-vernünftigen Gefühls- und Leibwesens annehmen konnten, schlug Herder vor: „Nur die Sprache hat den Menschen menschlich gemacht, indem sie die ungeheure Flut seiner Affekte in Dämme einschloß, und ihr durch Worte vernünftige Denkmale setzte" (Herder 1952, II. Bd., 221). Im Maße der genannten übergreifenden Tendenz erfolgte der Durchbruch zur philosophischen Anthropologie erst in der zweiten Hälfte des 18. Jahrhunderts (vgl. dagegen Marquard 1995, 143 ff.):

Im anthropologischen, von göttlicher Transzendenz emanzipierten Kreis der Wissenserzeugung spielt der Mensch seither eine doppelte Rolle. Er wird empirisches Objekt positiver Wissenschaftsdisziplinen und normativer (transzendentaler) Ermöglichungs- und Begrenzungsgrund, d.h. Subjekt seiner Selbstobjektivierungen. In jeder Phase ist das anthropologische Wissen, das die Gattung Mensch endlich abschließend definieren zu können meint, der Anfang erneut kritischer Philosophie, und umgekehrt das historische Ende einer bestimmten kritischen Philosophie in der nächsten Runde anthropologischer Erkenntnisse eingeläutet (vgl. Foucault 1971, 301, 390, 412, 436). Das anthropologische Ende des Menschen (in seiner vermeintlich abschließenden Definition) und der Anfang des Philosophierens (in der erneuten Wahrung seiner Würde) überholen sich im geschichtlichen Wettlauf. Der Kampf um das Primat in der Menschenfrage, ob sie anthropologisch definitiv beantwortet oder philosophisch begründet offen gehalten wird, ist selbst die in der Moderne entscheidende Strukturpolitik, in der Lebensmacht gewonnen und verloren, Lebenspolitik entgrenzt und begrenzt wird (vgl. Plessner 1981b; Foucault 1999).

In der deutschen Philosophie entwickeln vor allem J. G. Herder und F. Schiller (im Unterschied zu I. Kant) und L. Feuerbach (im Gegensatz zu G. W. F. Hegel) Entwürfe für eine philosophisch einheitliche Konzeption von der differenziellen Natur menschlicher Lebewesen. Herders enzyklopädisch-sensualistischer Pantheismus eröffnet einen geschichtlich-kausal differenzierenden Entwicklungszusammenhang zwischen den unbelebten und belebten Naturformen mit den künstlichen, durch Arbeit, Kunst, Sprache (letztere verstanden zwischen Poesie und abstrakten Zeichen) und Vernunft spezifisch geistigen Lebensformen. Im Vergleich zu Tieren ein Mängelwesen, müsse der Mensch seine leiblich-sinnlichen Vernunftanlagen erst in kultureller Gemeinschaft und individuell selbsttätig zur Humanität bilden. Deren realer Möglichkeitscharakter, Fortschritt und Harmonie würden, stets an die Allgemeinheit der Natur Sterblicher gebunden, epochenhistorisch durch Rückschritt und Gegensatz im Besonderen verwirklicht. Letztere gehörten zur Bejahung menschlichen Lebens, statt in Vernunftidealismus oder Romantizismus zu fliehen. „Unsinnig stolz wäre die Anmaßung, daß die Bewohner aller Weltteile Europäer sein müßten, um glücklich zu leben; denn wären wir selbst, was wir sind, außer Europa worden? [...] Da Glückseligkeit ein innerer Zustand ist, so liegt das Maß und die Bestimmung derselben nicht außer, sondern in der Brust eines jeden einzelnen Wesens; [...] Unseren vielorganischen Körper mit allen seinen Sinnen und Gliedern empfingen wir zum Gebrauch, zur Übung“ (Herder 1952, II. Bd., 2004).

Verschieden von Herder hat Schiller Kants Dualismus vom Vernunft- und Naturwesen Mensch anerkannt, innerhalb dessen Kant seine „pragmatische Anthropologie“ auf eine Klugheitslehre zur Auswertung einzelwissenschaftlicher Erkenntnisse in der Lebensführung mit anderen begrenzt hatte (vgl. Kant 1983, 15). Gleichwohl hat Schiller auf der Grenze dieses Dualismus ästhetisch-geschichtlich versucht, die Einheit in der Differenz der Menschennatur spielphilosophisch zu entwerfen, da, wie er als Arzt wusste, „die plastische Natur des Menschen“ durch oftmalige Erneuerung auch „habituell“ (Schiller 1956a, 208 f.) werden muss: „der Mensch spielt nur, wo er in voller Bedeutung des Worts Mensch ist, und *er ist nur da ganz Mensch, wo er spielt.*“ (Schiller 1956b, 314; vgl. Haucke 2003)

Feuerbach gewinnt seinen sinnlich und empirisch orientierten Materialismus aus einer semantischen Umkehr der dialektischen Methode gegen Hegels System des absoluten Geistes. Er löst in seinem Hauptwerk „Das Wesen des Christentums“ das theologische in das anthropologische Wesen der Religion auf. Dementsprechend gehe Gott aus dem durch die Arbeitsteilung zu einem Geheimnis entfremdeten Wesen des Menschen hervor, das sowohl das Verstandes-, als auch das Moral- und Herzenswesen des Menschen umfasse. „Der *Mensch unterscheidet* sich *keineswegs nur durch* das Denken von dem *Tiere*. Sein *ganzes Wesen* ist vielmehr *sein Unterschied vom Tiere*. [...] Die neue Philosophie macht den *Menschen* mit *Einschluß der Natur*, als der Basis des Menschen, zum *alleinigen, universalen* und *höchsten Gegenstand* der Philosophie – die *Anthropologie* also, mit *Einschluß der Physiologie, zur Universalwissenschaft*. [...] Die *wahre* Dialektik ist *kein Monolog des einsamen Denkers mit sich selbst*, sie ist ein *Dialog zwischen Ich und Du*." (Feuerbach 1970, 335–339)

K. Marx hat aus der Spannung zwischen der Feuerbachschen philosophischen Anthropologie und der Hegelschen Geistesphilosophie heraus seine Theorie der gesellschaftlichen Produktion und Reproduktion (vgl. Krüger 1990, Kapitel 1.5. u. 1.6.) entworfen. Er hat seine Kritik an der spezifisch kapitalistischen Gesellschaft mit einer Geschichtsphilosophie der proletarischen Revolution verbunden, welche auf widersprüchliche Weise philosophische Anthropologie als die bürgerliche Verewigung des Menschen in abstracto kritisierte und gleichwohl das wahre Wesen des Menschen in eine kommunistische Gesellschaftsformation vorprojizierte. Aus diesem Selbstwiderspruch zwischen geschichtsphilosophisch-revolutionärer Anthropologie-Kritik und der gleichzeitigen Inanspruchnahme einer implizit anderen philosophischen Anthropologie vom gesellschaftlich-geistig tätigen Wesen des Menschen führte erst die kulturhistorische Schule im Anschluss an L. S. Vygotskij (vgl. Krüger 1990, 1. u. 5. Kap.) und die Differenzierung zwischen Kapitalismus, traditioneller Moderne und reflexiver Moderne oder Postmoderne (vgl. Krüger 1993, 2. u. 3. Teil) heraus.

1.3. Der Streit um Philosophische Anthropologie (seit dem 20. Jh.)

Seit Gehlens Selbststilisierung (vgl. Gehlen 1986) zum systematischen Begründer der Philosophischen Anthropologie und Habermas' Kritik an der Philosophischen Anthropologie (vgl. Habermas 1958) hat sich die falsche Vorstellung verbreitet, als ob die Philosophischen Anthropologien von M. Scheler, H. Plessner und A. Gehlen einen einheitlichen Denkansatz (vgl. Fischer 2000 u. im vorliegenden Bd., Kap. 1. 3.) bilden würden. Diese falsche Vereinheitlichung hat die Auseinandersetzung mit den drei verschiedenen Philosophischen Anthropologien (wirkungsgeschichtlich zunächst zugunsten von Gehlen) enorm vereinfacht, aber auch dazu geführt, phänomenologische Anthropologie insgesamt als ein angeblich „subjektphilosophisch gebundenes Denken" abzuwerten (Habermas 1985, 369). Gegen die Vereinheitlichung ist Plessners Auffassung im Unterschied zu der Schelers und im Gegensatz zu der Gehlens als die systematisch allein tragfähige Begründung der Philosophischen Anthropologie herausgestellt worden (vgl. Fahrenbach 1991, 72–75; Fahrenbach 2004, 619 ff.). In der Tat weitet sich seit den 1990er Jahren eine problemgeschichtliche Lektüre und systematische Entfaltung allein der Plessnerschen Philosophischen Anthropologie (vgl. die Überblicke in Krüger 1996; Beaufort 2002) aus, die angesichts des naturphilosophischen Defizits der sprachzentrierten Gegenwartsphilosophie nun auch Habermas (2001, 27 f., 64 f., 89 f.) rezipiert. Plessners Philosophische Anthropologie wird inzwischen als der naturphilosophisch-phänomenologische und systematisch mit dem klassischen Pragmatismus (J. Dewey, G. H. Mead) vergleichbare Ausweg aus den Grenzen der sprachanalytischen Dualisierung und der sprachhermeneutischen Denaturalisierung des Menschen als eines spezifikationsbedürftigen Lebewesens rekonstruiert (vgl. Krüger 2001a). Diese philosophische Fortentwicklung erfolgt angesichts der lebenswissenschaftlich (vgl. Lindemann 2002 u. 2003; Krüger 2004b), kulturwissenschaftlich (vgl. Iser 1991; Gamm 2000; Kämpf 2003; Assmann u.a. 2004), medientheoretisch (vgl. Köhler 2001; Karpenstein-Eßbach 2004) und weltgeschichtlich (vgl. Schürmann 1997; Krüger 2001b u. 2004a, Mitscherlich 2005) neuen Herausforderungen, ohne hinter das Niveau an schriftsprachlichen Dezentrierungen des Subjekts (im Sinne von Derrida oder Habermas) zurückzufallen und in Fortführung des Problems der Performativität (vgl. Krüger 1999 u. 2001a). Dabei spielt der Vergleich der Plessnerschen Philosophischen Anthropologie mit den anderen Hauptströmungen der Gegenwartsphilosophie, insbesondere den quasitranszendentalen Umstellungen philosophischer Fragen durch M. Foucault oder J. Derrida, eine bedeutende Rolle (vgl. auch Seitter 1985; Eßbach 1994; Waldenfels 1994; Krüger 2001a u. 2004c).

Schelers Anspruch, der historische Begründer der Philosophischen Anthropologie zu sein, besteht sicher zu Recht. Aber ob er heute noch als ihr systematisch tragfähiger Begründer gelten kann, ist eine andere Frage. Dem steht entgegen, dass sie bei ihm noch in den metaphysischen Dualismus von Leben und Geist (Scheler 1995, 37 f., 70 f., 80 f., 91) spekulativ personalistisch eingebunden wird. Sein für die Philosophische Anthropologie bleibendes Verdienst besteht aber in der gegenüber E. Husserl neuen phänomenologischen Methode, die Ermöglichungsstruktur von Erfahrung freizulegen. Scheler stellt die Ermöglichungsfrage so um, dass sie nicht mehr in der Dichotomie von Subjekt und Objekt unter dem Primat reflexiver Erkenntnis in der traditionellen Transzendentalphilosophie gestellt werden muss. Er befreit die phänomenologische Methode, so einklammern zu müssen, dass die Ermöglichung der Phänomenbegegnung hervortritt, von ihrem hermeneutischen Vorurteil, die Antwort müsse schon vorab zugunsten einer transzendentalen *Subjektivität* feststehen. Nur solange man an diesem reflexiv-dualistischen Vorurteil festhält, bezieht man die Einklammerung auf alltagsweltliche und empirische Dimensionen der Phänomenbegegnung, damit im Gegensatz dazu die philosophischen und theoretischen Dimensionen umso stärker und reiner konturiert werden können. Um demgegenüber die Begegnung mit und Beschreibung von *spezifisch lebendigen* Phänomenen zu ermöglichen, *neutralisiert* Scheler das phänomenologische Verfahren *gegen die dualistische Vorentscheidung*, das Phänomen müsse entweder *physisch* oder *psychisch bestimmt* werden. Dadurch kann sich das Phänomen in der Interaktion *von sich aus* in dem Doppelaspekt *zwischen* Physischem und Psychischem als *Lebendiges zeigen* (vgl. Scheler 1995, 18 f., 39, 42).

Schelers „Indifferenzierung" der geläufigen dualistischen Vorentscheidung löst die alte Fehlidentifikation der „Selbstwahrnehmung" mit der „inneren Wahrnehmung" im Gegensatz zur „äußeren Wahrnehmung" auf zugunsten der Differenz zweier „Aktrichtungen" (nach innen und nach außen) von einem Dritten her, das selbst nicht den Seiten der Differenz angehört, d.h. dualistische Vorurteile „neutralisiert" (Scheler 1985, 243, 256). Es steht ekstatisch aus der jeweils bestimmten Differenz heraus neben ihr im Vollzug. Diese „Drittheit" vollziehe – sich selbst unbestimmt, da nicht gegenstandsfähig und daher Bestimmung in Differenzen ermöglichend – hier und jetzt den Lebenszusammenhang im Ganzen. Dies geschehe auf zwei phänomenologisch irreduziblen (d.h. in der Lebensführung nicht mehr ableitbaren, sondern ihr ursprünglich begegnenden) Niveaus, nämlich „ohne symbolische Funktion" und mit den „Zeichen- und Darstellungsfunktionen" (ebd. 162, 258) für die jeweils Betroffenen. Damit liege die symbolische Unterscheidung zwischen Eigenem und Fremdem *als* Eigenem und Fremdem durch sprachlich-geistige Selbstbildung auf einer anderen Verhaltensebene als der des Lebendigen und darunter des Bewussten (Ich) überhaupt, das aktual ohne sprachlich-reflexive Selbst- und Fremdzuschreibungen im Ausdruck erlebt werde (vgl. Schloßberger 2004, 3. Kap.). Insofern kann Schelers Methode mit der Aufforderung in W. Diltheys geschichtlich verstehender, die Geisteswissenschaften begründender Lebensphilosophie verglichen werden, den methodischen Ausgangspunkt der Rekonstruktion vom elementaren Zusammenhang zwischen Ausdruck, Erlebnis und Verstehen zu nehmen (vgl. ebd., 2. Kap.). Plessner erprobt zunächst (mit Buytendijk) eine Radikalisierung der Schelerschen Methode gegen die Schelersche Geistesmetaphysik, wodurch das Problem der Neufassung der Drittheit, von der her die Unterscheidungen gebildet werden, umso konsequenter freigelegt wird (vgl. Plessner 1982b, 121–129).

Erst in seinem Hauptwerk „Die Stufen des Organischen und der Mensch" (1928) gelingt Plessner eine methodische Überkreuzung von Schelers Phänomenologie und G. Mischs Systematisierung der Diltheyschen Philosophie (vgl. zu dieser Methodenkombination Krüger im vorliegenden Band, Kapitel 3.1., dort 2.4.). Er leistet diese Überkreuzung für die Fundierung sowohl der Natur- als auch der Kulturwissenschaften, insofern sie als Wissenschaften von spezifikationsbedürftig lebendigen Phänomenen konzipiert werden. Plessner entdeckt das in der einheitlichen Perspektive des Doppelaspektes von Physischem und Psychischen durchzuhaltende *naturphilosophische* Verfahren, in dem quasitranszendental rekonstruiert wird, welche Verstehensmöglichkeit für die Spezifikation lebendiger Phänomene in Anspruch genommen wird. Er spezifiziert hypothetisch alles Lebendige zunächst als die – im Unterschied zu unbelebten Körpern – ihre eigene Grenze realisierenden Körper. Belebte Körper können sich – ihrer Binnendifferenzierung nach – dezentral oder zentral *organisieren* und sich in Korrelation dazu in einer Umwelt *positionieren*. Mit dem Ansatz der Positionalität wird eine rein organismische Lebensauffassung verabschiedet und stattdessen als Organisationsform verstanden, die in einer anderen Frage situiert wird: In welchen Grenzen spielen sich Korrelationsmöglichkeiten zwischen bestimmten Organisationsformen (Binnendifferenzierung organischer Körper) und bestimmten Positionalitätsformen (ihren interaktiven Verhaltungsstrukturen in einer Umwelt) ein? Am Ende seiner hypothetischen Rekonstruktion legt Plessner eine „exzentrische Positionalität" (Plessner 1975, 7. Kapitel) frei, die als die letzte in Anspruch zu nehmende Verstehensmöglichkeit für horizontale und vertikale Vergleiche (s.o.1.) erschlossen wird. Sie ist methodisch-semiotisch gesehen – für die Ausbildung der funktional aisthetischen Einheit der Sinne (vgl. Plessner 1980) – diejenige Drittheit (Plessner 1975, 293), welche die sinngemäße Unterscheidung der sprachlichen Unterscheidungen ermöglicht. Sofern Sprache nicht nur aus sich selbst heraus, sondern auch als Kopplung von Handlungsausdrücken und Ausdruckshandlungen im lebendigen Verhalten, also in heutiger Terminologie formuliert: performativ, verstanden werde, können sprachliche Dezentrierungen den „wahren Existentialbeweis" (ebd. 340) der exzentrischen Positionalität darstellen.

Die exzentrische Positionalität, die phänomenologisch anhand von Menschen *vorgestellt* (Hegel, s.o.) wird, stellt keine in sich homogene und funktionable Struktur dar, wie es die zentrische Positionalität tut, die phänomenologisch anhand von Tieren *vorgestellt* wird. Die exzentrische Positionalität markiert vielmehr einen Bruch. Diese „Hiatusgesetzlichkeit" (Plessner 1975, 292) betrifft die Zentrierungsrichtungen der Verhaltungsbildung. Es geht um den Hiatus zwischen der Exzentrierung der Verhaltungsform in *Welt* hinaus und deren Rezentrierung auf die zentrische Organisationsform des lebenden Körpers zurück. Die zentrische Organisationsform solcher Lebewesen braucht korrelativ eine *Umwelt* wie in der zentrischen Positionalität. In der exzentrischen Positionalität aber muss diese Umwelt künstlich als Produkt von Welterschließungen hergestellt werden. Aus dem Hiatus rührt in der ganzen Verhaltungsbildung die Fraglichkeit solcher Lebewesen vor sich selbst her. Gleichwohl müssen sie sich in ihrer exzentrischen Positionierung, ihrer zentrischen Organisationsform gemäß, auch noch zentrisch verhalten können *(sein können)*. Daraus ergeben sich die wesenskonstitutiven Verhaltungs*ambivalenzen* ex-zentrischer Lebewesen, ihre vermittelte Unmittelbarkeit, ihre natürliche Künstlichkeit und ihr utopischer Standort gegen Nichtigkeit (vgl. ebd. 321–346). Der Bruch in der exzentrischen Positionalität ist geschichtsbedürftig, d.h. seine Fraglichkeit braucht hier und jetzt eine Antwort, in welcher der Bruch *als* etwas verstanden (genommen) wird, um Verhaltungssbildung zu ermöglichen. Aber die Fraglichkeit dieses Hiatus erlischt in keiner Antwort, sondern reproduziert sich in diesen von Generation zu Generation (vgl. Krüger 1999, 6. Kap.), solange diese Art und Weise von Lebewesen eben lebt. Die Exzentrierung der Verhaltensbildung erfolgt nicht nur aus dem Organismus heraus in die interaktive Umwelt hinein, sondern nochmals aus der Umwelt in Welt hinaus. Sie schafft – an den triebgetönten Umwelten gemessen – Leerheit, d.h. einen semiotischen Kontrast aus Negativität. Diese Negativität gilt nicht wertmäßig als Mangel, sondern als die – durch die Neutralisierung der dualistischen Vorentscheidung ermittelte – Spezifik der Verhaltungsbildung in der exzentrischen Positionalität. In diesem Sinne gilt umgekehrt: An dieser Negativität leiden Mangel solche Lebewesen, die wie Tiere in einer zentrischen Positionalität existieren (Plessner 1975, 270).

Die exzentrische Positionalität tritt – in ontischer Hinsicht gesehen – als die Negativität des Absoluten (des Unendlichen, Unbedingten und Unbestimmten) an die Stelle von Schelers Geistbegriff. Letzterer wird so zu einer historischen Auslegung derjenigen „Mitwelt" relativiert, von der her in der exzentrischen Positionalität erst Außen- und Innenwelt (vgl. ebd. 293–300) unterschieden werden können. Plessners „Mitwelt" (ebd. 302) liegt in der Rekonstruktion der Ermöglichungsstruktur von lebendiger Erfahrung noch vor der Unterscheidung zwischen „Einzahl und Mehrzahl" (ebd. 305). Daher kann sie weder in einer subjektphilosophischen (vgl. dagegen Henrich 2004, 49) noch in einer sprachlich-intersubjektivitätstheoretischen Auslegung (vgl. zu ihrem Missverständnis Habermas 1981, 139 f.) aufgehen. Die subjektphilosophischen und sprachlich-intersubjektiven Interpretationen der exzentrischen Positionalität ergeben sich mit Plessner erst als das historische Ergebnis des kultur- und sozialanthropologisch konstitutiven Schauspieles *in* und *mit* Rollen der westlichen Tradition des Christentums und seiner Säkularisierung. In dem geschichtlichen Schauspiel (als der Antwortlichkeit auf die Fraglichkeit) wird Personalität in Einzahl und Mehrzahl ausdifferenziert und soziokulturell in Funktionsteilungen verteilt. Die Personenrollen und ihre sich davon individualisiernden Träger ermöglichen die Grunddifferenz des Politischen zwischen Privatem und Öffentlichem (vgl. Plessner 1981a, 4.–6. Kap.). Soziokulturelle Rollen kann man sprachlich anhand der Verwendungsweisen von Personalpronomina rekonstruieren, aber ihre strittigen und umkämpften Grenzen werden in „Lachen und Weinen" (Plessner 1982) erfahren.

Gehlen hat im Gegensatz zu Scheler und Plessner die Philosophie der Anthropologie auf eine interdisziplinäre Funktion der künftigen Erfahrungswissenschaft reduziert (vgl. Gehlen 1986, 16 ff.). Dabei hat er Schelers ebenso wie Plessners anthropologische Grundeinsicht umgewertet, nach der Menschen aus ihrer exzentrischen Weltoffenheit heraus geschichtlich immer erneut ihre soziokulturellen Umwelten erst produzieren müssen. An die Stelle der geschichtlichen Aufgabe, d.h. von Schelers *Ausgleich* bzw. Plessners *Verschränkung* zwischen der Exzentrierung und der Rezentrierung in der menschlichen Verhaltensbildung, tritt bei Gehlen eine andere Frage und Antwort: Wie könne der Mensch von seiner kommunikativen Weltoffenheit *entlastet* werden (vgl. Gehlen 1993, 2. Teil)? Dafür brauche er solche künstlich geschaffenen Umwelten, die eindeutige Handlungsschemata und Institutionen sicherstellen, also die (laut Plessner wesenskonstitutiven) Verhaltens*ambivalenzen* exzentrischer Lebewesen auflösen. Die Fraglichkeit und Antwortlichkeit der Philosophischen Anthropologie wird so bei Gehlen ersetzt durch eine bioanthropologische Frage, auf die es auch eine klare, mit der Autorität des Empirismus entscheidbare bioanthropologische Antwort gebe. Der bioanthropologische Maßstab gibt das „Strukturniveau eines Volltieres" (Eßbach 1994, 20) vor, an dem gemessen wird, unter welchen strukturfunktionalen Bedingungen Menschen im Bio-Leben gehalten werden können. So fällt das philosophisch-anthropologische Primat der Weltoffenheit, d.h. einer Fraglichkeit, die stets die geschichtliche Aufgabe zu antworten erneuert, hinweg zugunsten der künstlichen Einrichtung einer strukturfunktionalen Vorangepasstheit an diejenige Umwelt, die eindeutig bestimmtes Antwortverhalten sichert. Da so die exzentrische Positionalität nicht neutral beschrieben und in der ganzen Breite ihres phänomenologischen Spektrums als Fraglichkeit rekonstruiert, sondern primär als Lebensgefahr *bewertet* wird, der die künstliche Wiedereinrichtung einer zentrischen Positionalität begegnen soll, entsteht eine elitäre Selbstermächtigung zum Selbstwiderspruch. Die Eliten leben soziokulturell von Welterschlies–sungen und brauchen diese, um zentrische Positionalität wiederherstellen zu können, müssen aber gleichzeitig ihre Welterschließungen gleichsam archaisch wie ein Geheimnis hüten, was sich auch bei der strengsten hierarchisch-autoritären Verteilung soziokultureller Rollen nicht auf Dauer stellen und zwischenzeitlich nicht ohne massive strukturelle Gewalt praktizieren lässt. Hier wird also die Fraglichkeit der exzentrischen Positionalität zugunsten einer ideologiegeschichtlich vorab feststehenden Antwort aufgelöst.

Rothacker (vgl. 1982, 174 ff.) beansprucht die gleiche Funktion dieser Bio-Anthropologie für seine Kulturanthropologie, insofern sie ebenfalls das Primat der Vorangepasstheit an eine entsprechend künstliche Umwelt (Stil einer Kulturgemeinschaft) über die Weltoffenheit als primäre Gefahr vertritt. Heideggers Kritik an der Philosophischen Anthropologie, als ob diese den modernen Zirkel des Menschen verfestigen müsste (vgl. Arlt 2001, 44–56), trifft nur auf die positiven Dimensionen in Schelers Geistesmetaphysik und auf Gehlens positiven Empirismus der Anthropologie zu, nicht aber auf Plessners *naturphilosophisch indirektes* (vgl. Plessner 1975, 26) und damit verfremdendes Verfahren, die Spezifik menschlicher Lebewesen in ihrer geschichtlichen *Fraglichkeit* offen halten (vgl. Krüger 2004a) zu können. Wenn man von der Wesenserkenntnis des Hiatus in der exzentrischen Positionalität überzeugt ist, kann man sie nicht mehr gleichzeitig – wie Gehlen, Rothacker u.v.a. – durch *Primatverkehrung der exzentrischen Positionalität in eine künstlich zentrische Positionalität* widerrufen, sondern muss zu dem Primat der Fraglichkeit des Verhaltungsbruches stehen. Von der Annahme einer exzentrischen Positionalität her wird das Sicherheitsbedürfnis nach eindeutigen Antworten aus der Verhaltungs*un*sicherheit des Hiatus verständlich und in seinen problematischen Folgen begreiflich. Statt in frühere Lösungsversuche und Sicherheitsversprechen zurückzulaufen, liegt die Konsequenz dieser Wesenserkenntnis darin, die „Neuschöpfung“ der Philosophie (Plessner 1975, 30) aus dem Primat der Fraglichkeit in der exzentrischen Positionalität zu unternehmen. Das Primat der Fraglichkeit ist die schon immer aus der Zukunft kommende Ermöglichungsbedingung (phänomenologisch) und Verstehensmöglichkeit (hermeneutisch) der Produktivität exzentrischer Lebewesen hier und jetzt.

Diese Hypothese hat weitreichende Folgen für die Konzipierung der Grenzübergänge nicht nur unter den bestehenden erfahrungswissenschaftlichen Anthropologien, sondern auch in der Erforschung anthropologischer Spezifikationsnöte in Gesellschaft, Kultur und einem neuen Verständnis des Politischen, insbesondere der Souveränität (vgl. Krüger 1999 u. 2001a). Plessner hatte bereits 1931 in seinem Buch „Macht und menschliche Natur“ (vgl. Plessner 1981b) drei Grundvarianten der funktionalen Primatsetzung durchgespielt. Er hielt sie ausdrücklich für „unentscheidbar“ (ebd. 218 f., 229), da er der Bewusstseinsphilosophie nicht anhing: Worin bestehen die Folgen, wenn a) die Politik einer anthropologisch abschließenden Wesensdefinition des Menschen unterstellt wird, b) wenn die Politik ihrer bisherigen Intensivierung durch Freund-Feind-Verhältnisse (C. Schmitt, vgl. Richter 2001) weiterhin folgt, oder wenn sich c) die Politik an einer lebensphilosophischen Bewahrung der geschichtlich-künftigen Offenheit des Menschen durch die „wertedemokratische Gleichstellung aller Kulturen“ (Plessner 1981b, 186) in der gesellschaftlichen Öffentlichkeit orientiert? – Er setzte damit seine Erklärung der gesellschaftlich-öffentlichen und der individuellen „Grenzen der Gemeinschaft“ (1924) fort (vgl. Krüger 1999, 6. Kap.). Versteht man Souveränität nicht mehr individuell und kollektiv als das Absolute an positiver Selbstbestimmung und Selbstverwirklichung, wird man zu Neuem frei: Souveränität lässt sich erst an den Grenzen traditioneller Selbstbildung im Eingehen der Relation zur eigenen Unbestimmtheit ausbilden. Sie kann in den Verhaltungsweisen zur Wahrung der Unergründlichkeit exzentrischer Lebewesen praktiziert werden.

Von den bekannten Entwürfen der Philosophischen Anthropologie zeigt sich nur Plessners Variante der systematischen Aufgabe gewachsen, den „anthropologischen Kreis“ (im Sinne von M. Foucault), d.h. die o.g. Doppelrolle des Menschen, im Zusammenhang unterschiedener Lebensdimensionen zu entparadoxieren und zu enttautologisieren, nämlich in einem Prozess des Werdens alles spezifikationsbedürftig Lebendigen (vgl. Plessner 1975, 134, 138). Verschiedene Lebensformen (a-zentrische, zentrische und ex-zentrische) weisen verschiedene Selbstbezüglichkeiten auf. Diese verschiedenen Selbstbezüglichkeiten können sich gegenseitig unterbrechen. Dadurch wird einer einzigen Tautologie oder einem einzigen Paradox vorgebeugt (vgl. Krüger 2004b, 284 f.). Die häufige Feststellung, der Mensch sei im letzten ein Paradox, da schon immer Nicht-Mensch, und eine Tautologie, da schon immer mit sich identisch, führt nicht weiter als zu dem in unserer Kultur seit langem Bekannten. Plessners Forschungsprogramm eröffnet mehr als die Variation der geläufigen kulturellen Semantik (vgl. Krüger 2004c). Auch ich halte ihn für den heute systematisch tragfähigen Begründer der Philosophischen Anthropologie (wenngleich aus anderen Gründen als denen Fahrenbachs, vgl. Krüger 2001a, Kap. 2.3.–2.5.).

2. Die Verfremdung des Menschen in der Fraglichkeit der exzentrischen Positionalität. Systematische Dimensionen im Anschluss an Plessners Forschungsprogramm

Die Philosophische Anthropologie ist keine erfahrungswissenschaftliche Erklärung anthropologischer Fragen, sondern setzt erfahrungswissenschaftliche Unternehmungen mit ihren impliziten oder expliziten Anthropologien in der Moderne voraus. Die moderne Errungenschaft der Erfahrungswissenschaft bestätigt und exemplifiziert als eine der vielen Formen von Welterschließung den exzentrischen Verhaltungsbruch. Aber sie wird sich untreu und übernimmt sich, sobald sie auch gleich noch Kunst, Literatur, Mythos, Religion, Philosophie, Politik u.v.m. ersetzen soll. Erfahrungswissenschaft zehrt als eine selektive Erklärung von Effekten, die unter Standardbedingungen reproduzierbar sind, von viel weitergehenden soziokulturellen und mentalen Verstehensprozessen, die sie – als selber eine Lebensform – nicht gleichzeitig methodisch kontrollieren kann. Gewiss können sich die verschiedenen erfahrungswissenschaftlichen Anthropologien gegenseitig diejenigen Ermöglichungsstrukturen (Möglichkeiten des verstehenden Nehmens als …) aufdecken, die sie jeweils für ihre Leistung als Voraussetzung, Bedingung und Folge in Anspruch nehmen, ohne sie gleichzeitig in ihrer je eigenen Erklärungsart und methodischen Kontrolle miterklären und mitkontrollieren zu können. So rechnen Bioanthropologien den Sozial- und Kulturanthropologien die biotischen Lebensdimensionen von Säugern und darunter anderen Primaten vor, oder umgekehrt Sozial- und Kulturanthropologien den Bioanthropologien ihre geschichtlich soziokulturellen Produktions- und Reproduktionsbedingungen, die letztere nicht selbst untersuchen. Dabei kommt bereits eine ganze Palette von naturalistischen Fehlschlüssen und hermeneutischen Zirkeln zur Sprache. Ein paradigmatisch-methodisch hervorragendes Beispiel für den Zusammenhang der reflexiven Sozial- und Kulturanthropologie mit der

Philosophischen Anthropologie hat G. Lindemanns Rekonstruktion der Intensivmedizin (vgl. Lindemann 2002) gegeben. In der Intensivmedizin wurden Kriterien für die Unterscheidung zwischen lebendig – unlebendig, bewusst – nicht bewusst, sprachlich-mental (personal) zurechenbar oder nicht zurechenbar anhand naturwissenschaftlicher Merkmale soziokulturell produziert und als spezifische Lebensform neu habitualisiert.

Die Philosophische Anthropologie rekonstruiert diejenigen Ermöglichungsstrukturen, die erfahrungswissenschaftliche Anthropologien wegen ihrer jeweiligen Bestimmtheit im allgemeinen unkontrolliert als ihre Produktionsbedingung in Anspruch nehmen, im Hinblick auf die Grenzfragen der spezifikationsbedürftig menschlichen Lebensführung als Gattung und Individuum im Ganzen. Dabei dient ihr der Common sense, das von allen Spezialisten in ihrer Lebensführung geteilte Medium der Beurteilung von Erfahrungen, als der Ausgangspunkt ihrer Untersuchungen (vgl. Plessner 1982a, 219). Die philosophische Fraglichkeit der Philosophischen Anthropologie führt nicht in den Zirkel anthropologischer Antworten zurück, sondern in deren produktive Ermöglichung durch Verstehenshorizonte hinaus. Sie entlastet die Lebensführung nicht durch vermeintlich sichere anthropologische Antworten, sondern entsichert letztere von ihrer Ermöglichung durch Anderes als die Antworten selbst. Auch Erfahrungswissenschaft deckt kein Versprechen, eine Versicherung gegen die Unbill und die Tücken des Lebens im Ganzen sein zu können, so dass man dieses bei ihr abgeben könnte. Die Philosophische Anthropologie rekonstruiert den Zusammenhang zwischen verschiedenen Differenzen, in denen Lebensformen bestimmbar werden, ohne diese Differenzen für aufeinander reduzierbar zu halten. Solche Reduktionen gehen nur außerhalb der Lebensführung im Ganzen. In der Zeitlichkeit der Lebensführung wird einer einzigen reflexiven Tautologie (Leben = Leben; Mensch = Mensch) oder einem einzigen reflexiven Paradox (Leben und Nicht-Leben; Mensch und Nicht-Mensch) vorgebeugt. Philosophische Anthropologie stellt in ihrer Rekonstruktion ein kategoriales Minimum für die Anschauung lebendiger, je auf ihre spezifische Weise selbstreferentieller Phänomengruppen heraus, das von der a-zentrischen über die zentrische bis zur exzentrischen Positionalitätsform und deren Organisationsformen reicht. So können sich verschiedene Verstehenszirkel gegenseitig unterbrechen und ihre Grenzfragen als Ermöglichung neuer Forschung hervortreten lassen. Im Hinblick auf die dualistische Verfestigung gewisser Vorannahmen in anderen Philosophien und deren Eingewöhnung auch im Selbstverständnis erfahrungswissenschaftlicher Unternehmungen beginne ich mit einer Umgehung der anfangs mit Dewey erwähnten Sackgasse dualistischer Entweder-Oder-Alternativen.

2. 1. Der Unterschied zwischen Personalität, Perspektivität und Aspektivität

Ob neurobiologische Hirnforschung, neuere Verhaltensforschung an frei lebenden Menschenaffen oder ethnologische Feldforschung in verschiednen vormodernen und modernen Kulturen des homo sapiens, sie alle kennen die Unersetzbarkeit der Erlebensperspektive der ersten Person (Teilnehmer) einerseits und der erfahrungswissenschaftlichen Perspektive der dritten Person (Beobachter) andererseits. Solche erfahrungswissenschaftliche Unternehmungen stellen nach struktur-funktionalen Modellen Korrelationen zwischen den Zuständen in beiden Phänomenreihen (der Teilnahme und Beobachtung) her und versuchen, in der einen oder anderen Erklärungsrichtung (von innen nach außen ins Verhalten oder umgekehrt) diese Korrelationen darstellbar und messbar zu machen. Insofern kann ihnen nicht an einem erneuten Auseinanderfallen der beiden Perspektiven in den *Dualismus* entweder der ersten oder der dritten *Person* gelegen sein. Auch erfahrungswissenschaftliche Untersuchungen anthropologischer Fragen müssen methodisch sowohl die *Perspektive* der sogenannt ersten als auch die *Perspektive* der sogenannt dritten Person vermitteln, z.B. durch Kontrolle in Form der teilnehmenden Beobachtung, des Verstehens und Übersetzens, um Fehlzuschreibungen zu vermeiden.

Plessner schlug die Redeweise von einer *Aspektdifferenz* vor, die für personale Verhaltungen charakteristisch ist, gleich welcher Person im grammatikalischen Sinne. So sehr der Arzt erfahrungswissenschaftlich messbare Gestalten zur Diagnose und Therapie braucht, er geht in seinem Verständnis von Situation und Person im Ganzen nicht in diesem fokussierten Aspekt physischer Bestimmungen auf, zumal sich deren medizinische Bedeutung geschichtlich zu ändern vermag. Auch Erfahrungswissenschaftler nehmen wie alle Menschen als Personen an weitergehenden Verstehenspraktiken teil und nutzen dies für Neuerungen in ihrer Forschung. Nicht alles, was sie verstehen, können sie auch im Sinne reproduzierbarer Effekte ebenso kausal erklären. Auch der Patient, Proband, Beobachtete löst sich nicht als Person auf in die ihn aktual beherrschende Erlebnisperspektive, etwas zu erleiden, Versuchsperson oder Beobachteter zu sein. Er möge, therapeutisch betrachtet, (wieder) *Person sein können*, als Person interaktionsfähig bleiben, seine Andersartigkeit als bekannte Personalität zeigen können, wie immer die Erklärungszwecke der erfahrungswissenschaftlichen Untersuchung lauten mögen. Statt also in einen erneuten Dualismus zurückzufallen, müssen wir deutlich zwischen Personalität, deren Perspektiven und deren Aspekten unterscheiden lernen, auch und gerade dann, wenn sie anders als möglich und sinnvoll institutionalisiert worden sind. Keiner muss blind kontingent einmal verteilte soziale „Kurfürstentümer“ verteidigen. Es geht so betrachtet nicht um die vorab ausschließliche Feststellung ganzer Personen auf nur diese und keine andere Perspektive, der entsprechend nur diese und keine anderen Aspekte wahrgenommen und beurteilt werden dürften, sondern um eine Auflösung und Umstellung all dieser üblichen Fehlidentifikationen.

Personen (aller grammatikalisch fassbaren Perspektiven von der ersten bis dritten Person *singularis* und *pluralis*) nehmen insofern die *Perspektive* interaktiven Lebens ein, als sie sich zu der *Differenz* zwischen dem *Aspekt des Physischen* und dem *Aspekt des Psychischen* verhalten. An die Stelle des vermeintlichen Personendualismus, der leider auch die Gegenwartsphilosophie durchgeistert, tritt so eine Aspektdifferenz, die von Personen als dem Dritten (als Neutrum, *nicht* im Sinne des erfahrungswissenschaftlichen Beobachters) her in der Verhaltungsbildung ermöglicht wird (vgl. Plessner 1975, 24–28, 34–36, 81–84, 89, 293, 300–302). Die phänomenologische Grundeinsicht besteht darin, dass nur in dieser funktionalen Dreierstruktur[2] Phänomene in der Interaktion ihre *Lebendigkeit*

---

2 Dieser phänomenologischen Methode entsprechen in der semiotischen Rekonstruktion der Phänomene drei-relationale Zeichen, die als „Haltungen“ (später terminologisch: „Verhaltungen“ oder „Positionierungen“) eingenommen werden, um eine funktionale Einheit der Sinnesmodalitäten praktizieren zu können. Vgl. Plessner 1980.

von sich aus zeigen, da sie dann ebenso wie die sie anschauenden Personen zwischen ihren physischen und psychischen Aspekten *spielen* (regulär oder irregulär, ein- oder ausspielen) können. Anderenfalls würde man lebendige Phänomene schon durch ihre methodische Einklammerung dualistisch abtöten. Letzteres ist für physikalische Standardsituationen nötig, schafft aber dadurch auch das Problem der Übersetzung in interaktive Lebensformen. Insofern Personen leben und Lebendigem begegnen (was hermeneutisch keineswegs selbstverständlich ist), tun sie dies *in* der genannten Aspekt-*differenz*, deren Einheit nicht aus ihr, sondern von einem Dritten her ermöglicht wird, also indirekt, neben dem erkenntnistheoretischen Dualismus von Subjekt und Objekt stehend. Lebenstherapeutische Unternehmungen im weitesten Sinne stehen vor der Frage, unter welchen paradigmatischen und methodischen Bedingungen sie eine Perspektive interaktiven Lebens einzurichten vermögen, in der ihnen Lebendiges spezifizierbar begegnet. Sie können im Rahmen dieser perspektivischen Aspektdifferenz versuchen, zu positiven Bestimmungen des Spielpotentials zwischen physischen und psychischen Aspekten zu gelangen. Ihre Korrelationen sind eine messbare Auswahl aus jenen strukturellen Kopplungen, die vom Standpunkt des Spielpotentials auch anders möglich wären. Die wichtigste der oft gesuchten „Brücken" zwischen Hirnforschern, Verhaltensforschern, Ethnologen, Philosophen und anderen Menschen ist der personale Charakter unser aller Lebensführung, der sich in Perspektiven und deren Aspekte differenzieren lässt. Ich komme auf die Frage nach der Personalität zurück (vgl. Kap. 2.3. im vorliegenden Band) und ebenso auf die Frage nach der genauen Kombination von Methoden in der Philosophischen Anthropologie (im vorliegenden Band, Kap. 3.1., dort insbesondere 2.4.).

Bislang habe ich die Aspektdifferenz nur als die Differenz zwischen dem Physischen und Psychischen eingeführt. Plessner spezifiziert sie jedoch für jede (Emergenz ermöglichende) Stufe von Phänomenlevels, die vom Lebendigen überhaupt bis zum darin (einer russischen Puppe ähnlich) enthaltenen Mentalen reichen. Um in der alten Semantik verständlich zu bleiben: Was „oben" (für Personen im sozio-kulturellen Sinne) als die „Körper-Leib-Differenz"[3] begegnet, beginnt „unten" (in der Unterscheidung lebendiger von nicht-lebendigen Phänomenen, z.B. anorganischen oder toten Körpern) als die Differenz zweier Verhaltungsrichtungen, nämlich der von außen nach innen und der von innen nach außen.

2. 2. Positionalität: Lebende Körper realisieren ihre eigene Grenze raum- und zeithaft in Raum und Zeit

Die Divergenz dieser Verhaltungsrichtungen (nach außen oder innen) ist zunächst physikalisch-chemisch fassbar anhand von räumlichen und zeitlichen Gestalten, die nicht nur anorganische, sondern auch organische Körper in Konturen (Schranken) halten, also beider Körperarten durchlaufen. Da sie anorganische und organische Körper durchlau-

[3] Aus Gründen einer performativen Einführung habe ich mit ihr begonnen. Vgl. Krüger 1999, 1. Kapitel.

fen, können diese Gestalten für die durchgängige erfahrungswissenschaftliche Wahrnehmung benutzt werden. Aber wegen dieser Durchläufigkeit reichen diese Gestalten nicht hin, die organischen Körper funktional zu spezifizieren (vgl. Plessner 1975, 100). Was ermöglicht ontisch, dem Ding nicht nur Eigenschaften der physikalisch-chemischen Selbstorganisation, sondern funktional spezifischer solche der biologischen Selbstreproduktion zu prädizieren? Dafür muss es in der Differenz des Dinges, d.h. in der Differenz zwischen seinem Kern und dem Mantel seiner Eigenschaften, einen Anhaltspunkt unter seinen Eigenschaften selber geben: „wenn ein Körper außer seiner Begrenzung den Grenz*übergang* selbst als Eigenschaft hat, dann ist die Begrenzung zugleich Raumgrenze und Aspektgrenze und gewinnt der Kontur unbeschadet seines Gestaltcharakters den Wert der Ganzheitsform. Auf das Verhältnis des begrenzten Körpers zu seiner Grenze kommt es also an.“ (Ebd. 103) Verhält *sich* der Körper *zu* seinen raumzeitlich gestalteten Konturen, dann von woanders *her*, nämlich *aus* seinem raum*haften* und zeit*haften* Grenzübergang in der Richtungsdivergenz der genannten Verhaltungen. Er ist dann raumhaft „In ihm Selber Sein und Aus ihm selber Sein“ (ebd. 104) und zeithaft Sich vorweg und Sich hinter her Sein. „Das Reellsein der Grenze an einer der einander begrenzenden Größen drückt sich für diese aus als die Weise des Über ihr hinaus Seins. Insofern Grenze ein *gegen*sinniges Verhältnis zwischen den durch sie getrennten und zugleich verbundenen Größen stiftet [...], drückt sich das Reellsein der Grenze an dem Realen als die Weise des *Ihm entgegen* Seins aus.“ (Ebd. 127) Ist der lebende Körper im Übergang seiner Verhaltungsrichtungen über ihn (als bloß organische Gestalt) hinaus, ihm entgegen und in ihn hinein, ist er also außerhalb und innerhalb seiner Gestalten, *positioniert* er *sich* (im Unterschied zu nicht-lebendigen Phänomenen oder Medien). Insofern er im Grenzdurchgang „angehoben“ wird, kann er sich auch setzen, was Plessner „seinen *positionalen Charakter* oder seine *Positionalität*“ (ebd. 129) nennt.

Es ist hier nicht nebenbei möglich, das Prozess- und Entwicklungspotential positionalen Daseins durchzugehen, seine ihm eigene Raum- und Zeithaftigkeit in der Anschauung im Unterschied zur erfahrungswissenschaftlich messbaren Wahrnehmung bestimmter Gestalten, die dieses Dasein in einer „Raum-Zeit-Union“ (vgl. ebd. 177–184) realisiert. Dadurch kann die von den Lebenswissenschaften selbst kontrollierte Wahrnehmung von ihrer selbst unkontrolliert in Anspruch genommenen Anschauungs- und Verstehenspraktik philosophisch unterschieden werden (vgl. Mitscherlich 2005, 2. Kapitel). „Lebendiges Sein beharrt im Werden, indem es ihm selbst vorweg ist. Es ist gegenwärtig, insofern es kommt, die Basis seiner Fundierung in der Zukunft liegt, aus der Zukunft her, ‚im Vorgriff‘ lebt. Nur in diesem ‚Rücklauf‘ ist es gesetztes Sein, nur dadurch zeigt es die positionalen Charaktere der raum-zeithaften Union, zeigt es Gebundenheit im absoluten Hier-Jetzt, Selbständigkeit. [...] Die Erfüllung der dreiteiligen, nach den Modis Zukunft, Vergangenheit, Gegenwart gegliederten Zeit als ein kraft seiner Vorwegstruktur, Vorgriffsstruktur rückläufig seine Vergangenheit Sein ist dem Leben, ob es pflanzlich oder tierisch organisiert ist, spezifisch.“ (Plessner 1975, 279 f.)

2. 3. Offene und geschlossene Organisationsweisen lebendiger Körper zum Lebenskreis

Der Blick zurück von der *Positionalität* des lebenden Körpers auf seine *organischen Gestalten*, sowohl seine Rand- als auch Binnengestalten, wirft die Frage nach seinen grundsätzlich möglichen Organisationsweisen (Binnendifferenzierungen) auf. Versteht man unter „Organisation" eine Lösung für das Problem, wie es durch Selbstvermittlung der Teile (Organe) zur Funktionseinheit des belebten Körpers so kommen kann, dass er sich zu positionieren vermag, liegt folgender Ausgangspunkt nahe: „In seinen Organen geht der lebendige Körper aus ihm heraus und zu ihm zurück, sofern *die Organe offen sind und einen Funktionskreis mit dem bilden, dem sie sich öffnen*. Offen sind die Organe gegenüber dem Positionsfeld. So entsteht der *Kreis des Lebens*, dessen eine Hälfte vom Organismus, dessen andere vom Positionsfeld gebildet wird." (Ebd. 191 f.) Während Autarkie nur dem ganzen Lebenskreis zukommt, ist der Organismus darin auf strukturelle Autonomie begrenzt. Demnach muss die Organisationsweise nach innen Fließgleichgewichte zwischen Auf- und Abbauprozessen ermöglichen, die nach außen strukturfunktional eine Vorangepasstheit und aktuale Anpassungen (im Vollzug der Verhaltung) zum Positionsfeld erlauben. Zudem muss dieses Aufeinander-Einspielen beider Verhaltungs- und Organisationsrichtungen zyklisch reproduziert (durch Fortpflanzung, Vererbung und Selektion) werden können.

Fragt man nach den strukturfunktionalen Ermöglichungsbedingungen all dieser erfahrungswissenschaftlichen Ausgangspunkte, sowohl im Hinblick auf die Erscheinungsweise der Phänomene selber als auch den personalen und methodischen Zugang zu ihnen, schlägt Plessner philosophisch (nicht als erfahrungswissenschaftlichen Ersatz) eine andere Orientierung als die biologische Evolutionstheorie vor: Vom Standpunkt des „kategorischen Konjunktivs" geht es um die dem Leben wesentlichen, nämlich nötigen und zufälligen Seinsmöglichkeiten (vgl. Krüger 2001a, 111–114, 292 f.). „Der Organismus ist in Beziehung zum Positionsfeld *exzentrischer Mittelpunkt*. [...] Er wird damit als Mitte und Peripherie in Einem gekennzeichnet." (Plessner 1975, 203) Er hat sich „gleichsinnig" und „gegensinnig" zum Positionsfeld zu stellen und beides im zyklisch reproduzierbaren Prozess zu synthetisieren, soll Leben real möglich bleiben können. Daraus ergibt sich als ein erster Zwischenschritt die Unterscheidung zwischen der offenen (phänomenal anhand von Pflanzen) und der geschlossenen (anhand von Tieren) Organisationsform lebendigen Daseins. Offen ist diejenige Form, „welche den Organismus in allen seinen Lebensäußerungen unmittelbar seiner Umgebung eingliedert und ihn zum unselbständigen Abschnitt des ihm entsprechenden Lebenskreises macht", während geschlossen diejenige Form ist, „welche den Organismus in allen seinen Lebensäußerungen mittelbar seiner Umgebung eingliedert und ihn zum selbständigen Abschnitt des ihm entsprechenden Lebenskreises macht" (ebd. 219, 226).

2. 4. Dezentralistische und zentralistische Organisationsformen in der zentrischen Positionalität

Fragt man sich nun, in welchen wesensnötigen Optionen die Schließung der Organisationsform gegenüber ihrem Positionsfeld (phänomenologisch anhand der Sphäre von Tieren vorgestellt) erfolgen kann, gibt es den eher dezentralistischen oder den eher zentralistischen Weg. Die Schließung überhaupt braucht eine gewisse Zentrierung der Organisation nach innen (physisch: Nerven) und außen, so dass es zu einer Frontalstellung gegenüber etwas im Positionsfeld kommen kann, die Plessner „zentrische Positionalität" nennt. Aber diese gewisse Zentrierung kann – im Hinblick auf die Organisation der funktionalen Einheit in der Binnendifferenzierung – funktionsspezifisch in vielen Zentren erfolgen und muss nicht mit einer einzigen allgemeinen Zentralisierung (physisch: Gehirn) aller spezifischen Zentren zusammenfallen. „Entweder bildet der Organismus unter Verzicht auf zentrale Zusammenfassung einzelne Zentren aus, die im losen Verband miteinander stehen und in weitgehender Dezentralisierung den Vollzug der einzelnen Funktionen vom Ganzen unabhängig machen. Dies ist der Weg möglichster Deckung gegen das Feld durch Umgehung des Bewußtseins. Oder der Organismus fasst sich streng zentralistisch unter der Herrschaft eines Zentralnervensystems zusammen und sucht den Vollzug der einzelnen Funktionen unter seine Kontrolle zu bringen. Dies ist der Weg möglichsten Eindringens in das Feld durch Einschaltung des Bewußtseins." (Ebd. 241) Charakteristisch für die dezentralistische Organisation ist „das Zurücktreten der sensorischen hinter den motorischen Apparaten, die Abdeckung der Objektwelt bis auf spärliche Signale zugunsten eines möglichst reibungslosen Ablaufs der für den Körper notwendigen Aktionen. Geringer Fehlerchance entspricht ein geringes Assoziations- oder Lernvermögen" (ebd. 248).

Demgegenüber eröffnet der *lebensimmanente Umschlag des Seins ins Bewusstsein* (psychisch) Lernniveaus und (physisch) zentralnervöse Unterbrechungen und Zuordnungen zwischen den Zuständen in Sensorik und Motorik. „Merken ist gehemmter, Wirken enthemmter Erregung äquivalent. Zwischen beiden spannt sich die Sphäre des Bewußtseins, durch welche hindurch der Übergang vom Merken ins Wirken stattfindet. So ist sie die raumhaft innere Grenze, ist sie die zeithafte Pause zwischen dem von außen Kommenden und dem nach außen Gehenden, der Hiatus, die Leere, die binnenhafte Kluft, durch die hindurch auf den Reiz die Reaktion erfolgt." (Ebd. 245) Die Aktionen müssen nun „*auf Grund* der Empfindungen" des eigenen Körpers geschehen, während gleichzeitig die Notwendigkeit entsteht, „das Umfeld soweit wie irgend möglich durch die Sinnesorgane zu kontrollieren", eine Tendenz, die im Vergleich zur dezentralistischen Form einen „Primat des Sensorischen" (ebd. 249 f.) aufweist. Die zentralistische Repräsentation (physisch: Gehirn) des eigenen Körpers, des Umfeldes und schließlich der Wirkungen eigener Aktionen im Umfeld resultiert in den „Ringschluß des sensomotorischen Funktionsspiels, dem [das] Auftreten von Dingen im Merkfeld entspricht" (ebd. 255), also von nicht mehr nur Signalen für Aktionen. Aber damit führt die zentralistische Steigerung zur Totalrepräsentation zu immer komplexeren Rückkopplungsschleifen, die unterbrechen und verbinden, Fehlerchancen (z.B. Reaktionszeiten) erhöhen und einen Antagonismus von Handlung und Bewusstsein bewirken, das zwischen der Kontrolle eigener Bewegungen und der Aufmerksamkeit für Feldverhalte schwankt.

Beide, der dezentralistische und der zentralistische Weg haben Grenzen in der zentrischen Positionalität. Angeborene (Instinkte) und lernabhängig auszubildende Strukturen (die Öffnung der Verhaltung im Trieb, ihre Bestimmung durch assoziative Gewöhnung und die Lösung ihres Problems durch Intelligenz) können einander positional ergänzen. Obgleich die zur zentrischen Positionalität gehörigen Organisationsformen auf bewusste und außer-bewusste Weise „ein rückbezügliches Selbst oder ein Sich" beinhalten, weist diese mehrfache Rückbezüglichkeit doch deutliche Grenzen auf. Sie wird spontan als die *Einheit* von Körper und Leib *vollzogen*, nicht aber von einem Dritten her als die *Differenz* zwischen Körper und Leib selber *angeschaut* und durch kategorialen Abstand beurteilt. „Positional besteht hier noch keine Möglichkeit, zwischen dem Gesamtkörper (einschließlich des Zentralorgans) und dem Leib (als der vom Zentralorgan abhängigen Körperzone) zu vermitteln. Positional besteht beides nebeneinander, ohne daß damit die Einheit des Sachverhalts aufgehoben wäre. [...] der Doppelaspekt von Körper und Leib ist der positionale Gegenwert jener physischen Trennung in eine das Zentrum mit enthaltene und eine vom Zentrum gebundene Körperzone." (Ebd. 237 f.)

2. 5. Das Problem der strukturellen Kopplung von exzentrischer Positionalität und zentrischer Organisationsform und damit indirekt aller lebendigen Sich-Bezüge

„Die Schranke der tierischen Organisation liegt darin, daß dem Individuum sein selber Sein verborgen ist, weil es nicht in Beziehung zur positionalen Mitte steht, während Medium und eigener Körperleib ihm gegeben, auf die positionale Mitte, das absolute Hier-Jetzt bezogen sind. Sein Existieren im Hier-Jetzt ist nicht noch einmal bezogen, denn es ist kein Gegenpunkt mehr für eine mögliche Beziehung da." (Ebd. 288) Hier könnte erst eine *exzentrische Positions*form Abhilfe schaffen, die das physisch-psychische Zentrum der Verhaltensbildung (Mitte) durch Distanzgewinnung von woanders als dem Organismus her zu *dezentrieren* gestattet. Sie lässt sich inhaltlich insbesondere, aber nicht nur als sprachliche Mentalität fassen, die soziokulturell positioniert wird (vgl. zur soziokulturellen Zweitnatur in Sprache und Geist ebd. 304 f., 311, 340). Die exzentrische Positionalität als „Sinn für das Negative" fehlt Schimpansen (ebd. 270 f.). Eine dezentrische *Organisations*form haben wir schon in ihren komplementären Grenzen zur zentrischen Organisationsform kennen gelernt. Sie bietet als solche keinen Grenzübergang über die zentrische Positionalität hinaus. Die (gegenüber Plessners Zeit neue) Leistung der neurobiologischen Hirnforschung besteht darin, dass sie die dezentrale Organisation *innerhalb* der zentralen Repräsentation (durch selbstreferenzielle Metarepräsentationen in eigenzeitlicher Synchronisation) herausgearbeitet hat (vgl. Krüger 2004b). Eine *exzentrische Organisations*form, etwa als Hintereinanderschaltung physisch von Großhirnrinden und psychisch von Subjekten, würde an Selbst-Paralyse und Überkomplexität zugrunde gehen (vgl. zur widersinnigen Verdoppelung des Subjektkerns Plessner 1975, 290 f.). Es hilft aber auch nur eine solche Ex-Zentrierung der

Positionalität weiter, die als ex-*zentrische* Positionalität mit der zentrischen Organisationsform überhaupt durch strukturelle Kopplungen verträglich bleibt. Schließlich entsteht in diesem kategorialen Forschungsprogramm die Frage, was sich in der zentrischen Organisationsform im Vergleich zu anderen Primaten ändern muss, damit sie in eine exzentrische Positionsform strukturfunktional eingespielt werden kann (vgl. Krüger 1999, 94 f.). Die exzentrische Positionalität wird in soziokulturellen Interaktionen realisiert, welche sprachlich-mental und gesellschaftlich ein Eigenleben gewinnen. Im Rahmen ihrer strukturellen Rückkopplung an die zentrische Organisationsform sind auch nicht beliebige hirnphysiologische Potentiale als Randbedingung erforderlich. Für die mit der exzentrischen Positionalität korrelierbare zentrische Organisationsform reichen in keinem Falle die Metarepräsentationen durch Synchronisation aus, die für alle Säugergehirne charakteristisch sind und derzeit von der neurobiologischen Hirnforschung eruiert werden. Es muss sich vielmehr um eine gegenüber anderen Primaten verallgemeinernde Steigerung in der Funktionsweise des Gehirnes handeln, damit dieses an exzentrische Positionierungen anschlussfähig wird (vgl. Krüger 2004b; Plessner 1975, 244).

Die Frage der exzentrischen Positionalität, die wir alle selber als letzte lebendige Leistungsermöglichung in Anspruch nehmen, ist bisher dem Inhalte nach die Menschenfrage im Sinne des o.g. anthropologischen Zirkels. Aber Plessner hat sie auch zukunftsoffen als die Frage nach vergleichbar spezifischen, ihr Verhalten de- und rezentrierenden Lebewesen in einem Forschungsprogramm entworfen. „Mensch sein ist an keine bestimmte Gestalt gebunden und könnte daher auch (einer geistreichen Mutmaßung des Paläontologen Dacqué zu gedenken) unter mancherlei Gestalt stattfinden, die mit der uns bekannten nicht übereinstimmt." (Plessner 1975, 293) Die Erfahrungswissenschaften werden uns im ausgerufenen Zeitalter der Lebensmächte im Unterschied zu dem neuer Geschichtsmächte (vgl. Krüger 2001, 52–54, 108–110) so oder so noch mit ihren positiven Bestimmungen von wahrnehmbaren Gestalten, die alle Lebensdifferenzierungen durchlaufen und daher nach Bedeutung verlangen, überraschen. Sie werden immer neue Was-Fragen generieren und die Standardkontexte für deren Beantwortung schaffen. Sie werden dafür eine Ermöglichungsbedingung nach der anderen in Anspruch nehmen und so immer erneut das, was bisher als selbstverständlich galt, in den Sog ihres Fragens und Antwortens ziehen. Aber dadurch werden sich auch die Erfahrungswissenschaften fraglich, in dem Sinne, sich zu fragen, wozu und wonach sie fragen. Sie werden sich selber als derjenige/diejenige fraglich, welche fragen und antworten, als das „Wer" der Fragen und Antworten. „Die Frage nach dem Was des Menschen erzwingt (...) eine neue Art zu antworten. [...] Das, Was der Mensch ist *oder* ich bin oder wir sind, bestimmt die Antwort *und* wird von der Antwort bestimmt. [...] Erst das faktische Fragen – und mag es nur ein Aufdämmern sein – macht den Menschen *zum* Menschen. [Was] die Philosophie in der Frage nach dem Was des Menschen, in dem Abwenden von ihm als dem Gegebenen, in der Hinauswendung über jede mögliche Gegebenheit von ihm, liefert, schafft, setzt erst das Wonach der Frage." (König/Plessner 1994, 192 f.)

Es wäre daher ein grober Fehler, der des Szientismus, die erfahrungswissenschaftliche Bestimmtheit, Bedingtheit und Endlichkeit reproduzierbarer Effekte auf das Absolute zu übertragen, das uns letztlich die Szenerie ermöglicht, in der Personen überhaupt fragen und antworten, darunter auch Was-Fragen stellen und beantworten können. Das Absolute ist innerweltlich, d.h. abgesehen von seiner positiven religiösen Interpretation, die Negativität des Unbestimmten, Unbedingten und Unendlichen der Lebensführung im Ganzen. Die philosophisch angemessene Artikulationsform ist dafür eine „negative Metaphysik", d.h. die Metaphysik der Negativität des Absoluten (Krüger 1999, 30–32, 266; Krüger 2001a, 108 f., 150, 154, 304, 325), welche die Philosophie der klassischen Pragmatismen und die Philosophische Anthropologie auf unterschiedliche Weise miteinander teilen. Anders wäre die für beide charakteristische Hineindrehung des Geistes in die lebendige Natur und deren Herausdrehung in den geistigen Vollzug nicht möglich gewesen. Die erfahrungswissenschaftlichen Was-Fragen und -Antworten nivellieren die qualitativen Unterschiede in der Lebensführung zugunsten von Kausalmechanismen. Aber sie nehmen niemandem, auch nicht dem Erfahrungswissenschaftler selbst, die Lebensführung ab. Auch die Ärztin kann nicht ihre Lebenshaltung gegenüber ihrer Sterblichkeit delegieren. Fällt man nicht der die Erfahrungswissenschaft remythologisierenden Übertragung auf das Absolute zum Opfer, kommt man an der Pluralität exzentrischer Lebensformen und damit ihrem Wertekonflikt in Fragen nach dem Wer der Antworten und Fragen, nach dem Wonach, Wozu, Wohin der Was-Fragen, nicht vorüber.

Die auf diesen Widerstreit bezogen unausweichliche Beteiligung an der Bildung von politischen Machtbeziehungen muss nicht dem alten Souveränitätsideal möglichst absoluter Selbstbestimmung und Selbstverwirklichung folgen. Sie kann längst um die Grenzen derselben und um die Unergründlichkeit des Absoluten selber wissen: „Theoretisch definitiv ist die Wesensbestimmung des Menschen als Macht oder als offene Frage nur insoweit, als sie die Regel gibt, eine inhaltliche oder formale theoretische Fixierung als … *fernzuhalten*, welche seine Geschichte in die Vergangenheit und in die Zukunft hinein einem außergeschichtlichen Schema der Geschichtlichkeit unterwerfen möchte. Zugleich ist diese Bestimmung theoretisch richtig (im Kantschen Sinne sogar konstitutiv), weil sie den Menschen in seiner Macht zu sich und über sich, von der er allein durch Taten Zeugnis ablegen kann, trifft. Man darf nur nicht dabei vergessen, daß ihm in dieser Wesensaussage das Kriterium für die Richtigkeit der Aussage selbst *überantwortet* ist." (Plessner 1981b, 190 f.) *Wer* die Einladung, an dem Forschungsprogramm der Philosophischen Anthropologie teilzunehmen annimmt, dem wird das Primat der Fraglichkeit über die Antwortlichkeit in der Lebensform der sich exzentrisch positionierenden Lebewesen überantwortet. Lässt sich dieses Primat verantworten? – Es ermöglicht Zukunft, die anders als die Wiederholung der Übel der Vergangenheit ist. „*Die im Sinne ihrer Überwindung verwirklichte Skepsis ist allein möglich als Philosophische Anthropologie*" (Plessner 1983, 41).

Literatur

Arlt, G., 1996, Anthropologie und Politik. Ein Schlüssel zum Werk Helmuth Plessners, München.

Arlt, G., 2001, Philosophische Anthropologie, Stuttgart/Weimar.

Assmann, A./Gaier, U./Trommsdorf, G. (Hg.), 2004, Positionen der Kulturanthropologie, Frankfurt a. M.

Assmann, J., 1997 (2. Aufl.), Das kulturelle Gedächtnis. Schrift, Erinnerung und politische Identität in Frühen Hochkulturen, München.

Beaufort, J., 2000, Die gesellschaftliche Konstitution der Natur. Helmuth Plessners kritisch-phänomenologische Grundlegung einer hermeneutischen Naturphilosophie in „Die Stufen des Organischen und der Mensch“, Würzburg.

Beaufort, J., 2003, Plessner lesen, in: Information Philosophie, H. 1.

Cassirer, E., 1994, Substanzbegriff und Funktionsbegriff. Untersuchungen über die Grundfragen der Erkenntniskritik (1910), Darmstadt.

Dewey, J., 1995, Erfahrung und Natur, Frankfurt a. M (Experience and Nature, 1925).

Eßbach, W., 1994, Der Mittelpunkt außerhalb. Helmuth Plessners philosophische Anthropologie, in: Dux, G./Wenzel, U. (Hg.), Der Prozeß der Geistesgeschichte, Frankfurt a. M.

Fahrenbach, H., 1991, „Lebensphilosophische“ oder „existenzphilosophische“ Anthropologie? Plessners Auseinandersetzung mit Heidegger, in: Rodi, F. (Hg.), Dilthey-Jahrbuch, Bd. 7, Göttingen.

Fahrenbach, H., 2004, Philosophische Anthropologie und Ethik? Eine Grenzfrage im Werk Helmuth Plessners, in: Deutsche Zeitschrift für Philosophie, 52/4.

Feuerbach, L., 1956, Das Wesen des Christentums (1841), Berlin.

Feuerbach, L., 1970, Grundsätze der Philosophie der Zukunft (1843/46), in: Feuerbach, L., Gesammelte Werke, Bd. 9, Berlin.

Fischer, J., 2000, Philosophische Anthropologie. Zur Bildungsgeschichte eines Denkansatzes, sozialwiss. Dissertation, Göttingen.

Foucault, M., 1971, Die Ordnung der Dinge. Eine Archäologie der Humanwissenschaften, Frankfurt a. M.

Foucault, M., 1999, In Verteidigung der Gesellschaft. Vorlesungen am Collège de France (1975–76), Frankfurt a. M.

Gamm, G., 2000, Nicht nichts. Studien zu einer Semantik des Unbestimmten, Frankfurt a. M.

Gehlen, A., 1986, Anthropologische Forschung (1961), in: Gehlen, A., Anthropologische und sozialpsychologische Untersuchungen, Reinbek.

Gehlen, A., 1993, Der Mensch. Seine Natur und seine Stellung in der Welt (1940), in: Gehlen, A., Gesamtausgabe, Bd. 3, Frankfurt a. M.

Habermas, J., 1958, „Anthropologie“, in: Fischer Lexikon Philosophie, Frankfurt a. M.

Habermas, J., 1981, Philosophisch-politische Profile, Frankfurt a. M.

Habermas, J., 1985, Der philosophische Diskurs der Moderne, Frankfurt a. M.

Habermas, J., 2001, Die Zukunft der menschlichen Natur, Frankfurt a. M.

Haucke, K., 2003, Das liberale Ethos der Würde. Eine systematisch orientierte Problemgeschichte zu Helmuth Plessners Begriff menschlicher Würde, Würzburg.

Hegel, G. W. F., 1981, Grundlinien der Philosophie des Rechts oder Naturrecht und Staatswissenschaft im Grundrisse (1820), Berlin.

Henrich, D., 2004, Der Mensch als Subjekt in den Weisen seines Mitseins, in: Hügli, A./Kaegi, D./Wiehl, R. (Hg.), Einsamkeit – Kommunikation – Öffentlichkeit, Basel.

Herder, J. G., 1952, Ideen zur Philosophie der Geschichte der Menschheit (1784–91), in: Herder, J. G., Zur Philosophie der Geschichte, hg. v. W. Harich, 2. Bd., Berlin.

Herder, J. G., 1971, Briefe zur Beförderung der Humanität (1793–97), Berlin/Weimar.

Höffe, O., 1999, Demokratie im Zeitalter der Globalisierung, München.

Irrlitz, G., 2002, Kant-Handbuch. Leben und Werk, Stuttgart/Weimar.

Iser, W., 1991, Das Fiktive und das Imaginäre. Perspektiven literarischer Anthropologie, Frankfurt a. M.

Kämpf, H., 2003, Die Exzentrizität des Verstehens. Zur Debatte um die Verstehbarkeit des Fremden zwischen Hermeneutik und Ethnologie, Berlin.

Kant, I., 1983, Anthropologie in pragmatischer Hinsicht (1798), Stuttgart.

Karpenstein-Eßbach, Ch., 2004, Einführung in die Kulturwissenschaft der Medien, Paderborn.

Köhler, S., 2001, Netze – Verkehren – Öffentlichkeiten. Zu polyzentrischen Potentialen Neuer Medien, Schkeuditz.

König, J./Plessner, H., 1994, Briefwechsel 1923–1933, hg. v. H. U. Lessing/A. Mutzenbecher, Freiburg/München.

Krauss, W., 1978, Zur Anthropologie des 18. Jahrhunderts, Berlin.

Krüger, H.-P., 1990, Kritik der kommunikativen Vernunft. Kommunikationsorientierte Wissenschaftsforschung im Streit mit Toulmin, Sohn-Rethel und Habermas, Berlin.

Krüger, H.-P., 1993, Perspektivenwechsel. Autopoiese, Moderne und Postmoderne im kommunikationsorientierten Vergleich, Berlin.

Krüger, H.-P., 1996, Angst vor der Selbstentsicherung. Zum gegenwärtigen Streit um Helmuth Plessners philosophische Anthropologie, in: Deutsche Zeitschrift für Philosophie, 44/2.

Krüger, H.-P., 1999 u. 2001a, Zwischen Lachen und Weinen. Bd. I: Das Spektrum menschlicher Phänomene. Bd. II: Der dritte Weg Philosophischer Anthropologie und die Geschlechterfrage, Berlin.

Krüger, H.-P., 2001b, Die Potenzialität des Menschseins. Zur Minimalanthropologie einer demokratischen Globalisierung, in: Deutsche Zeitschrift für Philosophie, 49/6.

Krüger, H.-P., 2004a, Die Aussetzung der lebendigen Natur als geschichtliche Aufgabe in ihr, in: Deutsche Zeitschrift für Philosophie, 52/1.

Krüger, H.-P., 2004b, Das Hirn im Kontext exzentrischer Positionierungen. Zur philosophischen Herausforderung der neurobiologischen Hirnforschung, in: Deutsche Zeitschrift für Philosophie, 52/2.

Krüger, H.-P., 2004c, Existenz als exzentrische Lebensform? Überlegungen zum Vergleich der Philosophien von Karl Jaspers und Helmuth Plessner, in: Hügli, A./Kaegi, D./Wiehl, R. (Hg.), Einsamkeit – Kommunikation – Öffentlichkeit, Basel.

Landmann, M., 1982, Philosophische Anthropologie, Berlin/New York.

Lindemann, G., 2002, Die Grenzen des Sozialen. Zur soziotechnischen Konstruktion von Leben und Tod in der Intensivmedizin, München.

Lindemann, G., 2003, Unheimliche Sicherheiten. Zur Genese der Hirntodkonzeption, Konstanz.

Marquard, O., 1995, Der Mensch „Diesseits der Utopie". Bemerkungen über Geschichte und Aktualität der philosophischen Anthropologie, in: Marquard, O., Glück im Unglück. Philosophische Überlegungen, München.

Pico della Mirandola, G., 1990, Über die Würde des Menschen (De hominis dignitate, 1486), Hamburg.

Mitscherlich, O., erscheint 2005, Natur und Geschichte. Plessners Lebensphilosophie als negative Metaphysik, phil. Dissertation, Potsdam.

Plessner, H., 1975, Die Stufen des Organischen und der Mensch. Einleitung in die philosophische Anthropologie (1928), Berlin/New York.

Plessner, H., 1980, Die Einheit der Sinne. Grundlinien einer Ästhesiologie des Geistes (1923), in: Plessner, H., Gesammelte Schriften III, Frankfurt a. M.

Plessner, H., 1981a, Grenzen der Gemeinschaft. Eine Kritik des sozialen Radikalismus (1924), in: Plessner, H., Gesammelte Schriften V, Frankfurt a. M.

Plessner, H., 1981b, Macht und menschliche Natur. Ein Versuch zur Anthropologie der geschichtlichen Weltansicht (1931), in: Plessner, H., Gesammelte Schriften V, Frankfurt a. M.

Plessner, H., 1982a, Lachen und Weinen. Eine Untersuchung der Grenzen menschlichen Verhaltens (1940), in: Plessner, H., Gesammelte Schriften VII, Frankfurt a. M.

Plessner, H., 1982b, Die Deutung des mimischen Ausdrucks. Ein Beitrag zur Lehre vom Bewußtsein des anderen Ichs (1925), in: Plessner, H., Gesammelte Schriften VII, Frankfurt a. M.

Plessner, H., 1983, Die Aufgabe der Philosophischen Anthropologie (1937), in: Gesammelte Schriften VIII, Frankfurt a. M.

Richter, N. A., 2001, Unversöhnte Verschränkung. Theoriebeziehungen zwischen Carl Schmitt und Helmuth Plessner, in: Deutsche Zeitschrift für Philosophie, 49/5, Berlin.

Ricken, U., 1984, Sprache, Anthropologie, Philosophie in der französischen Aufklärung, Berlin.

Rothacker, E., 1982, Philosophische Anthropologie (1964), Bonn.

Scheler, M., 1985, Wesen und Formen der Sympathie (1923), Bonn.

Scheler, M., 1995, Die Stellung des Menschen im Kosmos (1928), Bonn.

Schiller, F., 1956a, Über Anmut und Würde (1793), in: Schiller, F., Prosa-Schriften, hg. v. E. Müller, Bd. II, Stuttgart.

Schiller, F., 1956b, Über die ästhetische Erziehung des Menschen in einer Reihe von Briefen (1795), in: Schiller, F., Prosa-Schriften, hg. v. E. Müller, Bd. II, Stuttgart.

Seitter, W., 1985, Menschenfassungen. Studien zur Erkenntnispolitikwissenschaft, München.

Schloßberger, M., 2004, Die Erfahrung des Anderen. Über die Formen menschlichen Miteinanders im Anschluß an Lipps, Dilthey, Husserl und Scheler, phil. Dissertation, Potsdam.

Schürmann, V., 1997, Unergründlichkeit und Kritik-Begriff. Plessners politische Anthropologie als Absage an die Schulphilosophie, in: Deutsche Zeitschrift für Philosophie, 45/3.

Volpi, F., 1999, Nemesios von Emesa: Peri physeos anthropu, in: Volpi, F. (Hg.), Großes Werklexikon der Philosophie. Bd. 2, Stuttgart.

Waldenfels, B., 1994, Antwortregister, Frankfurt a. M.

Wulf, Ch./Kamper, D. (Hg.), 2002, Logik und Leidenschaft. Erträge Historischer Anthropologie, Berlin.

GESA LINDEMANN

Soziologie – Anthropologie und die Analyse gesellschaftlicher Grenzregimes

Anthropologische Fragen galten in der sozial- und gesellschaftswissenschaftlichen Theoriebildung lange Zeit als vernachlässigenswert. Dies hat sich allerdings in den letzten Jahren geändert nicht zuletzt aufgrund der technischen Erfolge der Lebenswissenschaften – wie der Entschlüsselung des Erbgutes und der technischen Möglichkeiten der Reproduzierbarkeit von Lebewesen – sowie der Erkenntnisansprüche der kognitiven Neurowissenschaften, die mentale und soziale Phänomene zu einem Gegenstand naturwissenschaftlich-erklärender Hirnforschung machen.[1] Ich möchte nicht direkt an diese Diskussionen anschließen[2], sondern allgemeiner danach fragen, wie das Verhältnis von Anthropologie und Sozial- und Gesellschaftstheorie gedacht werden kann.

Bei der Diskussion des Verhältnisses von Anthropologie und Sozial- und Gesellschaftstheorie werde ich von einem traditionell bekannten Befund ausgehen. Soziologische Theorien und Gesellschaftstheorien führen (fast) immer ein Bild vom Menschen mit. Auch AutorInnen, die gegen jede wesensmäßige Festlegung des Menschen Stellung beziehen, legen nämlich die anthropologische Problematik nur vordergründig ad acta.[3] Um diesen Befund auszudifferenzieren, ist es sinnvoll, sich zu vergegenwärtigen, wie Anthropologie in der auf Gesellschaft orientierten Theoriebildung in Anspruch genommen wird. Es lassen sich grob zwei Formen unterscheiden. Zum einen wird *explizit* auf anthropologische Bestimmungen zurückgegriffen und zwar in Richtung einer Wesensbestimmung: Gerade die Unbestimmtheit der Verhaltensmöglichkeiten sei nämlich dem Umweltverhältnis von Menschen wesentlich, erst auf dieser Grundlage würde die spezifisch menschliche Form der Vergesellschaftung plausibel. Es soll nur für Menschen gelten, dass sie von ihrer Natur her dazu bestimmt seien, sich selbst und ihr Verhältnis zu ihrer Umwelt zu konstituieren.[4] Deshalb würden nur Menschen nicht in einer für sie

---

1 Ein prominentes Beispiel dieser neuerlichen Hinwendung zu anthropologischen Fragestellungen ist Habermas (2001, 2004)

2 Vgl. etwa das Schwerpunktheft der Deutschen Zeitschrift für Philosophie (Heft 2, 2004) „Hirn als Subjekt“.

3 Schon Anfang der achtziger Jahre haben Honneth und Joas (1980) darauf aufmerksam gemacht.

4 Unter dieser Voraussetzung kann der Bezug auf den Menschen als Gattungswesen sehr verschieden ausfallen. Die Überlegungen lassen sich auf einem Kontinuum anordnen, dessen Pole man als kon-

natürlichen Umwelt leben, sondern in einer Wirklichkeit, die sozial konstruiert bzw. gesellschaftlich vermittelt ist. Zum anderen wird Anthropologie aber auch *implizit* in Anspruch genommen: Es geht in den Sozialwissenschaften immer um die Vergesellschaftung von Menschen; dies setzt notwendig ein Wissen darum voraus, wer ein Mensch ist. An diesem Punkt folgen sozialwissenschaftliche Theorien weniger wissenschaftlichen anthropologischen Einsichten über die biologische Gattung als vielmehr einem anthropologischen Alltagswissen. Die Frage, wer ein Mensch ist, gilt als prinzipiell beantwortet oder beantwortbar, ohne dabei ein wissenschaftliches Wissen über Gattungszusammenhänge in Anspruch nehmen zu müssen. Epistemologisch ist die Alltagsanthropologie insoweit relevant, als sie es „uns Sozialwissenschaftlerinnen (Gesellschaftstheoretikern)“ erlaubt, unseren Gegenstand z.B. von dem der biologischen Verhaltensforschung abzugrenzen. Obwohl hier also nicht explizit auf wissenschaftlich anthropologisches Wissen zurückgegriffen wird, sondern eher eine „Alltagsanthropologie“ als Bezugspunkt dient, ist es wichtig festzuhalten, dass es sich um eine anthropologische Fundierung handelt.

Die zwei Hinsichten, in denen hier auf anthropologische Annahmen rekurriert wird, lassen sich als Antworten auf zwei Fragen verstehen: „*Was* ist der Mensch?“ und „*Wer* ist ein Mensch?“ Die Frage nach dem *Was* betrifft die oft implizit gehaltenen Wesensbestimmungen, die das Umweltverhältnis als spezifisch menschlich charakterisieren. Die Frage nach dem *Wer* betrifft die unausgesprochene Voraussetzung, dass die Sozialwissenschaften sich mit menschlichen Gesellschaften befassen und nicht etwa mit der Vergesellschaftung von Tieren oder von Göttern. Das Verhältnis von Sozialwissenschaften und Anthropologie ist, je nachdem um welche der beiden Fragen es geht, unterschiedlich.

Die Frage danach, *was* der Mensch ist, wird in der philosophisch orientierten anthropologischen Diskussion thematisiert. Genauer: Die Unmöglichkeit zu einer definitiven Wesensbestimmung zu gelangen, wird explizit herausgearbeitet. Bei der Behandlung dieser Frage gibt es eine wechselseitige Bezugnahme von philosophischen Autoren und solchen, die empirisch arbeiten. Gehlen bezieht sich explizit auf historische, kulturvergleichende und nicht zuletzt soziologische Forschungen und arbeitet deren Ergebnisse reflexiv durch, um so zu verallgemeinerbaren Aussagen über das Umweltverhältnis von Menschen zu gelangen.[5]

---

stitutiv und normativ charakterisieren kann. Konstitutiv sind solche Annahmen, die auf die Gestaltungsoffenheit menschlicher Vergesellschaftung abheben. Dies schließt auch die technische Umgestaltung der Körper von Lebewesen (einschließlich der menschlichen Körper) auf jeder Stufe ihrer Entwicklung ein. Eine gehaltvolle theoretische Begründung einer solchen Gestaltungsoffenheit hat Plessner mit der Theorie der exzentrischen Positionalität geliefert (vgl. Plessner 1975). Normative Annahmen setzen diese Gestaltungsoffenheit voraus, ohne sie deshalb unbedingt eigens zu begründen, und machen nun aber die menschliche Natur zum normativen Bezugspunkt, von dem her den technischen Gestaltungsmöglichkeiten Grenzen gesetzt werden sollten. Diese Position wird von Habermas (2001) stark gemacht.

5 Gehlen (1975, 1993) soll hier nur als Beispiel dienen. Andere Autoren, wie etwa Sartre (1967) oder Merleau-Ponty (1966) unterscheiden sich zwar hinsichtlich der Art und Weise ihres Bezuges auf empirische Forschung, aber auch sie formulieren anthropologische Aussagen als deren Reflexion.

Dabei erweist sich der Mensch in doppelter Weise als ein geschichtliches Wesen, denn in die historischen Veränderungen des Umweltverhältnisses von Menschen ist auch die Veränderlichkeit ihrer Selbstdeutung eingeschlossen.

Innerhalb der Sozialwissenschaften und der Gesellschaftstheorie findet eine explizite Thematisierung der Frage nach dem *Was* nicht oder kaum statt.[6] Entweder implizit oder explizit schließt diese Forschung bzw. Theoriebildung an die Annahme an, das Wesen des Menschen sei nicht festgelegt, sondern müsse erst durch die historisch-gesellschaftliche Praxis hervorgebracht werden. Ein Beispiel für einen expliziten Anschluss an die philosophische Anthropologie wäre die Wissenssoziologie von Berger und Luckmann (1980), in der die von Gehlen entwickelten Kategorien der „Weltoffenheit" und „Instinktreduktion" die Rolle von fundierenden Annahmen über die Natur des Menschen haben, auf denen aufbauend spezifisch soziologische Kategorien entwickelt werden. Die Systemtheorie Luhmanns nimmt auf Anthropologie höchstens abgrenzend Bezug. Implizit führt sie aber ebenfalls anthropologische Voraussetzungen mit. Der Prozess der Bildung und Aufrechterhaltung sozialer Systeme wird nämlich nicht auf psychologische Faktoren oder Instinktverhalten zurückgeführt, sondern im Sinne einer Eigendynamik des Sozialen interpretiert (vgl. Luhmann 1984). Dies setzt die Möglichkeit voraus, auf andere Faktoren verzichten zu können. Darin ist unschwer die verborgene anthropologische Annahme i.S. eines offenen Umweltverhältnisses zu erkennen. Im Unterschied zur Systemtheorie findet im Rahmen der Theorie der rationalen Wahl, dem Rational Choice-Ansatz, eine explizite Reflexion auf anthropologische Voraussetzungen statt (vgl. Esser 1993, Lindenberg 1985), denen eine starke methodologische Bedeutung zukommt. Eine Rational Choice-Analyse setzt nämlich voraus, dass der Mensch als ein Nutzen maximierendes Wesen begriffen werden kann.[7] Damit unterscheidet sich der Rational Choice-Ansatz von denjenigen soziologischen Theorien, die eine materiale inhaltliche Bestimmung des menschlichen Wesens vermeiden und stattdessen die historische Formbarkeit des menschlichen Wesens hervorheben.[8]

Diese ausgewählten Beispiele sollen genügen, um zu zeigen, dass es hinsichtlich der Frage nach dem *Was* eine mehr oder weniger breite sozialtheoretische sowie philosophisch-anthropologische Reflexion gibt. Im Unterschied dazu wird die Frage danach, *wer* ein Mensch ist, nicht systematisch aufgeworfen. Weder innerhalb der bisherigen philosophisch-anthropologischen Reflexionen noch in gesellschaftstheoretischen Diskussion. Da die letzteren sich vordergründig nicht-anthropologisch gebärden, können ihre impliziten zumeist (alltags-) anthropologischen Annahmen überhaupt nicht in den Blick geraten.

Dass aber auch innerhalb der philosophisch-anthropologischen Diskussion die Frage danach, wer ein Mensch ist, nicht problematisiert wird, ist erstaunlich. Denn mit Pless-

---

6 Dies hat sich, wie schon eingangs erwähnt, in den letzten Jahren geändert.

7 Für eine allgemeine Analyse der methodologischen Bedeutung anthropologischer Annahmen in der Soziologie vgl. Lindemann (2005a).

8 Beispiele hierfür wären etwa marxististische und poststrukturalistische Theorien sowie die Kritische Theorie. Eine solche Theoriekonstruktion hat den Vorteil, implizite anthropologische Annahmen als normativen Maßstab verwenden zu können, ohne diesen eigens explizieren zu müssen. Für Foucault vgl. hierzu Lindemann (2003b) und für die Kritische Theorie Manzei (2005).

ners Theorie der exzentrischen Positionalität gibt es innerhalb dieser Tradition einen Ansatz, der diese Radikalisierung erlaubt. Obwohl Plessners Theorie anthropologisch zu sein scheint[9], führt eine systematische Rekonstruktion der Argumentation des 1928 erschienen Werks „Die Stufen des Organischen“ zu einem verblüffend anderen Ergebnis, das sich thesenartig so zusammenfassen lässt: Die Theorie der exzentrischen Positionalität zielt nicht nur darauf, das Wesen des Menschen als historisch variabel zu beschreiben, sondern sie verunmöglicht auch eine von vornherein gewisse Antwort auf die Frage danach, *wer* ein Mensch ist.[10] Die methodische Anlage der „Stufen“ ermöglicht es weiterhin, die Problematisierung dessen, wer in den Kreis derjenigen gehört, die füreinander ein alter Ego sein können, mit einer Theorie zu verbinden, die sich die Aufgabe stellt, die Materialität lebendiger Körper in die soziologische Analyse einzubeziehen. Diese These möchte ich in mehreren Schritten herausarbeiten (1.1.–1.4.), um dann die sich daraus ergebenden Konsequenzen für das Verhältnis von Anthropologie und Soziologie zu explizieren (2.1.–2.2.)

1. Die Reflexive Anthropologie der Positionalitätstheorie

Innerhalb der Rezeption des Werkes von Helmuth Plessner dominiert die Tendenz, die Positionalitätstheorie im Sinne einer positiven Anthropologie zu verstehen. In den „Stufen des Organischen“ geht es demnach darum, die Eigenart der menschlichen Existenz zu bestimmen.[11] Auf der Grundlage einer als selbstverständlich betrachteten Eingrenzung auf „die Menschen“ kann dies durchaus die These einschließen, nach der es zum Wesen des Menschen gehöre, dass dieses gerade nicht bestimmt werden kann, da der Mensch sich durch „Unergründlichkeit“ auszeichnet. Demnach gibt es einen wohldefi-

---

[9] Die meisten Autoren gehen davon aus, Plessner würde ein sicheres Wissen darüber formulieren wer und was der „Mensch“ ist. In diese Richtung argumentieren u.a. Arlt (1996), Dux (1994), Fahrenbach (1994).

[10] Zumindest bezüglich der Haltung zur Frage des „Menschen“ als zentraler epistemologischer Figur gibt es eine bemerkenswerte Parallele bei Foucault und Plessner. Hinsichtlich des Wissens darum, *was* der „Mensch“ ist, stellt Foucault fest, dass es nicht erforderlich sei, im anthropologischen Rahmen zu verharren, denn die Reflexion darauf, *was* der „Mensch“ sei, könne nicht als letztgültige Form betrachtet werden, in der sich „Menschen“ ihr Umweltverhältnis deuten. Der „Mensch“ „wird verschwinden, sobald unser Wissen eine neue Form gefunden haben wird.“ (Foucault 1971, 27) Plessner (1981) nimmt diesen Gedanken Foucaults vorweg, wenn er sagt, dass eine anthropologisch orientierte Humanitätskonzeption den Gedanken an eine „gesicherte Entwicklungsdifferenz“ im Verhältnis zu nichteuropäischen Formen des Wissens aufgeben müsse und sich auf einen Wettbewerb mit anderen „Möglichkeiten des Menschseins“ einschließlich ihrer Selbstdeutungen einlassen müsse (Plessner1981, 193). Die Gleichwertigkeit anderer Selbstdeutungen schließt ein, den „Menschen“ als zentrale epistemologische Figur verabschieden zu können. Diese Parallele schließt aber nicht ein, dass sich auch mit Foucault die Frage danach, *wer* ein „Mensch“ ist, systematisch aufwerfen ließe (s.u. Fn. 24).

[11] Vgl. hierzu etwa Asemissen (1973), Claessens (1993), Fischer (2000), Gamm (1998), Lessing (1995).

nierten Kreis von Subjekten, die sich qua Unergründlichkeit jeder letztgültigen Bestimmung entziehen.

Dieser Interpretation zufolge müsste die Antwort auf die Frage, wer ein Mensch ist, für Plessner fraglos evident sein. Bei genauerem Hinsehen zeigt sich aber, dass dem nicht so ist, stattdessen erweist sich Plessners „Anthropologie“ als paradox. Die Theorie der exzentrischen Positionalität formuliert nämlich zum einen, dass Exzentrizität das Charakteristikum der Positionsform des Menschen ist und zum anderen, dass für Wesen exzentrischer Positionalität nicht feststehen kann, mit wem sie in ein menschlich-personales Seinsverhältnis geraten können. Mit anderen Worten: Der Kreis der Menschen zeichnet sich durch eine exzentrisch personale Seinsform aus und zugleich können personal vergesellschaftete Wesen das Personsein nicht apriori auf einen Kreis körperlich bestimmter Entitäten, etwa die Menschen, beschränken.

Sowie man die Positionalitätstheorie in den Mittelpunkt stellt, wird einsichtig, dass exzentrische Positionalität keine anthropologische Theorie im klassischen Verständnis darstellt, sondern im Sinne einer Theorie personaler Vergesellschaftung begriffen werden muss. Die Beschränkung dieses Vergesellschaftungsprozeses auf die Menschen ist keine Voraussetzung der Theorie, sondern kann mit ihrer Hilfe als das Ergebnis historischer Prozesse verstanden werden. Auf diese Weise wird die anthropologische Differenz selbst, d.h. die bloße Unterscheidung zwischen Menschen und anderem, reflexiv zum Gegenstand gemacht. Plessners Theorie ist folglich nicht im Sinne einer anthropologischen Fundierung von Sozial- und/oder Gesellschaftstheorie zu begreifen. Vielmehr formuliert Plessner umgekehrt eine Theorie personaler Vergesellschaftung, von der aus Anthropologie reflexiv in den Blick genommen werden kann.[12] Dass Plessner seine Theorie auch selbst anthropologisch einordnet, ist nicht systematisch sondern nur historisch zu verstehen: Plessner geht von der geschichtlichen Tatsache aus, dass zu seiner Zeit (ebenso wie heute) nur Menschen Personen sein können und legt deshalb seine Konzeptualisierung gesellschaftlichen Personseins zunächst als Anthropologie an.

Der Schlüssel zum Verständnis der spezifischen Offenheit der Positionalitätstheorie liegt in der komplexen methodischen Anlage der „Stufen des Organischen“ (Plessner 1928). Dieser Aspekt ist erst in den jüngeren Arbeiten zu Plessner gewürdigt (vgl. Pietrowicz 1992, Beaufort 2000), aber auch in diesen Arbeiten nicht in seiner systematischen Bedeutung erkannt worden. Ich werde daher zunächst auf den methodischen Ansatz der Stufen eingehen (1.1) um dann darzulegen, inwiefern dieser konsequenterweise dazu führt, jegliche anthropologische Gewissheiten verabschieden zu müssen (1.2–1.4).

1.1. Die methodische Konstruktion der „Stufen des Organischen“

In methodischer Hinsicht formuliert Plessner einen gemischten Ansatz, der eine Kombination eines kantisch-kritischen mit einem phänomenologischen und einem hermeneutischen Vorgehen vorsieht. Plessner versucht damit, seine philosophische Untersu-

[12] Für neuere Arbeiten, die die reflexiv-anthropologische Wende bei Plessner nicht ausblenden, sondern in ihrer Konsequenz ernst nehmen, vgl. Krüger (1999, 2001), Schürmann (1997), sowie Manzei (2005).

chung des Lebens nämlich möglichst nahe an einem empirischen Vorgehen zu orientieren. Er formuliert auf der Grundlage einer phänomenologischen Analyse der Dingwahrnehmung eine Theorie des Lebens. Diese Theorie soll aber nur dann Gültigkeit haben, wenn sie durch Phänomene belegt werden kann. Folglich stellt sich für die Untersuchung das Problem, wie entschieden wird, was als Phänomen gewertet werden soll und wie Phänomene auf die Theorie zu beziehen sind.

Man könnte dieses Vorgehen folgendermaßen beschreiben[13]: Plessner formuliert eine Theorie des Gegenstandes, der behandelt werden soll. Da diese Theorie nur gültig sein soll, insofern sie material belegt ist, muss er ebenfalls eine Beobachtungstheorie und eine Interpretationstheorie angeben. Phänomenologische Beobachtung und Beschreibung hätten in diesem Verständnis des methodischen Vorgehens Plessners den Status einer Beobachtungstheorie. Sie legen fest, wie beobachtet werden soll. Das hermeneutische Vorgehen kommt ins Spiel, wenn es darum geht, wie die beobachteten Phänomene auf die Theorie des Lebens zu beziehen sind (Interpretationstheorie).

Der Theorie des Lebens selbst kommt die Funktion der kritischen Disziplinierung zu. Deren Relevanz erschließt sich vor dem Hintergrund von Plessners Husserlkritik. Plessner deutet die transzendentaltheoretische Wende Husserls (1976) als einen Versuch, das Abgleiten der phänomenologischen Methode in Beliebigkeit zu verhindern. Im Prinzip könne jeder Gegenstand einer phänomenologischen Beschreibung unterzogen werden. Es bliebe aber offen, wie die so erzeugten Beschreibungen gewertet werden sollten. Die Phänomenologie des Teppichs stehe im Prinzip gleichwertig neben der Phänomenologie des Todes. Es gebe zwar eine Intuition, dass das eine größere Bedeutung habe als das andere, dies könne aber mithilfe der phänomenologischen Methode nicht mehr begründet werden (vgl. Plessner 1985, 143 ff.). Hier setzt Plessners Vorschlag für eine kritische Disziplinierung an. Danach kommt nicht alles in gleicher Weise für eine phänomenologische Beobachtung in Betracht, sondern nur das, was gemäß der Theorie des Lebens als relevant gelten kann. Damit wendet sich Plessner explizit gegen die subjektbezogene transzendentaltheoretische Wendung Husserls. Er stellt nicht das Subjekt als Bedingung der Möglichkeit von Erkenntnis in den Mittelpunkt, sondern formuliert einen Primat des Objekts. Es geht also um die Bedingungen, die auf der Seite des Objekts gegeben sein müssen, damit es als Objekt mit diesen oder jenen Eigenschaften erkannt werden kann.

Die von der Theorie vorgegebene Beobachtungsanweisung lautet: Es soll so beobachtet werden, dass der Schwerpunkt auf der Erscheinung des begegnenden Gegenüber liegt und nicht auf der Selbstbeobachtung des wahrnehmenden Subjekts. Die Hinwendung zum Objekt soll qua phänomenologischer Beobachtung erfolgen, dadurch werden die engen methodischen Kontrollen der empirischen Erfahrungswissenschaften[14] außer Kraft gesetzt. Die Ergebnisse der empirischen Wissenschaften sollen zwar herangezogen werden, aber nur so wie sie sich für eine phänomenologische Beschreibung darstellen.

Ganz im Sinne einer Interpretationstheorie formuliert Plessner auch eine Anweisung dafür, wie die phänomenologischen Beschreibungen auf die Theorie zu beziehen sind.

---

13 Für eine Darstellung seines methodischen Ansatzes vgl. insbesondere Plessner (1975, Kap. 2 u. 3).

14 Gemeint sind hier vor allem die Naturwissenschaften, deren methodisch kontrollierte Erfahrung eine Reduktion auf messbare Ereignisse beinhaltet.

Die zentrale methodologische Anweisung lautet: Kein (Wahrnehmungs-)Phänomen darf direkt im Sinne eines Belegs für die Gültigkeit/Fruchtbarkeit der Positionalitätstheorie verwendet werden. Die Begründung dafür ist, dass positionale Sachverhalte selbst nicht räumlich sind, sondern im Sinne einer Differenz zur physischen Gestalt begriffen werden. Nicht nur Bewusstsein, sondern schon der positionale Sachverhalt Lebendigkeit wird als eine spezifische Weise, eine Ganzheit zu sein, verstanden, die von der physischen Gestaltganzheit charakteristisch unterschieden, aber dennoch als erscheinende Eigenschaft der physischen Gestalt anschaulich gegeben ist. Demnach kann Leben nicht an der physischen Gestalterscheinung festgestellt werden i.S. eines wissenschaftlichen Nachweises, d.h., Leben kann nicht auf die physische Gestalt reduziert werden. Diese kann vielmehr nur als ein Hinweis auf den Sachverhalt „Lebendigkeit des Körpers" verstanden werden. Der Sachverhalt „Lebendigkeit des Körpers" kann nicht direkt gezeigt werden, sondern er ist nur indirekt zugänglich. Wenn Phänomene sinnvoll als Hinweis auf die Sachverhalte der Positionalitätstheorie gewertet werden können, soll umgekehrt gelten, dass der positionale Sachverhalt in den entsprechenden Phänomenen expressiv realisiert ist. Durch diese Konstruktion gibt die Theorie vor, wie die Phänomene, die aus der phänomenologischen Beobachtung und Beschreibung resultieren, auf die von der Theorie postulierten Sachverhalte zu beziehen sind.

Nach Maßgabe dieses Verhältnisses von Theorie des Gegenstandes, Beobachtungstheorie und Interpretationstheorie unterstellt Plessner die Entscheidung über die Fruchtbarkeit seines Ansatzes der Konfrontation mit den Phänomenen. Die Theorie des Lebens beansprucht keine apriorische Gültigkeit, sondern sie sollte verworfen werden, wenn sie sich als unfruchtbar in der Erfassung der Lebensphänomene herausstellt, d.h., wenn sich mit Bezug auf diese Theorie kein zusammenhängendes Verständnis der entsprechenden Phänomene entwickeln lässt, muss sie verworfen werden.

Ich möchte im Weiteren skizzieren, welche Sachverhalte die Positionalitätstheorie postuliert. Dabei wird es insbesondere hinsichtlich der Frage, ob Plessner eine positive Anthropologie formuliert, darum gehen, wie die Gültigkeit der von der Positionalitätstheorie postulierten Sachverhalte belegt werden kann.

1.2. Die Theorie des Lebens

Die Analyse setzt beim Objekt an. Die Bedingungen des Erscheinens werden nicht auf der Seite des Subjekts untersucht, sondern auf der Seite des erscheinenden Objekts. Aufgrund des Primats des Objekts fragt Plessner nicht danach, wie ein Bewusstsein beschaffen sein muss, damit ihm eine Welt erscheint, sondern danach, wie etwas erscheinen muss, damit es als mit Bewusstsein begabt erscheint. Ebensowenig wie Lebendigkeit wird Bewusstsein als ein selbstevidenter Sachverhalt behandelt, der als Ausgangspunkt der Untersuchung dienen kann. Aufgrund des komplexen methodischen Ansatzes geht Plessner so vor: Er entwickelt anfänglich eine These, wonach sich belebte Dinge von unbelebten durch ihre spezifische Form der Abgrenzung von ihrer Umgebung und damit durch ihre spezifische Form der Selbständigkeit gegenüber Ihrer Umgebung unterscheiden. Dies ist die Positionalitätstheorie. Von dieser ausgehend entwickelt Plessner, in welcher Weise Lebendigkeit, Bewusstsein und Personalität als jeweils spezifisch unterschiedene positionale Sachverhalte zu begreifen sind.

Der von der Theorie geforderte indirekte Zugang verlangt, dass Leben und Bewusstsein als positionale Sachverhalte ausgehend von der physischen Erscheinung begegnender Körper vermittels einer Deutung erschlossen werden müssen. In gleicher Weise wird personale Vergesellschaftung als ein Sachverhalt zum Gegenstand gemacht, der im Verhalten beobachtbarer physischer Körper realisiert ist und aus den gegebenen Phänomenen vermittels einer Deutung erschlossen werden muss. Lebendigkeit, Bewusstsein und Personalität bezeichnen jeweils unterschiedliche Formen der Abgrenzung und Selbständigkeit, mit denen die vorausgesetzte beobachtende Instanz in der Begegnung konfrontiert ist.

Die Selbständigkeit sowohl von unbelebten Dingen als auch von Lebewesen begründet Plessner mit einer Selbstbezüglichkeit begegnender individueller Gegebenheiten. Schon unbelebte Dinge seien in ihrer Erscheinung nur deswegen selbständig gegen das wahrnehmende Bewusstsein, weil sie durch einen internen Verweisungszusammenhang konstituiert werden. Dieser muss Plessner zufolge von der konkreten Gestalt unterschieden werden, als die ein physisches Ding erscheint. In der Gestaltwahrnehmung werden die einzelnen Elemente spontan zu einer Einheit, der Gestalteinheit, zusammengefasst. Wenn die Einheit des Dings mit der Gestalteinheit gleichgesetzt würde, wäre es aber unmöglich, verschiedene Gestalten zu einer Einheit zusammenzufassen. Dies ist die Voraussetzung dafür, Gestaltwandel und Veränderung begreifen zu können.

Gestaltwandel: Etwas erscheint zunächst als eine Speckschwarte, bei näherem Hinsehen entpuppt sich das Ding, das als Speckschwarte erschien, allerdings als Tonscherbe. Jetzt gibt es zwei Möglichkeiten der Interpretation: Entweder gab es zuerst eine Speckschwarte und dann eine Tonscherbe. Das wäre der Fall, wenn die Einheit des Dinges auf die Gestalteinheit reduziert würde. Oder aber man stellt fest, etwas, das zunächst als Speckschwarte erschien, erscheint jetzt als Tonscherbe. Im zweiten Fall wird eine Einheit angenommen, die nicht in der Gestalteinheit aufgeht, sondern die in Differenz zur Gestalt ist und daher als Einheit auch einen Gestaltwandel überleben kann. Es ist dasselbe Ding, das zunächst so und dann anders erschien.[15]

Ein vergleichbares Problem stellt sich, wenn Veränderungen untersucht werden. Plessner verwendet das Beispiel des Zigarrerauchens. Zunächst hält man sie in der Hand, raucht sie sodann und schließlich bleibt ein Häufchen Asche. Gäbe es nur die Gestalteinheit und nicht die übergreifende Einheit des Dinges, die die beiden gestalthaften Erscheinungen Zigarre und Asche zu einer Einheit vermittelt, wäre es unmöglich zu sagen, dass es sich bei der Asche um die Asche der Zigarre handelt (vgl. Plessner 1975, 84 f.). Die Einheit des Dinges ist garantiert, insofern der Einheitspunkt, der die verschiedenen Erscheinungen zur Erscheinung von Etwas macht, in Differenz zur erscheinenden Gestalt ist. Nur wenn die Erscheinung auf etwas bezogen ist, das selbst nicht erscheint, erscheint dieses als etwas, das unabhängig von und selbständig gegen das Bewusstsein ist, dem es erscheint.

[15] Hermann Schmitz hat diesen Sachverhalt so beschrieben: Das Ding sei nicht nicht identisch mit der Gestalt, sondern es trägt sie „wie eine Maske“ (Schmitz 1978, 169).

Das Verhältnis zwischen dem nicht erscheinenden Einheitspunkt und den einzelnen Erscheinungen bezeichnet Plessner als eines von Kern und eigenschaftstragenden Seiten. Dieser selbstbezügliche Verweisungszusammenhang ist ebensowenig wie der Kern, der Einheitspunkt selbst, positiv bestimmbar. Die basale Selbstbezüglichkeit des Dings erschließt sich zwar einer phänomenologischen Analyse, aber sie ist nicht in dem gleichen Sinne positiv feststellbar wie etwa einzelne Qualitäten, die als Eigenschaften des Dings erscheinen. Die auf den Kern bezogene Selbstreferenz des Dings lässt sich nur als etwas beschreiben, das in Differenz zur Gestalt ist. Weder der Kern des Dings noch der Verweisungszusammenhang von eigenschaftstragenden Seiten und Kern ist sinnlich zugänglich. Auch wenn man versuchte, das Ding aufzuschneiden, würde man immer wieder nur neue gestalthafte Erscheinungen des Dings finden und nie den Kern selbst.

„Ding" meint hier ein Strukturierungsprinzip physisch feststellbarer Erscheinungen. Dieses Strukturierungsprinzip betrachtet Plessner als etwas, das dem, was erscheint, selbst zukommt, es ist ein Ding, insofern es gemäß dieser Struktur erscheint. Als Ding ist ein erscheinender Gegenstand selbständig gegen das Bewusstsein, insofern er sich dem Bewusstsein entzieht. Ein Ding ist nicht vollständig wahrnehmbar, sondern es führt die wahrnehmende Beobachtung um sich herum, auf seine eigenschaftstragenden Seiten, die auf es – das Ding – verweisen. Auf eine passive Weise, indem es kraft seiner Weise zu erscheinen, dem Bewusstsein entzogen ist, ist auch ein Ding „unergründlich".[16]

Von dieser Dinganalyse ausgehend formuliert Plessner seine Ausgangsthese der spezifischen Selbständigkeit lebendiger Dinge: Das Lebendige ist dadurch gekennzeichnet, dass die basale Selbstreferenz gesteigert wird (Plessner 1975, 127 ff.). Der Blick, der einem unbelebten Gegenstand begegnet, wird von den eigenschaftstragenden Seiten auf den Kern verwiesen, der seinerseits auf die eigenschaftstragenden Seiten verweist. Aber das unbelebte Ding bezieht sich nicht von sich aus auf seine Umwelt. Hierin sieht Plessner den entscheidenden Sprung, der die Erscheinung des Lebendigen von der Erscheinung des Unbelebten unterscheidet. Etwas, das als lebendig erscheint, erscheint so, dass es sich von seiner Umwelt abgrenzt und sich, indem es sich abgrenzt zu seiner Umwelt von sich aus in Beziehung setzt. Insofern ein lebendiges Ding sich abgrenzt, wird es zu einem sich selbst regulierenden Eigenbereich. Bezogen auf materiale Phänomene ist die Frage: Gibt es an der sinnlichen Gestalt von Körpern beobachtbare Phänomene, die als Hinweis auf diese Form der selbständigen Grenzrealisierung begriffen werden können. Um dies zu zeigen, unternimmt Plessner eine phänomenologische Ana-

[16] Plessner selbst verwendet den Terminus „unergründlich" nur in einer aktivischen Form. Als Ergebnis seiner Kritik an menschlichen Wesensbestimmungen, auch solchen rein formaler Art, wie sie Heidegger mit seinem „Daseinsbegriff" vornimmt (vgl. Plessner 1981, 154 ff.), formuliert er das „Prinzip der Unergründlichkeit" (Plessner 1981, 175). Demnach ist es nicht möglich zu sagen „was?" der Mensch ist. An die Stelle einer Wesensaussage tritt die Möglichkeit des Seinkönnens, d.h., die eigene Wirklichkeit hervorbringen können. Wenn „Unergründlichkeit" schon für unbelebte Dinge in Anspruch genommen wird, verweist das nicht auf ein aktives „Sein-Können", sondern auf die Möglichkeit, dass ein Ding immer auch etwas anderes sein kann als das, als was es aktuell erscheint.

lyse von Stoffwechselprozessen, der organischen Differenzierung lebendiger Körper, sowie der Prozesse von Entwicklung, Altern und Sterben (vgl. Plessner 1975, Kap. 4).

Auf der Grenzrealisierung aufbauend entwickelt Plessner die Positionalitätstheorie weiter, indem er systematisch die in der Grenzrealisierung angelegte Selbstbezüglichkeit und die sich daraus ergebende Komplexität der Beziehung zum Umfeld entfaltet. Das einfach lebendige Ding grenzt sich von seiner Umgebung ab und realisiert insofern seine eigene Grenze, über die vermittelt es zu seiner Umgebung in Kontakt ist. Die Steigerung erfolgt dadurch, dass das lebendige Ding, sich nicht nur abgrenzt, sondern dass es seinerseits auf den Vollzug der Grenzrealisierung bezogen ist. D.h., das lebendige Ding ist darauf bezogen, dass und wie es sich vermittelt über seine Grenze auf sein Umfeld bezieht. Unter dieser Bedingung kann es auch für das lebendige Ding selbst verschiedene Weisen geben, sich auf das Umfeld zu beziehen. In diesem Fall steht das lebendige Wesen vor der Aufgabe, an sich selbst zwischen verschiedenen Weisen seines Umfeldbezuges zu unterscheiden und die verschiedenen Weisen, sich auf sein Umfeld zu beziehen, selbst aufeinander abzustimmen. Von jetzt an spricht Plessner davon, dass ein lebendiges Wesen ein Selbst ist. Für ein Selbst wird der Körper zu einem Mittel des Umfeldbezuges. Es hat seinen Körper als seinen Leib und es unterscheidet an sich, d.h. an seinem Leib, verschiedene Weisen, sich auf sein Umfeld zu beziehen. Die klassische Differenzierung, an der sich auch Plessner orientiert, ist die von „Wahrnehmen“ und „Wirken“, wobei Wirken jede Form von Ausdrucksverhalten einschließt.

Ein lebendiges Selbst, das sein Umfeld wahrnimmt und sich entsprechend seiner Wahrnehmung auf das Umfeld bezieht, muss einerseits unterscheiden können zwischen dem, was es wahrnimmt und seinen eigenen Aktionen, und es muss Wahrnehmen und Eigenaktivität selbst vermitteln (Plessner 1975, 230 ff.). Diese Stufe bezeichnet Plessner als zentrische Positionalität. Ein Wesen, dessen Umweltbeziehung derart komplex ist, hat ein Bewusstsein seines Umfeldes und kann sich deshalb intelligent verhalten. Es kann aus seinen Erfahrungen lernen und sein Verhalten einer wechselnden Umgebung anpassen (Plessner 1975, 272 ff.).[17]

Auf der Stufe der zentrischen Positionalität ist die selbstreferentielle Struktur allerdings nicht als solche auf sich selbst bezogen. Ein zentrisch organisiertes Selbst kann sich noch nicht als ein Selbst gegenüber einem anderen Selbst erfahren. Um dies zu realisieren, müsste ein Selbst nicht nur der aktuelle Vollzug der Vermittlung zwischen Wahrnehmen und Eigenaktivität sein, sondern es müsste zugleich innerhalb und außerhalb dieser Vermittlung sein. Es ist innerhalb, insofern es die Vermittlung von Wahrnehmen und Eigenaktivität leistet, und zugleich müsste es aus dieser Vermittlung, d.h. aus sich als Selbst, herausgesetzt sein. Genau dies ist das Definiens der exzentrischen Positionalität (vgl. Plessner 1975, 292). Ein exzentrisches Selbst ist in Differenz zu sich, insofern es hier/jetzt etwas wahrnimmt und auf seine Umwelt einwirkt. Es ist darauf bezogen, dass es hier/jetzt ein Selbst ist. Wenn das der Fall ist, kann sich ein Selbst als ein Selbst erfassen, das sich gegenüber einem anderen Selbst befindet. D.h., wenn der Umweltbezug eines lebendigen Wesens exzentrisch ist, kann in der Umweltbeziehung eines lebendigen Wesens der Umstand vorkommen, dass ein Selbst ein anderes Selbst wahrnimmt und realisiert, dass es sich als ein Selbst gegenüber einem anderen Selbst

[17] Vgl. hierzu auch Eßbach (1994).

befindet, wobei beide realisieren, dass das der Fall ist. Diesen Bezug aufeinander bezeichnet Plessner als personales Verhältnis. Für Selbste, die in dieser Weise aufeinander bezogen sind, hebt sich ein eigenständiger Bereich des Sozialen ab: der Bereich der personalen Vergesellschaftung.

1.3. Zentrische und exzentrische Positionalität in methodischer Hinsicht

Was folgt aus diesen Überlegungen für das Problem der Begrenzung personaler Vergesellschaftung auf die Menschen? Um das zu klären, ist es sinnvoll, das Verhältnis von zentrischer und exzentrischer Positionalität in methodischer Hinsicht zu klären. Plessner bringt den positionalen Sachverhalt Bewusstsein und organische Form des Lebewesens in einen indirekten Zusammenhang. Demnach muss die physische Organisation und der gestalthaft wahrnehmbare Verhaltensvollzug als Hinweis auf das Vorkommen des spezifisch reflexiven Selbstverhältnisses gedeutet werden können, den die Theorie als Bewusstsein postuliert hat. Die Beobachtungsanweisung lautet also: Sieh die körperliche Gestalt an. Wenn diese als Hinweis auf Bewusstsein zu werten ist, gilt umgekehrt das Verhalten eines solchen Organismus als expressive Realisierung des positionalen Sachverhalts. Für die zentrische Positionalität heißt das, dass die spezifische Selbstbezüglichkeit, d.h. der Vollzug der Vermittlung von Wahrnehmen und Eigenaktivität, durch die physische Organisation gewährleistet werden muss, z.B. durch neuronale Strukturen wie das Gehirn oder ein funktionales Äquivalent, das ebenfalls Reizleitungen ermöglicht (vgl. Plessner 1975, 241). Insofern der organische Körper als Realisierung der Positionalität gedeutet werden kann, ließe sich mit Bezug auf die physische Organisation eines Wesens, dessen Umweltbeziehung der zentrischen Positionalität entspricht, sowohl bestimmen, welche Form seine Umweltbeziehung hat, als auch, was in dieser Umwelt vorkommen kann. Denn die physische Organisation bedingt, wie der positionale Sachverhalt realisiert wird, d.h., wie und was wahrgenommen werden kann und welche Art des Wirkens dem Organismus möglich ist. Für ein zentrisches Selbst erscheinen die Gegebenheiten des Umfeldes als etwas, auf das es im Rahmen seiner physischen Organisation reagieren kann. Insofern ist es sinnvoll, bei Wesen zentrischer Positionalität davon auszugehen, ihre Leib-Umfeldbeziehung sei in einer bestimmten körperlich-leiblichen Form realisiert. Innerhalb dieser Form existieren für das Lebewesen auch die Beziehungen zu anderen Lebewesen, die es gemäß seiner physischen Organisation wahrnimmt und auf die es entsprechend reagiert.

Einen explizit abgehobenen Bereich sozialer Beziehungen gibt es auf dieser Stufe gemäß der Theorie noch nicht, denn ein zentrisches Selbst kann sich nicht als ein Selbst erfahren, das als solches zu einem anderen Selbst in Beziehung steht. Soziale Beziehungen sind folglich nicht als solche vorhanden, sondern ein integraler Bestandteil des Aufeinandereinspielens zwischen Leib und Umfeld. Die Beziehung, die ein Selbst zu einem anderen leiblichen Selbst unterhält, unterscheidet sich qualitativ nicht von den Beziehungen, die ein leibliches Selbst zu den physischen Gegebenheiten unterhält, mit denen es praktisch umgeht.

Vor diesem Hintergrund erhält die Theorie der „exzentrischen Positonalität" eine weitere Bedeutung. Exzentrisch meint – wie gesagt –, dass ein lebendiges Wesen ein Selbst ist und zugleich außerhalb seiner selbst. Es ist innerhalb, insofern es zwischen Wahrnehmen und Eigenaktiviät vermittelt und es ist außerhalb, insofern es darauf bezogen ist, Wahrnehmen und Eigenaktivität zu vermitteln. Als ein Selbst existiert ein Lebewesen innerhalb einer Lebensform; als exzentrisches Selbst ist es dagegen in Differenz zu dieser Form, in der es als ein leibliches Selbst existiert bzw. existieren würde. Die Form garantiert nicht länger einen Rahmen, in dem leibliches Selbst und Umwelt aufeinander einspielen. Lebewesen, die exzentrisch existieren, stehen vor der Aufgabe, das selbstverständliche aufeinander Einspielen von Leib und Umwelt immer wieder neu in ein Gleichgewicht, in eine selbst geschaffene Lebensform, zu bringen.

Eine wichtige Implikation des Sachverhalts, sowohl innerhalb als auch außerhalb der Form der Umweltbeziehung zu existieren, besteht in der damit zusammenhängenden Veränderung der Gegebenheit der Umwelt. Ein Wesen zentrischer Positionalität nimmt die Umgebung in dem Maße wahr, in dem es dazu in der Lage ist, sich praktisch auf sein Umfeld zu beziehen. Es existieren sinnlich fassbare Gegebenheiten. Dinge sind Dinge, insofern sie gesehen, umgriffen, geworfen, gezerrt, gepackt usw. werden können. Ein Ding wäre demnach das Insgesamt dessen, was mit ihm aktuell getan werden kann. In diesem Sinne existieren für ein Wesen zentrischer Positionalität Dinge innerhalb der Form seiner praktischen Umfeldbeziehung (vgl. Plessner 1975, 271). In einer solchen praktischen Wahrnehmungsbeziehung sind Dinge auf ihre Gestalthaftigkeit reduziert. Sie sind für das Bewusstsein ausschließlich praktisch zugängliche Gestalten und als solche nicht selbständig gegen das leibliche Bewusstsein. Für ein Wesen exzentrischer Positionalität existieren dagegen begegnende Gegebenheiten nicht nur insofern sie gemäß aktueller Aktionserfordernisse wahrgenommen werden, sondern sie existieren ebenso wie das exzentrische Selbst innerhalb wie außerhalb der Form der praktischen Umfeldbeziehung.

Die Dinganalyse, von der die Untersuchung seinen Ausgang nahm, hatte aufgezeigt, dass ein Ding eine Einheit ist, nicht nur insofern es aktuell als eine Gestalt erscheint, sondern insofern es in Differenz zu der Gestalt ist, als die es aktuell erscheint. Aufgrund dieser Differenz erscheint das Ding als eine Einheit, die jenseits der aktuellen Gestalt existiert, weshalb die Dingeinheit auch einen Gestaltwandel überleben kann. Als Gestalt kann ein Ding gemäß gegenwärtiger Aktionserfordernisse wahrgenommen werden. Aber insofern es in Differenz zur Gestalt ist, ist ein Ding etwas, das ebenso wie das exzentrische leibliche Selbst sowohl innerhalb als auch außerhalb der leiblichen Umweltbeziehung ist. Ein wahrnehmendes Subjekt, dem nicht Gestalten, sondern Dinge erscheinen, ist daher als ein exzentrisches Selbst zu begreifen.

Die Theorie des Lebendigen nahm ihren Ausgangspunkt von der Differenz zur Erscheinung. Lebendigkeit wurde dabei verstanden als eine Steigerung der Selbständigkeit begegnender Gegebenheiten gegen das Umfeld und die in diesem vorkommende wahrnehmende Instanz. Nicht erst das Bewusstsein und nicht die Tatsache der Lebendigkeit verweisen auf einen physisch nicht feststellbaren Sachverhalt, einen Einheitspunkt jenseits des physisch Feststellbaren, sondern schon die Erscheinung eines unbelebten Dings (vgl. Plessner 1975, 295). Die Differenzierungen zwischen belebten und unbelebten Dingen, zwischen bewussten und sozial erscheinenden Wesen basieren auf einem Akt der Interpretation. Der Zusammenhang zwischen der Art der interpretierenden Einheitsbildung und der physischen Erscheinung ist nicht beliebig, sondern wird methodisch kontrolliert hergestellt durch die Einschaltung einer Beobachtungs- und Interpretationstheorie. Im Ergebnis sollte die physische Erscheinung als Realisierung der entsprechenden Art der Einheitsbildung verstanden werden können. Aber der Zusammenhang ist nicht zwingend oder a priori vorgegeben.

Sowohl die wahrgenommene Welt als auch die wahrnehmende Instanz müssen bestimmte Bedingungen erfüllen, damit sich die Notwendigkeit der Deutung ergibt. Nur wenn die sinnlichen Erscheinungen der Umwelt in der skizzierten Weise auf etwas bezogen sind, das nicht selbst erscheint (Ding, lebendiges Ding, bewusstes Selbst), ist eine Deutung unabdingbar. Auf der Seite der wahrnehmenden Instanz ist die Notwendigkeit der Deutung daran gebunden, dass deren Umweltbeziehung durch exzentrische Positionalität gekennzeichnet ist. Daraus folgt: Wenn exzentrische Positionalität für Plessner die humanspezifische Umweltbeziehung charakterisiert, wird seine Anthropologie auf eine grundsätzliche Weise paradox. Während für Wesen zentrischer Positionalität feststehen kann, wie sie sich auf ihr Umfeld beziehen, müssen exzentrische Wesen diese „Feststellung“ ihrer Umweltbeziehung erst erreichen. Die Feststellung ihrer Umweltbeziehung erfordert eine Deutung, die entscheidet, ob das, was ihnen begegnet, in der Art und Weise eines unbelebten Dings selbständig gegen die praktischen Erfordernisse ihrer Umweltbeziehung ist, oder in der Art und Weise eines lebendigen Dings oder in der Art und Weise, wie sie für Personalität charakteristisch ist. Je nachdem wie komplex das Gegenüber erscheint, ergeben sich ganz unterschiedliche Konsequenzen dafür, wie die praktische Umweltbeziehung gestaltet wird. In der Begegnung mit einem Ding, das so gedeutet wird, als würde es nicht wahrnehmen und seine eigene Erscheinung nicht selbst verändern, ergibt sich eine andere Form der Umweltbeziehung als in der Begegnung mit einem Wesen, das wahrnimmt oder gar einem Wesen, das realisiert, dass es ein Selbst ist und sich gegenüber einem anderen Selbst befindet. Solche oder vergleichbar grundlegend unterscheidenden Deutungen sind für ein Wesen exzentrischer Positionalität von unmittelbarer praktischer Relevanz.

1.4. Personale Vergesellschaftung

Dass es für ein Wesen exzentrischer Positionalität eine Notwendigkeit darstellt zu deuten, mit welchen anderen Wesen es in einem exzentrisch-personalen Verhältnis steht, wird von Plessner explizit als ein positionaler Sachverhalt formuliert. „Bei der Annahme der Existenz anderer Iche handelt es sich nicht um Übertragung der eigenen Daseinsweise, in der ein Mensch für sich lebt, auf andere ihm nur körperhaft gegenwärtige Dinge, also um eine Ausdehnung des personalen Seinskreises, sondern um eine Einengung und Beschränkung dieses ursprünglich gerade nicht lokalisierten und seiner Lokalisierung Widerstände entgegensetzenden Seinskreises auf die ‚Menschen‘. Das Verfahren der Beschränkung, wie es sich in der Deutung leibhaft erscheinender fremder Lebenszentren abspielt, muß streng getrennt werden von der Voraussetzung, daß fremde

Personen möglich sind, daß es eine personale Welt überhaupt gibt.[...] Daß der einzelne Mensch sozusagen auf die Idee verfällt, ja daß er von allem Anfang an davon durchdrungen ist, nicht allein zu sein und nicht Dinge, sondern fühlende Wesen wie er als Genossen zu haben, beruht nicht auf einem besonderen Akt, die eigene Lebensform nach außen zu projizieren, sondern gehört zu den Vorbedingungen der Sphäre menschlicher Existenz.“ (Plessner 1975, 301)

Personale Vergesellschaftung im Sinne der Positionalitätstheorie ist also folgendermaßen zu verstehen.

1 Es sind nicht organische Besonderheiten, die als Indizien eines personalen Seinsverhältnisses gewertet werden können, sondern es sind einzig Indizien aus der Praxis des Vollzugs personalen Einanderseins selbst, die als Hinweise herangezogen werden können, ob Wesen personal sind oder nicht. Damit sprengt die Positionalitätstheorie den anthropologischen Rahmen und mündet in eine Theorie der personalen Vergesellschaftung.
2. Personale Vergesellschaftung beinhaltet notwendigerweise eine Grenzziehung, denn diejenigen, die miteinander in ein personales Verhältnis geraten, unterscheiden zwischen denjenigen, mit denen sie in einem personalen Verhältnis stehen und denjenigen Entitäten, für die das nicht gilt. Diese praktische Differenzierung ist insofern unumgänglich, als dadurch die künstliche Lebensform stabilisiert wird, in der der praktische Umweltbezug der vergesellschafteten Entitäten stattfindet.

Wenn es darum geht zu entscheiden, ob beobachtete Phänomene im Sinne von Personsein zu deuten sind, lautet die von der Theorie des Gegenstandes begründete Beobachtungsanweisung: Sieh auf das Verhältnis der Körper zueinander, denn nur in diesem kommt die Deutung vor, durch die zwischen personalen Körpern und anderem unterschieden wird. Nur in diesem Verhältnis ist Personsein realisiert. An den bloßen Körpern ist das Personsein nicht zu sehen.

Wenn man angesichts dieses Postulats der Positionalitätstheorie daran festhält, dass Plessner eine positive Anthropologie formuliert, muss man notwendigerweise Revisionen an der Positionalitätstheorie vornehmen. Wer daran festhält, dass nur Menschen miteinander in ein personales Verhältnis geraten können, muss sagen, warum er Personalität positional auf Bewusstsein reduziert. Denn nur dann könnte man diese Positionsform an einem Körper und seinem Verhaltensvollzug sehen. Aber die Theorie gibt dezidiert eine andere Beobachtungsanweisung. Wer dagegen die Theoriekonstruktion, ihre methodische Anlage und damit den phänomenologisch-empirischen Charakter der Theorie ernst nimmt, wird zu einer beunruhigenden Konsequenz gezwungen: Plessner gibt apriori keine Auskunft darüber, wer in den Kreis personalen Seins einzubeziehen ist und was aus diesem Kreis herausfällt.

Anthropologie kann unter dieser Voraussetzung nur noch als reflexive Anthropologie betrieben werden. Denn es kann nur noch darum gehen, welche Funktion anthropologische Annahmen im Rahmen des Vollzugs der Grenzziehung zwischen Personen und anderem haben. Plessner ist kein Heimatdichter der menschlichen Natur, vielmehr erschließt die Positionalitätstheorie die selige Fremde jenseits jeglicher anthropologischer Gewissheiten.

2. Die reflexive Anthropologie personaler Vergesellschaftung und die Analyse gesellschaftlicher Grenzregimes

Die reflexive Anthropologie Plessners hat der Sozial- bzw. der Gesellschaftstheorie kein anthropologisches Fundament zu bieten, sondern viel besseres, nämlich eine Aufgabe: Konzepte dafür zu entwickeln, wie der Prozess der Selbstbegrenzung personaler Vergesellschaftung verstanden und empirisch untersucht werden kann. Ganz im Sinne der methodischen Anlage der „Stufen", d.h. i.S. einer Weiterentwicklung dieser Methodenkonzeption im Feld der Sozial- und Gesellschaftstheorie, sind ausgehend von der Theorie der exzentrischen Positionalität zwei Anforderungen zu stellen. Es muss sowohl die potentielle Offenheit der personalen Vergesellschaftung begriffen werden können, als auch der Zwang zur Grenzziehung. Denn eine Grenzziehung ist in jedem Fall notwendig, um Wesen exzentrischer Positionalität in eine haltgebende künstliche Form zu bringen. Damit wird der Sachverhalt der Grenzrealisierung zum grundlegenden Problem der Sozial- und Gesellschaftstheorie. Grenzrealisierung muss jetzt allerdings auf eine neue gegenstandsangemessene Weise verstanden werden. Bei der Analyse des Lebendigen stand die Abgrenzung des lebendigen Körpers von seiner Umgebung im Mittelpunkt. Bei der Analyse personaler Vergesellschaftung wird die Selbstabgrenzung des Bereichs des Gesellschaftlichen zum theoretischen Ausgangsproblem und daraus folgend zur Aufgabe einer systematischen theoriegeleiteten empirischen Forschung.[18]

Um den Gegenstand solcher Analysen präzise zu benennen, scheint mir der Begriff „Grenzregime" angemessen (vgl. Lindemann 2002b). Das Grenzregime einer Gesellschaft bezeichnet das Insgesamt der Praktiken, durch die die Grenze zwischen sozialen Personen und anderem gezogen wird. Ich werde zunächst die Erweiterungen diskutieren, die sich daraus für eine sozialwissenschaftliche Methodologie ergeben, um abschließend die Konsequenzen für gesellschaftstheoretisch ausgerichtete Analysen zu skizzieren.

2.1. Reflexive Anthropologie und sozialwissenschaftliche Methodologie

Die von Plessner formulierte Theorie personaler Vergesellschaftung erlaubt einen zwanglosen Anschluss an die soziologische Theoriebildung und der sich aus dieser ergebenden methodischen Vorgehensweisen. Um dies genauer herauszuarbeiten, beziehe ich mich auf den Erwartungsbegriff. Für diese Fokussierung lassen sich drei Gründe anführen:

1. Der Erwartungsbegriff ermöglicht es, verschiedene Formen des wechselseitigen Aufeinanderbezogenseins voneinander abzugrenzen und trennscharf soziologisch relevante Phänomene zu bestimmen. Hier ergibt sich eine Differenz, die der von zentrischer und exzentrischer Positionalität entspricht.

[18] Für eine theoretische und methodologische Ausarbeitung dieses Programms sowie historisch- materiale und empirische Analysen gesellschaftlicher „Grenzregime" vgl. Lindemann (2001, 2002a, 2002b, 2002c, 2003a, 2005).

2. Der Erwartungsbegriff ist hinsichtlich seiner Zuordnung zu einem bestimmten Paradigma neutral, er lässt sich sowohl in systemtheoretische als auch in handlungstheoretische Konzepte integrieren. Insofern Erwartungen in Routinen, Praktiken und Wahrnehmungen integriert sind, ist der Erwartungsbegriff auch neutral hinsichtlich einer möglichen Berücksichtigung der körperlich-leiblichen und materialen Dimension sozialer Prozesse.
3. Der Erwartungsbegriff lässt sich gut empirisch operationalisieren.

Hinsichtlich des ersten Punktes ist die Differenz von Erwartungen und Erwartungs-Erwartungen von besonderer Bedeutung. Mit Bezug auf die Positionalitätstheorie entspricht dies der Differenz von zentrischer und exzentrischer Positionalität. Sozialität i.S. der soziologischen Theorie ist nämlich nicht an das Vorhandensein einfacher Erwartungen, sondern an das Vorliegen wechselseitiger Erwartungs-Erwartungen gebunden. D.h., konstitutiv für Sozialität ist eine Beziehung zwischen mindestens zwei Entitäten, die durch Erwartungs-Erwartungen im Verhältnis von Alter und Ego charakterisiert ist. In dieser Beziehung wird als vermittelndes Drittes ein gültiges Geflecht von Erwartungs-Erwartungen gebildet.

Ego nimmt Alter wahr und entwickelt in der Interaktion Erwartungen bezüglich des weiteren Verhaltensablaufs auf der Seite von Alter. Wenn Alter dies entsprechend tut, kann man davon sprechen, dass Ego und Alter ihr Verhalten aufeinander abstimmen. Dabei befinden sich Ego und Alter in einer Situation einfacher Kontingenz, denn unwägbar kontingent ist das Verhalten des begegnenden Gegenüber. Eine solche Konstellation ließe sich mit Plessner im Rahmen der zentrischen Positionalität beschreiben. Dies ist allerdings nicht der soziologisch relevante Sachverhalt. Dieser erfordert eine weitere Steigerung der Beziehungskomplexität.

Ego ist ein Selbst, das zwischen sich und seiner Umwelt unterscheidet. Es merkt, was es der Umwelt und was es sich selbst zurechnen muss und kann so zwischen Wahrnehmen und Eigenaktivität unterscheiden und beides miteinander vermitteln.

Ego beobachtet Alter als ein Selbst, das seinerseits zwischen Umwelt und Selbst unterscheidet und Wahrnehmen und Eigenaktivität aufeinander abstimmt.

Weiterhin erfährt Ego sich als ein Selbst, das in der Umwelt von Alter vorkommt, d.h. als ein Selbst, das von Alter als ein Selbst beobachtet wird, in dessen Umwelt Alter vorkommt. Es handelt sich bei Ego und Alter jeweils um ein Selbst,

- das seine Umwelt wahrnimmt und sich entsprechend verhält,
- das wahrnimmt, dass in seiner Umwelt ein anderes Selbst vorkommt,
- das erfährt, dass es von seinem Gegenüber als ein Selbst wahrgenommen wird, das sein Gegenüber als ein wahrnehmendes Selbst wahrnimmt.

In einer solchen hochkomplexen Beziehung erfahren sich Ego und Alter wechselseitig real als ein anderes Subjekt. Mit Bezug auf die Komplexität der Umweltbeziehung der Beteiligten entspricht dies der exzentrischen Positionalität. Denn nur insofern ein Selbst auf sich als ein Selbst bezogen ist, also aus der praktischen Vermittlung von Wahrnehmen und Eigenaktivität herausgesetzt ist, kann es sich als ein Selbst erfahren, das realisiert, dass es von einem anderen Selbst als ein Selbst erfahren wird, an das Erwartungen adressiert werden, d.h. als ein Selbst, das an es selbst adressierte Erwartungen erwartet.

Damit Ego und Alter ihr Verhalten wechselseitig voneinander abhängig machen bzw. in das jeweils eigene Verhalten das Verhalten des Gegenüber einbauen können, müssen sie voneinander erwarten, dass der jeweils andere den Fortgang der Vermittlung zwischen Wahrnehmen und Eigenaktivität davon abhängig macht, wie sich das Gegenüber präsentiert. Aus der Perspektive von Ego gesprochen: Ego erwartet, dass Alter erwartet, dass Ego das eigene Verhalten vom Verhalten Alters abhängig macht.[19] Für Ego ist damit sowohl das Verhalten von Alter unwägbar, als auch das eigene Verhalten, denn Ego macht seine Eigenaktivität von den erwarteten Erwartungen Alters abhängig und diese Unsicherheit existiert für Ego als ein praktisch wirksamer Sachverhalt. Das gleiche gilt für Alter entsprechend.[20] Auf dieser Grundlage wird der in der Soziologie verwendete Deutungsbegriff entwickelt. Um ihr Handeln wechselseitig aufeinander abzustimmen, müssen soziale Personen wechselseitig die Erscheinung ihres Gegenüber deuten, um so ihre Handlungen zu koordinieren. Der Einfachheit halber bezeichne ich diese Deutung als kommunikative Deutung.

Diejenigen, die miteinander in einer solchen Beziehung stehen, nehmen einander aber nicht nur wahr und vollziehen darauf aufbauend kommunikative Deutungen, sondern sie haben dadurch notwendigerweise anhand der Wahrnehmung entschieden, ob der wahrgenommene Körper überhaupt als Hinweis darauf gewertet werden kann, dass der andere ebenfalls wahrnimmt und Erwartungen hat. Wenn man nicht eine positive, sondern eine reflexive Anthropologie zugrundelegt, wird es für die soziologische Analyse unmöglich, es apriori als gesichert anzusehen, wer als ein alter Ego in Frage kommt. Dies führt in methodologischer Hinsicht zu folgender Konsequenz. Die Existenz des alter Ego schließt immer eine zweifache Deutung ein: zum einen eine fundierende Deutung, durch die entschieden wird, ob es sich überhaupt um ein Gegenüber handelt, das Erwartungen hat; zum anderen die auf der fundierenden aufbauende kommunikative Deutung, durch die Ego versucht zu ermitteln, gemäß welcher Erwartungen Ego von Alter wahrgenommen wird.

Die Berücksichtigung der Zweistufigkeit des Deutens stellt eine wichtige methodische Neuerung für sozialwissenschaftliche Analysen dar, denn es geht jetzt nicht mehr nur darum, durch Deuten und Verstehen eine Sicherheit darüber zu erlangen, wie der andere zu verstehen ist und wie eine Handlungskoordinierung erfolgen kann[21], sondern es geht auch um die Deutungsprozesse, durch die festgelegt wird, mit wem das überhaupt möglich ist. Bislang wurde innerhalb der soziologischen Methodologie nur die kommunikative Deutung untersucht, nicht aber die grenzziehend fundierende Deutung. Die Analyse gesellschaftlicher Grenzregimes ist nur dann möglich, wenn methodologisch ein zweistufiges Deutungsverfahren zugrundegelegt wird, das zwischen der

[19] Dies entspricht der Beziehungskomplexität, die sich bei der Übernahme der Rolle des anderen beobachten lässt (vgl. Mead 1924–25).

[20] Diese hochspezifische Komplexität, die soziale Beziehungen kennzeichnet, ist der sachliche Grund, weshalb Parsons (1968) und Luhmann (1976, 1984) den Terminus doppelte Kontingenz verwenden.

[21] Z.B. bei Mead (1967, 1987), Luhmann (1984, Kap. 4) oder Habermas (1995, Bd. 2, 11–69) wird nur die zweite Stufe der Deutung reflektiert.

grenzziehend fundierenden Deutung und der im engeren Sinn kommunikativen Deutung unterscheidet.

2.2. Konsequenzen der reflexiven Anthropologie für die Gesellschaftsanalyse

Ein derartiges methodologisches Rüstzeug führt bei der Analyse von Vergesellschaftungsprozessen auf ein neues Problemfeld, denn Gesellschaften lassen sich mit Bezug auf ihr Grenzregime differenzieren. Der Terminus „menschliche Gesellschaft" bezeichnet nicht mehr allgemein den Gegenstand sozialwissenschaftlicher Forschung und gesellschaftstheoretischer Anstrengung. Stattdessen verweist die Rede von der menschlichen Gesellschaft auf eine historische Sonderentwicklung, die sich in Europa in der zweiten Hälfte des 18. Jahrhunderts zunehmend durchsetzt. Erst zu dieser Zeit hat sich in Europa eine Grenzregulierung durchgesetzt, die anhand der Unterscheidung lebender Mensch – anderes erfolgt.

Bis ins 18. Jahrhundert hinein waren nicht nur Menschen, sondern auch andere Entitäten personale Träger des Vergesellschaftungsprozesses (vgl. Lindemann 2001). Es war ein Zusammenspiel mehrerer Entwicklungen, die zu einer Durchsetzung des modernen Grenzregimes und damit der Entstehung einer menschlichen Gesellschaft führten. Dazu gehörte nicht zuletzt die Etablierung eines neuen „Wissenschaft" genannten Wissenstypus, der eine experimentelle Form der Wissenserzeugung zum Maßstab macht. Der dabei vorgesehene kontrollierte und kontrollierende Zugriff auf Entitäten ging einher mit einer scharfen Grenzziehung zwischen denjenigen, die einer solchen Behandlung unterzogen werden dürfen und denjenigen, bei denen das nicht der Fall ist. Moleküle, Atome, Frösche und Ratten usw. dürfen einer Behandlung ausgesetzt werden, die sich im forschenden Umgang mit lebenden Menschen verbietet.

Die menschliche Gesellschaft ist eine historische Form. Ihr Grenzregime funktioniert gegenwärtig maßgeblich indirekt: Es geht nämlich nicht direkt um die Frage, ob eine Entität als eine soziale Person gedeutet werden muss, sondern darum, ob sie am Leben ist oder nicht. Wenn nur lebende Menschen soziale Personen sein können, werden die Grenzen des Sozialen anhand der Grenzen des menschlichen Lebens gezogen. Die menschliche Gesellschaft versteht sich, d.h. ihre Grenzen, – zumindest gegenwärtig – von den Grenzen ihres Lebens her. Insofern sich die Grenzregulierung an naturwissenschaftlichen Vorgehensweisen orientiert, lässt sie sich als ein „biomedizinisches Grenzregime"[22] charakterisieren.

Unter dieser Voraussetzung können Veränderungen des Grenzregimes stattfinden, ohne die primäre Festlegung anzutasten, derzufolge nur lebende Menschen soziale Personen sein können, indem nämlich die Grenze zwischen Noch-nicht-leben und Leben sowie zwischen Leben und Tod anders gezogen wird. Genau dies hat in den letzten vierzig Jahren stattgefunden (vgl. Lindemann 2003a) und genau dies wird auch weiterhin ein akutes Problem bleiben. Die Stichworte sind Tod, Hirntod, Teilhirntod und hin-

[22] Vgl. hierzu ausführlicher Lindemann (2002a, Kap. 7; 2003a, Kap. 3).

sichtlich der Grenzziehung am Lebensanfang: Schwangerschaftsabbruch, Umgang mit menschlichen Embryonen und Stammzellen sowie mit menschlichen Föten und Frühchen (vgl. Lindemann 2004).[23]

Ein Verständnis des biomedizinischen Grenzregimes, das im Feld des menschlichen Lebens operiert, ist methodologisch auf eine Theorie personaler Vergesellschaftung angewiesen, die die materiale Dimension der lebenden Körper einbezieht, ohne sich anthropologische Scheuklappen anzulegen. Ohne ein solches Verständnis des biomedizinischen Grenzregimes wird man kaum ein angemessenes Verständnis moderner Gesellschaften erreichen können. Denn säkulare moderne Gesellschaften entwickeln ihre Zukunftsvisionen und ihr verbindliches Selbstverständnis von dem Leben her, das sie trägt. Denn im Medium dieses Lebens begrenzen sie sich selbst.[24]

---

23 Anhand ihres methodologischen Zuschnitts lässt sich die Grenzregimeanalyse prägnant z.B. von Foucaults Machtkritik abheben. Foucaults Kritik der Machtausübung arbeitet heraus, dass es prinzipiell kritikwürdig ist, normative Vorstellungen davon durchzusetzen, wie Menschen zu sein haben. Dies beinhaltet eine elegante Abkehr von humanistischen Vorstellungen über „den Menschen" und konstituiert zugleich die menschlichen Körper als diejenigen Körper, für die gilt, dass es kritikwürdig sei, sie mit normativen Vorstellungen zu belegen und damit notwendigerweise einer Macht zu unterwerfen. Darin steckt ein subtiles und radikales Freiheitsethos, dessen anthropologischer Bezug verschwiegen wird. Allerdings führt die unausgesprochene Verbindung von Kritik und Analyse in schwere methodologische Probleme: Foucault blendet systematisch aus, wie der Kreis derjenigen Körper begrenzt wird, bei denen es überhaupt kritikwürdig sein soll, sie einer Machtausübung zu unterwerfen. Nur wenn es eine implizite Gewissheit hinsichtlich der Grenzen dieses Kreises gibt, kann eine foucaultsche Machtkritik funktionieren. Die implizite Grenzziehung ließe sich nur um den Preis einer allgemeinen Ausweitung der Kritik vermeiden: Es müssten alle Körper in gleicher Weise als einer Kritik der Macht für wert befunden werden. Dann wäre es für die Kritik das gleiche Problem, wenn Läusekörper, Steine, Menschenkörper oder Mikroben zum Objekt einer Machtpraxis gemacht würden. Das ist, soweit ich sehe, nicht gemeint. Die für die Kritik relevanten gesellschaftlichen Körper sind die Körper von Menschen. Foucault kann nur deshalb Antihumanist sein, weil er zugleich naiv anthropozentrisch bleibt. Eine solche Theoriekonzeption ist für viele Probleme der Machtkritik sinnvoll, aber sie ist insgesamt nicht mehr auf der Höhe der Zeit. In der gesellschaftlichen Praxis wird heute nämlich die Frage aufgeworfen, welche Körper überhaupt noch als lebendige und personale, d.h. i.S. Foucaults normbezogene, Körper gelten sollen. Die Beobachtung dieser Praxis erfordert theoretisch-methodologische Werkzeuge, die eine derart grundlegende Verunsicherung reflexiv erfassen können und deshalb jeden Anthropologiebezug reflexiv wenden müssen. Da Foucault seine anthropologische Referenz nicht expliziert, verunmöglicht er sich eine solche methodologisch-reflexive Wendung. So muss seine Kritik der Macht mehr selbstverständliche Gewissheiten in Anspruch nehmen als die modernen Machtpraktiken (der Biomedizin), die heute zu kritisieren wären. Die Macht hat Foucaults Kritik überholt. Es ist an den Zeitgenossinnen der modernen Macht, deren radikale Kritik zu erfinden. Das Programm der Analyse gesellschaftlicher Grenzregime ist ein Versuch.

24 Das Problem der Grenzregimeanalyse wird in dem Beitrag „Die dritte Person – das konstitutive Minimum der Sozialtheorie" beispielhaft ausgeführt.

Literatur

Arlt, G., 1996, Anthropologie und Politik. Ein Schlüssel zum Werk Helmuth Plessners, München.

Asemissen, U., 1973, Die exzentrische Position des Menschen, in: Grundprobleme der großen Philosophen. Philosophie der Gegenwart II, Göttingen.

Beaufort, J., 2000, Die gesellschaftliche Konstitution der Natur, Würzburg.

Berger, P. L./Luckmann, T., 1966/1980, Die gesellschaftliche Konstruktion der Wirklichkeit. Eine Theorie der Wissenssoziologie, Frankfurt a. M.

Claessens, D., 1993, Das Konkrete und das Abstrake. Soziologische Skizzen zur Anthropologie, Frankfurt a. M.

Dux, G., 1994, Für eine Anthropologie in historisch-genetischer Absicht. Kritische Überlegungen zur philosophischen Anthropologie Helmuth Plessners, in: Dux, G./Wenzel, U. (Hg.), Der Prozeß der Geistesgeschichte. Studien zur ontogenetischen und historischen Entwicklung des Geistes, Frankfurt a. M.

Eßbach, W., 1994, Der Mittelpunkt außerhalb. Helmuth Plessners philosophische Anthropologie, in: Dux, G./Wenzel, U. (Hg.), Der Prozeß der Geistesgeschichte. Studien zur ontogenetischen und historischen Entwicklung des Geistes, Frankfurt a. M.

Esser, H., 1993, Soziologie. Allgemeine Grundlagen, Frankfurt a. M./New York.

Fahrenbach, H., 1994, ‚Phänomenologisch-transzendentale' oder ‚historisch-genetische' Anthropologie – eine Alternative, in: Dux, G./Wenzel, U. (Hg.), Der Prozeß der Geistesgeschichte. Studien zur ontogenetischen und historischen Entwicklung des Geistes, Frankfurt a. M.

Fischer, J., 2000, Exzentrische Positionalität. Plessners Grundkategorie der Philosophischen Anthropologie, in: Deutsche Zeitschrift für Philosophie, 48/2.

Foucault, M., 1966/1971, Die Ordnung der Dinge, Frankfurt a. M.

Gamm, G., 1998, Anthropomorphia inversa. Über die Medialisierung von Mensch und Technik, in: Lettre, Heft 41, Berlin.

Gehlen, A., 1964/1975, Urmensch und Spätkultur. Philosophische Ergebnisse und Aussagen, Frankfurt a. M./Bonn.

Gehlen, A., 1993, Der Mensch. Seine Natur und seine Stellung in der Welt, in: Rehberg, K.-S. (Hg.), Gesamtausgabe. Bd. 3,2, Frankfurt a. M.

Habermas, J., 1995, Theorie des kommunikativen Handelns, 2 Bände, Frankfurt a. M.

Habermas, J., 2001, Die Zukunft der menschlichen Natur. Auf dem Weg zu einer liberalen Eugenik?, Frankurt a. M.

Habermas, J., 2004, Freiheit und Determinismus, in: Deutsche Zeitschrift für Philosophie 52/6.

Honneth, A./Joas, H., 1980, Soziales Handeln und menschliche Natur. Anthropologische Grundlagen der Sozialwissenschaften, Frankfurt a. M./New York.

Husserl, E., 1976, Husserliana, III/1: Ideen zu einer reinen Phänomenologie und phänomenologischen Philosophie, 1. Halbband, Den Haag.

Krüger, H.-P., 1999, Zwischen Lachen und Weinen, Bd. 1: Das Spektrum menschlicher Phänomene, Berlin.

Krüger, H.-P., 2001, Zwischen Lachen und Weinen, Bd. 2: Der dritte Weg Philosophischer Anthropologie und die Geschlechterfrage, Berlin.

Lessing, H.-U., 1995, Eine hermeneutische Philosophie der Wirklichkeit. Zum systematischen Zusammenhang der ‚Einheit der Sinne' und der ‚Stufen des Organischen und der Mensch', in: Friedrich, J./Westermann, B. (Hg.), Unter offenem Horizont. Anthropologie nach Helmuth Plessner, Frankfurt a. M.

Lindemann, G., 2001, Die reflexive Anthropologie des Zivilisationsprozesses, in: Soziale Welt, 52/2.

Lindemann, G., 2002a, Die Grenzen des Sozialen. Zur sozio-technischen Konstruktion von Leben und Tod in der Intensivmedizin, München.

Lindemann, G., 2002b, Kritik der Soziologie, in: Deutsche Zeitschrift für Philosophie, 50/2.

Lindemann, G., 2002c, Die reflexive Anthropologie der Geschlechterdifferenz, in: Brüchert, O./Resch, C. (Hg.), Zwischen Herrschaft und Befreiung. Politische, kulturelle und wissenschaftliche Strategien, Münster.

Lindemann, G., 2003a, Beunruhigende Sicherheiten. Zur Genese des Hirntodkonzepts, Konstanz.

Lindemann, G., 2003b, Rezension von ‚Michel Foucault (2003) Die Abnormalen', in: Frankfurter Rundschau vom 19.8.2003.

Lindemann, G., 2004, Menschenwürde und Lebendigkeit, in: Klein, E./Menke, C. (Hg.), Menschenrechte und Bioethik, Schriften des MenschenRechtsZentrums, Band 21, Berlin.

Lindemann, G., 2005, Theorievergleich und Theorieinnovation. Plädoyer für eine kritisch-systematische Perspektive, in: Schimank, U./Greshoff, R. (Hg.), Was erklärt die Soziologie?, Münster (i.V.).

Lindenberg, S., 1985, An Assessment of the New Political Economy for the Social Sciences and for Sociology in Particular, in: Sociological Theory 3.

Manzei, A., 2005, Umkämpfte Deutungen. Gesellschaftstheorie und die Kritik szientifischer Bestimmungen menschlicher Existenz, in: Gamm, G./Gutmann, M./Manzei, A. (Hg.), Zwischen Anthropologie und Gesellschaftstheorie. Zur Renaissance Helmuth Plessners im Kontext der modernen Lebenswissenschaften, Bielefeld.

Mead, G. H., 1934/1967, Mind, Self, and Society, Chicago, London.

Mead, G. H., 1924–25/1987, Die Genesis der Identität und die soziale Kontrolle, in: Ders., Gesammelte Aufsätze Bd. I, Frankfurt a. M.

Merleau-Ponty, M., 1966, Phänomenologie der Wahrnehmung, Berlin.

Pietrowicz, S., 1992, Helmuth Plessner. Genese und System seines philosophisch-anthropologischen Denkens, München.

Plessner, H., 1975, 3 . Aufl., Die Stufen des Organischen und der Mensch, Berlin/New York.

Plessner, H., 1981, Macht und menschliche Natur. Ein Versuch zur Anthropologie der geschichtlichen Weltansicht, in: Gesammelte Schriften Bd. V: Macht und menschliche Natur, Frankfurt a. M.

Plessner, H., 1985, Phänomenologie. Das Werk Edmung Husserls, in: Gesammelte Schriften IX. Schriften zur Philosophie, Frankfurt a. M.

Sartre, J.-P., 1967, Kritik der dialektischen Vernunft. 1. Band: Theorie der gesellschaftlichen Praxis, Reinbek.

Schmitz, H., 1978, Die Wahrnehmung. System der Philosophie Bd. III, 5, Bonn.

Schürmann, V., 1997, Unergründlichkeit und Kritik-Begriff. Plessners Politische Anthropologie als Absage an die Schulphilosophie, in: Deutsche Zeitschrift für Philosophie, 45/3.

JOACHIM FISCHER

Der Identitätskern der Philosophischen Anthropologie (Scheler, Plessner, Gehlen)

A. Ausgangslage und Aufgabe

Der Ausgangsbefund ist: Seit Ende der 20er Jahre des letzten Jahrhunderts tauchen Schriften unter dem Titel einer „philosophischen Anthropologie“ (oder „Philosophischen Anthropologie“) auf. Es ist üblich, Max Schelers „Die Stellung des Menschen im Kosmos“ (1928), Helmuth Plessners „Die Stufen des Organischen und der Mensch“ (1928) und – etwas zeitversetzt – Arnold Gehlens „Der Mensch. Seine Natur und seine Stellung in der Welt“ (1940) zu diesem philosophiegeschichtlichen Phänomen zu rechnen. Es gibt so etwas wie „philosophische Anthropologie“ oder „Philosophische Anthropologie“. Aber was ist das, woran ist ein Text als spezifisch philosophisch-anthropologisch argumentierender erkennbar? Das Bild bleibt durch die verschiedenen verdienstvollen Überblicksdarstellungen und Handbuchartikeln hindurch diffus. Das liegt zum einen daran, dass meistens weitere Autoren zu dem Phänomen philosophische Anthropologie dazu genommen werden, so z.B. Theodor Litt, Otto Friedrich Bollnow, Heidegger, Jaspers (Brüning 1960), Ernst Cassirer mit seiner „Philosophie der symbolischen Formen“ (Paetzold 1985), oft auch Merleau-Ponty mit der „Phänomenologie der Wahrnehmung“, Sartre mit dem Leiblichkeitskapitel aus „Sein und Nichts“, häufig auch G. H. Mead (Honneth/Joas 1980) oder Dewey und der klassische Pragmatismus insgesamt (Krüger 2001). Die Unschärfe des Bildes der philosophischen Anthropologie stammt aber auch daher, dass die Autoren, die theoriegeschichtlich als Kerngruppe einer philosophischen Anthropologie in Frage kommen – eben Scheler, Plessner und Gehlen – selbst schon Wert zu Lebzeiten darauf gelegt haben, bezogen auf philosophische Anthropologie als Solitäre wahrgenommen zu werden. Die je autorenbezogene Forschung, also die Schelerforschung, Plessnerforschung und Gehlenforschung, hat diese Differenz, die Abgrenzung der Autoren untereinander, das Einzelgängertum, betont fortgesetzt (mit Ausnahme von Rehberg 1981). Sowohl durch die Ausweitung der philosophischen Anthropologie auf andere Autoren, wie durch die Betonung der Differenz zwischen den Hauptautoren ist die Identität einer philosophischen Anthropologie unklar. Der Denkort philosophische Anthropologie in der philosophischen Topographie erscheint zersiedelt und fragmentiert.

Meine Überlegung konzentriert sich deshalb im Folgenden auf eine einzige Frage: Lässt sich das philosophiegeschichtliche Phänomen einer philosophischen Anthropologie als ein Denkansatz zeigen? Ist Philosophische Anthropologie als ein spezifisches Theorieprogramm, als ein identifizierbarer Denkansatz im Schrifttum dieser drei Denker – Scheler, Plessner, Gehlen – tatsächlich aufzuweisen? Auf diese Aufgabe spitzt sich meine Untersuchung zu. Von der Lösung dieser Aufgabe hängt ab, ob die Philosophische Anthropologie philosophiesystematisch als ein Theorieprogramm in Konkurrenz zu anderen Theorieprogrammen relevant ist, das der Überlieferung, der Sachverhaltserschließung, der kritischen Diskussion oder der modifizierenden Fortsetzung fähig ist.

Um die zugespitzte Frage zu klären, treffe ich eine erste Unterscheidung, die Unterscheidung zwischen philosophischer Anthropologie (klein geschrieben) und Philosophischer Anthropologie (groß geschrieben) (Fischer 1995, 250). Es gibt philosophische Anthropologie als eine Disziplin, als eine autonom werdende Subdisziplin der Philosophie (das ist klar), und es könnte möglicherweise – davon verschieden – Philosophische Anthropologie als ein Theorieprogramm, als ein Paradigma geben – das in bestimmten Texten von Scheler, Plessner und Gehlen identifizierbar ist (das ist noch nicht klar und das ist die Hypothese, die hier verfolgt wird). Die Unterscheidung ist nicht ganz einfach, weil beide – die Disziplin und das Theorieprogramm –, wenn es sie denn beide gibt – zeitgleich unter diesem Titel entstehen, aber die Unterscheidung ist gleichwohl möglich. Die philosophische Anthropologie als eine Disziplin unter diesem Titel ist Ende der 1920er Jahre prominent geworden, weil damals aus verschiedenen Denkrichtungen und Motiven die Frage nach dem Menschen in die Mitte der philosophischen Problematik rückte. Die philosophische Anthropologie wurde so zu einer neuen Disziplin in der Philosophie neben den eingeführten Subdisziplinen der Erkenntnistheorie, der Ethik, der Metaphysik, der Ästhetik, so wie der später zur Disziplin sich erhebenden Sprachphilosophie. In dieser philosophischen Anthropologie als Disziplin treffen verschiedene Denkrichtungen und Theorien aufeinander, so dass zu ihrem festen Bestand im 20. Jahrhundert neben den Werken von Scheler, Plessner und Gehlen von Beginn an auch existenzphilosophische Werke wie die von Heidegger und Jaspers gehören, auch kulturphilosophische von Cassirer, später auch die leibphänomenologischen von Merleau-Ponty und neuerdings von Hermann Schmitz, auch die Werke des Pragmatismus wie die von Dewey oder Mead. Zu so einer Disziplin oder Wissenschaft unter dem Titel philosophische Anthropologie (Diemer 1978) gehört dann auch, dass die Klassiker auf philosophische Anthropologie hin gelesen und ausgewertet werden, so dass eine Vorgeschichte der Disziplin durch die anthropologischen Reflexionen innerhalb der Werke von Aristoteles bis Feuerbach gebildet wird.[1] Das Autonomwerden

[1] Die philosophische Anthropologie in diesem Sinn aufbereitet von Michael Landmann seit 1955, Philosophische Anthropologie. Menschliche Selbstdeutung in Geschichte und Gegenwart, 5. Aufl. 1982. – In diese reiche Darstellungstradition der philosophischen Anthropologie unter dem Motto „eine Einzeldisziplin wird autonom“ gehören auch die neueren differenzierten Darstellungen von Gerhard Arlt (2001, 66) und Christian Thies (2004). Vgl. für den englischsprachigen Raum die deutschsprachige Tradition aufbereitet bei Pappé (1965) und für den italienischen Raum Accarino (1991).

dieser Disziplin philosophische Anthropologie erweist sich per se als fruchtbar, weil nun innerhalb des präparierten Feldes in Kombination von Denkansätzen Grundlegungen der Philosophie und der Kultur- und Sozialwissenschaften von dieser Teildisziplin aus möglich werden.[2]

Von dieser Wissenschaft oder Disziplin philosophische Anthropologie, die gepflegt, überliefert und rekombiniert wird, muss man die Möglichkeit eines Denkansatzes, eines Theorieprogramms, das unter demselben Titel läuft, abheben. Ein Theorieprogramm in diesem Sinn kann auch nicht nur einen Bezugsautor haben, sondern muss mehrere Köpfe tangieren, die es miteinander teilen. Einen solchen möglichen Identitätskern einer Philosophischen Anthropologie habe ich hier im Blick. Erst mit der Unterscheidung zwischen philosophischer Anthropologie als Disziplin und Philosophischer Anthropologie als Denkansatz kann man sie auch als Denkansatz unter Denkansätzen einordnen und beobachten. Die Frage ist dann: Gibt es in den einschlägigen Schriften von Scheler (des späten Scheler), Plessner und Gehlen ein identifizierbares, diese Schriften in ihrer Differenz verbindendes Theorieprogramm, das sich von den Denkansätzen des Neukantianismus, der Phänomenologie, von dem Paradigma der naturalistischen und evolutionären Erkenntnis- und Verhaltenstheorie, von der Existenzphilosophie, der sprachanalytischen Philosophie und der philosophischen Hermeneutik, des Strukturalismus, der Kritischen Theorie, der Systemtheorie etc. unterscheidet?

Diese theoriesystematische Frage erscheint mir wichtig, weil ihre Beantwortung die Voraussetzung für einen Gebrauch der Philosophischen Anthropologie in ihrer phänomenerschließenden Kraft, für die Kritik des Denkansatzes durch andere Theorieprogramme und für die Kombinierbarkeit mit letzteren bildet. Diese Aufgabe ist nicht ganz einfach zu lösen. Diese Aufgabe überhaupt zu lösen, wird aus *wissenschaftsgeschichtlichen* Gründen notwendig, weil es zunächst – anders als bei den anderen genannten Theorieprogrammen des 20. Jahrhunderts – ein gepflegt überliefertes Theorieprogramm Philosophische Anthropologie und eine Traditionsbildung dieses Denkzusammenhanges so nicht gibt. Dafür gibt es zwei Gründe.

1. Die enorme Rivalität innerhalb der Theoretikergruppe von Anfang an, zunächst zwischen Scheler und Plessner, dann zwischen Plessner und Gehlen, die jede Art von Schulbildung verunmöglicht hat. Diese Rivalität wurde durch institutionelle und historische Umstände gefördert und verschärft, die Autoren gerieten in diese Rivalität hinein, zwischen Max Scheler und Helmuth Plessner als klassischer Konflikt zwischen älterem Ordinarius und jüngerem Privatdozenten an derselben Universität Köln, der die wechselseitige Anregung seit Anfang der 1920er Jahre in einem Plagiatsvorwurf von Seiten Schelers umschlagen liess; und nach Schelers plötzlichem Tod 1928 und nach 1933 die Rivalität zwischen Plessner und Arnold Gehlen als gravierender Konflikt zwischen

---

[2] So kombiniert Thomas Rentsch die Existentialanalysen von Heidegger mit den Sprachanalysen Wittgensteins zur Grundlegung einer philosophischen Anthropologie (Rentsch 1985/2003); Gesa Lindemann kombiniert die Theorieprogramme von Plessner und Luhmann zu einer forschungsoffenen „reflexiven Anthropologie" (Lindemann 2004); Mathias Gutmann prüft phänomenologische, naturalistische, handlungstheoretische und hermeneutische Erfahrungstheorien, um zu einer sprachkonstruktivistischen „Grundlegung einer philosophischen Anthropologie zu kommen" (Gutmann 2004).

einem ins Exil gezwungenen Philosophen und einem jungen Philosophen, der unter den Nationalsozialisten eine steile Karriere machte und in seinem Hauptwerk 1940 es weder für opportun noch für notwendig hielt, auf den intellektuellen Vorgänger Plessner zu verweisen. Gehlens Rechtfertigung nach der Remigration Plessners nach Deutschland, er habe Plessner nicht zitiert, weil Scheler ihn – Plessner – des Plagiats geziehen habe, verknüpfte beide Rivalitäten in der Theoretikergruppe, ließ den Konflikt zunächst eskalieren und dann über weitere Schülergenerationen weiter schwelen bis zu Gehlens Tod 1975 und darüber hinaus. Das ist der eine Grund, warum das Paradigma Philosophische Anthropologie institutionell – in einer Nachfolge, in einer gemeinsamen Schülerschaft – nicht greifbar werden konnte.

2. Der andere, ergänzende Grund ist die fortlaufende Störung einer Identifizierbarkeit eines solchen Identitätskerns durch interessierte Dritte, durch konkurrierende Denkansätze, vor allem durch die Existenzphilosophie Heideggers, dann durch die Frankfurter Schule. Hier muss man unterscheiden zwischen der inhaltlichen Kritik, die beide Denkansätze an der Möglichkeit einer Philosophischen Anthropologie vorbrachten (und damit indirekt das Vorliegen eines originären Denkansatzes bestätigten) und der Theoriepolitik, die eine Institutionalisierung dieser Denkschule zu durchkreuzen suchte. Martin Heidegger, dessen Daseinsanalytik in „Sein und Zeit" Ende der 20er Jahre mit dem Auftritt von Schelers und Plessners Philosophischer Anthropologie in der intellektuellen öffentlichen Wahrnehmung konkurrierte, hat noch vor 1933 dafür gesorgt, dass der Schelersche Plagiatsvorwurf gegen Plessner vertieft wurde und damit zugleich verhindert, dass Plessner als der legitime Nachfolger von Scheler bezogen auf Philosophische Anthropologie wahrnehmbar wurde. In den 50er und 60er Jahren sind es dann die ebenfalls remigrierten Horkheimer und Adorno, später dann Habermas gewesen, die die Rivalität zwischen Plessner und Gehlen erkannten und interessiert vertieften (Habermas 1958)[3], indem sie akademisch und öffentlich zwischen dem (wegen seines Exils, nicht wegen seiner Theorie) guten, liberalen Plessner und dem (wegen seiner NS-Karriere verwerflichen, konservativen) bösen Gehlen unterschieden. (R. Weiland 1995). Theoriegeschichtlich wurde in Darstellungen seitens Dritter der Metaphysiker Scheler vom Empiriker oder Positivisten Gehlen unterschieden, so dass die mögliche Identität eines Denkansatzes zwischen ihnen als ein bloßes Missverständnis erschien. Dieses ideenpolitische Divide et impera seitens konkurrierender Denkansätze, dem sich weder Plessner noch Gehlen entziehen wollten oder konnten, war mit ein Faktor, dass sich ein Theorieprogramm einer Philosophischen Anthropologie in einem institutionellen Zusammenhang des akademischen Lebens nicht kenntlich machen konnte. So gesehen ist die Geschichte der Philosophischen Anthropologie ein Drama. Das wird im Nachhinein sichtbar im Vergleich zu den zeitgleich sich bildenden und insgesamt über ihre Perso-

---

[3] So hat der von profunder Kenntnis der Theoretikergruppe zeugende Handbuchartikel von Habermas zur Philosophischen Anthropologie (Habermas 1958) theoriepolitisch der unvoreingenommenen Rezeption des Ansatzes in der deutschen Philosophie vermutlich geschadet, weil die Autoren und Argumente – vermittelt über eine scharfe Kritik an Gehlen – im Lichte der Überwindung des anthropologischen Ansatzes durch eine kritische Gesellschaftstheorie dargestellt werden. Voraussetzung für Habermas' Kennerschaft war die 1953/54 gehaltene Bonner Vorlesung zur Philosophischen Anthropologie seines damaligen Lehrers Erich Rothacker (Rothacker 1964).

nenkonstellationen erfolgreichen Denkansätze der deutschsprachigen Philosophie des 20. Jahrhunderts, die Existenzphilosophie (die trotz der Verschiedenheit von Heidegger und Jaspers als Ansatz wahrgenommen, gepflegt und produktiv entfaltet wurde, z.B. bei beider Schülerin Hannah Arendt); die Kritische Theorie (Horkheimer, Adorno, Marcuse, Benjamin u.a.); der Logische Empirismus, der sich als Wiener Kreis mit Carnap, Neurath, Wittgenstein entwickelte und dann über das amerikanische Exil seine Weltkarriere erreichte. Vielleicht war sogar die Kölner Konstellation seit Beginn der 1920er Jahre – aus der die Philosophische Anthropologie hervorging – die produktivste philosophische Konstellation dieser Jahre, wenn man daran denkt, dass neben dem ambitionierten jungen Plessner mit Scheler und Nicolai Hartmann (seit 1925 in Köln) zwei Philosophen dazugehörten, die von ihren Zeitgenossen als ungewöhnliche philosophische Potenzen wahrgenommen wurden. Theoriegeschichtlich ist die Geschichte der Philosophischen Anthropologie also in jeder Hinsicht ein Drama, das hier aber nicht weiter verfolgt werden soll.[4]

Der interessierende Punkt ist, ob sich trotz dieser kontingenten *wissenschaftsgeschichtlichen* Umstände des Dramas der Theorieentwicklung *philosophiesystematisch* ein Theorieprogramm im Werk der genannten Theoretiker zeigen lässt. Die Umstände der Theorieentwicklung, die die Kenntlichkeit des Paradigmas verhinderten, lassen nämlich zugleich vermuten, dass ein solches vorlag. Die beharrliche Rivalität ist ein Indiz dafür, dass sich diese Theoretiker in einem gemeinsamen Denkansatz erkannt haben – sonst hätten sie nicht so rivalisiert. Gegenüber Nicolai Hartmann, der die Herausbildung aller dreier Werke aus der Nähe beobachtet hatte und dem bis zu seinem Tod 1950 die Theoriegemeinsamkeit zwischen Scheler, Plessner und Gehlen vollkommen durchsichtig war, hat Erich Rothacker von Plessner und Gehlen einmal als den „feindlichen Brüdern" gesprochen. Auch das Divide et Impera-Prinzip sowohl der Existenzphilosophie wie der Kritischen Theorie – als Theorieschulen – gegenüber den Philosophischen Anthropologen ist ein Indiz, dass hier ein gemeinsames Denkpotential zwischen Scheler, Plessner und Gehlen gewittert wurde, das, wenn es einmal in seiner Prägnanz kenntlich werden würde, junge Köpfe der zweiten Hälfte des 20. Jahrhunderts in einem noch höheren Maße hätte faszinieren und interessieren können, als es das faktisch getan hat.

Ich will in drei Beweisschritten ausprobieren (B), ob sich *philosophiesystematisch* ein eigentümliches Theorieprogramm namens Philosophische Anthropologie bei den drei Autoren rekonstruieren lässt – so wie man eben auch die Paradigmen der Kritischen Theorie, der Existenzphilosophie, des evolutionstheoretischen Naturalismus, der philosophischen Hermeneutik, des Strukturalismus, der sprachanalytischen Philosophie identifizieren kann. I. Durch die Differenz der Autoren hindurch lässt sich ein *Identitätskern* finden in der Art ihrer Kategorienbildung, in der Koinzidenz dieser Kategorienbildung. II. Über den aufgewiesenen Identitätskern lässt sich die tatsächlich erhebliche Differenz zwischen den Texten, Themen und dem Duktus von Scheler, Plessner und Gehlen als eine *systematische Differenz* im Identitätskern explizieren. Letzte Probe: III. Von der

[4] Vgl. zum Textkorpus der Philosophischen Anthropologie, den wissenschaftsgeschichtlichen Hintergründen und der inneren Kontur des Denkansatzes im Einzelnen (Fischer 2000a). – Vgl. auch Eßbach 2002.

Art der Kategorienbildung, vom Identitätskern aus, lässt sich eine *Außendifferenz* zeigen; der Identitätskern funktioniert als Abgrenzungskriterium, inwiefern Philosophische Anthropologie als Denkansatz mit keinem der anderen Theorieprogramme im 20. Jahrhundert zusammenfällt.

B. Der Identitätskern der Philosophischen Anthropologie

I. Identitätskern in der Differenz der Autoren

Für eine Koinzidenz in der Differenz der Autoren gibt es von ihrer Verwendung des Titels einer Philosophischen Anthropologie her elementare Theorieindizien. „Anthropologie" zeigt zunächst an, dass ihre Kategorien thematisch die Sphäre des Menschen, die menschlichen Lebensverhältnisse, die Selbst-, Kultur- und Sozialverhältnisse der Menschen erreichen, beobachten, durchordnen, beschreiben wollen. Anthropologie zeigt bei diesen Autoren aber immer auch an: Sie akzeptieren in ihrem Ansatz, dass Anthropologie seit dem 19. Jahrhundert unhintergehbar auch eine Disziplin der Biologie ist. Deshalb wird zum springenden Punkt der Philosophischen Anthropologie bei allen drei Autoren der theorieinterne Bezug zur Biologie. Bei allen drei Autoren differenziert das Theorieprogramm eine Biophilosophie aus[5], über die sie – die Philosophische Anthropologie – eine Theorie des Selbst-, Welt- und Sozialverhältnisses expliziert. Anders gesagt, diese Autoren machen den Pflanze/Tier/Mensch-Vergleich, mindestens den Tier/Mensch-Vergleich zu einem Organon ihres Ansatzes. „Philosophisch" in Philosophische Anthropologie zeigt an, dass sie – obwohl offen für die Einzelwissenschaften – keine einzelwissenschaftliche Erklärung suchen oder akzeptieren, also weder eine naturwissenschaftliche noch eine kultur- oder sozialwissenschaftliche.

Um die Frage nach dem möglichen Identitätskern in der Differenz der Autoren zu beantworten, wird sie hier auf einen Punkt eingeschränkt. Gefragt ist in dieser Darlegung hier nicht nach dem philosophiegeschichtlichen Ort des Denkansatzes, also warum, aus welcher Problemstellung heraus die Autoren ihre Kategorien bilden (vgl. dazu Marquard 1973; Fischer 2000b, 266–270), sondern nur, ob sich in dem „wie" ihrer Kategorienbildung eine charakteristische Gemeinsamkeit identifizieren lässt.

Ein gemeinsamer Kern könnte in folgender Bewegungsfigur des Denkens liegen: In den einschlägigen Texten aller drei Autoren bildet die Selbstgewissheit des „Geistes" den unbestrittenen Ausgangspunkt, aber die Reflexionsbewegung setzt gerade nicht dort bei den Leistungen der Subjektivität an, sondern von „woanders" her, „indirekt" an, beim Tatbestand des Lebendigen. Noch einmal formuliert: Der Geist in seiner inneren Selbstausweisungsfähigkeit oder seiner sprachlichen Vergewisserung wird vorausgesetzt, aber sie genügt sich nicht, sondern der Blick wird nach außen, auf das Lebendige gerichtet. Der Theorieblick richtet sich auf das Leben, nicht auf die Materie überhaupt

---

[5] Die von der Philosophischen Anthropologie selbst ausdifferenzierte philosophische Biologie als Kern des Theorieprogramms mit den wichtigen Bezugsautoren zusammengestellt bei M. Grene (1965), Approaches to a Philosophical Biology. Vgl. auch Fischer (2005).

(oder die Natur überhaupt) oder auf die Materie nur insoweit, als in Abhebung zu anorganischer Materie das Organische zu charakterisieren ist. Der Blick (der Theoriebewegung) ist auch nicht „intuitiv" auf den „Lebensstrom" (elan vital) gerichtet (als spekulatives Prinzip allen Seins), sondern auf das konkrete, empirisch Lebendige. Dieses konkrete, erfahrbare Lebendige wird nun aber gerade nicht am Leitfaden der eigenen Leiblichkeit (des denkenden, sich im Medium des Leibes selbst spürenden Subjekts) erreicht, sondern in der Blickdistanz auf das Objekt „Leben" (zu dem auch der eigene Leib zu rechnen ist, insofern er Körper ist). Nicht die Leiblichkeit ist der Ausgangspunkt, sondern reflexionsentscheidend ist der distanzierte, dem Biologen folgende Blick auf den Organismus, auf den lebendigen Körper inmitten seines Mediums oder seiner Umwelt. Die Denkbewegung bei allen einschlägigen Autoren setzt beim Blick auf den ferngestellten lebendigen Körper-in-seiner-Umwelt an, um dann in einem kategorialen Durchgang durch Typen des Lebens (Pflanzen, Tiere) den Ausgangspunkt, Geist zu erreichen – ohne nun eine Teleologik des Lebendigen zum Geist hin zu postulieren (wie im Deutschen Idealismus) und ohne die Phänomene des Geistes auf eine evolutionäre Kontinuität des Lebens zu reduzieren (wie das evolutionsbiologische Paradigma seit Darwin).

Soweit ein erster Nachvollzug der behaupteten typischen Denkbewegung in den Schlüsseltexten der drei Autoren. Der Blick enthält auch mögliche, aber nicht gewählte Weggabelungen der Reflexion. Andere Optionen an den Weggabelungen bedeuten andere Theorieprogramme. Ich präzisiere jetzt die Art der Kategorienbildung, die für die Philosophische Anthropologie als typisch behauptet werden soll, in sechs Zügen.

1. Die Kategorien der Philosophischen Anthropologie werden so gebildet, dass ein flankierender Blick, ein seitlich versetzter Blick auf die Subjekt-Objekt-Relation für möglich gehalten wird. Anders gesagt, der Blickpunkt, der von innen her – intentional – die Subjekt-Objekt-Relation ermöglicht, wird seitlich herausgesetzt, so dass von außen – von der Flanke her – ein Blickansatz auf die Erkenntnisrelation genommen wird. Noch einmal anders: Diese Art der Kategorienbildung hält die binnenartige Subjekt-Objekt-Relation des Geistes prinzipiell einer flankierenden Beobachtung von außen her für fähig. Das ist entscheidend für das weitere Vorgehen, denn von der Flanke aus betrachtet erscheint die Subjekt-Objekt-Relation auch als eine Seinsrelation, die Erkenntnisrelation erscheint *auch* als eine Relation im Sein, als eine ins Sein versenkte oder im Sein auftauchende Relation.

2. So eingestellt fährt die Reflexion innerhalb der Subjekt-Objekt-Relation nun aber nicht beim Subjektpol fort, dem von der Seite aus Beobachtenden, hebt also nicht gleichsam in der Privatheit des Beobachtens und Denkens an, sondern konzentriert sich auf „etwas" gegenüber, auf das Objekt. „Etwas" gegenüber – ein Ding, ein Lebendiges in seiner Umwelt – fällt so in den Blick von jemand, der jedermann sein könnte. Ferngestellt öffnet sich das Objekt gleichsam einem gemeinsamen Anschauungsraum, einem öffentlichen Blick des common sense (nicht zu verwechseln mit common language, einer vorhergehenden sprachlichen Vermitteltheit der Anschauung; vielmehr wird die Sprache an dem geprüft, was jeder sehen könnte).

3. Der Aufforderung: Machen Sie eine typische Denkbewegung der Philosophischen Anthropologie – folgt also immer eine am Objektpol ansetzende und sich vertiefende

Reflexion. Für alles Weitere entscheidend ist nun, dass diese am Objektpol ansetzende Reflexion bewusst nicht auf der Höhe des Menschen ansetzt – etwa dem menschlichen Körper gegenüber – sondern von unten her, mindestens auf dem Niveau subhumaner lebendiger Körper (also der Tiere), die in einer Umwelt-Relation beobachtbar sind, um nun von dort nach oben hin durchzudenken. Die Art der Kategorienbildung der Philosophischen Anthropologie impliziert also immer eine gewisse Stufung oder Schichtung von unten nach oben. Sie setzt nicht auf der Höhe des Menschen an, sondern von unten, aber nicht zu tief, bei der Materie, sondern im Zwischenreich des Lebendigen – zwischen anorganischer Materie und Mensch. Nicht der Vergleich zur anorganischen Materie – Stein/Mensch –, sondern der vergleichende Blick innerhalb des Lebendigen – Pflanze/Tier/Mensch, minimal aber der Tier/Mensch-Vergleich ist konstitutiv für die Begriffsbildung dieses Ansatzes.

4. Was der Ansatz, die Denkbewegung unten auf der Ebene des Lebendigen sieht, gleichgültig ob nun Pflanze oder Tier, ist der „Funktionskreis" oder „Lebenskreis", in dem ein Organismus mit seiner Umwelt korreliert ist.[6] Zwischen den Kausalverhältnissen der Materie und der Intentionalität des Geistes beobachtet der Theorieblick ein Entsprechungsverhältnis zwischen Organismus und Umwelt. Damit wird am Objektpol selbst, in der konstitutiven Ausdifferenzierung von Organismus und entsprechender Umwelt, ein Sehepunkt, ein Blickpunkt mit ausdifferenziert, der von der Flanke aus das Verhältnis beobachtet. Der flankierende Blick führt nun die Kategorienbildung, indem er gleichsam entlang des Funktionskreises (von Pflanzen mit ihrer Umgebung, von Tieren mit ihrer Umwelt) hin- und herwandert. In den Korrelationen zwischen Lebensform und Lebenssphäre liegt bereits bei Pflanzen und Tieren ein elementarer Kontakt, eine Art Verklammertheit von subjektiv-objektiven Momenten, eine „Umweltintentionalität" lebendiger Körper vor.

5. Die typische Denkbewegung der Philosophischen Anthropologie läuft im von unten ansetzenden Durchgang durch die Stufung oder den kontrastiven Vergleich von Organisationsniveaus des Organischen darauf zu, auf der Höhe des menschlichen Lebewesens, seiner Lebensform und Lebenssphäre, eine Unterbrochenheit im „Lebenskreis" des Lebendigen zu konstatieren. Unterbrochenheit meint nicht Abgebrochenheit, sondern hinsichtlich der Instinkte, der Triebe, der Sinnesorgane, der Bewegungen (alles was das Organische impliziert) eine Aufgebrochenheit. Im Faktum des menschlichen, lebendigen Körpers und seiner Lebenssphäre reißt die Lücke auf, in dem das, was als „Geist" ansprechbar ist (von ihm selbst her, im Selbstausweis) überbrückend seinen Ort nimmt. Der Geist ist notwendig, um die Not der Unterbrechung des Lebens zu wenden, aber er ist dabei notwendig auf Figuren des Organischen angewiesen. Wendungen wie „Vergeistigung des Sinnlichen, Versinnlichung des Geistigen" (Plessner) oder „Vergeistigung des Lebens, Verlebendigung des Geistes" (Scheler) markieren diese doppelte gegensinnige Drehbewegung, die Philosophische Anthropologie in ihren Kategorien vorschlägt oder verfolgt. Die im konstrastiv-vergleichenden Durchgang von unten nach

[6] Zum Theorem des „Funktionskreises", „Handlungskreises", „Gestaltkreises" innerhalb der Philosophischen Anthropologie vgl. auch Rehberg, Anmerkungen des Herausgebers in: Gehlen (1950/1993, 908). Dazu im Zusammenhang einer „kybernetischen Anthropologie" auch Rieger (2003).

oben geführte Drehbewegung, die den Geist (in dem, was er von sich aus kennt) im Lebendigen heraufführt oder einführt, ist von vornherein eine gegensinnige Drehbewegung: Im selben Atemzug, in dem die Kategorienbildung den Geist aus dem Organischen herauf- und herausführt, versenkt sie ihn auch ins Lebendige. Die Sphäre des Menschen ist dann dadurch gekennzeichnet, dass in ihr die Lebenskreisläufe des Lebendigen in bestimmter Hinsicht gebrochen und indirekt neu vermittelt, aber zugleich durch das Leben getragen bleiben. Man kann auch sagen: Alle prägnanten Begriffe der Philosophischen Anthropologie sind gebrochene und neu vermittelte Lebenskreisbegriffe.

6. Damit hat die Denkbewegung, die für die Philosophische Anthropologie typisch sein könnte, die Gegebenheit des Objektpols (der Blick auf den lebendigen Körper in der Ferne, der selbst eine Umweltrelation mit sich führt) in die im Anfang vorausgesetzte Gegebenheit der Innensphäre (die Subjekt-Objekt-Relation, wie sie vom wahrnehmenden und denkenden Subjekt erfahren wird) überführt. Der Mensch findet sich im (objektiven) Körper, im lebendigen Ding als Leib vor, von innen her als Lebenssubjekt in der Welt ihr gegenüber situiert (die Subjekt-Objekt-Relation), ohne dass er mit dieser Binnenperspektive zur Deckung käme. Denn er existiert unter dem Doppelaspekt, sich von innen her als zentriertes Lebenssubjekt an- und auszufühlen und sich doch im gleichen Augenblick, gleichsam aus dem Augenwinkel von der Seite, von der Flanke her als Körper unter materiellen Körpern marginalisiert, dezentriert, objektiviert vorzufinden – wie ein „Stück Vieh“ (Plessner), wie ein Ding unter Dingen. In diesem Doppelaspekt, in dieser Inkongruenz von Binnen- und Außenperspektive vermuten die beteiligten Denker dieser Denkbewegung zugleich das neue Erschließungspotential des Denkansatzes. Denn durch den systematischen Einbezug der Vitalsphäre können nicht nur die scheinbar verkörperungsneutralen Vermögen der Vernunft und der Sprache als Monopole des Menschen, sondern Leidenschaften, Gefühle, die verschiedenen Sinne des Sehens, Hörens, Tastens, Körperhaltungen, das Werkzeug und die Bilderzeugung, das Musizieren und das Tanzen, Lachen und Weinen, die orgiastische Ekstase und das Begraben, alle Bewegungsarten und Ausdrucksbewegungen als welterschließende und menschenweltstiftende Konstituenten entfaltet werden.

Ein Denkansatz liegt erst dann vor, wenn er nicht nur die Denkungsart eines Autors benennt, sondern wenn er übergreift, wenn zwei oder mehrere Autoren mit ihren Texten an ihm teilhaben. Die These ist, dass in dieser rekonstruierten Denkbewegung, in dieser Art der Kategorienbildung die drei genannten Autoren koinzidierten – was immer die behaupteten oder tatsächlichen Differenzen ihrer Ideenbildung gewesen sind. Das ist für ihre Schlüsselbegriffe zu zeigen, wobei das zugleich eine erste Demonstration der jeweiligen Argumentationen von Scheler, Plessner und Gehlen ist.

Schelers Schlüsselbegriffe für die „Stellung des Menschen im Kosmos“ sind *„Neinsagenkönner“*, *„Weltoffenheit“* und die Möglichkeit, dass etwas für dieses Lebewesen ein *„Gegenstand-Sein“* hat. Die Strukturzüge des Geistes, die dieser in seiner Selbstausweisung sich selbst demonstrieren kann – Sachlichkeit, Selbstbewusstsein, Freiheit – setzt Scheler voraus. Er setzt aber in seiner Schrift von 1928 – bevor er überhaupt die Sphäre des Menschen erreicht – die Blickführung im Kosmos an, von unten, beim Lebendigen, das durch „Drang“ gekennzeichnet wird und damit bereits in einem Kontaktverhältnis zum Anderen seiner selbst steht, ein Verhältnis, das nicht auf Kausalität reduzierbar ist (Scheler 1928). Im „Gefühlsdrang“ rührt Lebendiges – die Pflanze – an Anderes, das es nicht selbst ist. Im Vergleichsdurchgang durch das „biopsychisch“ Lebendige und seine verschiedenen Lebenstypen (Instinkt, assoziatives Gedächtnis, praktische Intelligenz) konstatiert Scheler, dass im Tier triebhafter Drang eine umweltgebundene Widerstandserfahrung mit sich führt. Wenn diese Widerstandserfahrung selbst prinzipiell negierbar wird, liegt eine Unterbrochenheit des Lebenskreises vor. Dieses Phänomen des Lebendigen, in dem Widerstandserfahrung negierbar ist, ist das Phänomen des menschlichen Lebewesens. Geist als Prinzip der Negation, der Entgegnung, der Aufhebung einer Setzung, ist der Spannungszustand der Lebensunterbrechung. Der „Geist“ erreicht für Scheler damit sein Prädikat – Sachlichkeit, d.h. sich vom Sosein der Sachen bestimmen zu lassen.

Aber eben diese Wirklichkeit als „Gegenstand-Sein“ erreicht der Geist nicht durch sich allein, aus sich allein, durch Eigenmacht, sondern „indirekt“, nur im Modus der Unterbrochenheit des „Funktionskreises“ des Lebendigen. Denn die Vergegenständlichung von Umweltbezügen ereignet sich zwar durch den Akt der Negierung von lebendiger Widerstandserfahrung, aber doch als Gegenstandserfahrung nur im Material vital auf Widerstände stoßender Drangerfahrung (die ein Merkmal des Vitalen ist und durch die das Sosein der Sache nur überhaupt hereinstehen kann). Durch die typische philosophisch-anthropologische Drehbewegung ist „Gegenstandsfähigkeit“ – das bekannte Prädikat des Geistes – im Zusammenhang mit dem ursprünglich vitalen Triebwiderstand gewonnen. Durch Negierung – als Einklammerung des Widerstandsdranges – öffnet sich das Widerstehende als „Sache“ auf der Stufe des menschlichen Lebewesens. Dieses Lebewesen kann unter der Voraussetzung der Vitalität die Phänomene als eigensinnige Sachen und damit in ihrem „Wesen“ an sich herankommen lassen, anstatt verhaltensbezogen in ihnen nur Tönungen eines energetischen Geflechts von Kraft und Gegenkraft situativ wahrzunehmen. Die Erkenntnishaltung der Phänomenologie – die Wesensschau entlang der Intentionalität zwischen Subjekt und Objekt – hat damit durch Schelers Konstruktion eine eigenartig anthropologische Einordnung bzw. Begründung erfahren. Gerade in seiner spezifisch anthropologischen Kategorienbildung zeigt sich, dass Schelers Ansatz nicht dualistisch ist. „Weltoffenheit“ des menschlichen Lebewesens – als Transformation von „Umweltgebundenheit“ des Tieres – ist weder ein Prädikat des Geistes noch ein Prädikat des Vitalen, sondern resultiert aus der genuinen Verschränktheit von „Drang“ (Widerstand) und „Geist“ (Negation) im menschlichen Lebewesen.

Diese typisch anthropologische Drehbewegung, in der die dem Geist von innen her vertrauten Prädikate von unten her erreicht und zugleich in ihrem Vitalbezug modifiziert werden – ohne dass eine Teleologie verfolgt würde – ist auch Schelers kategorialer Formel eingespeichert, der Mensch sei ein „Neinsagenkönner“. Das Nein ist das reine Prinzip des Geistes, das Entgegen; aber „gesagt“ werden (das Nein-Sagen) – im Sinne des Behauptens, der Geltung heischenden Setzung, der Durch-setzung – kann das „Nein“ nur durch einen Geist, der sich die Macht zur Entgegen-setzung – zum Sprech-Akt – vom Lebendigen leiht, und dieses Borgen, Abzweigen der Energie ist nur möglich, weil der vitale Energiezirkel von Drang und Triebwiderstand durch das reine Prinzip des Geistes zugleich unterbrochen ist. In der Stufung des Organischen wird von Scheler auf der Höhe des Menschen ein „Umschwung" markiert. „Der Mensch als Idee ist der Punkt, die Phase, der Ort im Kosmos, in dem das eine sich durch alle Familien, Gattungen, Arten hindurch entfaltende organische ‚Leben' (indifferent gegenüber Psychischen und Physischen) seine unbedingte Herrschaft verliert und einem Prinzip dienend wird – Geist – für das und für dessen mögliche Wirksamkeit und Ziel- und Wertsetzung das Organische den Spalt, die Durchbruchstelle geöffnet hat." (Scheler 1987, 129)

Die als typisch philosophisch-anthropologisch behauptete Art der Kategorienbildung lässt sich auch bei Plessners Text „Die Stufen des Organischen und der Mensch" demonstrieren. Plessners Schlüsselbegriffe sind *„exzentrische Positionalität"*, *„natürliche Künstlichkeit"*, *„vermittelte Unmittelbarkeit"*, *„utopischer Standort"*. Plessners Kennzeichnung für den Menschen, *„exzentrische Positionalität"* ist die artifiziellste Kategorie des Theorieprogramms, die die typische Denkbewegung zugleich besonders transparent werden lässt. Sie folgt aber derselben Art der Kategorienbildung wie bei Scheler. Um die Sphäre des Menschen begrifflich zu erreichen, setzt Plessner ausdrücklich innerhalb der Subjekt-Objekt-Relation an mit der Erfahrung des dem Subjekt gegenüberliegenden Dinges (Plessner 1975). Er will am Objektpol das „lebendige Ding" vom nichtlebendigen Ding unterscheiden. Die These ist, dass das lebendige Ding von allen anderen Dingen dadurch unterschieden ist, dass es nicht nur einen Rand hat, an dem es aufhört oder anfängt, sondern dass es diesen Rand als „Grenze" hat. Das lebendige Ding ist durch seinen „Grenzverkehr" im Verhältnis zu einer Umgebung charakterisiert, es ist ein „grenzrealisierendes Ding". Dieses „grenzrealisierende Ding" nennt Plessner auch „positional", ein zur Selbstbehauptung, zum Selbstausdruck gesetztes, ausgesetztes Ding, eine „Positionalität". Der Theorieblick beobachtet jetzt sozusagen von der Flanke her Stufen des Organischen als Stufen der Korrelation zwischen positionalen Lebensformen und ihrer jeweiligen Lebenssphären, Funktionskreise zwischen Organismen und ihren Umwelten. Im Unterschied zur Pflanze, die als offene Positionalität gekennzeichnet wird, ist das Tier die „geschlossene Positionalität". Das höchstentwickelte Tier ist als „zentrische Positionalität" gekennzeichnet, über neuronale Rückkopplungsprozesse wahrnehmend und sich bewegend in Funktionskreisläufe mit differenzierter Umwelt eingefügt, lebt diese Lebensform, dieses Tier „in seine Mitte hinein, aus seiner Mitte heraus" in das entsprechende Positionsfeld.

So präpariert konstatiert der Theorieblick auf der Ebene des menschlichen Organismus eine Unterbrochenheit des Funktionskreislaufes, eine Unterbrochenheit des sinnlich-motorischen-triebdynamischen Lebenskreislaufes. Diese Unterbrochenheit des Funktionskreislaufes auf der Ebene des menschlichen Lebewesens nennt Plessner „exzentrische Positionalität". Das Zentrum ist herausgesetzt, ohne die Positionalität – die Lage vitaler Gesetztheit – verlassen zu können. Exzentrische Positionalität ist eine Durchbrochenheit der Positionalität, ist keine „autozentrische" Positionalität, also kein Zusichselbstkommen des Lebendigen oder des Lebensstromes. Die Durchbrochenheit des Lebendigen ist auch kein Durchbruch des Geistes, der jetzt wesentlich für sich selbst operieren könnte. Exzentrische Positionalität soll die Lebenslage eines Lebendigen kennzeichnen, in dem ein reiner Durchgangspunkt des Abstandes, des zuschauenden Blicks eingebaut ist, ein exzentrischer Punkt, der nicht lebt ohne die Energie des zentrisch positionierten Körpers, dessen Zuständigkeitsbereich er zugleich entzogen bleibt. Indem er den Begriff „Positionalität" systematisch entfaltet, findet Plessner die typisch philosophisch-anthropologische Kategorie der „natürlichen Künstlichkeit", „vermittelten Unmittelbarkeit" und „utopischer Standort": Die als Menschen zu kennzeichnenden Lebewesen sind die zur Setzung, zur Satzung positionierten Lebewesen, zur Setzung oder Satzung ausgesetzte Gesetztheiten der Naturgeschichte. Sie sind von „Natur" aus „künstlich" oder konstruiert – in der Natur. Was sie erreichen und leisten, erreichen sie „vermittelt", über Medien, die das Geleistete ermöglichen und zugleich verstellen. Kraft der „exzentrischen Positionalität" leben sie in einem „utopischen Standort", sie können mit dem virtuellen Organ ihrer „vitalen Phantasie" (Palagyi), ihres Vorstellungsvermögens überall spazieren gehen (u-topisch), aber immer im Material ihrer Wahrnehmungen (Standortverhaftetheit). Alles, was der Geist von sich her kennt als seine Möglichkeiten – Technik, Sittlichkeit und Recht, Sprache, Geschichte, Kunst, Religion – ist nun in der philosophisch-anthropologischen Kategorienbildung erreichbar und zugleich durch die Art der Kategorienbildung so bestimmbar, dass auch das Vitalmoment erhalten und sichtbar wird.

Arnold Gehlen bestimmt „Den Menschen. Seine Natur und seine Stellung in der Welt" durch *„Handlung"*, *„Entsicherung"* und *„Entlastung"*, *„Institution"*. Gerade an der Art und Weise, wie Gehlen den traditionellen Begriff der „Handlung" im Begriffsverbund von „Entsicherung" und „Entlastung" als das Spezifikum des menschlichen Lebewesens einführt, lässt sich die philosophisch-anthropologische Denkungsart gut demonstrieren. Die Möglichkeiten, die der menschliche Geist von sich selbst her kennt und in sich aufweisen kann – Erkenntnis, Sprache – sind vorausgesetzt. Der Theorieblick von Gehlens Werk konzentriert sich aber auf den von unten her ansetzenden, und von der Seite geführten Blick auf die Korrelation zwischen Organismus und Umwelt. Im Zentrum steht der kontrastive Tier/Mensch-Vergleich. Das tierische Lebewesen, jeweils morphologisch und antriebsdynamisch mit allem ausgestattet, was es für die auf es zugeschnittenen Umweltanforderungen braucht, vollzieht Leben innerhalb seines Lebensfeldes in instinktsicherer Kopplung von Wahrnehmungen und Bewegungsmustern. Die Triebdynamik zirkuliert rhythmisch innerhalb des Funktionskreises, der Organismus und Umwelt verklammert. Im Phänomen des menschlichen Lebewesens ist dieser Lebenszirkel unterbrochen, nicht nur weil es morphologisch unspezialisierter erscheint – der Mensch ist so gesehen ein „Mängelwesen" –, sondern vor allem im „Hiatus" zwischen Trieb und Erfüllung. Der naturhaft aufeinander abgestimmte dynamische Bezug zwischen Innen und Außen, zwischen Wahrnehmen und Verhalten, ist durch „Instinktentdifferenzierung" im menschlichen Lebewesen „entsichert", in ihm ist das Verhalten des Lebendigen der ungesteuerten Komplexität der Außenweltreize und Innenweltantriebe ausgesetzt.

In diese Lücke des Lebendigen greift ordnende „Handlung" als Geistes-Akt, aber „entlasten" vom Druck der Situation kann diese Handlung nur zugleich wegen der Lücke, nur indem sie das in der „Entsicherung" aufgebrochene Material des Vitalen (also die verschiebbaren Triebe, die Wahrnehmungsflexibilität, der Bewegungsspielraum) leiht und gegen den Druck von aufgebrochener Außen- und Innenwelt in diesem Aufbau einer eigenen künstlichen Welt als Kultur den Kontakt des vitalen Kreislaufes wieder schließt. Auf der durch den „Handlungskreis" überbrückten Basis eines neugesicherten Wahrnehmungs- und Bewegungslebens kann Sprache als höhergelegte Funktion den selbstgeordneten Funktionskreis abschließen, indem sie zugleich vom Druck des Hier und Jetzt entlastet und Verweise in die geöffnete Welt geordnet offenhält. Derselben nichtnaturalistischen Art der Kategorienbildung folgt bei Gehlen der Begriff der „Institution", der vor allem auf das Sozialverhältnis der menschlichen Lebewesen untereinander in seiner Besonderheit kennzeichnen soll. Sind die Wahrnehmungen und Verhaltensweisen zwischen jeweiligen Tieren, die überhaupt etwas miteinander anfangen, instinkthaft aufeinander abgestimmt, so verlangt die Begegnung instinkthaft entsicherter Funktionskreisläufe nach einem Stattdessen, nach einem neuen Äquivalent der wechselseitigen Koordination im Vitalen. Dafür schlägt Gehlen die Kategorie „Institution" vor, die wechselseitige Ritualisierungen von Verhaltensweisen als Basis erschließt, an deren vitale Stabilisierungsfunktion sich dann Zwecksetzungen der menschlichen Lebensführung sekundär anlagern können.

In der Art der Kategorienbildung – das war zu demonstrieren – koinzidieren also die drei Denker. Jeweils vom menschlichen Geist ausgehend, aber mit dem Blick auf den lebendigen Körper ansetzend, wird im vergleichenden Durchgang durch Typen des Lebendigen – kontrastiv mindestens zum Tier – eine Gebrochenheit des Lebendigen auf dem Organisationsniveau des menschlichen Körpers aufgewiesen, in der nun die Phänomene des Geistes als Neuvermittlungen des Lebenskreislaufes zum Zuge kommen. Die Art der Kategorienbildung, die man als spezifisch philosophisch-anthropologische ansprechen kann, gibt nicht bloß den Bruchpunkt an, an dem der Geist im lebendigen Körper auftritt und heraustritt, sondern führt diesen Bruchpunkt als Linie, sozusagen als gebrochene Linie durch ausnahmslos alle von ihr in der Folge angesprochenen und behandelten Kultur- und Sozialphänomene. Selbstverhältnis, Weltverhältnis und Sozialverhältnis, anders gesagt, Innenwelt, Außenwelt und Mitwelt entspringen dem Bios (der Welt des Lebendigen), sind eine Verrückung (Ex-zentrik) des Bios, die in der Verrückung im Bios bleibt, in ihm lebt. Deshalb vibriert in allen Kategorien der Philosophischen Anthropologie die Spannung des Lebendigen und läuft bis in die Verästelungen psychologischer, kultur- und sozialwissenschaftlicher Folgebegriffe das Moment des Vitalen, der Schatten des lebendigen Körpers mit.

II. Differenz der Autoren vom Identitätskern her

Insofern die Autoren in der Art der Kategorienbildung koinzidieren, gehören sie einem Denkansatz an. Andererseits gibt es zwischen ihren Texten unübersehbare Differenzen. In Frage steht jetzt, ob sich diese unbestreitbare Heterogenität als wesentliche Differenz vom Identitätskern des Theorieprogramms her systematisch explizieren lässt.[7] Das wäre – nach der Zugehörigkeitsprobe – eine weitere Probe auf den Identitätskern der Philosophischen Anthropologie.

---

[7] Zu einem Vorschlag der internen Differenzierung zwischen Scheler, Plessner und Gehlen auch Eßbach (1994).

Die Leitbegriffe der Autoren für den Weltbezug, das Selbstverhältnis und das Sozialverhältnis des Menschen unterscheiden sich inhaltlich erheblich. Geht man ihre Aussagen zum Weltverhältnis durch, so spricht Scheler vom erreichbaren „Weltgrund", Plessner aber von „Welt", die bloß in den Erscheinungsmodi verschiedener Sinnesqualitäten, also vermittelt-gebrochen auftritt, Gehlen hingegen vom geformten stabilen „Weltbild". Das Selbstverhältnis des Einzelmenschen begreift Scheler im Begriff der „Person", Plessner nimmt „Maske" und „Rolle" als entscheidende Strukturmerkmale des Selbstverhältnisses, während Gehlen es im Terminus des „Charakters" fasst. Das Sozialverhältnis zeichnet Scheler grundlegend von den „sympathetischen Gefühlen" her aus, Plessner hingegen als distanzverschaffende „Öffentlichkeit", Gehlen aber als „Institution".

Die These ist: Wenn alle drei Denker der angegebenen Art der Kategorienbildung folgen, dann ergibt sich die Differenz zwischen ihnen systematisch daraus, welchen Aspekt des Lebendigen sie im Pflanze/Tier/Mensch-Vergleich betonen bzw. welchen *Aspekt* des Lebendigen sie in seiner Gebrochenheit in die Sphäre des Menschen verfolgen.

Alle drei fassen das Lebendige als „Funktionskreis" zwischen Organismus und Umwelt, in der Verarbeitung eines Grundgedankens der theoretischen Biologie von Jakob von Uexküll. Funktionskreis des Lebendigen heißt: „Als Ganzer ist der Organismus daher nur die Hälfte seines Lebens" (Plessner 1975, 255). Nun kann man mindestens drei Charakteristika des Lebensfunktionskreises voneinander abheben:

Erstens steht Lebendiges im Funktionskreis über den Wahrnehmungs- und Bewegungszirkel tatsächlich immer schon in realem und zugleich intentionalem Kontakt mit dem Anderem seiner selbst, mit Umwelt bzw. Mitwelt im Sinne von Lebewesen gleicher Art. Im Funktionskreis berührt das Lebendige über bloß materiell-kausale Verknüpfung hinaus Anderes, erreicht etwas vermittelt über Sinne und Bewegungen, sieht und fasst *unmittelbar*, ist beeindruckt bzw. miterregt. Diesen real-intentionalen Kontakt zwischen Organismus und Umwelt kann man für bemerkenswert halten.

Zweitens ist unübersehbar und unüberhörbar, dass im Lebewesen die korrelierte Umwelt und Mitwelt erscheint, ausdruckshaft erscheint, und dass das Lebewesen selbst an den Grenzflächen seiner Körpergestalt ausdruckshaft erscheint in der Umwelt, für die Mitverhältnisse. Umwelt bzw. Mitwelt sind unmittelbar aufeinander bezogen, aber eben *vermittelt* in der Erscheinung. Diese Vermitteltheit, Medienhaftigkeit des Kontaktes kann man für bemerkenswert halten.

Drittens kann man bemerkenswert finden, dass der Funktionskreis der vermittelten Unmittelbarkeit zwischen Lebewesen und ihrer Umwelt/Mitwelt tatsächlich *funktioniert*, dass er rhythmisch als Vollzug abläuft, v.a. beim Tier durch Instinkt und Einpassung eine selbstverständliche Lebensform ist.

Jetzt lässt sich die Differenz der drei Autoren innerhalb des Ansatzes der Philosophischen Anthropologie darstellen, unabhängig davon, aus was für Motiven sich die Differenzen einspielen. Für alle drei heißt „Stellung des Menschen im Kosmos", dass mit der Aufgebrochenheit und Neuvermittlung des Lebenskreises eine neue Begegnungslage da ist – mit der Umwelt als Welt, mit den Mitlebenden als andersartigen Anderen (Mitwelt, alter ego), mit der Selbstvertrautheit als eigener Innenwelt.

Scheler verfolgt die Kontaktaufgebrochenheit des lebendigen Funktionskreises in der Sphäre des Menschen im Hinblick auf die tatsächliche Chance der unmittelbaren *Teilhabe* am Anderen der Welt, des eigenen biopsychischen Körperleibes, am anderen Mitlebenden. Plessner hingegen verfolgt im Schwerpunkt die Aufgebrochenheit des Lebenskreises im Hinblick auf den *Ausdruck*, auf die Modalitäten, in denen Welt im Menschen indirekt erscheint und in denen der Menschen vor anderen erscheint. Gehlen hingegen verfolgt die Unterbrochenheit des rhythmisch gesicherten Lebenskreislaufes in der menschlichen Sphäre im Hinblick auf die Mechanismen der künstlichen *Sicherung*, die der Mensch im Verhältnis zu sich, zur Welt und zu anderen erarbeiten muss und kann.

Die These ist: Die jeweiligen Leitbegriffe der Autoren für das Welt-, Selbst- und Sozialverhältnis sind unter dem je spezifischen Akzent ausgearbeitet. Daraus resultiert systematisch gesehen die Differenz, in der sie innerhalb des gemeinsam geteilten Theorieprogramms die Phänomene der menschlichen Sphäre behandeln. Zugleich wird darin die Erschließungskraft des Denkansatzes in seiner Vielfältigkeit deutlich.

Weil Scheler auf den intentionalen Realkontakt des Lebendigen abhebt, verfolgt er – hinsichtlich des *Weltverhältnisses* – die Widerstandserfahrung des Lebendigen (die Inbegriff des Realkontaktes ist) im Umbruch oder Umschwung zur Gegenständlichkeitsfähigkeit des menschlichen Lebewesens und reflektiert diese Spur konsequent bis zur Frage der Erreichbarkeit des „Weltgrundes“. Durch die Negationsleistung des Geistes, für deren Vollzug dieser sich die Macht des Lebens anverwandelt, verwandeln sich die Widerstandserlebnisse der Wirklichkeit, die dem „Gefühlsdrang“ des Lebewesens unabweisbar gegeben sind, zu Teilhabe-Gefühlen und damit zu „Fenstern ins Absolute“ (Hegel). „Weltoffenheit“ heißt für Scheler, die „Welt“ öffnet sich tatsächlich in dieses spezifisch gestellte Lebewesen hinein, steht in es hinein. Dementsprechend spricht er das *Selbstverhältnis* als „lebendiges Aktzentrum“ an, durch das die Person in der Fülle ihres „intentionalen Fühlens“ inmitten des Weltverhältnisses den tatsächlichen Selbstkontakt erreicht. Schelers Theorieinteresse ist ganz den Gefühlen wie „Scham“ und „Reue“ zugewandt, in denen das menschliche Lebewesen sich selbst berührt. Das *Sozialverhältnis* gründet folgerichtig, innerhalb seiner Schwerpunktsetzung, darin, dass die Miterregung, in der tierische Lebewesen untereinander stehen, in der menschlichen Sphäre umgebrochen, transformiert ist in „sympathetische Gefühle“, in deren Mitfühlen Teilhabe am nicht gegenstandsfähigen Kern des Anderen möglich wird. Insgesamt ist Scheler der Ekstatiker unter den Philosophischen Anthropologen, derjenige, der in seinem Schwerpunkt das ekstatische Potential der „exzentrischen Positionalität“ philosophisch-anthropologisch zur Sprache bringt.

Weil Plessner vom sinnlichen Erscheinungsverhältnis der Organismus-Umwelt-Korrelation ausgeht, verfolgt er im Hinblick auf das *Weltverhältnis* konsequent das differenzierte Erscheinen der Welt in den „Grenzflächen“ des senso-motorischen Organismus. In der „Ästhesiologie des Geistes“ oder der „Anthropologie der Sinne“ thematisiert er den Umbruch der Sinnesmodalitäten des Tieres (Auge, Ohr, Tastsinn) in der Sphäre des Menschen zu einer Theorie der „vermittelten Unmittelbarkeit“, der „Medien“ (der Musik, der Bildlichkeit, des Tanzes, der Sprache), vermittels derer der Mensch kulturell je verschiedene Spielräume des Weltzuganges erarbeitet. Das Weltverhältnis bei Plessner ist als medial vermitteltes Weltverhältnis bestimmt, in der Welt je verschieden erscheint.

Vom sinnlichen Erscheinungsverhältnis her spricht Plessner dementsprechend das *Selbstverhältnis* als „Futteralsituation" an; das Selbst, das sich im Leib spürt und zugleich – vom exzentrischen Punkt aus – diesen Leib als Körper beobachtet, hinter dessen Überzug (Futteral) es sich selbst immer verborgen bleibt, erfährt sich nur – vermittelt – als „Schauspieler", der diese gebrochene Lage zu einer sinnhaften „Verkörperung" bringt. In dieser zur Schau gestellten Verkörperung erscheint das Selbst und bleibt sich selbst zugleich in der Vermittlung verhüllt. Von diesem Schwerpunkt her, den aufgebrochenen Funktionskreis des Lebendigen auf „vermittelte Unmittelbarkeit" zu beobachten, behandelt Plessner das *Sozialverhältnis* als „Öffentlichkeit". Vom Akzent „vermittelter Unmittelbarkeit" aus kann das Sozialverhältnis nicht das Verhältnis rückhaltloser Offenheit sein, sondern angesichts der Aufgebrochenheit der schützenden Grenzflächen des Lebendigen nur ein zwischen den Menschen fingiertes Erscheinungsverhältnis der „Masken" und „Rollen", in deren typisierten Repräsentationsformen vermittelter Unmittelbarkeit die Extreme des Gesehenwerdenwollens und Verhülltbleibenwollens balanciert sind.

Weil Gehlen v.a. das Funktionieren des Funktionskreislaufes des Lebendigen im Auge behält, verfolgt er hinsichtlich des *Weltverhältnisses* des Menschen, wie angesichts der Unterbrochenheit des fraglosen tierischen Lebenskreises nun auf der Höhe des Menschen eine leistungsfähige, funktionierende Ordnung überhaupt neu „fest-gestellt" werden kann. Ihn interessiert, wie das Lebenssubjekt angesichts einer reizüberfluteten offenen Wirklichkeit und unkoordinierter Bewegungskontingenz „handelnd", durch „Handeln", durch Wahrnehmungs- und Bewegungsschleifen freischwebende Wirklichkeitsmomente durcharbeitet und als „übersehbare, andeutungsreiche und dahingestellt-verfügbare Welt" (Gehlen 1950/1993, 203) sichernd aufbaut. Das *Selbstverhältnis* spricht Gehlen dementsprechend unter dem Leitbegriff des „Charakters" an, wie das Lebenssubjekt die als Innenwelt aufgebrochene, leicht verschiebbare, unruhige Antriebsdynamik in die „Zucht" nimmt und sich als „Charakter" verstetigt. Das *Sozialverhältnis* schließlich, das im Lichte des Funktionierens bei aufgebrochenen dynamischen Funktionskreisläufen der Zustand wechselseitig belastender Erwartungs- und Verhaltensunsicherheit ist (doppelte Kontingenz), thematisiert Gehlen von seiner Akzentsetzung her konsequent in den Leitbegriffen des „Rituals" und der „Institution".

Alle drei Denker folgen der Art der Kategorienbildung, die für den Ansatz der Philosophischen Anthropologie als typisch behauptet werden kann. Sie konstatieren in der Aufgebrochenheit des lebendigen Funktionskreises eine schlechthin neue Begegnungs- und Herausforderungslage des Lebens. Das ist das, was als Sphäre des Menschen ansprechbar und rekonstruierbar ist. Aber sie verfolgen unterschiedliche Akzente: Schelers philosophische Forschung richtet sich auf das intentionale Korrelat der Begegnung – das Begegnende, oder das „Wesen". Plessners Forschung geht auf die Modalitäten der Begegnung, auf die Vermitteltheit oder den Erscheinungscharakter zwischen den Korrelaten der Korrelation, während Gehlens Forschung sich auf die haltgebende Form der Begegnung konzentriert, der Sicherstellung der Begegnung zwischen den Korrelaten.

Die bemerkenswerte Differenz zwischen den Autoren ist also über den Identitätskern der Philosophischen Anthropologie explizierbar. Ihre Verschiedenheit spricht nicht gegen einen Identitätskern der Philosophischen Anthropologie als Denkansatz. Sonst wäre es so, als ob Fichte, der die Wirklichkeit des objektiven Geistes aus der Tathandlung der Subjektivität denkt, Schelling, der ihn aus der Entfaltung der Natur denkt, und Hegel, der ihn als Geschichtslogik der Selbstentfaltung eines absoluten Geistes denkt, nicht mehr gemeinsam zum Identitätskern des Deutschen Idealismus zählten, aus deren Art der Kategorienbildung – der Dialektik – sie doch in ihrem Fall allemal ihre Schlüsselbegriffe ziehen. Das Gleiche gilt für die Kritische Theorie, wo die erheblichen Differenzen z.B. zwischen Horkheimer, Adorno und Marcuse immer aus dem Identitätskern einer materialistisch arbeitenden „negativen Dialektik" explizierbar wären.

III. Identitätskern in Abgrenzung zu anderen Theorieprogrammen

Die letzte Probe auf den Identitätskern der Philosophischen Anthropologie ist ganz einfach. Philosophische Anthropologie als Theorieprogramm ist von der Art der aufgewiesenen Kategorienbildung nicht mit anderen Denkansätzen verwechselbar. Dabei ist zunächst jede Frage einer Überlegenheit des einen Theorieprogramms gegenüber einem anderen eingeklammert; es geht nur um die Andershaftigkeit des Ansetzens.

Die These ist so gemeint: Man schlage einen Text aus dem genannten Textkorpus von Scheler, Plessner und Gehlen auf und man wird an der angegebenen Art der Kategorienbildung erkennen, dass es sich bei aller Verschiedenheit von Thematik, Duktus und Aussagen in jedem Fall nicht um einen transzendentalkritischen, evolutionstheoretisch argumentierenden, einen phänomenologischen, existenzphilosophischen, einen philosophisch-hermeneutischen, sprachanalytischen oder einen strukturalistischen Text handelt.

Philosophische Anthropologie kann keine *transzendentalkritische Subjekttheorie* sein, weil diese immer bei den (Erkenntnis-)Leistungen der Kultur ansetzt und von dort kritisch nach den Bedingungen der Möglichkeit im leistenden Subjekt zurückfragt (so z.B. Cassirers „Philosophie der symbolischen Formen").[8] Philosophische Anthropologie setzt aber umgekehrt bei der Welt des Lebendigen, bei der Gesetztheit des Organischen als Voraussetzung aller Setzungsleistungen einer menschlichen Subjektivität an.

Philosophische Anthropologie kann nicht mit einem *evolutionstheoretischen Ansatz* verwechselt werden, weil dieser alle Formen des Lebens einschließlich des menschlichen Lebewesens auf die gemeinsamen Prinzipien der Evolution hin beobachtet und somit für alle Lebensformen in einer evolutionären Erkenntnistheorie und Soziobiologie naturalistisch dasselbe beschreibt, das Prinzip adaptiver Selbsterhaltung der individuellen Organismen und das Prinzip adaptiver Genreproduktion durch die organischen Indi-

[8] Plessners späte Charakterisierung von Cassirers „Philosophie der symbolischen Formen" – in seinem Beitrag zur Adorno-Festschrift – als „anthropologische Philosophie" ist eine Abgrenzung zur „Philosophischen Anthropologie", der auch Scheler und Gehlen zugestimmt hätten, „Cassirer weiß zwar auch, daß der Mensch ein Lebewesen ist, aber er macht philosophisch keinen Gebrauch davon." (Plessner, 196, 243)

viduen hindurch. Philosophische Anthropologie hingegen beobachtet systematisch und spätestens im Tier/Mensch-Vergleich auf den Kontrast der Lebensformen hin und lässt insofern die Eigenlogik einer spezifisch menschlichen „Lebenswelt" entspringen.

Philosophische Anthropologie ist ein anderes Theorieprogramm als die *Phänomenologie*, insofern diese beim intentionalen Bewusstsein oder beim intersubjektiv konstituierten Bewusstsein ansetzt, dem eine intersubjektive Gegenstandserfahrung als Kern einer universellen (menschlichen) „Lebenswelt" (Lebenswelt als intersubjektiv geteilte Welt) gegeben ist. Philosophische Anthropologie setzt hingegen biophilosophisch an, programmatisch beim Organischen, bei der Welt des Lebendigen (Lebenswelt als Welt des Lebendigen) als Voraussetzung einer menschlichen Lebenswelt an; sie ist der Versuch, die Möglichkeit von Phänomenologie zu begründen.

Philosophische Anthropologie ist systematisch verschieden von *Existenzphilosophie*, die immer bei der Innenerfahrung von leiblich situierten Bewusstseinen ansetzt, einer ins Konkrete versenkten Subjektivität. Sind bereits die Heideggerschen Momente der Sorge und der Endlichkeit von einer leiblichen Befindlichkeit als Ansatzpunkt geprägt, so erfährt dieser Ansatz in der Leibexistentialanalyse oder Leibphänomenologie (z.B. bei Merleau-Ponty oder Hermann Schmitz) eine Fortsetzung: erst der corps propre, dann der Körper als Objekt. Philosophische Anthropologie fängt systematisch nicht bei der Innenerfahrung des Leibes, sondern bei der Wahrnehmung des ferngestellten Körpers als grenzrealisierendem Ding an: erst Körper, dann Leib.

Philosophische Anthropologie muss systematisch verschieden sein von *Hermeneutischer Philosophie*, *sprachanalytischer Philosophie* oder vom *Strukturalismus*, kurz von allen Ansätzen, die – bei aller Verschiedenheit untereinander – einen linguistic turn inaugurieren, insofern sie als Ansätze bei der Sprache, bei Vermitteltheit aller Selbst-, Welt- und Sozialverhältnisse durch Sprache ansetzen. Philosophische Anthropologie hingegen setzt beim Vitalprozess an, aus dessen Unterbrochenheit sie Sprache als ein überbrückendes Medium hervorgehen lässt, als *ein* Medium unter anderen (neben Bilderzeugung, Musik/Tanz etc.).

C. Fazit

Neben dem Faktum einer philosophischen Anthropologie als einer Disziplin erweist sich Philosophische Anthropologie als ein eigentümliches, unverwechselbares Theorieprogramm in der Theoriegeschichte des 20. Jahrhundert. Es lässt sich ein Identitätskern des Denkansatzes angeben, der gleichermaßen in den einschlägigen Texten von Scheler, Plessner und Gehlen ausgeprägt vorkommt. Die Differenz zwischen den Autoren lässt sich als eine systematische Differenz im Identitätskern aufklären, und der Identitätskern bietet ein eindeutiges Abgrenzungskriterium zu anderen Denkansätzen.

Die Herausarbeitung der Besonderheit und Unverwechselbarkeit der genannten Bezugsdenker bleibt damit immer möglich. Die diagnostische Kraft, eine Applikation des Denkansatzes ist mit dieser Darlegung noch nicht demonstriert, eine Auseinandersetzung mit der Kritik an diesem Denkansatz noch nicht vollzogen. Gezeigt wurde nur: Philosophische Anthropologie ist ein Theorieprogramm, ein Paradigma unter anderen

Paradigmen im 20. Jahrhundert, und das bereits ist ein erheblicher Befund, weil eben die im Theorieprogramm miteinander verbundenen Denker Scheler, Plessner, Gehlen je für sich schon gewichtige Figuren der deutschen Philosophiegeschichte des 20. Jahrhunderts sind.

Literatur

Arlt, G., 2001, Philosophische Anthropologie, Stuttgart.

Accarino, B., 1991, Ratio Imaginis. Uomo e mondo nell' antropologia filosfica, Firenze.

Brüning, W., 1960, Philosophische Anthropologie. Historische Voraussetzungen und gegenwärtiger Stand, Stuttgart.

Diemer, A., 1978, Elementarkurs Philosophie, Philosophische Anthropologie, Düsseldorf/Wien.

Eßbach, W., 1994, Der Mittelpunkt außerhalb. Helmuth Plessners philosophische Anthropologie, in: Dux, G./Wenzel, U. (Hg.), Der Prozeß der Geistesgeschichte. Studien zur ontogenetischen und historischen Entwicklung des Geistes, Frankfurt a. M.

Eßbach, W., 2002, Rivalen an den Ufern philosophischer Anthropologie, in: Raulet, G. (Hg.), Max Scheler. L´anthropologie philosophique en Allemagne dans l´entre-deux-guerres, Paris, Edition de la Maison des Sciences de l´Homme.

Fischer, J., 1995, Philosophische Anthropologie. Zur Rekonstruktion ihrer diagnostischen Kraft, in: Friedrich, J./Westermann, B. (Hg.), Unter offenem Horizont. Anthropologie nach Helmuth Plessner, Frankfurt a. M.

Fischer, J., 2000a, Philosophische Anthropologie. Zur Bildungsgeschichte eines Denkansatzes, Diss. Göttingen.

Fischer, J., 2000b, Exzentrische Positionalität. Plessners Grundkategorie der Philosophischen Anthropologie, in: Deutsche Zeitschrift für Philosophie, 48/2.

Fischer, J. 2005, Biophilosophie als Kern des Theorieprogramms der Philosophischen Anthropologie. Zur Kritik des wissenschaftlichen Radikalismus der Biologie und der Kultur-/Sozialwissenschaften, in: Gamm, G./Manzei, A./Gutmann, M. (Hg.), Zwischen Anthropologie und Gesellschaftstheorie. Zur Renaissance Helmuth Plessners im Kontext der modernen Lebenswissenschaften, Bielefeld.

Gehlen, A., 1950/1993, Der Mensch. Seine Natur und seine Stellung in der Welt, Arnold Gehlen-Gesamtausgabe Bd. 3, Textkritische Edition unter Einbeziehung des gesamten Textes der 1. Auflage von 1940. 2 Teilbde., hg. u. m. einem Nachwort v. K.-S. Rehberg, Frankfurt a. M.

Gehlen, A., 1956, Urmensch und Spätkultur. Philosophische Ergebnisse und Aussagen, Frankfurt a. M.

Gehlen, A., 1983, Philosophische Anthropologie und Handlungslehre, Arnold Gehlen-Gesamtausgabe Bd. 4, hg. v. K.-S. Rehberg, Frankfurt a. M.

Grene, M., 1965, Approaches to a Philosophical Biology, New York/London.

Gutmann, M., 2003, Das Erfahren von Erfahrungen. Dialektische Studien zur Grundlegung einer philosophischen Anthropologie, 2 Bde., Bielefeld.

Habermas, J., 1958, Anthropologie, in: Diemer, A./Frenzel, I. (Hg.), Fischer Lexikon Philosophie, mit einem Vorwort v. H. Plessner, Frankfurt a. M.

Honneth, A./Joas, H., 1980, Soziales Handeln und menschliche Natur. Anthropologische Grundlagen in den Sozialwissenschaften, Frankfurt a. M./New York.

Krüger, H.-P., 1999, Zwischen Lachen und Weinen. Bd. I, Das Spektrum menschlicher Phänomene, Berlin.

Krüger, H.-P., 2001, Zwischen Lachen und Weinen. Bd. II, Der dritte Weg Philosophischer Anthropologie und die Geschlechterfrage, Berlin.

Landmann, M., 1982, Philosophische Anthropologie. Menschliche Selbstdeutung in Geschichte und Gegenwart, Berlin/New York.

Lindemann, G., 2004, Reflexive Anthropologie und die Analyse des Grenzregimes. Zur Aktualität Helmuth Plessners, in: Bröckling, U. u.a. (Hg.), Disziplinen des Lebens. Zwischen Anthropologie, Literatur und Politik, Tübingen.

Marquard, O., 1973, Zur Geschichte des Begriffs ‚Anthropologie' seit dem Ende des achtzehnten Jahrhunderts, in: Ders., Schwierigkeiten mit der Geschichtsphilosophie. Aufsätze, Frankfurt a. M.

Paetzold, H., 1985, Der Mensch, in: Martens, E./Schnädelbach, H. (Hg.), Philosophie. Ein Grundkurs, Reinbek b. Hamburg.

Pappé, O., Philosophical Anthropology, in: Edwards, P. (ed.), The Encyclopedia of Philosophy, Vol. 6, New York/London.

Plessner, H., 1975, Die Stufen des Organischen und der Mensch. Einleitung in die philosophische Anthropologie (1928), Berlin/New York.

Plessner, H., 1983, Die Einheit der Sinne. Grundlinien zu einer Ästhesiologie des Geistes (1923), in: Ders., Gesammelte Schriften, Bd. III, hg. v. G. Dux./O. Marquard/E. Ströker.

Plessner, H., 1982, Lachen und Weinen. Eine Untersuchung der Grenzen menschlichen Verhaltens (1941), in: Ders., Gesammelte Schriften, Bd. VII.

Plessner, H., 1963, Immer noch philosophische Anthropologie?, in: Gesammelte Schriften, Bd. VIII, Frankfurt a. M.

Rehberg, K.-S., 1981, Philosophische Anthropologie und die ‚Soziologisierung' des Wissens vom Menschen. Einige Zusammenhänge zwischen einer philosophischen Denktradition und der Soziologie in Deutschland, in: Lepsius, M. R. (Hg.), Soziologie in Deutschland und Österreich 1918–1945. Sh. 23 der Kölner Zeitschrift f. Soziologie und Sozialpsychologie, Köln.

Rentsch, Th., 2003, Heidegger und Wittgenstein. Existential- und Sprachanalysen zu den Grundlagen philosophischer Anthropologie, Stuttgart.

Rieger, St., 2003, Kybernetische Anthropologie, Frankfurt a. M.

Rothacker, E., 1964, Philosophische Anthropologie, Bonn.

Scheler, M., 1928, Die Stellung des Menschen im Kosmos, Darmstadt.

Scheler, M. 1957, Ordo Amoris, in: Ders., Schriften aus dem Nachlaß, Bd. 1, Zur Ethik und Erkenntnislehre, hg. v. Maria Scheler, Bern.

Scheler, M. 1987, Schriften aus dem Nachlaß, Bd. 3, Philosophische Anthropologie, Gesammelte Werk, Bd. 12, hg. v. M. Frings, Bonn.

Scheler, M., 1994, Schriften zur Anthropologie, hg. v. M. Arndt, Stuttgart.

Thies, Ch., 2004, Einführung in die philosophische Anthropologie, Darmstadt.

Weiland, R., 1995, Das Gerücht über die Philosophische Anthropologie. Über einen Blindfleck „Kritischer Theorie", in: Ders. (Hg.), Philosophische Anthropologie der Moderne, Weinheim.

VOLKER SCHÜRMANN

Positionierte Exzentrizität

> gegeben zunächst ein schutzlos reizüberflutetes und bewegungsunfähiges Wesen (!). (Gehlen 1940, 43)

> Es zeigt sich hier schon, daß Materie undenkbar ist ohne Bewegung. (Engels 1873–82, 188/402)

Mir scheint, dass wir bestimmte Errungenschaften der Aufklärung nicht ohne Not aufgeben sollten. Eine dieser Errungenschaften kristallisiert sich in Lessings „Niemand muß müssen". Da diese Parole arg unbedingt daher kommt, dürfte sie auch für das hier zu verhandelnde Thema gelten: Niemand, der alltäglich oder professionell philosophiert, muss am Projekt einer philosophischen Anthropologie festhalten müssen. Soll in diesem Grundsatz mehr zum Ausdruck kommen als die Trivialität, dass niemand dazu gezwungen werden kann, und auch anderes als ein Gnadenakt eines toleranten Zeitgenossen, dann wäre zu unterstellen, dass das Projekt einer philosophischen Anthropologie „andere philosophische Götter neben sich hat".

Falls man sich dann dennoch frei für ein Projekt der philosophischen Anthropologie entscheidet, dann steht man in einer bestimmten Tradition. Auch das zwingt der Sache nach zu gar nichts Bestimmtem. Hier, wie auch sonst, gibt es die cartesianisch-meditative Option der Schuttwegräumer, die im Gestus wahrlich wahrhafter Kritik zunächst an allem Vorliegenden zweifeln, um dann bestenfalls bei sich selbst anzukommen. Oder aber man fängt (z.B. durch gewisse Einsichten Odo Marquards belehrt) „wie üblich" an, um das Projekt dann ggf. anders-als-bisher fortzusetzen. Die folgenden Überlegungen basieren darauf und wollen davon überzeugen, dass eine jetztzeitige philosophische Anthropologie an der Philosophie Plessners anschließen sollte.[1] Diese Parole besagt in ihrem Kern, dass die Philosophie Plessners durch eine prinzipielle Überlegenheit gegenüber den Philosophien Schelers und Gehlens ausgezeichnet ist.

---

[1] Verschiedene Einzelaspekte der folgenden Überlegungen habe ich andernorts ausführlicher dargestellt (vgl. Schürmann 1995; 1997a; 1997b; 1999; 2000; 2002a, 81–116; 2002b); hier geht es darum, die diese Aspekte verbindende Struktur herauszustellen, was den gelegentlich allzu thetischen Charakter erklären mag.

Ich folge somit der verbreiteten, wenn auch nicht alternativlosen Traditionslinie, das Projekt einer philosophischen Anthropologie an die so genannte „Philosophische Anthropologie“ anzuknüpfen, wie sie mit den Philosophien Schelers, Plessners, Gehlens etc. vorliegt. Zugleich setze ich damit die schlechte, wenn auch übliche Tradition fort, mich auf diese drei Philosophien zu konzentrieren und all das, was sich hinter jenem „etc.“ verbirgt, hier nicht hinreichend zu würdigen. Das hat natürlich seinen Preis. So manche Debatte könnte lebendiger und trennschärfer sein, wenn z.B. der Kontrast Plessner – Heidegger bzw. die Rolle des naturphilosophischen Ansatzes durch einige Arbeiten von Löwith besser beleuchtet wäre, oder wenn das bei Plessner weitgehend unterirdische nietzscheanische Moment, das sich z.B. in seiner Würdigung des Spielerischen zeigt, durch einen Vergleich mit den Arbeiten von Eugen Fink mehr ans Tageslicht käme.

Der grundsätzliche Unterschied zwischen Plessner einerseits und Scheler und Gehlen andererseits liegt in einer zusätzlichen Reflexionsstufe. Plessners Philosophie bezieht sich auch auf sich selbst. Erst dadurch und genau dadurch gebärdet sie sich nicht als alternativlos, sondern verortet sich selbst in einem Feld von Möglichkeiten. Ich halte das für eine sachliche und normative Überlegenheit.[2] Philosophien, die diese zusätzliche Reflexionsleistung nicht vollziehen, sondern nur verbal bekunden, frönen weiterhin dem Grundsatz der Einen wahrhaft vernünftigen Vernunft, der jedermann wird beipflichten müssen, solange und sofern er nur richtig vernünftig ist. In liberalen Versionen eines solchen (nicht-reflexiven) Ansatzes sind die Unvernünftigen noch-nicht-vernünftig, in „rigorosen“ (Plessner 1931, 159) Varianten sind sie nicht-vernünftig, mithin Unmenschen bzw. tierisch. Bei Plessner dagegen kann man lesen: „Wir müssen ihn [den Menschen] nicht so [als exzentrisches Wesen] begreifen, aber wir *können* es.“ (Ebd. 148) Und das ist nicht die Gleichgültigkeit hehrer Toleranz, sondern das definiert seine Philosophie. Diese prinzipielle Überlegenheit scheint mir auch heute noch nicht hinreichend eingeholt, geschweige überholt zu sein (vgl. auch Krüger 1996).

Diese Reflexivität zeichnet Plessner im Vergleich zu Scheler und Gehlen aus – so die These. Das heißt nicht, dass Plessner einzigartig ist. Es mag andere Philosophien geben, die solche Reflexivität ebenfalls praktizieren. Eugen Fink ist vielleicht ein guter Kandidat; mein persönlicher Lieblingskandidat ist Gramsci; ein aktuelles Beispiel ist das Konzept der „situierten Ontologie“ (Weber 2003 im Anschluss an Haraway 1995). Plessners Philosophie ist insofern nicht das große Vorbild, sondern ein ausgezeichnetes

[2] Dem Anliegen und der Sache nach ist der Verweis auf eine weitere Reflexionsstufe *keine* Alternative zu dem Vorschlag von Krüger (2001, 77 ff., pass.), Plessners prinzipielle Überlegenheit in der „Performativität“ zu sehen. Im Gegenteil benenne ich hier lediglich die gleichsam logische Seite solcher Performativität. Exzentrischer Lebensvollzug ist ein solcher Vollzug, der *im Vollzug* um sich als auch anders sein könnend weiß, und genau deshalb im strengen Sinne performativ ist und sich nicht selbst missversteht als bloße Umsetzung (Ratifizierung) einer Vor-Gabe. Exzentrischer Lebensvollzug schaut sich selbst zu und ist dadurch positioniertes Tun in einem Feld von Möglichkeiten – eine gleichsam machtvoll-riskante Wette auf *eine* der Möglichkeiten des eigenen Tuns. Und das gilt dann insbesondere für exzentrisches Philosophieren: „Eine Philosophie, welche der Schwierigkeit des Anfangens dadurch Rechnung trägt, daß sie ihren eigenen Sinn als Inbegriff zukünftiger Leistungen hypothetisch voraussetzt, ist kritisch; *jede Philosophie, die anders verfährt, ist dogmatisch.*“ (Plessner 1918, 246)

Paradigma jetztzeitiger philosophischer Anthropologie. In *diesem paradigmatischen* Sinne ist im Folgenden von *Exzentrizität* die Rede.

Exemplarische Abgrenzung

Dass jene Überlegenheit Plessners bis heute nicht hinreichend eingeholt ist, lässt sich exemplarisch vielleicht am besten dort aufzeigen, wo eine solche Überlegenheit Plessners mit anderen sehr guten Gründen behauptet wird. Fahrenbach ist Scheler gegenüber, und im Kern wohl sehr zurecht, absolut ungnädig. Es sei schlicht falsch, ihn für einen Begründer der philosophischen Anthropologie zu halten, denn bei ihm finde sich lediglich anthropologisierende traditionelle Metaphysik des Absoluten (Fahrenbach 2004, 617 f.). Demgegenüber sei Gehlens Konzept wenigstens als Anthropologie ernst zu nehmen, wenn es denn auch letztlich in einer naturalisierenden, sprich: reduktionistischen Variante ende. Demgegenüber gilt Plessner nun als „der eigentliche Begründer der (wesentlich ‚nachmetaphysischen') philosophischen Anthropologie", ausgezeichnet „auf Grund seiner – gegenüber Scheler und Gehlen – weder metaphysischen noch naturalistischen Position" (ebd. 619). Dass diese Überlegenheit in einer zusätzlichen Reflexionsstufe gründet, wird von Fahrenbach jedoch nicht bemerkt – mit aufzeigbaren Konsequenzen.

Fahrenbach findet, dass die Verhältnisbestimmung von Anthropologie und Ethik bei Plessner unterbestimmt sei. Explizite „normative und ethisch-politische" Reflexionen seien bei Plessner so gut wie nicht zu finden; und das betrifft erklärtermaßen sowohl die „Grenzen der Gemeinschaft" als auch „Macht und menschliche Natur" (ebd. 619, 628, pass.). Und erst recht, und entsprechend gravierender, finde sich bei Plessner die mit der normativen Dimension von Exzentrizität verbundenen Begründungsprobleme „nicht einmal als Frage" aufgeworfen (ebd. 629). Das scheint mir einfach sachlich falsch zu sein.

Ausgangspunkt von Fahrenbachs Kritik liegt in den z.T. emphatischen Bekundungen Plessners, dass sich Anthropologie „weder in Sachen Ontologie noch in Sachen Ethik als engagiert betrachten" darf (n. ebd. 621). Er würdigt diesen Grundsatz als eine sachnotwendige Unterscheidung von Aspekten, aber er bemängelt eine hinreichende Verhältnisbestimmung der sachlich nicht zu trennenden, sondern eben nur unterschiedenen Momente. Fahrenbach ist entschieden der Meinung, Plessner hätte eine Ethik entwickeln sollen und müssen. Dabei zieht er nicht in Betracht, dass die Zurückhaltung in ethischer Engagiertheit das Ethos der Plessnerschen Philosophie, mithin Programm und nicht Defizit, ist (vgl. schon Schürmann 1999, 314, Anm. 76). Genau das, was Fahrenbach selbstevident findet, nämlich eine mit der menschlichen Lebensform auferlegte Nötigung „zu einer normativ verbindlich regulierten Lebensführung" (ebd. 628), ist Plessner äußerst suspekt. Einzig verbindlich ist ihm die Unergründlichkeit des Mensch-Seins – und d.h. hier: Werte der Lebensführung mögen je in und für die jeweilige Lebensführung ernsthaft leitend sein, aber keinerlei philosophische (religiöse, künstlerische etc.) Überlegung kann solche Werte als einzig-verbindlich ausweisen. *Das* aber verbindet Plessner mit dem, was er als „ethisches Engagement" kritisiert. Ethisches

Engagement im von Plessner kritisierten Sinne will die Existenz einer Wertordnung *im Singular* begründen. Und *dann* wäre praktische Politik lediglich „angewandte Ethik" (Plessner 1931, 140), und *dagegen* richtet sich der ganze Ansatz einer „politischen Anthropologie". Von einer „Notwendigkeit der Objektivität und [!] Allgemeingültigkeit normativer Geltungsansprüche" (Fahrenbach 2004, 628) kann bei Plessner keine Rede sei. Normative Geltungsansprüche gibt es bei Plessner zwar überindividuell, aber dezidiert nur im Plural. In der Schrift von 1931 wird nachdrücklich darauf reflektiert und ausgiebig dagegen argumentiert, dass gewisse Anthropologien notorisch in monologische „Ethik" umschlagen und damit dem Menschen sozusagen buchmäßig die Last seiner Lebensführung abnehmen wollen. Genau mit dieser Schrift aber weiß Fahrenbach nichts anzufangen, weil er sie nicht von einem Dezisionismus zu unterscheiden weiß (vgl. Fahrenbach in Kümmel 1997, 139 f.) – was dann, wenn es denn ein solcher Dezisionismus wäre, zweifellos ein sehr guter Grund wäre.

Haucke (2003) hat in beeindruckender Weise gezeigt, wie sehr (unter dem Titel der menschlichen Würde) die Frage einer *guten* Lebensführung das Werk Plessners nicht nur beschäftigt, sondern grundlegt. Freilich ist Plessners Version gleichsam dadurch definiert, dass sich in Sachen Ethik aus *Exzentrizität* nichts eineindeutig ergibt. Plessners Ethos ist das einer reflexiven Ethik: ein Grundsatz dazu, wie das Verhältnis der Anthropologie zur Ethik zu gestalten sei. Diesen zusätzlichen Reflexionsschritt mag Fahrenbach nicht vollziehen – und konsequenterweise taucht das Buch von Haucke in seinem „Literaturessay" erst gar nicht auf.

Exzentrizität und die vielen Menschen

Bekanntlich ist *Exzentrizität* der Plessnersche Titel für das Spezifikum des Mensch-Seins. Insofern es nun ein Bestimmungsmoment von Exzentrizität ist, dass wir den Menschen als exzentrisch begreifen können, aber keinesfalls so begreifen müssen, ist klar und eindeutig, dass Exzentrizität ein durch eine bestimmte Philosophie formulierter freier *Entwurf* ist und nichts, was man als Merkmal an Menschen findet und dort gleichsam ablesen kann. Das ist vielleicht schon nicht mehr so bekannt, und auch Plessner selbst war es 1928 noch nicht so klar. Oder vorsichtiger (vgl. Plessner/König 1994, 176 f.): Die Formulierungen in den „Stufen" von 1928 haben es noch nicht hinreichend klar gemacht, und auch deshalb hat er es dann 1931 mit „Macht und menschliche Natur" sehr klar in einem eigenen Werk herausgestellt.

Man störe sich nicht an der unbeholfenen Wortwahl: Dass Exzentrizität kein „Merkmal" sei, das man „gleichsam ablesen" könne, ist bei hinreichend vielen Bedeutungen von „Merkmal" und „ablesen" vermutlich eine Trivialität. Aber Plessner rennt nicht nur die offene Tür ein, sich gegen einen sogenannten Abbildrealismus zu wenden. Es geht gegen jegliches „analytische Philosophieren", das er dadurch definiert, nicht wahrhaben zu wollen, dass ein Maßstab zur Geltungszuschreibung nie „gegeben", sondern eben „freier Entwurf" ist. Beispiele für solcherart analytisches Philosophieren sind ihm die Phänomenologie und die Philosophie Heideggers (vgl. Plessner 1918; 1931). Auch das Wort „Entwurf", gar „freier Entwurf", ist hier lediglich als der Name eines *Problem*titels zu verstehen. Sachlich ist es wesentlich definiert durch das, was es nicht ist bzw. sein will; was ein *freier Entwurf* positiv sein mag, ist hier zunächst *fraglich* und insbesondere gänzlich ohne *bestimmte* Vorgaben, z.B. existentialistischer Färbung, zu verstehen. Neudeutsch kann man auch „Konstruktion" sagen, was angesichts der Vielzahl von Konstruktivismen und angesichts des Wucherns von Urteilen und Vorurteilen auch nicht mehr sagt. Formelhaft kann man vielleicht sagen, ein freier Entwurf sei eine Konstruktion bei Gelegenheit gewisser material bestimmter Fälle – dann und nur dann, wenn man dieses „bei Gelegenheit" nicht als Beliebigkeit ausschlachtet.

Um es möglichst deutlich zu sagen: Exzentrizität ist bei und für Plessner eine *Idee* des Mensch-Seins, und der Bezug zwischen dieser Idee und den vielen in Vergangenheit, Gegenwart und Zukunft real-existierenden Exemplaren der Gattung *homo sapiens* ist kontingent. „Wenn der Charakter des Außersichseins das Tier zum Menschen macht, so ist es, da mit Exzentrizität keine neue Organisationsform ermöglicht wird, klar, daß er körperlich Tier bleiben muß. Physische Merkmale der menschlichen Natur haben daher nur einen empirischen Wert. Mensch sein ist an keine bestimmte Gestalt gebunden und könnte daher auch (einer geistreichen Mutmaßung des Paläontologen Dacqué zu gedenken) unter mancherlei Gestalt stattfinden, die mit der uns bekannten nicht übereinstimmt." (Plessner 1928, 293 [= GS IV, 365])

Dass die Beziehung zwischen Exzentrizität und den vielen Menschen kontingent ist, heißt nicht, dass sie beliebig ist. Immerhin ist „der Charakter des Menschen" an die „zentralistische Organisationsform" gebunden (ebd.). Vielleicht ist das eine zu starke oder auch eine zu weiche Vorgabe, darüber mag man streiten. Plessners Konzept von Exzentrizität ist jedenfalls nicht ohne *irgend*eine solche Vorgabe zu haben. Intern zeigt sich das darin, dass das Problem der Verhältnisbestimmung von zentrischer Organisationsform und exzentrischer Positionalitätsform als *das* Problem der Plessnerschen Anthropologie und als „der springende Punkt" (Krüger 1999, 94 f.) anzusehen ist.[3]

Dass etwas für Plessner „nur einen empirischen Wert" hat, lässt sich nicht als Abwertung der Empirie ausbeuten. Kontingenz der Beziehung meint, dass es keine eineindeutige Entsprechung gibt: Man kann weder aus einem empirischen Befund eindeutig auf eine bestimmte Idee des Mensch-Seins schließen, noch folgt aus einer Idee des Mensch-Seins eindeutig, welche Naturkörper im Sinne dieser Idee Menschen sind und welche

[3] Wichtig an dieser Stelle ist (mir) die Betonung des gemeinsamen inhaltlichen Anliegens mit Krüger. Davon ganz unbenommen sind eventuelle, allererst zu klärende, Unterschiede in der je konkreten Verhältnisbestimmung von Positionalität und Exzentrizität. Klar ist sowohl bei Krüger als auch hier, dass es kein Dualismus sein soll, und auch nicht eine bloße „Auch-Wichtigkeit" von Positionalität für Exzentrizität, die es zwar irgendwie so meint, aber nicht in der Lage ist, es auch verbindlich sagen zu können. – Die folgenden Ausführungen sind von der Überzeugung getragen, dass Plessners Auskunft, sein Entwurf von Exzentrizität komme mit dem überein, was Josef König „Verschränkung" genannt hat, systematisch ernst zu nehmen ist. Dann ergibt sich insbesondere, dass das Verhältnis von allgemeinem (Vollzugs-) Charakter und je materialer Bestimmtheit von Exzentrizität auch (und/oder vor allem) als Verhältnis von Tun und *Modus* des Tuns zu bestimmen wäre, und nicht so sehr als Verhältnis von Form und Eigenschaften. – Krüger rekonstruiert Plessners Ansatz ohne Bezugnahme auf König, was freilich als solches noch rein gar nichts besagt – immerhin tritt Austin an diese systematische Stelle –, sondern lediglich ein Symptom (einer möglichen anderen Akzentsetzung) ist.

nicht. Plessner beharrt darauf – und das ist bei ihm *kein* Widerspruch zu der Freiheit des Entwurfcharakters –, dass sich eine Philosophie eine Idee des Menschen nicht einfach ausdenken kann. Was, so ausgesprochen, wie eine Selbstverständlichkeit klingt, ist dennoch eine These: Ein *freier Entwurf* ist an sich selbst material bestimmt, und nicht nur in seiner Umsetzung einschränkenden Bedingungen ausgesetzt. Das unterscheidet Plessners Konzept von einem Existentialismus.[4]

So sind die physischen Merkmale exzentrischer Wesen immerhin ein empirischer Wert. Es geht mitnichten nur um die „Konstruktion der Wirklichkeit", sondern *in* dieser Konstruktion zugleich um die „Wirklichkeit der Konstruktion" (Lindemann 1994). Darauf insistiert Plessner in der konkreten Durchführung seiner Philosophie: Das kategoriale Verhältnis muss sich, „wenn anders es überhaupt ontisch und nicht nur logisch möglich sein, wenn es real stattfinden soll, an dem Realen aussprechen und bemerkbar machen, in einer Art, die dem Realen als physischem Ding nicht zuwiderläuft und seinen ‚Mitteln' konform ist" (Plessner 1928, 128 [= GS IV,182]). Dasselbe als Charakteristikum seiner Philosophie ausgesprochen: Hier liegt der Feuerbachsche Zug Plessners bzw. „die Weite und der Sinn des naturphilosophischen Ansatzes" (Plessner 1928, V [=GS IV, 12]; Plessner/König 1994, 177): Die Idee der Exzentrizität ist ein freier Entwurf, der gleichwohl das Mensch-Sein nicht rein nach dem Bilde des entwerfenden Philosophen denkt. Plessner teilt die Ablehnung dessen, was Feuerbach „Idealismus" bzw. „Pantheismus" nennt: „Der Pantheist sagt dasselbe, was der Idealist, nur spricht jener objektiv oder realistisch aus, was dieser subjektiv oder idealistisch. Jener hat seinen *Idealismus* im *Gegenstande* – außer der Substanz, außer Gott ist nichts, alle Dinge sind nur Bestimmungen Gottes –, dieser hat seinen *Pantheismus* im *Ich* – außer dem Ich ist nichts, alle Dinge sind nur als Objekte des Ich." (Feuerbach 1843b, § 17)

Plessner hat das von Feuerbach für jede Philosophie eingeklagte „passive Prinzip in bezug auf den Menschen" eingebaut: Nicht nur die Realisierung des Entwurfs steht unter Bedingungen, sondern das Entwerfen selbst ist sozusagen bedingterweise frei. Das ist der sachliche Grund, dass selbst der bis dato gewählte Name der Plessnerschen Idee des Mensch-Seins – „Exzentrizität" – nur eingeschränkt glücklich gewählt ist. Joachim Fischer etwa beharrt darauf, dass es „exzentrische Positionalität" heißen muss, weil sonst das naturphilosophische Moment des Plessnerschen Ansatzes bereits im Namen verloren gehe. Das Moment der Positionalität stehe eben für jenes Moment von Passivität, ohne welches *Exzentrizität* die Illusion eines unbedingten Entwerfens suggeriere. Ich teile, wie ausgeführt, dieses Motiv, halte aber den Namen „exzentrische Positionalität" für noch unglücklicher. Das Moment der Exzentrizität wird dann zu einem Attribut, also zu einer näheren Bestimmung einer vermeintlich primären Positionalität. Das suggeriert, das Plessner tatsächlich einen Stufengang *von* der *offenen Positionalität* (Idee der Pflanze) *zur* exzentrischen Positionalität entwirft. Exzentrizität wäre, so gesehen, ein *Ergebnis*, und nicht diejenige Idee, die dem Entwerfen dieses Stufengangs bereits seinerseits zugrunde liegt. Plessner will aber erklärtermaßen die Sonderstellung des

---

[4] Nötig wäre hier eine genaue Verhältnisbestimmung z.B. und u.a. zu Kierkegaard, Heidegger, Sartre oder Camus, was zugleich eine Klärung sein könnte, in welchem Maße dort von Existentialisten die Rede sein kann. Vgl. die analoge, dort jedoch prinzipiell solidarische Differenz zwischen König und Lipps (Schürmann 1999, 191–199).

Menschen in der Natur *und* seine Gleichwertigkeit (d.h.: auch nur ein Naturkörper neben allen anderen zu sein) *zugleich* entwerfen. 1931 heißt das dann, dass es „unentscheidbar" sei, ob der Anthropologie oder der Naturphilosophie der begründungstheoretische Primat zukomme. Man benötigt daher einen Namen, der dieses Verhältnis von Isosthenie angemessen ausdrückt, also z.B. Exzentrizitäts-Positionalität oder auch, gleichbedeutend, Positionalitäts-Exzentrizität. Um *das* auszudrücken, nehme ich eine sprachliche Schönheitsoperation vor und spreche, abkürzend und daher unglücklich, von „Exzentrizität".

Auch das kann jedoch noch nicht das letzte Wort in dieser Sache der Namensfindung sein. Deutlich ist nunmehr, dass Exzentrizität als Idee des Mensch-Seins ein materiales Maß hat. Aber so maßvoll Exzentrizität dann auch ist, so will Plessner eben auch und zugleich sagen, dass Exzentrizität nicht zwingend die einzige Idee ist, die dieses Maß hält. 1931 sagt er jedenfalls explizit, dass dieses Gesamtgebilde der Exzentrizitäts-Positionalität nicht alternativlos ist. Den Menschen als exzentrisch zu begreifen, sei ein Politikum, denn man könne ja auch anders. An diesem systematischen Ort ist die Übereinstimmung mit Georg Misch vielleicht am handgreiflichsten. Misch stellt für das „ursprüngliche metaphysische Wissen" eine gleichursprüngliche *Drei*heit von Sein, logos und ethos heraus (vgl. Misch 1926; 1950; dazu König 1967). Und genau das ist die Pointe der Plessnerschen Rede von politischer Anthropologie: Exzentrizitäts-Positionalität ist eine *bestimmte* – diese und nicht jene – Idee des Mensch-Seins, mithin parteilich im Feld der Möglichkeiten von Ideen des Mensch-Seins. Angesichts dieser Dreiheit scheint mir der Name „positionierte Positionalitäts-Exzentrizität", oder abkürzend einfach „positionierte Exzentrizität", einigermaßen glücklich. Oder vorsichtiger: Dieser Name ist inspiriert durch Feuerbachs „Verankertsein in der Welt" und durch die Rede von „situierten Ontologien", und ich weiß z.Zt. keinen besseren.

Was das alles nun, zugegebenermaßen etwas verklausuliert, besagt, ist schlicht und ergreifend, dass die Auszeichnung gewisser Naturkörper als exzentrisch – also *dieser und nicht jener* Naturkörper und dieser gerade *als exzentrisch* – nicht eine Frage des *Er*kennens, sondern des *Aner*kennens ist. Hier gilt terminologisch und sachlich Analoges zu dem zum „Entwurfscharakter" Gesagten. Der Ausdruck „Anerkennen" ist von Herders Sprachursprungsschrift übernommen, und er eignet sich deshalb so gut, weil der Wortlaut selbst die Asymmetrie (anstelle eines Dualismus) sinnfällig macht: Im *Anerkennen* steckt das *Erkennen* gleichsam drin, und es ist keinesfalls das ganz Andere zum Erkennen, aber ein *Anerkennen* ist definitiv nicht reduzierbar auf ein *Erkennen*. Es besitzt unverlierbar ein appelatives, überzeugen-wollendes, rhetorisches Moment. Jemanden als Exzentriker *an*erkennen, ist eine Art Gebot oder auch eine Deklaration (im Sinne der Deklaration der Menschenrechte): „Gehe fraglos davon aus, dass es ein Exzentriker ist!" Eine solche Deklaration ist kein hinzukommender Akt: Es ist (im Falle der Menschenrechte) nicht so, dass man schon wüsste, was Mensch-Sein und Gleichheit bedeutet, um dann zu behaupten oder zu fordern, dass alle Menschen gleich seien. Vielmehr ist Mensch-Sein im Sinne der Menschenrechte die erklärte Gleichheit aller Menschen.[5]

---

[5] Dieser Unterschied zwischen einem nachträglichen Akt und einem konstitutiven Verhältnis – Anerkennung machen und in-Anerkennung-Sein – ist m.E. in recht deutlicher Klarheit von Hegel herausgestellt worden. Dass Bewusstsein das, was es ist, nur als anerkanntes ist, heißt gerade nicht, dass

Anerkennen ist eine Zuschreibe- und keine bloße Ablesepraxis, mithin machtvoll; weder ist von vornherein klar, dass *nur* Exemplare der Gattung *homo sapiens* exzentrisch sein können, noch ist von vornherein klar, dass alle Exemplare dieser Gattung exzentrisch sind, geschweige dass von vornherein klar wäre, was denn überhaupt lebendige Exemplare dieser Gattung sind. Dieses Moment des ernstgenommenen Plessnerschen Konzepts hat Lindemann (2002) in aller Klarheit und Ausführlichkeit ausgeführt, so dass es hier nicht wiederholt werden muss.

Nimmt man nun *in* dieser Zuschreibepraxis ernst, dass Plessners positionierte Exzentrizität *nicht* besagt, beliebig-willkürlich Hinz und Kunz Exzentrizität zuzuschreiben oder abzusprechen, dann scheint mir das notwendigerweise eine hybride Form von Anthropomorphismus zu generieren. „Ernstnehmen" heißt: Die Differenzierung von Kontingenz und Willkür ist hier weder eine bagatellisierbare Selbstverständlichkeit noch eine verbal bekundete Auch-Wichtigkeit, die in der Logik der Sache lediglich zu einer primär verstandenen „freien" Zuschreibepraxis hinzukommt. Das doch hieß: Positionierte Exzentrizität ist nicht ausgedacht, sondern bei Gelegenheit konkreter materialer Fälle entworfen. In und für jede Zuschreibepraxis gibt es dann also *prototypische* Exzentriker. „Prototypisch" heißt jetzt dreierlei: Weder müssen (1) diese materialen Fälle *als exzentrisch* gefasst werden, noch müssen (2) gerade *diese* Fälle die Gelegenheiten zum Entwurf von positionierter Exzentrizität abgeben, noch können (3) *jegliche* materialen Fälle als Bedingungen des Entwerfens von positionierter Exzentrizität fehlen.

Und es dürfte nicht zuviel gesagt sein, dass bei uns üblicherweise menschliche Personen diese Prototypen abgeben. Das Ergebnis der Zuschreibungspraxis ist dann intern strukturiert: „Exzentriker sind unstrittig menschliche Personen, und ggf. auch noch diese und jene Naturkörper". Aber was heißt schon üblicherweise? Das heißt doch nur, dass es auch andere Üblichkeiten gibt. Und es gibt sie, die Praktiken, in denen Schoßhunde oder die Geister der Toten oder Kuscheltiere oder *Personal Computer* unstrittig als Exzentriker anerkannt sind.[6] Aber das sind, selbstverständlich, Ausnahmesituationen. Allgemein und alltäglich akzeptierte Üblichkeit ist doch wohl, dass lebendigen Personen unstrittig das Mensch-Sein zugeschrieben wird, und es bei anderen Wesen unklar oder strittig ist. Und es ist die Errungenschaft der Französischen Revolution und der Entwicklung der Menschenrechte, dass diese Üblichkeit nicht in unser Belieben gestellt ist: Allen Menschen und nur den Menschen kommt fraglos die Würde des Mensch-Seins zu – Änderungen dieser deklarierten Rechte sind begründungspflichtig.

---

dort ein Bewusstsein ein anderes in *dem* Sinne „anerkennt", wie wir in unserem Alltagssprachgebrauch „unseren Nachbarn als netten Kerl anerkennen" (der auch dann unser Nachbar wäre, wenn wir ihm diese „Anerkennung" nicht zubilligten). Mir ist daher schlechterdings nicht verständlich, welchen Hegel Honneth gelesen hat, denn Honneth kennt Anerkennung ausschließlich als „Anerkennung machen".

6 Die *Süddeutsche Zeitung* wusste von einer Tierpsychologin zu berichten, die sich ernsthaft Sorgen machte ob der zu unterstellenden Traumatisiertheit von Daisy, nun nicht mehr von Moshammer getragen werden zu können.

Ein schmaler Grat

Die sog. Singer-Debatte hat gezeigt, dass der Grat zwischen Erkennen und Anerkennen sehr schmal ist, und eine Verständigung über diesen Unterschied wie Haarspalterei anmutet. Scheinbar sagt Singer genau das Gleiche: Der „Anspruch auf Gleichheit" beruht nicht auf feststellbaren „Tatsachen": „Es gibt keinen logisch zwingenden Grund für die Annahme, daß ein Unterschied in den Fähigkeiten zweier Menschen einen Unterschied in dem Maß ihrer Beachtung rechtfertigt, die wir ihren Interessen schenken. Gleichheit ist ein grundlegendes moralisches Prinzip, nicht eine Tatsachenbehauptung." (Singer 1984, 32) Scheinbar steht doch auch hier, dass die durch die Menschenrechte deklarierte Gleichheit aller Menschen ein Akt des Anerkennens, und gerade nicht ein Akt des Erkennens einer Tatsache ist. Nun hilft alleine die Formulierung eines Prinzips in praktischen Kontexten nicht weiter. In praktischen Kontexten muss man beispielsweise entscheiden, ob bzw. wann gegen den Grundsatz der Gleichbehandlung verstoßen wird. Will sagen: Ein Prinzip muss operationalisiert werden. Schon deshalb konnte Plessner auf jenen „empirischen Wert" nicht einfach verzichten. Und auch Singer übersetzt gleichsam das Prinzip der Gleichheit in das „Prinzip der gleichen Erwägung von Interessen" (Singer 1984, 32). Der Gleichheitsgrundsatz kommt dabei dadurch zum Ausdruck, „daß wir Interessen einfach als Interessen abwägen, nicht als meine Interessen oder die Interessen der Australier oder die Interessen der Weißen" (ebd.).

„Übersetzen" heißt dort allerdings „ersetzen".[7] Die Operationalisierung des Gleichheitsgrundsatzes reflektiert sich nicht mehr als Operationalisierung; und folglich und erst recht setzt sie das Verhältnis zwischen dem Prinzip der Gleichheit und diesem Prinzip seiner Operationalisierung nicht kontingent. *Dass* Wesen Interessen haben, ist jetzt 1. eine Tatsachenfrage und 2. eine notwendige Bedingung für die Zuschreibung von Gleichheit. Genau hier wird die *Aner*kennung der Gleichheit aller Menschen unter der Hand verwandelt in eine Frage des *Er*kennens von Tatsachen. „Das Prinzip der gleichen Interessenerwägung verbietet es, unsere Bereitschaft, die Interessen anderer Personen zu erwägen, von ihren Fähigkeiten oder anderen Merkmalen abhängig zu machen, außer dem einen: daß sie Interessen haben." (ebd. 34) Und dadurch – durch diese Ersetzung einer Frage von Anerkennung durch eine Frage des Erkennens – beginnt das, was Hegel „ausklügeln" nennt. Die unstrittigen Fälle sind jetzt vermeintlich deshalb unstrittig, weil eine Tatsache vorliegt. Am einen Pol: „Ein Stein hat keine Interessen, weil er nicht leiden kann." (ebd. 73) Und am anderen Pol: „Ein selbstbewußtes Wesen ist sich seiner selbst als einer distinkten Entität bewußt, mit einer Vergangenheit und Zukunft. (Dies war, wie wir uns erinnern, Lockes Kriterium für die Person.) Ein Wesen, das sich solchermaßen bewußt ist, ist fähig, Wünsche hinsichtlich seiner eigenen Zukunft zu haben." (Ebd. 109) Zwischen diesen beiden Polen ist Graubereich, und jetzt beginnt das

7 „This provides us with a basic principle of equality: the principle of equal consideration of interest." (dt. Singer 1984, 32) – Nun war „Gleichheit" seinerseits bereits ein Prinzip, so dass ein „principle of equality" das Prinzip eines Prinzips ist. Das irritiert Singer aber nicht, sondern er kann jetzt dort, wo „das Prinzip der Gleichheit" steht, vermeintlich auch „das Prinzip gleicher Interessenabwägung" sagen.

Klügeln: „Es gibt viele Wesen, die bewußt und fähig sind, Lust und Schmerz zu erfahren, aber nicht selbstbewußt und vernunftbegabt und somit keine Personen. Viele nichtmenschliche Lebewesen gehören nahezu mit Sicherheit zu dieser Kategorie; das gilt auch für Neugeborene und einige Geisteskranke. [...] Wenn Tooley recht hat, kann man von Wesen, denen Selbstbewußtsein abgeht, nicht sagen, sie hätten im vollen Sinne von ‚Recht' ein Recht auf Leben. Dennoch mag es aus anderen Gründen falsch sein, sie zu töten." (Ebd. 117) Denn Nicht-Personen mangelt es an einem empirisch feststellbaren Merkmal – hier: der Fähigkeit, sich seiner selbst bewusst zu sein –, und *deshalb* ist es dort fraglich, wie wir in Zweifelsfällen mit ihnen umgehen sollten.

Die Verschiebung vom Anerkennen von Gleichheit zum Erkennen des Vorliegens von Interessen hat deutliche Konsequenzen: Naturkörper haben nunmehr eine *bestimmte* Leistung zu erbringen (bzw. die Fähigkeit, diese Leistung erbringen zu können), um im vollen Sinne die Menschenrechte zu besitzen. Es kann geprüft werden, ob das dazu nötige Merkmal empirisch vorliegt oder nicht. Einer bestimmten Sorte von Naturkörpern wird diese Prüfung gleichsam geschenkt, denn bei ihnen liegt das gesuchte Merkmal „offenkundig" vor; bei einer anderen Sorte erledigt sich die Prüfung, weil man genauso „offenkundig" nicht fündig wird; und in jenem Graubereich muss man die Prüfung eben durchführen. Das gesuchte Merkmal wechselt mit den Ansichten: Manche suchen danach, ob der Naturkörper vernünftig ist, andere suchen danach, ob er Werkzeuge herstellen kann, wieder andere suchen danach, ob er Symbole verwenden, spielen oder lachen kann. Das Merkmal „Interessen haben" ist vergleichsweise moderat, denn dieses Merkmal ist „stark genug, eine Sklavenhaltergesellschaft auf der Grundlage von Intelligenzunterschieden ebensosehr auszuschließen wie krassere Formen von Rassismus und Sexismus" (ebd. 35). Bekanntlich aber wechseln die Zeiten und die Ansichten, und dann verschiebt sich das gesuchte Merkmal. In dieser Logik gibt es keinen logisch zwingenden Grund auszuschließen, dass man dann ggf. (wieder) Prüfungen ablegen muss, ob die genetischen Dispositionen der eigenen Vorfahrenkette dazu berechtigt, keinen gelben Stern zu tragen. Das Prinzip blieb, der Inhalt des Merkmals wurde „rigoroser".

Die grundsätzliche normative Überlegenheit der Plessnerschen Philosophie liegt darin, dass hier das Prinzip der positionierten Exzentrizität im Status des Anerkennens bleibt. Die natürlichen Merkmale der menschlichen Natur haben *nur* empirischen Wert, d.h.: Das Verhältnis von Exzentrizität und Physis solcher Naturkörper ist *kontingent* gesetzt. Im je historisch, kulturell, sozial, geschlechtlich konkreten Umgang mit und in der Welt gelten je bestimmte Naturkörper *fraglos* als exzentrisch – ohne durchzuführende oder gnädig erlassene Prüfung auf das Vorliegen eines *bestimmten* empirischen Befundes. Der Unterschied lässt sich am Person-Begriff aufzeigen.

Wenn es bei uns so üblich ist oder war, dass „menschlichen Personen" (s.o.) unstrittig das Mensch-Sein zuerkannt wird, so ist *Person* in dieser alltäglichen Praxis ein betont weiter, eben alltäglicher Begriff. Gemeint sind alle, „die Menschenantlitz tragen", alle Mitglieder der Gattung, alle die, die von einem weiblichen Menschen geboren wurden – was auch immer. *Person* ist hier nicht definiert und kann es nicht sein; es weist auf einen Bereich hin, von dem schon irgendwie „klar" ist, was gemeint ist – „wir können ggf. später nochmal darauf zurückkommen". Etwas spitz, aber sehr präzise kann man sagen, dass es diesen Begriff geradezu definiert, dass wir in Verlegenheit kommen, wenn wir angeben sollten, was wir präzise damit meinen. „Irgendwie" ist in dieser alltäglichen Praxis nämlich klar, dass auch gerade Gestorbene (noch) menschliche Personen sind, was sich in alltäglichen Trauer- und Bestattungsritualen manifestiert. Und „irgendwie" ist es in und für diese alltägliche Praxis völlig abstrus zu meinen, dass wir gerade Geborene danach beurteilen, dass diese kleinen Würmer dereinst ein Bewusstsein ihrer selbst haben werden. Fraglos glückliche Geburten fragen nicht nach solchem Kram. Nun ist solche Fraglosigkeit mehr oder weniger schnell dahin. Und dann muss mit jener Verlegenheit irgendwie umgegangen werden. Und, ach, wie wäre es schön, wenn wir unsere Verlegenheit an die Empirie delegieren könnten. Solch schwüle Sehnsucht ruft die Person-Definierer á la Locke und Singer auf den Plan: Nenne mir ein empirisches Merkmal, das eine Person hat und eine Nicht-Person nicht! Plessner gibt solcher Versuchung nicht nach und beharrt demgegenüber darauf, dass wir Menschen unsere menschlichen Angelegenheiten schon selber regeln müssen: Die Merkmale haben nur empirischen Wert und ihr Verhältnis zur Exzentrizität ist kontingent. Zur Beantwortung der gewiss heiklen Frage, wie wir mit Patienten umgehen, die jahrelang im Koma liegen, finden wir mit Plessner keine Antwort durch zu führende Beweise, dass solche Patienten „aussichtslos" im Koma liegen und auch nicht durch zu führende Beweise, dass wir „auch mit solchen" Patienten „immer noch" kommunizieren können. All das hat je seinen eigenen empirischen Wert, aber es ist auch nur von empirischem Wert. Es entlastet uns nicht von unserer Verantwortung und von dem so oder so zu zahlenden tragischen Preis. Oder, anderes Beispiel: Im Lichte Plessners ist es *strange*, wenn zahllose Debatten so tun, als könnten wir die Frage, wann das menschliche Leben beginnt, durch noch genaueres Nachgucken entscheiden. Das ist ähnlich *strange* wie die Suche derjenigen, die meinen Gott im All und nicht im Himmel zu finden.

Handlungstheorie vs. Exzentrizität

Was schon deutlich geworden sein sollte: Die Pointe Plessners und der Unterschied zu manch anderen Positionen ist gravierend, aber lässt sich nur in haarspalterisch anmutenden Formulierungen sagen. Gleichlautende Formulierungen sind so nicht wirklich falsch, aber auch nur „vielleicht richtig" (Josef König), insofern sie solch feinen Unterschiede unsichtbar machen.

Man trifft einen wesentlichen Punkt der Anthropologie Gehlens, wenn man sagt, dass Gehlen den Menschen als „ein in gewisser Weise ‚unfertiges' [Wesen denkt], d.h. ein solches, welches mit sich oder gegeneinander vor Aufgaben gestellt" ist. Insofern gewisse Aufgaben nun mit seinem „bloßen Dasein gegeben" sind, also „in seiner Bestimmtheit als ‚Mensch' liegen" (Gehlen 1940, 4), ist ein Bewältigen seiner Unfertigkeit nichts, was er auch lassen könnte, es ist „nicht Luxus" (ebd. 30). Das kann man auf die Formel bringen, dass „der Mensch ‚sich zu etwas zu machen' hat" (ebd. 4).

Man trifft einen wesentlichen Punkt der Anthropologie Plessners, wenn man sagt, dass Plessner den Menschen als ein Wesen denkt, der sich zu etwas zu machen hat. Exzentrizität ist wesentlich eine Abständigkeit zu sich, ein Gebrochensein von Körper-Sein und Körper-Haben – ein Verhältnis, das bewältigt sein will. Schon Plessner nutzte daher nicht zufällig die gleiche Formel: „Als exzentrisch organisiertes Wesen muß er [der Mensch] sich zu dem, was er *schon ist, erst machen*." (Plessner 1928, 309 [=GS IV, 383])

Trotz der gleichen Formel sind beide Anthropologien an diesem Punkt unvereinbar. Genau jene kleine Verschiebung, die sich bei Plessner in dem „zu dem, was er schon ist" ausdrückt, kann Gehlen nicht vollziehen. Gehlen muss sagen, dass der Mensch von seiner Natur her gleichsam gezwungen ist, sein Unfertigsein zu bewältigen. Plessner sagt das direkte Gegenteil hinsichtlich des „Unfertigseins": Zwar heißt „Unfertigsein" auch, dass eine Aufgabe zu bewältigen ist – und in *diesem* Sinne muss sich der Mensch zu etwas machen –, aber zu Exzentrizität gehört wesentlich, dass jene Aufgabe immer schon in *irgend*einer Weise bewältigt *ist*. Wenn Plessner sagt, dass „der Mensch [nur lebt], indem er sein Leben führt" (ebd. 310 [=GS IV, 384]), dann meint er, dass exzentrische Wesen den *Modus* der Bewältigung jener Aufgabe (in ein abständiges Verhältnis zu sich gesetzt zu sein) nicht nicht gestalten können. Und insofern mag man sich darüber verständigen (können), dass es gelingende und weniger gelingende, „gesündere" und weniger „gesunde" Modi dieser Aufgabenbewältigung gibt. Aber exzentrische Wesen können an dieser Aufgabe nicht in *dem* Sinne scheitern, diese Aufgabe *überhaupt nicht* zu lösen. Exzentrizität *ist* die Realisierung eines abständigen Verhältnisses zu sich in *irgend*einem Modus. Gehlen dagegen kann und muss schreiben: „Sofern der Mensch auf sich selbst gestellt eine solche lebensnotwendige Aufgabe auch verpassen kann, ist er das gefährdete oder ‚riskierte' Wesen, mit einer konstitutionellen Chance, zu verunglücken." (Gehlen 1940, 30)

Der Unterschied ist alles entscheidend: Gehlen redet von einer notwendigen Aufgabe. Diese Aufgabe ist kein Luxus in dem Sinne, dass der Mensch es nötig hat, sie zu bewältigen, will er nicht verunglücken. Logisch gesehen ist „notwendig" dort eine *Option*, die zu wählen der Mensch von seiner Natur gezwungen wird. Insofern diese Natur keine Garantie mitliefert, diese Aufgabe auch tatsächlich zu bewältigen, hat der Mensch die reale Option des Verunglückens, d.h. diese Aufgabe als Aufgabe nicht zu bewältigen. „Notwendige Lebensaufgabe" heißt bei Gehlen: Die Aufgabe zu bewältigen ist nötig, um die Not zu wenden. „Er lebt nicht, wie ich zu sagen pflege, er *führt* sein Leben. Nicht aus Spaß, und nicht zum Luxus des Nachdenkens, sondern aus ernster Not." (Ebd. 12) Bei Plessner dagegen ist die Notwendigkeit der Aufgabe das Verhältnis eines logischen Nicht-nicht-sein-Könnens. Exzentrische Wesen sind als Exzentriker prinzipiell nicht in der Situation, im Gehlenschen Sinne scheitern zu können. Sein Leben zu führen, ist keine Alternative dazu, sein Leben zu leben, wie Gehlen sagt, sondern sein Leben zu führen, ist die spezifisch exzentrische Weise, sein Leben zu leben. Konsequenterweise gebraucht Plessner das Vokabular *logischer* Verhältnisse, um das Spezifikum von Exzentrizität zu fassen: „Für die Philosophie erklärt sich diese ‚Querlage' des Menschen aus seiner exzentrischen Positionsform, aber damit ist ihr nicht geholfen. Wer in ihr steht, steht in dem Aspekt einer absoluten Antinomie: sich zu dem erst machen zu müssen, was er schon ist, das Leben zu führen, das er lebt." (Plessner1928, 310 (=GS IV, 384]) – Dass es sehr unglückliche Modi gibt, sein Leben zu führen, steht auf einem anderen Blatt. Aber auch noch die unglücklichste Weise, sein Leben zu leben, ist eine exzentrische Lebens*führung*. Der Unterschied ist unscheinbar, aber scharf: Exzentrische Wesen haben keine Zucht nötig, ihr Leben (überhaupt) zu *führen*, sondern allenfalls bedarf es der Aufmerksamkeit auf den Modus der Lebensführung. *Hier* scheiden sich die Geister: Insofern das „Unfertigsein" bei Gehlen „zu seinen physischen Bedingungen" gehört, ist der Mensch „ein Wesen der *Zucht*: Selbstzucht, Erziehung, Züchtigung als In-Form-Kommen" (Gehlen 1940, 30) ist das Charakteristikum des „handelnden Wesens"; Exzentriker dagegen sind je schon in Form, und nichts und niemand muss sie erst dahin bringen bzw. züchtend zwingen.

Wie Gehlen selbst herausstreicht, folgt er Herder sehr weitgehend: Dass sich Menschen als Gesamtsystem, und nicht nur partiell vom Tier unterscheiden, ist Herdersches Gedankengut.[8] Aber es sind gerade die Herderschen Konsequenzen, die Gehlen *nicht* vollzieht: Das, was Herder „Besonnenheit" nennt – also das, was Gehlen ein „notwendiges Stellungnehmen zu sich" nennt und was „Handeln" bei ihm definiert –, ist bei Herder gerade nicht eine notwendige *Option*, sondern ein bedeutungslogisches Definiens von Mensch-Sein: Menschen können *als Menschen* nicht nicht besonnen-sein. „Im Traume, im Gedankentraume denkt der Mensch nicht so ordentlich und deutlich als wachend; deswegen aber denkt er noch immer als ein Mensch – als Mensch in einem Mittelzustande, nie als ein völliges Tier. [...] Nicht jede Handlung der Seele ist unmittelbar eine Folge der Besinnung; jede aber eine Folge der Besonnenheit: keine, so wie sie beim Menschen geschiehet, könnte sich äußern, wenn der Mensch nicht Mensch wäre und nach solchem Naturgesetz dächte." (Herder 1772, 85)

Es ist weder eine besondere Weihe noch ein Argument in der Sache, sondern lediglich ein Insistieren auf historischer Gerechtigkeit: Gehlen hat Herder zu Unrecht okkupiert, und es ist Plessner, dessen Anthropologie sich zu Recht in der Nachfolge Herders verortet. Ein solcher Übergang von einer „notwendigen Option" (Gehlen) zu einem bedeutungslogisch-definierenden Nicht-nicht-sein-Können (Herder, Plessner) ist im Rahmen des Gehlenschen Ansatzes wesensunmöglich, denn man kann nicht *er*kennen, sondern bestenfalls *aner*kennen, dass Menschen nicht nicht besonnen sein können. Herder versteht sich dort selbst miss, wo er meint (bzw. nahelegt zu meinen), dass Menschen prinzipiell besonnen *sind*. Und er trifft seinen Kern dort, wo er „erkennen" und „anerkennen" unterscheidet und sagen will, dass der Mensch hier als besonnen *gilt* (vgl. Herder 1772, 32, 43, 59). Immerhin weiß Herder um diesen Unterschied; Gehlen dagegen meint, die Natur des Menschen zu *er*kennen, wenn er ihn als das „handelnde Wesen" versteht. Gehlens wortungetüme Rede von einer „empirischen Philosophie" (Gehlen 1941, 62) sagt mehr, als tausend Wenns und Abers daran noch ändern könnten.

Positionierte Exzentrizität als notwendige Möglichkeit

Dass die Zuschreibung von Exzentrizität ein Anerkennen, also eine Deklaration von Exzentrizität ist, soll nicht heißen, dass diese Zuschreibung einfach eine Dezision ist. Plessner (1931) hat einiges dazu beigetragen, den systematischen Unterschied zwischen einem freien Entwerfen und einer Dezision strikt festzuhalten. Einige sind ihm darin

---

[8] Vgl. Gehlen (1940, 13, 19 f., 92 f., pass.) mit Herder: „daß die Menschengattung über den Tieren nicht an Stufen des Mehr oder Weniger stehe, sondern an Art" (1772, 25; vgl. ebd. 26 f., 29, pass.).

gefolgt (vgl. Krockow 1958, insbes. 129 ff.). Andere, vor allem Kramme (1989), haben dann viel dafür getan, diesen Unterschied wieder zu vernebeln, indem sie die Ansätze von Plessner und Carl Schmitt gleichermaßen als dezisionistisch darstellten. Der systematische Kern des Unterschieds besteht darin, dass eine Dezision eine Entscheidung aus einem unterstellten Nullpunkt heraus ist, während Plessner darauf beharrt, dass das dezisionistische Moment eines *freien Entwurfs* darin liegt, sich so-oder-so zu einer bereits getroffenen Entscheidung zu verhalten: „Die Festlegung durch ihn trägt jedoch [...] den Charakter eines Festhaltens an einer schon getroffenen Festlegung oder eines Revoltierens gegen sie, also geschichtlich relevanten Charakter." (Plessner 1931, 192)[9]

Die Zuschreibungspraxis eines *freien Entwurfs* (im Sinne Plessners) unterscheidet sich von der Zuschreibungspraxis einer Dezision somit dadurch, dass sie an sich selbst material bestimmt ist: ein Anknüpfen an Bestehendes, und nicht das Setzen eines ganz neuen Anfangs. Das betrifft zunächst und vor allem den Inhalt: Dem Menschen *fraglos* das Mensch-Sein zuzubilligen, knüpft an gewisse Errungenschaften der Französischen Revolution an und hält sie entschieden fest; wer demgegenüber Naturkörper zunächst einer empirischen Prüfung unterwirft, ob sie das Merkmal des Mensch-Seins besitzen, klügelt, ob nicht manche Exemplare der Gattung gleicher sind als andere. Dazu wäre manches mehr zu sagen; allerdings beträfe das nicht die Philosophie als Philosophie.

Immerhin muss der Inhalt eines solch freien Entwurfs *philosophisch* möglich sein – und dazu kann man (und muss man wohl) auch philosophisch noch mehr sagen. Um es zuzuspitzen und vorweg zu nehmen: Die Idee der positionierten Exzentrizität ist nicht mit beliebigen, sondern nur mit bestimmten Ontologien verträglich.

Das kann man insbesondere an der Philosophie Plessners studieren. Plessners Ansatz schwankt zwischen zwei grundsätzlich verschiedenen Ontologien, und die Vereindeutigung der „Stufen", die ihm mit „Macht und menschliche Natur" gelingt, bleibt fragil, wie man schon an „Lachen und Weinen" zeigen kann.

Plessner kennt eine Ontologie, in der Bewegtheit ein Merkmal von Naturkörpern ist, und eine andere Ontologie, in der Bewegtheit die Seinsweise von Naturkörpern ist. Innerhalb beider Ontologien kann und muss man sagen, dass Bewegtheit den Naturkörpern „wesentlich" ist, aber das bedeutet je etwas grundsätzlich anderes. Hält man diesen Bedeutungsunterschied nicht entschieden fest, folgt jenes Schwanken zwischen zwei Ontologien, und sowohl Plessners Selbstverständigung als auch eine Verständigung über Plessners Konzept dreht sich dann im Kreise, weil (vom Wortlaut her) beide Ontologien dasselbe sagen.

Es gibt einen Argumentationsstrang in den „Stufen", innerhalb dessen Plessner sagen will und muss, dass *Exzentrizität* nur *im Vollzug* gegeben ist. Dort gilt Exzentrizität als Bewegungsform, von Plessner „dynamische Form" (Plessner 1928, 136 [=GS IV, 192]) genannt. Dieser und nur dieser Argumentationsstrang sichert jene oben herausgestellte sachliche Besonderheit des Plessnerschen Ansatzes im Vergleich zu Gehlen bzw. den

[9] Vgl. ausführlicher Schürmann 1997a. Ich habe dort die Nennung des Namens „Schmitt" vermieden, weil es mir ein eigen Ding zu sein scheint, Schmitt als einen Dezisionisten zu erweisen. Da diese Gleichsetzung aber üblicherweise vollzogen wird, findet sich die Debatte des Verhältnisses von Plessner zum Dezisionismus als Debatte des Verhältnisses von Plessner und Schmitt; dazu wiederum vgl. Richter 2001.

dort als Bruchlinie herausgestellten *konsequenten* Herder-Bezug: Dann und nur dann, wenn Exzentrizität als Bewegungsform gedacht wird, ist sie nicht eine Option, über die gewisse Naturkörper, und sei es auch als noch so wesentliche Option, verfügen. Dann und nur dann, wenn Exzentrizität als Bewegungsform gedacht wird, ist Exzentrizität keine „Laune“, sich gelegentlich exzentrisch in der Welt zu verhalten oder aufzuspielen (sondern in *dieser* Hinsicht ein Existential; Heidegger 1927, hier: § 12, 57). Dann und nur dann, wenn Exzentrizität als Bewegungsform gedacht wird, lässt sich die *Medialität* des Mensch-Mensch-Welt-Verhältnisses denken – im Unterschied zu jenem Mängelwesen, das wesentlich auf *Mittel* angewiesen ist, einen Weltbezug a) allererst herzustellen und b) ihn *so* herzustellen, dass Überleben möglich wird. Im Rahmen dieses Argumentationsstranges beharrt Plessner darauf, dass die Rede ist von *vermittelter Unmittelbarkeit* des Mensch-Mensch-Welt-Verhältnisses. Zu konstatieren sei eine Dominanz der Unmittelbarkeit über die Vermitteltheit, so dass man „*nicht* sagen [kann] und [...] die scheinbar ebenso berechtigte Formulierung nicht richtig [ist], daß der Mensch im Umfeld einer direkten Indirektheit, unmittelbaren Mittelbarkeit existiert“ (Plessner 1928, 326 [= GS IV, 402]). Und exakt hier formuliert er dann, dass „die vollziehende Mitte oder das Ich durch den Vollzug in Anspruch genommen [wird]; mehr noch: sie wird reines Vollziehen, reines Hindurch. [...] Darum ist die Exzentrizität, auch wenn sie sich im Vollzug des Wissens (der Vermittlung) vergißt, nicht getilgt.“ (Ebd. 328 f. [404 f.]) Plessner wiederholt dann nur, was er der Sache nach immer (mal) wieder festhält: „der Prozeß ist die Weise seines Seins“ (ebd. 132 [187]).

Aber genau an dieser Stelle benötigt Plessner ein Argument, warum exzentrische Wesen sich in *einer* Beziehungsform der *vermittelten Unmittelbarkeit* bewegen, und warum es nicht so sei, dass sie sich in zwei verschiedenen Beziehungsformen bewegen, nämlich einer unmittelbaren einerseits und einer vermittelten andererseits. Und auf *diese* Frage gibt Plessner die Antwort so, dass er die soeben zitierte Bestimmung, die vollziehende Mitte sei reiner Vollzug, verrät bzw. über den Haufen wirft. Denn Plessner sieht sich genötigt, die Einheit der Form der Mensch-Mensch-Welt-Beziehung *dadurch* abzusichern, dass er eine positionierte Identität *vor* dem Vollzug in Anschlag bringt. Der Schluss auf *zwei* Formen der Beziehung, „einer direkten ‚und‘ einer indirekten“, sei falsch, denn dieser Schluss habe „eine entscheidende Prämisse vergessen, nämlich die Identität desjenigen, der in diesem Zentrum der Vermittlung *steht*“ (Plessner 1928, 325 [=GS IV, 401]; Hervorhbg. v. Plessner). Gelegentlich gibt es dann auch ein kombinatorisches Allerlei beider Argumentationsstränge: „Dieser Daseinsmodus des in seiner Gestelltheit Stehens ist nur als *Vollzug* vom Zentrum der Gestelltheit aus möglich.“ (ebd. 309 [384]) In jenem zweiten, für Plessner ebenso wichtigen und nötigen Argumentationsstrang ist jene Mitte also doch mehr als reiner Vollzug, nämlich ein Etwas, das mit dem Vermögen begabt ist, einen Vollzug zu tätigen. Hier gerät Exzentrizität wieder zu einer Option: Gewisse potente Naturkörper tätigen jenen Vollzug und realisieren (erst) dadurch Exzentrizität. In *diesem* zweiten Argumentationsstrang hätten sie es auch unterlassen können, ihre Anlage zur Exzentrizität gleichsam abzurufen. Es war bloß eine „Laune“.[10]

---

[10] Und ohne diese Differenz zweier Ontologien überhaupt zu merken, macht z.B. Fahrenbach (2004, 621 f.) den Plessner dieses zweiten Argumentationsstrangs zu „dem“ Plessner, wodurch er den vor-

Dadurch bleibt der erste Argumentationsstrang nicht das, was er war bzw. was er sein könnte. Bewegtheit ist dann doch ein Merkmal eines Etwas, und nicht der Modus eines Etwas zu sein. Plessner hält nachdrücklich fest, *beide* Bestimmungsmomente (beide Argumentationsstränge) zu benötigen. Aber er synthetisiert sie lediglich: „Echtes Werden ist eine Synthese aus Übergehen und Stehen. Real findet echtes Werden nur eigenschaftlich statt – an einem Beharrenden." (Ebd. 135 [190])

Eine Alternative liegt darin, dass Verhältnis von Vollzug und Invarianz modaltheoretisch zu fassen. Programmatisch wäre das die Umformulierung des Plessnerschen Bekenntnisses: „Real findet echtes Werden nur modal statt – als Wechsel der Art und Weise einer Bestimmtheit." Diese Alternative ist ihrer Logik nach von Josef König (im Anschluss an Hegel) ausgearbeitet worden. Die besondere Pointe seines Konzepts liegt darin, das Verhältnis eines Etwas und seinen Modi nicht als ein äußerliches Hinzukommen zu fassen. Von vornherein unterlaufen ist dort die Lesart, es handele sich um Modi *an* einem Etwas. Die Dominanz der Unmittelbarkeit über die Vermitteltheit, von der Plessner spricht, gerät bei König nicht zu jener Dominanz von Ding und Eigenschaft, sondern ist von vornherein gedacht als Dominanz von Tun und Modus des Tuns, oder sprachlich: nicht von Substantiv und Adjektiv, sondern von Verb und Adverb.[11] Diesen entscheidenden Unterschied kann man auch daran ablesen, dass Plessner (fast) durchgehend von der Exzentrizität als einer „wirklichen Möglichkeit" (Plessner 1928, 171 ff. [=GS IV, 231 ff.]) redet – und das meint: ein wesentliches Merkmal –, König dagegen an vergleichbaren Orten von „notwendiger Möglichkeit" (vgl. Schürmann 1999, 316–325). Wenn X eine notwendige Möglichkeit von Y ist, so ist das nicht „eigenschaftlich" (Plessner, s.o.) zu verstehen, sondern so, dass Y wesentlich durch *irgend*einen Modus von X mitbestimmt ist. Wenn Exzentrizität eine notwendige Möglichkeit bestimmter Naturkörper ist, dann gilt, dass sie prinzipiell *irgend*wie exzentrisch agieren – „nie als ein völliges Tier".

---

her noch behaupteten Unterschied zu Gehlen wieder aufgibt; explizit kurz darauf: „Die exzentrische Lebensform nötigt zum produktiven […] Handeln." (Ebd. 624) Das ist eben nur der halbe (= Gehlensche) Herder, dem der Stachel ausgerissen wurde. Demgegenüber insistiert der andere Plessner auf der Formel: Exzentrische Lebensform *ist* produktives Tun.

11 „Allein das modifizierende Wie ist kein *rein* Äußerliches, kein *rein* Hinzukommendes; es ist nicht so etwas wie ein Anstrich oder wie ein Kleid. Allerdings ist es nicht leicht, darüber in der hier erwünschten Kürze zu sprechen. Das Entfernter-Liegen der Art und Weise wird vorzüglich faßbar im *Adverb*. […] Kann, prinzipiell gefragt, das Adverb dem Verb fehlen? Allein die denkbare Trennung von Verb und Adverb involviert kein reines Außereinander beider. […] Und kann man nicht darüber streiten, ob es *wesentlicher* sei, was einer tut, oder wie er es tut? […] Kein Tun kann ihm [dem Modus] entfliehen. Kann überhaupt ein Seiendes ihm entgehen? Ist nicht der Aspekt des *Hinzukommens* des Modus zu einem an sich schon *Fertigen* oder der damit zusammenhängende Aspekt jenes *Entfernterliegens* irgendwie ein bloßer Schein? Ließe sich zeigen, daß die Möglichkeit dieses Hinzukommens zwar eben eine *Möglichkeit* aber eine *notwendige* Möglichkeit ist?" (König 1937, 6 f.)

Sich-exzentrisch-in-der-Welt-Bewegen als positionierte Ontologie

Es scheint mir ein sehr einfaches Kriterium zu geben, wenn man unterscheiden möchte, ob Bewegtheit in Eigenschaftsstellung gedacht wird oder nicht. All diejenigen philosophischen Ansätze, die eigens danach fragen, wodurch Naturkörper in Bewegung kommen – „gegeben ein bewegungsunfähiges Wesen" –, machen *dadurch* Bewegtheit zu einem Merkmal eines auch ohne Bewegtheit schon „Fertigen" (König). Überall dort dagegen, wo Bewegtheit nicht als *zu Erklärendes*, sondern als gegeben (oder als Erklärungsgrund) – als „Unerschaffbares wie Unzerstörbares" (Engels) – angesehen wird, ist die Minimalbedingung erfüllt, Bewegtheit als Seinsweise von Naturkörpern zu fassen. Es ist ein Unterschied der Ontologie, der sich in der Begriffsgeschichte von „Prozeß" niederschlägt. In den wenigen Jahren von 1795 bis 1805 hatte sich in der Entwicklung der romantischen Naturphilosophie das Verständnis von „Prozeß" umgekehrt: von einem Verständnis eines Vorgangs, der (im Sinne einer Rezeptur) eigens gestartet bzw. unternommen werden musste, hin zu einem Vorgang, der als einfach stattfindend gedacht wurde. Kräfte konnten und wurden nicht mehr als Verursacher von Bewegtheit angesehen, sondern gleichsam als Effekte solcherart gedachter Prozesse (vgl. Röttgers 1983).

Engels schließt hier nahtlos an. Mit der ihm eigenen Emphase, die keinerlei Problem damit hat, die Natur nicht als eine Schöpfung, sondern als ewig gegeben anzunehmen, geht er mit Nachdruck davon aus, Bewegtheit *als gegeben* anzusehen. Dazu wiederum meinte er lediglich die Annahme zu benötigen, dass „die ganze uns zugängliche Natur" ein „Gesamtzusammenhang von Körpern" bildet. Denn: „Darin, daß diese Körper in einem Zusammenhang stehen, liegt schon einbegriffen, daß sie aufeinander einwirken, und diese ihre gegenseitige Einwirkung ist eben die Bewegung." (Engels 1873–82, 188/402) Und die Einsichten der Begriffsgeschichte sind ihm noch präsent: „Ausdrücklich zu merken: Attraktion und Repulsion werden hier nicht gefaßt als sogenannte ‚Kräfte', sondern als *einfache Formen der Bewegung*. [...] Was es mit den ‚Kräften' auf sich hat, wird sich seiner Zeit zeigen." (Ebd. 189/403)

Nun redete Engels noch so, und meinte es wohl auch so, dass es so *ist*, dass die Naturkörper in einem Zusammenhang stehen. Dies sei etwas, was „erkannt" worden sei (ebd. 188/402). Engels meint also nicht, onto-logisch zu reden – also eine Auskunft darüber zu geben, was ihm als Grundentitäten von Welt *gilt* –, sondern er meint, einen einfachen ontischen Sachverhalt so klar und einfach auszudrücken, wie es die Wissenschaften gezeigt und bewiesen hätten. Das ist natürlich Unsinn. Man kann die Natur noch so lange anschauen und/oder sie noch so lange noch so ausgebufften Experimenten unterziehen: Man wird nicht „erkennen", dass es so *ist*, dass die Körper in einem Zusammenhang stehen. Kein Erkennen gibt eine Antwort auf die Frage, ob die von Engels postulierte Prozess-Ontologie zutrifft *oder* die nominalistische Ontologie, die nur Individua als Grundentitäten kennt sowie erkennende Subjekte, die Beziehungen zwischen diesen Individua *herstellen*.[12] Jedes *Erkennen* setzt eine solche Grundannahme bereits voraus,

[12] Vgl. die analoge, aber direkt gegenteilige Emphase bei Whitehead: „Die Kontinuität betrifft das Potentielle, während die Wirklichkeit unheilbar atomistisch ist." (Whitehead 1929, 129) Seine

und kann sie also nicht ihrerseits, wenigstens nicht im selben Sinne, erkennen. Alle experimentellen Befunde haben an diesem Ort „nur empirischen Wert“ (Plessner).

Entscheidet man sich angesichts dessen für eine Prozess-Ontologie im Engelsschen Sinne, dann ist also Bewegtheit als gegeben unterstellt, und die Herausbildung von Invarianzen ist das zu Erklärende. Hier kann „echtes Werden“ nicht eigenschaftlich „an“ einem Beharrenden (Plessner, s.o.) stattfinden, da es *gegebene* Beharrende in dieser Ontologie nicht gibt. Keinerlei „Stehen in einer Gestelltheit“ mehr, sondern nur noch ein *irgend*wie-sich-in-der-Welt-Bewegen. Invarianz ist nunmehr ein bestimmter Modus von Prozessualität. Und es ist im Rahmen *dieser* Ontologie die große Frage, um nicht zu sagen: das Rätsel, wie es denn zu diesem Modus *beharrender Prozessualität* komme. Die romantische Naturphilosophie brachte dazu zu jedem Prozess einen „komplementären Gegenprozeß“ in Anschlag, die mit- und gegeneinander zeitweise Stabilitäten bildeten. Als paradigmatisch dafür galt etwa das Verhältnis von Gift und Gegengift (vgl. Röttgers 1983, insbes. 126).

Niemand wusste besser als Plessner, dass Verstehen heißt, mit anderen Augen zu sehen (Plessner 1953). Holz (1986) hatte vorgeschlagen, Plessner mit den Augen von Engels zu lesen. Daran habe ich angeknüpft, und die frohe Botschaft ist sehr simpel: Wenn man Engels mit Plessner liest, wird man die Last los, den Materialismus beweisen zu sollen. Die Antwort auf die „Grundfrage“ ist ein freier Entwurf, der andere Götter neben sich hat. Wie gesagt: Diese prinzipielle sachliche und normative Überlegenheit Plessners ist bis dato kaum eingeholt. Wenn man *dann* Plessner mit Engels liest, kann man die positionierte Exzentrizität in die Version der *Kulturhistorischen Schule* transponieren, um so die ontologischen Grundlagen Plessners in dessen eigenem Sinne zu vereindeutigen.[13] So wird eine „Kette“ (Herder) von Herder zu Leont'ev sichtbar, verbunden durch die *Fraglosigkeit*, mit der Menschen dort als Menschen gelten, und die zu kämpfen haben, ihre Identität und Würde zu wahren: „Mit den Worten Unmensch und unmenschlich sollte man sparsam sein.“ (Plessner)

Literatur

Engels, F., 1873–82, Dialektik der Natur (1985), in: MEGA I.26, Berlin.

Fahrenbach, H., 2004, Philosophische Anthropologie und Ethik? Eine Grenzfrage im Werk Helmuth Plessners, in: Deutsche Zeitschrift für Philosophie, 52/4.

Feuerbach, L., GW, Gesammelte Werke (1969 ff), hg. v. W. Schuffenhauer, Berlin.

Feuerbach, L., 1843a, Vorläufige Thesen zur Reformation der Philosophie (1970), in: GW, Bd. 9, Berlin.

---

nachdrückliche Rede von „Prozessen“ ist gerade keine Prozess-Ontologie im romantisch-naturphilosophischen bzw. Hegelschen bzw. Engelsschen Sinn.

13 Deren Tätigkeits-, und gerade nicht Handlungstheorie, wie sie insbesondere mit den Arbeiten von Leont'ev vorliegt, fädelt sich in die Tradition einer Engelsschen Prozess-Ontologie resp. „Naturdialektik“ ein (vgl. insbesondere Leont'ev 1959, 20, 23, pass; dazu Messmann/Rückriem 1978). Genau im Kernstück der Arbeiten Leont'evs, nämlich in seiner Kritik am so genannten „Postulat der Unmittelbarkeit“ (Leont'ev 1982, 75 ff.), lässt sich ablesen, dass keinerlei „Kräfte“ als Erklärungsgrundlage in Anspruch genommen werden (sollen).

Feuerbach, L., 1843b, Grundsätze der Philosophie der Zukunft (1970), in: GW, Bd. 9, Berlin.

Gehlen, A., 1940, Der Mensch. Seine Natur und seine Stellung in der Welt (1993), hg. v. K.-S. Rehberg (Gesamtausgabe, Bd. 3), Frankfurt a. M.

Gehlen, A., 1941, Ein Bild vom Menschen, in: Gehlen, A., Philosophische Anthropologie und Handlungslehre (1983), hg. v. K.-S. Rehberg (Gesamtausgabe, Bd. 4), Frankfurt a. M.

Haraway, D., 1995, Die Neuerfindung der Natur. Primaten, Cyborgs und Frauen, hg. u. eingel. v. C. Hammer/I. Stieß. Frankfurt a. M./New York.

Haucke, K., 2003, Das liberale Ethos der Würde. Eine systematisch orientierte Problemgeschichte zu Helmuth Plessners Begriff menschlicher Würde in den ‚Grenzen der Gemeinschaft', Würzburg.

Heidegger, M., 1927, Sein und Zeit (1993), Tübingen.

Herder, J. G., 1772, Abhandlung über den Ursprung der Sprache (1993), hg. v. H. D. Irmscher, Stuttgart.

Holz, H. H., 1986, Helmuth Plessner und das Problem einer Dialektik der Natur, in: Delfgauw, B. u.a. (Hg.), 1986, Philosophische Rede vom Menschen. Studien zur Anthropologie Helmuth Plessners, Frankfurt a. M. u.a.

König, J., 1937, Sein und Denken. Studien im Grenzgebiet von Logik, Ontologie und Sprachphilosophie (1969), Tübingen.

König, J., 1967, Georg Misch als Philosoph, in: Nachrichten der Akademie der Wissenschaften in Göttingen aus dem Jahre 1967. Philologisch-Historische Klasse, Göttingen.

Kramme, R., 1989, Helmuth Plessner und Carl Schmitt. Eine historische Fallstudie zum Verhältnis von Anthropologie und Politik in der deutschen Philosophie der zwanziger Jahre, Berlin.

Krockow, C. Graf v., 1958, Die Entscheidung. Eine Untersuchung über Ernst Jünger, Carl Schmitt, Martin Heidegger (1990), Frankfurt a. M./New York.

Krüger, H.-P., 1996, Angst vor der Selbstentsicherung. Zum gegenwärtigen Streit um Helmuth Plessners philosophische Anthropologie, in: Deutsche Zeitschrift für Philosophie, 44/2.

Krüger, H.-P., 1999, Zwischen Lachen und Weinen. Bd. I: Das Spektrum menschlicher Phänomene, Berlin.

Krüger, H.-P., 2001, Zwischen Lachen und Weinen. Bd. II: Der dritte Weg Philosophischer Anthropologie und die Geschlechterfrage, Berlin.

Kümmel, F. (Hg.), 1997, O. F. Bollnow: Hermeneutische Philosophie und Pädagogik, Freiburg/München.

Leont'ev, A. N., 1959 (russ.), Probleme der Entwicklung des Psychischen (1975), Berlin.

Leont'ev, A. N., 1982, Tätigkeit – Bewußtsein – Persönlichkeit, Köln.

Lindemann, G., 1994, Die Konstruktion der Wirklichkeit und die Wirklichkeit der Konstruktion, in: Wobbe, Th./Lindemann, G. (Hg.), 1994, Denkachsen. Zur theoretischen und institutionellen Rede vom Geschlecht, Frankfurt a. M.

Lindemann, G., 2002, Die Grenzen des Sozialen. Zur sozio-technischen Konstruktion von Leben und Tod in der Intensivmedizin, München.

Messmann, A./Rückriem, G., 1978, Zum Verständnis der menschlichen Natur in der Auffassung des Psychischen bei A. N. Leontjew, in: Rückriem, G. u.a. (Hg.), Historischer Materialismus und menschliche Natur (1978), Köln.

Misch, G., 1926, Der Weg in die Philosophie. Eine philosophische Fibel, Leipzig/Berlin.

Misch, G., 1950, Der Weg in die Philosophie. Eine philosophische Fibel. 1. Teil: Der Anfang. 2., stark erweiterte Aufl., Bern/München.

Plessner, H., GS, Gesammelte Schriften (1980–1985), hg. v. G. Dux u.a., Frankfurt a. M.

Plessner, H., 1918, Krisis der transzendentalen Wahrheit im Anfang, in: Plessner, H., Gesammelte Schriften I, Frankfurt a. M.

Plessner, H., 1928, Die Stufen des Organischen und der Mensch. Einleitung in die philosophische Anthropologie (1975), Berlin/New York.

Plessner, H., 1931, Macht und menschliche Natur. Ein Versuch zur Anthropologie der geschichtlichen Weltansicht, in: Plessner, H., Gesammelte Schriften V, Frankfurt a. M.

Plessner, H., 1941, Lachen und Weinen. Eine Untersuchung der Grenzen menschlichen Verhaltens, in: Plessner, H., Gesammelte Schriften VII, Frankfurt a. M.

Plessner, H., 1953, Mit anderen Augen, in: Plessner, H., Gesammelte Schriften VIII, Frankfurt a. M.

Plessner, H./König, J., 1994, Briefwechsel 1923–1933, hg. v. H.-U. Lessing/A. Mutzenbecher, Vorwort von F. Rodi, Freiburg/München.

Richter, N. A., 2001, Unversöhnte Verschränkung. Theoriebeziehungen zwischen Carl Schmitt und Helmuth Plessner, in: Deutsche Zeitschrift für Philosophie, 49/5.

Röttgers, K., 1983, Der Ursprung der Prozeßidee aus dem Geiste der Chemie, in: Archiv für Begriffsgeschichte 27 (1983).

Schürmann, V., 1995, Liebe zum Transempirischen. Überlegungen im Anschluß an Alberto Burgio, in: Sandkühler, H. J. (Hg.), Interaktionen zwischen Philosophie und empirischen Wissenschaften. Philosophie- und Wissenschaftsgeschichte zwischen Francis Bacon und Ernst Cassirer, Frankfurt a. M./Berlin/Bern.

Schürmann, V., 1997a, Unergründlichkeit und Kritik-Begriff. Plessners Politische Anthropologie als Absage an die Schulphilosophie, in: Deutsche Zeitschrift für Philosophie 45/3..

Schürmann, V., 1997b, Anthropologie als Naturphilosophie. Diskutiert anhand eines Vergleichs der Konzepte Plessners und Cassirers, in: Rudolph, E./Stamatescu, O.-I. (Hg.), Von der Philosophie zur Wissenschaft. Cassirers Dialog mit der Naturwissenschaft, Hamburg.

Schürmann, V., 1999, Zur Struktur hermeneutischen Sprechens. Eine Bestimmung im Anschluß an Josef König, Freiburg/München.

Schürmann, V., 2000, Kultur als Mittel oder Medium. Zur systematischen Differenz der Modelle ‚Gehlen' und ‚Plessner', in: Ränsch-Trill, B. (Hg.), Natürlichkeit und Künstlichkeit. Philosophische Diskussionsgrundlagen zum Problem der Körper-Inszenierung, Hamburg.

Schürmann, V., 2002a, Heitere Gelassenheit. Grundriß einer parteilichen Skepsis, Magdeburg.

Schürmann, V., 2002b, Das Wesen des Menschen als Politikum. Was philosophische Anthropologie sein könnte, in: Koßler, M./Zecher, R. (Hg.), Von der Perspektive der Philosophie. Beiträge zur Bestimmung eines philosophischen Standpunkts in einer von den Naturwissenschaften geprägten Zeit, Hamburg.

Singer, P., 1984, Praktische Ethik, Stuttgart.

Weber, J., 2003, Umkämpfte Bedeutungen. Naturkonzepte im Zeitalter der Technoscience, Frankfurt a. M./New York.

Whitehead, A. N., 1929, Prozeß und Realität. Entwurf einer Kosmologie (1987). Übers. u. mit e. Nachwort versehen v. H. G. Holl, Frankfurt a. M.

Gerhard Gamm

„Abgerissenes Bruchstück eines ganzen Geschlechts"

Philosophische Anthropologie in der Leere des zukünftigen Menschen

Aber Schreckliches geschieht
mit den Menschen immerzu.

Philip Roth

Trotz der weithin berechtigten Anthropologiekritik und der mehrdeutigen Auskunft über „sein Ende" steht „der Mensch" heute wieder auf der Agenda von Wissenschaft und Philosophie, Politik und Öffentlichkeit, Ökonomie und Recht. Nicht zuletzt der Problemdruck, der durch die rasante Entwicklung von Wissenschaft und Technik entstanden ist, hat viel zur Konjunktur der Rede vom Menschen und seinem Körper beigetragen. Die Wiederkehr des Menschen erscheint unaufhaltsam, für sie lassen sich zahlreiche Gründe anführen. Sie reichen von der weltweit geführten Diskussion über die Universalität oder Partikularität der Menschenrechte bis zur ontologischen Unsicherheit bioethischer Fragen, z.B. nach dem richtigen Zeitpunkt des Anfangs und Erlöschens menschlichen Lebens; von den ausgedehnten Ökonomisierungs- und Kapitalisierungsprozessen, die den menschlichen Körper zum lohnenden Objekt einer global operierenden Industrie gemacht haben bis zu den unzähligen Praktiken seiner „Sorge um sich", in denen der Versuch gemacht wird, ein neues, authentisches Herz und Kopf, Mythos und Rationalität, den fernen Osten und den nahen Westen verbindendes Selbstverhältnis zu schaffen.

Der Mensch als *Projekt* und *offene Frage* könnte in aller Vorläufigkeit die Formel lauten, welche die gesellschaftlich-geschichtliche Lage seines In-der-Welt-Seins bezeichnet (vgl. Gamm 2004, 40 ff.).[1] Der Mensch findet sich auf jener Agenda, weil er wissenschaftlich und technisch, medizinisch und rechtlich zur Disposition steht. Seine Lage erscheint in diesem Sinn doppeldeutig, ja paradox: denn je mehr er „einer Zukunft" entgegenstrebt, „die ihn nicht mehr braucht" (Bill Joy) und ihn in Bedeutungslosigkeit versinken sieht, desto heftiger wird an seine „Bestimmung" appelliert.

---

1 Aufschlussreich wäre es auch, Nachforschungen über die innerphilosophischen Gründe anzustellen, die nach Jahrzehnten einer selbstkritischen Abstinenz wieder zu einer Öffnung und seriösen Diskussion anthropologischer Fragen geführt haben.

„Von Natur [aus] gibt es keinen Menschen“ (IV, 18), hatte Plessner geschrieben, von Natur aus ist „der Mensch [...] künstlich“ (IV, 385). Was das bedeutet, zeigt sich heute in einer fast erschreckenden Deutlichkeit. Im Zeitalter der Bio- und Informationstechnologien erst zeichnet sich ab, was Künstlichkeit auch heißen kann: Der Mensch macht sich selbst, er wird zum Experimentier- und Betätigungsfeld biotechnischer Umbauten. Schon 1968 hatte Karl Löwith (in programmatischer Umdeutung von J. G. Vicos Grundsatz „verum et factum convertuntum“) darauf hingewiesen, dass die neuen Wissenschaften Kybernetik und experimentelle Genetik nicht nur die Welt außer uns durch wissenschaftlich-technische Arbeit anders machen als sie bisher gewesen ist, sondern schließlich auch den Macher selbst verändern (wollen) (Löwith 1986, 226). Diese Situation tangiert die Lage der Menschen auf doppelte Weise, als Akteure, die mehr oder weniger bewusst (direktiv, aktiv usf.) an diesem Prozess beteiligt sind wie als Objekte, die den technischen Eingriffen und Transformationen unterliegen.

In diesem Prozess seiner umfassenden Autopoiesis wird die Natur des Menschen kontingent. Wissenschaft und Technik sind dabei, die Fraglichkeit der menschlichen Natur, die seit Jahrhunderten ihr Bezugssystem am lebendigen Organismus hatte, aus der Welt zu schaffen. Was wir sind, erscheint im hohen Maße entscheidungsabhängig, es könnte auch anders sein; vor allem unter dem Eindruck der Bio- und Informationstechnologien verwandeln sich anthropologische Invarianten in technische Optionen. Erscheint die menschliche Natur auf der einen Seite als das Resultat eines Zufalls, der durch Naturgesetze geregelt wird, so auf der anderen als Projekt einer technischen Neukonstruktion unter dem leitenden Gesichtspunkt ihrer Optimierung.

Diese Kontingenz unterminiert in radikaler Weise auch das Wissen der Menschen von ihnen (um sie) selbst, weniger im Sinne eines durch Forschung mitbedingten empirischen Wissens- oder Informationsmangels, sondern vor allem im Blick auf das Wissen, das für unser Leben insgesamt bedeutsam erscheint. Diese Unbestimmtheit ist sicher nicht der schwächste Grund, der uns heute veranlasst, auf den Menschen zurück zu kommen und zu fragen, ob und unter welchen Bedingungen noch von ihm die Rede sein kann, was für ein ausgezeichnetes Sein er sein eigen nennen könnte. Die anthropologische Frage scheint beinahe die direkte Folge seiner radikalen Kontingenzerfahrung zu sein: seine Bestimmung nicht (mehr) zu kennen, nicht mehr zu wissen, wer oder was er ist, ob er (oder wir) jenes oder dieses wollen, sollen bzw. es dürfen oder auch nicht.

Mit dem Begriff der Unbestimmbarkeit des Selbst wird versucht, auf diese Situation zu reagieren; er reflektiert dabei auf eine ihn von Anfang an begleitende Doppeldeutigkeit; er erinnert daran, dass im Verlauf der Moderne der Mensch als Subjekt des Kalkulierens und Rechnens selbst eine Sache der Kalkulation und der Berechnung geworden ist, dass er sich im Kalkulieren aufgelöst hat: „Die Herrschaft des Menschen über sich selbst, die sein Selbst begründet“, heißt es in der *Dialektik der Aufklärung*, „ist virtuell allemal die Vernichtung des Subjekts, in dessen Dienst sie geschieht“ (Horkheimer/Adorno 1969, 62). Auf der anderen Seite deutet seine Unbestimmbarkeit auch auf die Möglichkeit des Entwurfs alternativer Welten und Modelle, auf die radikale Unausdeutbarkeit des Selbst, auf seine Offenheit oder Überdeterminiertheit, die kein Mangel, sondern trotz seines Unbestimmtseins ein Positives ist, eine Durchgangsstation, ein Chiasmus, eine Subjektposition, die im Gefüge gesellschaftlicher Machtverhältnisse einer *fatalen* wie *fraktalen* Besetzung offen steht, die es trotz allem bis heute nicht ausschließt, dass Menschen ein Leben führen und es auch verantworten können.

I.

Um die Möglichkeiten einer philosophischen Anthropologie heute auszuloten, kann man zwei Fragen stellen, die aufs Engste miteinander verbunden sind. Die erste lautet: Lässt sich angesichts der weithin überzeugenden Anthropologiekritik im 19. wie 20. Jahrhundert die philosophische Anthropologie noch als ein relativ einheitliches Paradigma begreifen, als ein Modell des Denkens, in dem man – unter Umständen – der philosophischen Anthropologie Helmuth Plessners eine Sonderstellung einräumen sollte? Die zweite Frage schließt sich eher methodenkritisch direkt daran an: Welchen (philosophischen) Status hat die Rede vom Menschen? Welchen kann sie legitimer Weise noch beanspruchen – in einer Zeit, in der ihre ideologischen Ober- und szientifisch-naturalistischen Untertöne kaum zu überhören sind?

Eine Antwort auf die erste Frage könnte lauten, dass von philosophischer Anthropologie durchaus die Rede sein könnte, aber nur dann, wenn sie über die, vor allem im 20. Jahrhundert mit ihr verbundenen wissenschaftsnahen Fundierungsversuche hinausgeht, sich radikal von ihnen bzw. ihrer Denkform löst und sich des inneren Zusammenhangs bewusst wird, den sie mit der praktischen Philosophie unterhält; wenn sie sich daran erinnert, dass das Gesellschaftlich-Geschichtliche oder Politik, Ethik und Ästhetik den Horizont der Rede vom Menschen bilden. Einzig in Form eines permanenten Überstiegs in Richtung jener praktischen Fragen erschließt sich ein dem Menschen angemessener anthropologischer Sinn von ihm selbst. Die praktische Vernunft ist nicht nur die „Wurzel aller Vernunft“ (J. G. Fichte), sie entwirft auch den weitesten (und tiefsten) Horizont, vor dem allein die Rede vom Menschen sich ausweisen kann. Nur im Kontext seiner sozialen Dekonstruktion zeigt sich „der Mensch“ einem Begriff von ihm selbst gewachsen.

Für dieses Verständnis des Menschen liefert Plessner einige Anhaltspunkte, ohne freilich in allem die Konsequenzen zu bedenken, die sich aus dieser Neufassung ergeben. Sie bestehen u.a. darin, dass jede Anthropologie im herkömmlich essentialistischen, auf das Wesen „des Menschen“ zielenden Sinn ebenso über ihre Disziplingrenzen hinausgetrieben wird wie die, die hofft, im wissenschaftlichen oder sonst wie theoretisch begrenzten Horizont der Beobachterperspektive verbleiben zu können. Anthropologie als Darstellung einer unwandelbaren Natur menschlichen Seins ist danach nicht mehr möglich. Wie Plessner richtig gesehen hat, erhält darin Kants Konzeptualisierung der Anthropologie in *pragmatischer* Hinsicht ein neues Gewicht (VIII, 37 ff.). Nicht die physiologische Menschenkenntnis, „was die Natur aus dem Menschen macht“, sondern die *pragmatische*, „was *er* als frei handelndes Wesen aus sich selber macht, oder machen kann oder soll“ (Kant 1968, 120) wird zum Fluchtpunkt einer postszientifischen Anthropologie. Wie schon zuvor in der transzendentalen Lesart Fichtes[2] verliert die ontologische Frage: „Was ist der Mensch?“ ersichtlich an Interesse.

---

2 Fichte fragt nach den Bedingungen der Möglichkeit „allen menschlichen Lebens und Bewusstseins“ (Gamm 2003b, 13–40).

Hinzu kommt, dass die nachkantische Ära von einer tiefen Skepsis gegenüber der selbstsicheren Auffassung eines frei handelnden Wesens bestimmt ist, ihre Grenzen sind der philosophischen Selbstreflexion nur allzu bewusst: „Daß wir […] ‚gelebt‘ werden von unbekannten, unbeherrschten Mächten" (Freud 1972, 251) – diese These Freuds fasst die vernunftkritische Grenzreflexion pointiert zusammen. Plessner selbst sieht die Sonderstellung des Menschen in der geschichtlichen Welt (nicht des Kosmos, wie er in seiner Kritik Max Schelers hervorhebt) durch drei wissenschaftlich relevante Diskurse bestimmt und – gefährdet; man könnte ihnen heute vergleichbare zur Seite stellen, sie haben, wie er schreibt, eine „aufklärend-auflösende Wirkung": die biologische Entwicklungsgeschichte, die Psychoanalyse und die soziologische Kulturkritik (VIII, 133 f.). Aber wie immer auch die wissenschaftliche Dezentrierung und historische Entmächtigung des selbst bestimmten Ich gedacht wird – ihre Grenzen werden im Blick auf ihren „praktischen Anspruch" (VIII, 37) gezogen. Erst im Geiste seiner disziplinär-performativen Selbstüberschreitung findet das Wissen um den Menschen seinen in sich entzweiten Bestimmungsort. Seine Adresse ist die innere und äußere Freiheit: „So wie der Mensch sich sieht, wird er; darin besteht seine Freiheit, an der hat er festzuhalten, um Mensch zu sein." (VIII, 116; vgl. Schürmann 2003, 371 ff.)

Man kann die zentrale Auskunft, die Plessner in der Frage der Bestimmung des Menschen gibt, in dem sehen, was er die „Unbestimmtheitsrelation [des Menschen] zu sich" selbst genannt hat (V, 188). An ihr lassen sich verschiedene Bedeutungslagen unterscheiden; von Interesse sind in unserem Zusammenhang vor allem drei Dimensionen sowie ihre Beziehung aufeinander: eine eher deskriptive oder auch (zeit)diagnostische, von der Plessner sagt, sie sei weniger „theoretisch-abschließend" als „aufschließend-exponierend" (VIII, 39); sie betrifft jene Deutung der Menschennatur als ein weltoffenes, ex-zentrisches Wesen, das in der Performativität seiner Aktionen und Passionen sich ebenso selbst voraus ist wie es ewig hinter sich zurück bleibt, das in der doppelten Entzogenheit seiner selbst wie der anderen eine äußerst fragile Basis seines Lebens findet – *homo absconditus*.

Fragt man, was diese Feststellung über das nicht festgestellte Tier denn bedeutet, wie oder unter welchen epistemologischen Voraussetzungen sie denn getroffen und gerechtfertigt werden kann, stößt man unweigerlich auf solche, die die aus der Beobachterperspektive entwickelte Bestimmung notwendig überschreiten: Sie steht im „Gesichtskreis der Freiheit" oder einer praktischen Vernunft, für die Kants klassische Definition leitend bleibt, der zufolge alles „praktisch" ist, „was durch Freiheit möglich ist" (Kant 1976, B 828). Dieser Bestimmung korrespondiert eine der Unbestimmtheitsrelation eingelassene normative Bedeutung, die Plessner u.a. in die Formel vom „verbindlich Nehmen des Unergründlichen" (V, 182) gekleidet hat. Durch sie wird die ethische und politische Übernahme von Verantwortung näher qualifiziert. Erst eine im Medium der Freiheit und Verantwortung organisierte Praxis setzt die anthropologisch aufschließend-exponierenden Unterscheidungen ins Recht.[3]

---

[3] „Unbestimmt" deutet auch auf das negative Moment: die Möglichkeit, nicht determiniert zu handeln, in der Lage zu sein, von jeder Bestimmung zu abstrahieren. Zur Freiheit gehört aber auch die Möglichkeit, etwas Bestimmtes zu wollen. Die Einheit beider Momente ergibt für Hegel den syn-

Für beide, die theoretische wie die praktische, besteht eine Korrespondenz in Form *wechselseitiger Voraussetzung*, wobei die eine Seite, die praktische, dafür Sorge trägt, die Möglichkeit jener Reziprozität offen zu halten und zu bewahren. Sie ist die ratio essendi, sie wird als *normative Schranke* begriffen, unter der allein – als conditio sine qua non – ein *menschlicher* Selbst- und Weltbezug aufrechterhalten werden kann; unter der wechselseitigen Voraussetzung beider Seiten werden die für Alteuropa bestimmenden Schlüsselbegriffe von Freiheit, Verantwortung, Mündigkeit, Sinn für Gerechtigkeit und Ungerechtigkeit usf. verständlich (ratio cognoscendi), aber es bedarf des normativen Horizonts eines Verbindlichnehmens des Unergründlichen, um den qualitativen Möglichkeitssinn des Menschen nicht zu verschließen. „Das Prinzip der Verbindlichkeit des Unergründlichen ist die zugleich theoretische wie praktische Fassung des Menschen als eines historischen und darum politischen Wesens.“ (V, 184)

Zuletzt sollte auch jene Bedeutung der Unbestimmtheitsrelation nicht übersehen werden, die in ihrer Kontingenz oder darin liegt, dass es sich bei jenem Wesen um eine trübe Mischung handelt, unbestimmt sowohl im Blick darauf, wo denn die (geschichtliche, situative usf.) Grenze verläuft, zwischen dem natürlichen Leben und seiner kulturellen Bestimmtheit, zwischen seinem Leib und den Sinn- und Symbolbildungsprozessen, die, auf seine Körpermaschine montiert, von seiner Macht und Resonanz zeugen. Dass er als „Macht und offene Frage“ begriffen wird, deutet nicht nur auf seine historische Kontingenz, aus der heraus das Wesen, das von Natur aus zur Künstlichkeit verurteilt ist, sich immer neu einstellen und erfinden muss; es muss seine Unbestimmtheit auch insofern positivieren, als es den „Bruch“ oder „das leere Hindurch der Vermittlung“ aufrecht erhält. Die Einheit von Seele und Körper bildet nicht „das den Gegensatz versöhnende Dritte, das in die entgegengesetzten Sphären überleitet [...]. *Sie* ist der Bruch, der Hiatus, das leere Hindurch der Vermittlung.“ (Plessner 1975, 292) Der Mensch *ist* die Einheit beider Seiten, aber die Einheit liegt, wie in Hegels Methode eines „absoluten Unterschieds“ (vgl. Gamm 1997, 100–110), in der unüberbrückbaren Differenz. Sie nötigt ihn, ein Leben führen zu müssen, bei dem offen bleibt, welches es denn sein wird.

II.

Plessners Begriff der „exzentrischen Positionalität“ erschließt die Subjektivität der Menschen über eine *paradoxe Situation*, der zufolge jeder Versuch einer reflexiven Selbstbesinnung fehlschlägt: Im Vollzug seiner Selbstbestimmung bleibt der Bestimmende – in des Wortes doppelter Bedeutung – seiner Bestimmung unendlich *entzogen*. Das Subjekt lässt sich in nichts feststellen; es liegt in seiner Existenz, dass es sich in den propositionalen Bestimmungen als so oder so, als so und nicht anders beschaffen zu sein, fortlaufend performativ überschreitet. Die reflexiven anthropologischen Strukturformeln der natürlichen Künstlichkeit, der vermittelten Unmittelbarkeit und des utopischen Standorts (Plessner 1975, 309–343) lassen daher alle Definitionen über den Men-

thetischen Begriff der Freiheit. Sie „liegt also weder in der Unbestimmtheit noch in der Bestimmtheit, sondern sie ist beides“ (Hegel 1965, 54).

schen scheitern; sie halten das Bewusstsein wach, dass das menschliche Wesen *weder* in den Grenzen seiner Objektivierung und Vergegenständlichung aufgeht (wie das die naturalistischen Konzepte der Philosophie und der Wissenschaften immer wieder aufs Neue behaupten) *noch* sich als Zentrum seiner selbst – im Rückzug nach innen – erreichen kann. Der Mensch lebt, „in seine Grenze gesetzt, [...] über sie hinaus" (Plessner 1975, 292). Er führt sein Leben im Medium des *Sich-Vorwegseins* und dem Bewusstsein der *Unmöglichkeit, ankommen zu können*. Kraft einer „ständig jeder theoretischen Festlegung sich entziehenden Macht seiner Freiheit" bleibt seine Existenz auf einen „ortlosen Ort", ein „Nirgendwo", auf ein „Stehen im Nichts" verwiesen, das, sobald es identifiziert oder propositionalisiert werden soll, sich auch schon entzogen hat. In diesem Sinn bezeichnet Plessner den Menschen als „homo absconditus": als sich verbergenden und verborgenen Menschen, der in seiner doppelten Verborgenheit ein normatives Maß zu sehen lehrt, das, paradox genug, seine Verbindlichkeit aus der Unergründlichkeit der menschlichen Natur zu schöpfen scheint.[4]

Die doppelte Entzogenheit des exzentrischen Wesens, das sich selbst wie den anderen intransparent ist, spielt dabei eine entscheidende Rolle, nicht nur im Verständnis der Ethik. Die Situation gleicht strukturell der, die Niklas Luhmann im Konzept der *doppelten Kontingenz* beschrieben hat: „Kommunikation", so Niklas Luhmann, „entsteht ja nur unter der Voraussetzung wechselseitiger Intransparenz, die auch Intransparenz der Systeme für sich selber einschließt. Man kennt sich mit sich selbst und mit anderen nicht aus, deshalb wird geredet, geschrieben, gedruckt, gefunkt. Die operative und strukturelle Unerreichbarkeit dessen, was in der bisherigen Geschichte von ‚Menschen' aufgebaut worden ist, dürfte für Computer deshalb eher in der Eigenart sozialer und nicht in der Eigenart psychischer Systeme liegen. Die Zuflucht der Humanisten wäre dann nicht das Bewußtsein oder die Subjektheit des Menschen, sondern die Autopoiesis der Kommunikation, oder, um es Ihnen schmackhaft vorzulegen: die Kultur." (Luhmann 2000)

Die wechselseitige Entzogenheit der gesellschaftlichen Akteure eröffnet erst die Möglichkeit ihrer Kommunikation. Gleich Luhmann betont Plessner den Vorrang der Differenz vor der Identität. Nur als füreinander intransparente Wesen sehen sich die Menschen genötigt, zu kommunizieren, sie können sich nicht mehr auf eine von der Natur oder von Gott her eingerichtete Reziprozität der Perspektiven verlassen. Unter dem Druck der modernen Welt sind die Spiegel wechselseitigen Wiedererkennens zerbrochen; die „symmetrische Verklammerung des Verschiedenen" (N. Luhmann) versteht sich in einer Gesellschaft, die Plessner als eine Sphäre der Nichtvertrautheit (V, 55) auffasst, nicht mehr von selbst. Plessner setzt auf die humanisierende Kraft der Umwege und Distanzen, der Indirektheit und der Irrealisierung von Personen. Die Gesellschaft als „das System unverbundener Menschen" (ebd.) und die Politik, in der Takt und Diplomatie, die große Zahl der Beteiligten und die Kunst der Machterhaltung/-erhöhung zentral werden, sind Institutionen dieser Unvertrautheit. Unter den modernen Bedingungen machen die Akteure das Problem zur Lösung: Angesichts beidseitiger Kontingenz kommunizieren sie ihre Ungewissheit und Verhaltensunsicherheit und genau daran orientieren sie sich. Aus der Kommunikation ihrer Unsicherheit bilden sie,

[4] Wie die Grundlinien einer entsprechenden Ethik aussehen könnten, dazu vgl.: (Gamm 2004, 177–202), ebenso (Fahrenbach 2000, 182 ff.).

wenngleich hochanfällige, Ressourcen der Verhaltenssicherheit. Und in diesem Sinn bleibt das Soziale wesentlich davon abhängig, dass ego und alter ego füreinander intransparent und nur in Grenzen bestimmbar sind. Ihre hoch instabile Bestimmtheit hängt vom Gelingen jenes selbstreferenziellen Zirkels ab: Ich tue, was du willst, wenn du tust, was ich will, wobei der Zirkel eine neue systemische Einheit emergiert, die es nicht gestattet, das derart hervorgerufene Verhalten auf die Initiative eines der beteiligten Systeme zurückzuführen; es ist eine sich selbst konditionierende Unbestimmtheit.

Der von Luhmann angesprochene Vergleich mit dem Computer bzw. den Robotern ist aufschlussreich, er verdeutlicht die bislang abgrundtiefe Andersheit von menschlicher und maschineller Sinn- und Symbolverarbeitung. Sie liegt weniger in der Eigenart psychischer, sondern sozialer Systeme, hatte Luhmann zu bedenken gegeben. Die Roboterkommunikation stiftet keine „Welt“. Roboter beherrschen nicht die Fähigkeit, miteinander zu kommunizieren, Kommunikation bedeutet nicht, verschiedene Rechner auf eine direkte Weise miteinander zu verbinden, sondern eine Differenz zu überbrücken, die in Folge der Differenz jener je für sich operierenden Wesen ein neues emergentes soziales System sui generis hat entstehen lassen. Für Bewusstseinssysteme oder Menschen ist daher nicht nur die einfache Intransparenz unerlässlich, sondern radikaler noch die Unverfügbarkeit der Basis, von der aus sie agieren, sie fungiert als Voraussetzung aller kognitiven Operationen (Gamm 2003b, 280 ff.).

III.

Der plessnerschen Anthropologie geht es in erster Linie *nicht* um die Bestimmung oder um die Darstellung einer unwandelbaren Natur des Menschen, sondern darum, dass mit jeder Aussage über seine Natur eine Verantwortung in die theoretischen Bestimmungen eingespielt wird, die dazu aufgerufen sind, die leere, unbestimmbare Mitte des Selbst nicht durch dogmatische, naturalistische oder kulturalistische Bestimmungen zu verschließen. Die Unergründlichkeit der menschlichen Natur gewinnt dadurch eine *kritische*, oder wie Plessner auch schreibt, „offenhaltende Funktion“. Sie verteidigt die Unausdeutbarkeit des Menschen gegen alle Strategien einzelwissenschaftlicher Forschung, welche immer im Begriff stehen, „das ganze Wesen endlicher vernünftiger Naturen“ (J. G. Fichte) zu vereinseitigen und zu verdinglichen. „Der Mensch als Gegenstand der Wissenschaft fällt unter die Gesetze der Objektivität. Objektivierung macht verfügbar durch Subsumierung des Besonderen unter das Allgemeine, den Typus, die Regel, den Kausal- oder den Funktionszusammenhang.“ (VIII, 139)

Das wirft auch einen kritischen Blick auf eine Philosophie, die sich im Umkreis von Naturalismus und Pragmatismus gleich welcher (erster oder zweiter) Ordnung zu Hause fühlt. Sie erfüllt Plessners Auffassung zufolge nicht (mehr) die doppelte Aufgabe einer „heterogenen“ Grenzreflexion auf das, was auf der einen Seite „innerwissenschaftlich“ – durch die Arbeitsteilung der Wissenschaften und ihre Methoden – an relevanten, das Ganze des reflexiven Lebensvollzugs betreffenden Einsichten abgeschnitten, auf der anderen durch die fehlende Reflexion auf die „philosophisch-moralische“ Seite verweigert wird (VIII, 133).

Wie bei Fichte „Sich selbst setzen und Sein, vom Ich gebraucht, völlig gleich sind“ – auf vergleichbare Weise schieben sich für Plessner *exzentrisches Selbstverständnis* und *Sein* ineinander. Jede theoretische Bestimmung hat gleichzeitig als Antizipation einer Praxis zu gelten, welche sich im „Gesichtskreis der Freiheit“ verantworten muss.

Plessner spricht im Zusammenhang jenes Unergründlichen auch von einem „wohltätigen Dunkel“ (VIII, 129), das wir nicht herzustellen, nicht mutwillig herbeizuführen brauchen: Es stellt sich durch den Vollzug oder das Performative unseres Handelns und Sprechens immer aufs Neue ein. Das Faktum der Performativität ermöglicht es, jede Schließung oder Totalisierung: die Festlegung der Subjektivität auf bestimmte Kriterien seines Mensch- oder Akteurseins wieder aufbrechen zu können; an der Philosophie ist es, genau daran zu erinnern. In der Unausdeutbarkeit, die uns aus der performativ-reflexiven Struktur unseres Handelns und Sprechens erwächst, liegt zugleich eine (normative) Verbindlichkeit, eine Aufforderung zur Verteidigung der inneren wie äußeren Freiheit, das heißt, wir können uns von Anfang an nicht anders als im Horizont praktischer Vernunft begreifen. Selten oder gar nicht hat man Plessner auf diese, der praktischen Philosophie verpflichteten Weise gelesen oder verstanden, obgleich er, wie kein zweiter Autor im Umkreis der philosophischen Anthropologie des 20. Jahrhunderts, sie in diesen Zusammenhang gestellt hat.

Insofern ist die reflexive Anthropologie Plessners nicht mehr im herkömmlichen Sinn „Anthropologie“, die, wie er schreibt, eine „neutrale Definition einer neutralen Struktur“ des menschlichen In-der-Welt-Seins verfasst, ihre Koordinaten verschieben sich auf eine mehrfache Weise. Eine einzig in der Beobachterperspektive angestellte Beschreibung und Wesensanalyse des Menschen sei unzureichend. Erst ein Vorgriff auf eine im Medium der Freiheit und der Verantwortung organisierte Praxis setze die anthropologischen Unterscheidungen ins Recht.

Überhaupt seien Fragen der Anthropologie nicht theoretisch entscheidbar; sie sehen sich nicht nur in die Abhängigkeit geschichtlicher Horizonte gestellt, auch der historischen Entdeckung des – jenseits zoologischer Klassifikationen existierenden – Menschseins wird ein praktischer Anspruch eingeschrieben. Plessner sieht diese Forderung als Resultat „einer bestimmten Geschichte, der griechischen Antike und der jüdisch-christlichen Religiösität“ (VIII, 39). Selbst die Leitkategorie „Mensch“ habe nicht die Aufgabe, eine Spezies namens Homo sapiens zoologisch zu klassifizieren, sie sei nicht dafür geschaffen, im Überblick über Völker, Kulturen und Religionen allgemeine Merkmale seiner Existenz zu evaluieren. „Der Zusatz ‚als Mensch‘“ zielt auf einen „theoretisch nicht [...] einlösbaren Anspruch“ (VIII, 36). Sein Sinn ergibt sich in erster Linie aus der Verantwortung, welche aus dem Verbindlichkeitscharakter des Unerreichbaren und seiner bestimmt-unbestimmten Normativität spricht. „Hominitas ist nicht gleich Humanitas“; die Humanitas stellt die theoretische Bestimmung der Anthropologie auf praktische Vernunft um, sie sprengt in einem systematischen Sinn die (soziobiologische) „Kette der Wesen“ von Anfang an, entsprechend anti-evolutionistisch kennzeichnet Plessner den Menschen – im Unterschied zum Tier – auch durch seine „Anfangslosigkeit“. Er sucht Zuflucht bei derselben Metapher wie Hegel; beide sprechen vom „Einschlagen eines Blitzes“ (Plessner 2002, 182; Hegel 1965, 254).

Was philosophische Anthropologie heißt, hängt vom Vollzug eben dieses Prinzips ab: Das Kriterium für die Richtigkeit der anthropologischen Aussagen über sich selbst ist ihm selbst überantwortet: „Man darf nur nicht dabei übersehen, dass ihm in dieser Wesensaussage das Kriterium für die Richtigkeit der Aussage selbst *überantwortet* ist. Denken wir, das ‚offene Frage sein', die Macht als eine Essenz im Menschen, dann kann ihre Wahrheit nur durch die Geschichte selbst erhärtet werden." (V, 191) Aber diese Überantwortung seiner selbst ist nicht wiederum so in sein Belieben gestellt, als könne er nach Gutdünken entscheiden, was er sein oder bleiben wolle; die ‚offene Frage', die er ‚ist', ist kein soziokulturell relativierbares Attribut, keine Resultante prädikativer Bestimmungen, sondern ein (historisches) Apriori, unter dessen Voraussetzung er überhaupt in der Lage ist, ein System selbstbestimmter symbolischer Repräsentationen für unsere Selbst- und Weltverhältnisse zu entwickeln. Die „theoretischen Grenzen" der philosophischen Anthropologie – so Plessner – werden im Blick „auf ihre praktische Verantwortung gegen die Unergründlichkeit des Menschenmöglichen" (VIII, 39) gezogen.

Wie für Fichtes Tathandlung des Ich, die einen vor allen anderen Handlungen ausgezeichneten Sinn darin besitzt, dass ihre Performativität (wie in einem Sprechakt) existenzstiftend ist, und das heißt, in ihrer Transpropositionalität auf einen vom herkömmlichen prädikativen Satzverständnis gänzlich unterschiedenen Satzmodus verweist – entsprechend fußt die Aufgabe der *reflexiven Anthropologie* darauf, sich kritisch den vereinseitigenden und vergegenständlichenden Bestimmungen, welche die wissenschaftlichen Disziplinen über den Menschen verbreiten, entgegenzusetzen. Die Humanitas verwandelt alles, sie konfiguriert, sie öffnet im Blick auf den Menschen ein grundsätzlich von den Wissenschaften unterschiedenes Portal; es hat eine von Anfang an praktische Rahmung, oder wie Plessner auch schreibt, ein „primär [...] praktisches Anliegen", das eine Neukonfiguration von „Wirklichkeit" und „Selbst", „Vergegenständlichung" und „menschlichem Wesen" zu einer Aufgabe macht, die nicht ohne normativen Bezug auf das entworfen werden kann, was eine selbstbestimmte Praxis möglich macht.

Angesichts dieser Konfiguration der reflexiven Anthropologie könnte man auch von einer transzendentalen Hermeneutik Plessners sprechen oder davon, dass seine transzendentalhermeneutische Sinnexplikation – Heidegger gar nicht so unähnlich – sich davon leiten lässt (was Heidegger in seiner Kritik der philosophischen Anthropologie übersieht), eben das zu exponieren, was es für den Menschen heißt, sich in seiner Welt zurechtfinden zu müssen.[5] Nicht „was ist der Mensch" lautet Plessners anthropologische Frage, sondern „in theoretischer Abgrenzung und praktischer Verbindlichkeit [...], *was es bedeutet* und *wie es möglich ist: ein Mensch zu sein*" [Hervorheb. G. G.] (VIII, 43). Sie ist *transzendental* insofern sie die Bedingungen der Möglichkeit, ein Mensch zu sein, zu klären versucht; sie ist *hermeneutisch* in ihrer auf Sinn und Bedeutung abzielenden Auslegung des Menschseins, nicht aber derart, dass sie es (wie bei Heidegger) in ein anonymes Sinngeschehen hineingenommen sieht. Sie begreift die Weisen der Selbstauslegung vielmehr *praktisch*, das heißt (kritisch gegenüber der Hermeneutik) als Weisen der Selbstbestimmung; darin aber ist sie, wegen des ihr eingeschriebenen paradoxalen Fluchtpunkts der Freiheit, auch *dekonstruktiv*.

---

5 Freilich setzt Plessner, wie sich zeigt, eine Reihe entschieden anderer Akzente als Heidegger.

IV.

Jacques Derrida hat in Reflexion auf Kants strikte Gegenüberstellung von Anthropologie und Moralität noch einmal das Argument in Erinnerung gebracht, welches darüber belehrt, dass eine Differenz zwischen Menschen und allen übrigen Lebewesen der Natur nicht aus der Welt geschafft werden kann, dass alle (berechtigte) Anthropologiekritik des 20. Jahrhunderts dort an eine unüberwindliche Grenze stößt, wo die Ableitung der Prinzipien der Moralität aus der bloßen Naturerkenntnis des Menschen (als eines partikularen Wesens) nicht geleistet werden kann. Die „Besonderheit des Menschen tut sich ihr selbst nur vom Gedanken des Zwecks an sich her kund; sie tut sich ihr selbst *als* Zweck an sich kund [...] als unendlicher Selbstzweck [...], so erklärt sich, daß, trotz der Kritik am Anthropologismus [...], der Mensch das *einzige Beispiel,* der einzige Fall eines vernünftigen Wesens ist, der zitiert werden kann, wenn rechtmäßig der Universalbegriff des vernünftigen Wesens vom Begriff des menschlichen Wesens unterschieden wird. Am Punkt dieser *Tatsache* erwirbt die Anthropologie all ihre Autorität zurück, die ihr bestritten worden war." (Derrida 1976, 104)

Was Derrida auf eine ganz unspektakuläre Weise zum Ausdruck bringt, ist die Einsicht, dass wir gar nicht in der Lage sind, nicht auf „den Menschen" Bezug zu nehmen, auf die gleichsam transzendentale Differenz, die von Anfang an und auf kognitiv unhintergehbare Weise in das menschliche Selbstverhältnis eingezeichnet ist: die zwischen dem Universalbegriff eines vernünftigen und eines bloß menschlichen Wesens; dass wir nur an diesem besonderen „Gegenstand" oder Wesen ein Modell dafür finden, zwischen einem instrumentell und einem selbst-bestimmten Zweck zu unterscheiden. Alle bloß relativ auf ein Ziel artikulierten Zwecke entfalten ihre Bedeutung und Geltung erst im Zusammenhang eines Zwecks an sich selbst und eben ihn kennen wir nur vom Menschen als einer *Person.* Nur im Horizont dieser Differenz wird überhaupt verständlich, was Plessner meint, wenn er davon spricht, dass nur wer über sich steht, unter sich fallen kann. Dabei spielt es (zunächst) keine Rolle, ob wir die Seinsweise des vernünftigen Lebewesens eher im Sinne Kants oder im Kontext der aristotelischen Philosophie betrachten. Auch das Bewusstsein, vom Leben zur Lebensführung genötigt zu sein, zeigt diese Differenz als unhintergehbar; sie führt uns eine von Anfang an durch Sinn und Symbol vermittelte Welt vor Augen, die an keiner Stelle einer normativ strukturierten Vorzeichnung enträt. Erst auf der Basis dieser anthropologischen Differenz entfalten alle Grundbegriffe der menschlichen Praxis ihren legitimen oder illegitimen, einsichtigen oder verschlossenen Sinn.[6]

Menschen, könnte man sagen, erleben sich in eine Differenz eingespielt zwischen dem, was ist und dem, was sie wollen oder wünschen, wovon sie überzeugt sind oder worauf sie aus sind; Fichte nannte dieses elementare Aussein auf die Welt den „Trieb

[6] Von daher sind die Grundbegriffe der Philosophie (wie Freiheit und Gerechtigkeit), über die wir eine Verständigung über das Gesellschaftlich-Geschichtliche anstreben, nicht einfach nur komplexer als in den Naturwissenschaften, wie Davidson glaubt, vielmehr sind sie vermittels ihrer Imprägnierung mit der der Subjektivität des Menschen entsprungenen Differenz in ihrer Bedeutung auch ums Ganze verschoben.

zur Realität“. Menschen wissen nicht einfach von ihr, vielmehr sollte man sagen, dass sie im Medium dieser zugleich elementaren und fundamentalen Differenz leben. Nach allem was wir wissen, sind die Menschen, sind wir uns selbst als einzige Lebewesen dieser Differenz *als* Differenz bewusst, aus dieser Differenz heraus führen wir unser Leben, auch wenn wir uns ihrer im Handeln und Sprechen nur selten stellen. Sie macht uns in einer anderen Weise irritierbar als Tiere oder kybernetische Systeme, denn die Irritabilität unserer selbst sieht sich ständig (mehr oder weniger) durch eine Selbstbezüglichkeit gebrochen und hintergangen, die sich sowohl von „innen“ wie von „außen“ nur uns selbst erschließt. Dieser Konstruktionsmodus führt dazu, immer auch über uns selbst – als durch Differenz bestimmte Wesen – zu stehen. Alle Differenznahmen werden durch eine Differenz umgriffen; das ist es wohl, was Kierkegaard meinte, wenn er das Selbst als ein Verhältnis bestimmt, das sich zu sich selbst verhält: jederzeit sich zu sich und zu den Verhältnisbestimmungen verhalten zu können.

Man kann, wie das in der Philosophie heute üblich ist, von einem Selbstverhältnis zweiter Stufe sprechen. Das aber ist nur so lange nicht problematisch, als mitgedacht wird, dass die in der zweiten Stufe aufgebrachte Externalität, das heißt die Außenperspektive der Beobachtung unserer selbst, von niemand anderem als uns selbst in Szene gesetzt wird, wir sowohl aus uns heraustreten, um von außen Urteile über uns zu fällen, darin gleichzeitig aber eine Synthese stiften, deren unwahrscheinliche Struktur darin besteht, dass in ein und derselben Hinsicht die Synthese nur durch die Differenz: durch das Heraustreten in die beiden Figuren (Momente) zusammengehalten wird, in ihrem Getrenntsein sind sie eins. Auch über uns selbst können wir in keiner Metasprache reden.

Kurz, der Appell an „den Menschen“ nimmt Bezug auf etwas, das wir nur vom Menschen her kennen, erst im Bewusstsein dieser spezifischen Differenz öffnet sich jener Horizont, aus dem heraus wir agieren und reagieren, deuten und argumentieren, zustimmen und verwerfen, leben oder von fremden Mächten gelebt werden. Diese Differenz, die an der Selbstbezüglichkeit lebendiger Wesen aufbricht, lässt sich im Falle der menschlichen Natur nur unter Rückgriff auf Freiheit und praktische Vernunft aufklären. An ihr muss der Mensch in gleich mehrfacher Weise „festhalten, um Mensch zu sein“ (VIII, 16). Sie ist ihm auf der einen Seite notwendige *Voraussetzung* jener allem Denken und Urteilen eingeschriebenen Selbstbezüglichkeit (soll sie nicht als bloßer Rückkopplungsmechanismus oder technomorphe Metakommunikation aufgefasst werden), auf der anderen aber auch (politisches) Ziel und Verantwortung (gegen seine Gegenwart und Zukunft) setzende *Schranke*. In „dem wertermöglichenden Zentralpunkt der menschlichen Freiheit“ (V, 129) wurzelt nicht nur der „Zwang zur Politik“, seine transzendentale Funktion liegt darin, dass sie allererst den Raum öffnet, in dem die philosophischen Fragen, was gesichertes Wissen, richtiges Handeln und ein gelungenes Leben ausmacht und wie sie möglich sein sollen, aufgeworfen und beantwortet werden können. Die „Anfangslosigkeit“ der menschlichen Natur stellt uns gleichsam immer schon in den Raum der Gründe. In die Unerreichbarkeit unserer selbst ist das Normative primordial eingespielt: Reflexivität und der Differenzsinn der Freiheit sind gleich ursprünglich, nicht nur genetisch, sondern auch strukturell oder logisch. Die Differenz geht den Epistemen notwendig voraus, sie ermöglicht und supplementiert sie, vor allem ist sie nichts Vorhandenes, das man irgendwie berücksichtigten müsste, sie ist der Modus Operandi unseres In-der-Welt-Seins als (ursprünglich) verantwortliche Akteure. Auf diese Weise könnte die auch für Plessner gültige Unterscheidung zwischen „leben" und „gut leben", zwischen „bloßem Leben" und dem „dazu bestimmtsein, ein Leben führen zu müssen" eingeführt werden.

Jede theoretische Bestimmung muss als Vorgriff auf die Praxis gelten, „von ihr hängt ab, was aus uns wird" (VIII, 116). Der Mensch bleibt daher nicht gleichgültig gegenüber seiner Bestimmung, er wird ihrer als einer doppelten Aufgabe bewusst: in der teleologischen Bestimmung, den normativen Horizont mit zu bedenken, der es verhindert, dass die alle Zeit ambivalenten Schließungen (Bilder, Definitionen, Objektivierungen usf.) je für seine Bestimmung genommen werden. „Wir haben die Gefahren einer Ideologie erlebt, welche den Menschen rein biologisch definieren wollte. Andere Ideologien, die ihn anders definieren, aber genauso festlegen, werden ebenso verhängnisvoll sein. Eine Erkenntnis, welche die offenen Möglichkeiten im und zum Sein des Menschen, im Großen wie im Kleinen eines jeden einzelnen Lebens verschüttet, ist nicht nur falsch, sondern zerstört den Atem ihres Objekts: seine menschliche Würde. Der homo absconditus, der unergründliche Mensch, ist die ständig jeder theoretischen Festlegung sich entziehende Macht seiner Freiheit, die alle Fesseln sprengt, die Einseitigkeiten der Spezialwissenschaft ebenso wie die Einseitigkeiten der Gesellschaft." (VIII, 134)

Mit dem Begriff der *Würde* des Menschen benennt Plessner gleichsam das historische Apriori der modernen Welt, das sich erstens als (transzendentale) *Voraussetzung* dafür begreifen lässt, dass wir überhaupt fähig sind, stets umstrittene soziokulturelle Attributionen vornehmen zu können. Wie andere Grundbegriffe auch (Sinn, Verstehen, Verantwortung usf.) gehört derjenige der menschlichen Würde in eine Reihe von Konzepten, die uns überhaupt erst in die Lage versetzen, ein System selbstbestimmter symbolischer Repräsentationen für unser Selbst- und Weltverhältnis zu entwickeln und auszubreiten. Jene unvordenkliche oder uneinholbare Performativität, von der die Rede war, ist gleichsam das ungegenständliche Medium unserer (symbolisch vermittelten) Sprach- und Handlungspraxis, in das alle Artikulationen eingebettet sind und aus dem sie sich herausheben müssen; nur unter jener Voraussetzung werden sie verständlich.

Jener „Atem des Objekts", von dem Plessner spricht, ist aber nicht nur Voraussetzung (für Attributionen), sondern auch *Schranke*. Sie nennt den Grund dafür, hinter jede Identifikation, jede Verhaftung der Subjektivität in einem Faktischen: „so ist es eben", „so bin ich eben" ein Fragezeichen setzen zu können. In solchen Identifikationen wird augenblicklich eine Differenz oder eine Nichtidentität mitkommuniziert, welche den übrigen Lebewesen im Allgemeinen abgeht. Wir würden uns selbst in unserem Selbstsein verwerfen, wenn wir mit der reifizierenden Rede über uns nicht gleichzeitig ein Andersseinkönnen aufrufen würden.

Anders gesagt, die Menschenwürde teilt ihre Grammatik mit anderen vergleichbaren Begriffen: Wir müssen sie schon voraussetzen, um sie verstehen zu können; wir müssen ihren normativen Gehalt bereits eingesehen haben, um richtig mit den Maximen, die aus ihr entspringen, umgehen zu können. Verantwortung, Verstehen, Freiheit, Gerechtigkeit usf. haben ein vergleichbares Format, sie sind ebenso umfassend wie negativ, das heißt in ihrem Bedeutungsgehalt unerreichbar. Nur wenn wir den transzendentalen und eben nicht gegenständlichen Doppelsinn dieser Grammatik der Würde (als immer schon mit jeder intentionalen Artikulation, jedem Sprechakt, jedem Handlungsvollzug in Anspruch genommener Voraussetzung, die zugleich als normative Grenze unserer Praxis dient) konsequent erfassen, wird klar, dass der Horizont, aus dem heraus wir denken und handeln, weder zu- noch abgesprochen werden kann. Menschenwürde und Freiheit benennen die anthropologischen, oder besser noch, intersubjektiv geteilten Voraussetzungen, dass Personen überhaupt urteilen und handeln *können* und sich dafür auch verantworten *müssen*.

Erst der Begriff der Würde, verstanden als (intra- wie intersubjektive) Unerreichbarkeit des Selbst eröffnet mithin einen Raum des Denkens, den der praktischen Vernunft, in dessen Abmessungen sich eine bestimmte Antwort auf die objektivistischen und kulturrelativistischen Herausforderungen unserer Tage geben lässt. Die gebrochene Mitte des Selbst, sein Nichtfestgelegtsein, seine Exzentrizität, sein aporetisches und unvollständiges Wesen, dem weder Gott noch die Natur noch eine betroffene Selbstgegebenheit des Leibes vorschreibt, wie es leben soll, verweist auf eine irreduzible Lücke im Sein, die zwar unablässig nach technischen und symbolischen Auffüllungen (sozialen Identifikationen, sinnstiftenden Geschichten, politischen Ideen, imaginären Wunschbildern und wissenschaftlichen Kategorien) verlangt, sich aber nicht theoretisch schließen lässt. Die theoretisch-anthropologische Frage erfährt ihre Aufklärung durch die praktische Vernunft. An ihr erst zeigen sich jene Bestimmungs- oder Schließungsprozesse, die dadurch, dass sie die Grenzen jener durchaus „peripheren Disziplin“ namens Anthropologie in Richtung Politik und Ethik überschreiten, rechtfertigen lassen.

V.

Um an dieser Stelle einen in der Sache unangebrachten Idealismus zu vermeiden, sollte an eine philosophisch bedeutsame Unterscheidung des Aristoteles erinnert werden, die unter den gegenwärtigen Attacken des Szientismus und Naturalismus auf die Vernunft in Vergessenheit zu geraten droht: dass das, was *der Sache nach* das Erste ist, nicht auch *dem Begriff oder dem Kognitiven nach* das Erste zu sein hat. Dem Kognitiven nach sind Kultur und Geschichte das Erste; sie bestimmen nicht nur den logischen Ausgang der Analyse – allein in ihrem Rahmen, im Zusammenhang kultureller Selbstverständigungsprozesse, wird das, was die Lebenswissenschaften – aber auch lebensweltliche und ästhetische Erfahrung – über (unsere) Natur herausfinden, in sinn- und symbolvermittelter Weise angeeignet.

Kultur und Geschichte sind das Erste der Methode nach, von ihnen aus ist zuletzt der ganze Umfang des Lebens zu bestimmen, auch dann, wenn der Sache nach jenem Leben bzw. der Natur der Vorrang eingeräumt werden muss. Die unvordenkliche oder schiere Abhängigkeit unserer selbst von der Natur macht uns darum nicht zu einsilbigen Mitgliedern einer biologischen Spezies; als solche erscheinen wir nur in der Perspektive der Lebenswissenschaften, die uns genau in dieser reduktionistischen Lage gefangen nehmen möchten. Im Kontext der Life Sciences stoßen wir nirgends auf semantisch qualifizierte Eigenschaften wie Interessen und Überzeugungen, Intentionalität oder Personalität, von denen wir aber glauben, dass sie zur Normalausstattung „endlicher vernünftiger Naturen" gehören. Deren Wesen lässt sich nicht auf die eine oder andere dieser Eigenschaften oder deren Summe festlegen. Ob szientifisch oder nostalgisch – das „Zurück zur Natur" ist die Barbarei, wie es bei Adorno heißt. Die Gestalt der Wirklichkeit „ist menschlich und noch die schlechterdings außermenschliche Natur vermittelt durch Bewusstsein. Das können die Menschen nicht durchstoßen: sie leben im gesellschaftlichen Sein, nicht in der Natur" (Adorno 1970, 35).

Das gesellschaftliche Sein erläutert den äußersten Horizont – das dem Begriff nach Erste –, indem über Kultur und Natur und auch über ihr Verhältnis zueinander gestritten wird. Die kulturellen Selbstverständigungsprozesse, die diesen Horizont ausziehen, haben in der Moderne unter anderem zu dem Ergebnis geführt, die Natur als das Erste zu begreifen, sei es in den Naturwissenschaften, die zum Beispiel den Menschen als Produkt der Natur betrachten, ihn der natürlichen Evolution entspringen lassen oder, wie im Fall der Soziobiologie, sich von der Idee leiten lassen, auch die Kulturentwicklung nach den Matrizen natürlicher Determination zu verstehen. Das gilt selbstredend auch für die Naturbegriffe, die der lebensweltlichen oder der ästhetischen Erfahrung entstammen; auch ihr Verständnis entfaltet sich vor dem Hintergrund einer kulturellen Selbst- und Weltbildexplikation, die selbst dann, wenn sie eine extreme Abhängigkeit unserer selbst und unserer Selbstbildforschung von der Naturbasis zu Tage befördern sollte, das Ergebnis einer durch gesellschaftliche Institutionen unendlich gebrochenen kulturellen Attribution bliebe (vgl. Hogrebe 2001, 520). In der Gegenwart wird in besonderem Maße darum gestritten, in welchem Verhältnis und anteiligem Maß die Relata von Natur und Kultur in dieses Beziehungsgeflecht eingebracht werden müssen, das wir unser gesellschaftliches Leben nennen.

VI.

Als Antwort auf die eingangs gestellten Fragen könnten also folgende Überlegungen dienen:

1. Wenn Plessner von der Natur des Menschen in seiner konstitutiven Unbestimmtheitsrelation zu sich spricht, heißt das, dass alle Versuche, gleichgültig ob im Rahmen der Theologie, der Anthropologie oder der Ontologie als gescheitert angesehen werden müssen, die das, was der Mensch seinem Wesen nach ist, glauben, in Form einer Definition festschreiben zu können. Man greift in einem doppelten Sinn entschieden zu kurz, wenn man bei solchen der Biologie angelehnten Schemata der Subsumtion stehen bleibt und den Menschen in Identität und Unterschied zu anderen Lebewesen zum Beispiel über seine Sprach- und Vernunftbegabung definiert. Als Unterscheidungsmerkmale, die etwa die Differenz zu den Tieren oder zu Embryos in bestimmten Entwicklungsstadien markieren sollen, werden Intelligenz, Reflexivität, intentionale Kompetenz, aufgeklärtes Selbstinteresse, Rationalität, Natalität, Angewiesensein auf andere, Leidens- und Empfindungsfähigkeit oder auch Wahlfreiheit genannt. Nicht, dass diese Eigenschaften nicht auch bestimmte Züge der menschlichen Natur charakterisieren könnten – das Problem besteht darin, dass sie die fraktale oder sich zersetzende Mitte

des Menschen in eine fatale Positivität einschließen, ihn dadurch, dass sie ihn als *etwas* identifizieren, erneut in ein Ding verwandeln, seine qualitative Offenheit negieren und in dieser Zuweisung eines objektiven Kriteriums zuletzt auch – ausgesprochen oder unausgesprochen – die Absicht haben, über seinen Existenzanspruch zu entscheiden.

2. Um (die) philosophische Anthropologie im Zeitalter ihrer Kritik noch als eigenständige Disziplin denken und begründen zu können, ist eine Idee, die zu ihrer Schließung taugen könnte, entscheidend. Sie wurde mit der Unausdeutbarkeit der menschlichen Subjektivität angesprochen, eine Schließung, die allein dadurch gerechtfertigt ist, dass sie in den Grenzen der praktischen Vernunft ihre Öffnung erfährt: einer Orientierung an Freiheit, die sich vor sich selbst zu verantworten hat (Autonomie). Nur unter dieser Spekulation eines Überstiegs zur praktischen Vernunft – die negativ und dialektisch ist – kann die (relative) Einheit des Gegenstandes (und damit jener philosophischen Disziplin) gewahrt bleiben.

Bereits Kant hatte mit Nachdruck darauf bestanden, dass der unvergleichliche Rang des Menschen nicht schon in der Ausstattung des Verstandesmenschen liegt – so sehr ihn das Vermögen, Zwecke zu setzen und „in seiner Vorstellung das Ich zu haben“, auch auszeichnet und unendlich über alle anderen lebenden Wesen erhebt. Vielmehr zielt sein Verständnis auf die Vernunft im Sinne der moralisch-praktischen und ihrer politischen Äquivalente. Ein unendlicher Selbstzweck zu sein, das kennt der Mensch nur von sich selbst; der Mensch ist das einzige Beispiel, hatte Derrida geschrieben, das zitiert werden kann, wenn rechtmäßig über den Universalbegriff eines vernünftigen Wesens gesprochen werden soll. Der Mensch ist danach keine Sache, kein Gegenstand, kein Etwas, er hat keinen Preis, sondern Würde; bei ihm, dem Wesen, das seine Höchstplatzierung im Person-Status erreicht, handelt es sich daher um kein gewöhnlich Seiendes unter anderem Seienden; es lässt sich nicht dadurch konzeptualisieren, dass man Kategorien auf es anwendet und es somit auf den Rang von Sachen zurückstuft. „Exzentrische Positionalität“ und „menschliche Würde“ sind nur einem philosophievergessenen Bewusstsein Kategorien.

3. Der Unbestimmtheitsrelation des Menschen zu sich entspringt zugleich eine Verantwortung, nach Handlungsmaximen und Institutionen, Projekten und Programmen zu suchen, für die begründete Aussicht besteht, dass die Differenz zwischen „bloßem“ Leben und einem, das die Möglichkeit bietet, unter Freiheits- und Gerechtigkeitsgesichtspunkten geführt zu werden, nicht einebnet; dass diese fundamentalen Instanzen der Appellation ihre Rolle, Voraussetzung und Schranke eben jener Kommunikation zu sein, nicht verlieren.

Unter dem „wertermöglichenden Gesichtspunkt der Freiheit“ geschieht der Überstieg in die menschliche Praxis für Plessner nach zwei Seiten, nach der Seite der *Ethik* und der der *Politik*. Von dieser Praxis aus muss alles Übrige beurteilt werden, insbesondere das Verhältnis zu den Resultaten der Einzelwissenschaften. Dabei besteht von Marx bis Weber, von Plessner bis Luhmann Einigkeit darin, für die moderne Welt einen Rationalisierungs- und Differenzierungsschub in Rechnung stellen zu müssen, der sukzessive – auf allen Ebenen des gesellschaftlichen Verkehrs – persönliche Beziehungen in sachliche umgewandelt hat; der signifikante Andere ist einer Vielzahl semi-signifikanter Anderer gewichen. In der Diagnose über die „Grenzen der Gemeinschaft“ wird zu Recht die Versachlichung und Vergleichgültigung, die Irrealisierung und Maskierung der gesellschaftlichen Verkehrsformen als das bezeichnende Moment der modernen Welt herausgestellt. Die in der Moderne institutionalisierte Doppelung von Maske und Gesicht, Rolle und Individualität, unbestimmter Öffentlichkeit und Privatheit, hat uns (auch in normativer Perspektive) ein Gutteil der nicht gering zu veranschlagenden Freiheitsgewinne beschert. Wie auf der Ebene der Anthropologie und der Ethik zeigt sich auch im Rahmen der Gesellschaft das für das Funktionieren der Öffentlichkeit konstitutive Moment der Unbestimmtheit. Plessner selbst hat es im Begriff der „unbestimmten Öffentlichkeit“ (V, 80) festgehalten. Sie zeigt „das System des Verkehrs unverbundener Menschen“ (V, 95), das in einer „unbestimmten Zahl und Art von Personen“ die Möglichkeit bietet, auf „indirekte“, „anonyme“, „irreale“ Art und Weise zu kommunizieren. Als offener, ewig unausschreitbarer Horizont, der die Gemeinschaft (Liebe, blutsmäßige Verwandtschaft, Face-to-Face-Kommunikation) umgibt, ist die intransparente Öffentlichkeit „in dieser Negativität eine sozialformende Macht ersten Ranges“ (V, 55).[7]

4. „Jedes Menschenbild ist Ideologie, außer dem negativen“, hatte Adorno geschrieben, darin eines Sinns mit Plessner, der annimmt, dass in dieser Gestalt des Negativen sich eine gleichwohl außerordentlich positive Einstellung „im Leben zum Leben“ (V, 188) offenbart. Das Negative ist nicht nur das Nichtseinsollende (oder Schlechte), sondern auch ein Nicht-erreichen-können dessen, worum es geht, philosophisch: *ein Nichtsein*, ein Abwesend-Sein, ein Verweis auf etwas, dass man nicht positiv feststellen, nicht gegenständlich demonstrieren, nicht prädikativ eindeutig identifizieren und schon gar nicht nach Maßgabe konkreter Messoperationen skalieren kann.

Es herrscht eine Asymmetrie zwischen der Unterbestimmtheit des Menschen, seiner Indeterminiertheit und Unausdeutbarkeit, oder wie Plessner sagt, der Unergründlichkeit des Menschen und dem normativen Impuls, der dennoch von dieser Negativität auszugehen scheint. Den Menschen als unbestimmbar zu denken, ist die womöglich einzige Garantie, die Unversehrbarkeit der menschlichen Natur zu retten. Auch wenn es uns verwehrt bleibt, bestimmter Weise zu sagen, was der Mensch ist, wissen wir doch nur zu gut und zu genau, was unmenschlich ist. Ungerechtigkeit, heißt es in der *Minima Moralia*, sei das Medium wirklicher Gerechtigkeit. Wir wissen recht bestimmt die Bedingungen der Unfreiheit zu benennen, das versetzt uns gleichwohl nicht in die Lage, einen positiv bestimmten Begriff dessen, was frei ist oder gerecht, zu formulieren.[8]

5. Das unbestimmte Selbstverhältnis verweist auf ein weiteres Moment, das von der modernen Welt philosophisch wie gesellschaftlich-geschichtlich schwer errungen werden musste und der Antike, zum Beispiel Platon, fremd gewesen ist: Die Idee eines Selbst als eines in seiner Natur einzigen Wesens, das, wenn sich in ihm die Idee der Gerechtigkeit konkretisiert oder in einer bestimmten Handlung Ausdruck gewinnt, nicht nur (wie bei Platon) die Idee der Gerechtigkeit verkörpert, (um hinter/in ihr zu verschwinden), sondern noch über dem Allgemeinen steht, das als Idee zu einer bloßen Abstraktion herabsinkt. Hegel hat genau hierfür den Begriff des *Einzelnen* reserviert, der, in der Dialektik von Besonderem und Allgemeinem, beide übersteigt, eben

---

[7] Heike Kämpf und Andreas Hetzel haben diese Seite nachdrücklich herausgestellt (Kämpf 2001, 93–111; Hetzel 2005, 231–256).

[8] Über das Negative im Wissen und Handeln (Gamm 2000, 192–198; Gamm 2004, 112 ff.).

für den Fall, dass ein Einzelnes in seinem Handeln das Allgemeine (in gleichsam paradigmatischer Weise) realisiert. Ein solches Einzelnes ist, könnte man sagen, ein *Überallgemeines*, es schert in diesem Fall aus der Logik von Gattung und Art, Menge und Teilmenge aus; es ist nicht einzigartig, sondern *einzig*. Es ist nicht Teil einer übergreifenden Ganzheit, sondern im Einzelnen konzentrierte Totalität. Seine Würde oder Souveränität besteht gerade darin, diesen Zwangszusammenhang einer der Biologie abgeschauten Logik, die Definitionen nach Art des „animal rationale“ gibt, selbst noch zu transzendieren.

6. Man könnte sagen, der Richtungssinn, der mit dem Überstieg auf das Feld der praktischen Vernunft eingeschlagen wurde, verwandelt alles. Im Gesichtskreis von Freiheit und Gerechtigkeit müssen alle Ergebnisse der Einzelwissenschaften angeeignet, übersetzt, interpretiert oder umgeschrieben werden. Keine einzelwissenschaftliche Perspektive oder Terminologie kann diese durch die dekonstruktiven Grenzen der praktischen Vernunft gezogenen Bestimmungen ohne Weiteres einholen.

Dabei geht es nicht darum, die weitläufigen Resultate der Wissenschaften vom Menschen zu ignorieren, sie nicht als für alle Belange des Lebens unendlich wichtig und förderlich zu betrachten, sondern nur darum, die Semantik zu relativieren, die glaubt, das, was der Mensch ist, in den Codes der Bio- und Informationstechnologie abbilden zu können. Was freilich die schwierige Frage heraufbeschwört, wie denn die Stellung von Philosophie und Wissenschaft(en) zu denken ist, und gleichzeitig die andere, zur Kunst, Literatur und Ethik hin offene, Seite nicht zu unterschlagen. Wissenschaftliches Wissen – biologisches und soziologisches zumal – ist für Plessner wichtig; aber er begrenzt nicht nur seinen Geltungsbereich, im Blick auf die Frage nach dem Gegenstand der philosophischen Anthropologie ist es nur von relativem Interesse und indirektem Wert: „eine Wissenschaft von der menschlichen Person [...] kann von der Anatomie, Entwicklungsgeschichte, Physiologie, Psychologie und Psychopathologie *direkt* keinen Nutzen haben“ (IV, 61 f.). Die Indirektheit ist die Folge jener unendlich kleinen und über die Maßen großen Differenz zwischen den Menschen und allen übrigen Lebewesen, deren wissenschaftliche Erforschung gleichwohl indirekt zu seinem Verständnis beitragen kann. Um es für das philosophische oder auch lebensweltliche Verständnis der Menschen zu nutzen, bedarf es in der Regel eines langwierigen Diskussions-, Aneignungs- und Übersetzungsprozesses; dieser lässt sich freilich von Maximen leiten, die sich, jenseits der Wissenschaften, allein aus der Frage nach dem Nutzen und Nachteil der Wissenschaften für ein gelingendes Leben ergeben. „Das immer wieder geforderte Gesamtbild vom Menschen resultiert also nicht automatisch aus der Zusammenarbeit der einzelnen Wissenschaften, sondern bedarf der philosophischen Anthropologie. Sie ist nicht eine noch zu ihnen hinzukommende Wissenschaft, sondern die ständige kritische Besinnung auf deren Grundlagen und Begrenzungen. Als eine derartige Besinnung auf sein eigenes Wesen entzieht sie den Menschen der Vergegenständlichung und damit seiner Verfügbarmachung für die Abstraktionen der *Wissenschaften* und der *Gesellschaft*. So erfüllt sie in den Grenzen seiner Würde ihre offen haltende, universale Funktion.“ (VIII, 135; Hervorheb. G. G.)

7. Bei aller gut begründeten philosophischen Aversion gegen den Begriff (oder Namen) des Menschen, gegen den „Humanismus“ und die Interessenpolitik, die in seinem

Namen betrieben wird, sollte er dennoch nicht ohne schwer wiegende Gründe verabschiedet werden. Gerade aufgrund seiner unbestimmten Weite, seiner konstitutiven Mehrdeutigkeit und Rätselhaftigkeit, sollte er nicht preisgegeben werden. Aber auch wegen der psychosomatischen Semantik, die seinen Gebrauch unablässig bestimmt und die normativen und lebensweltlichen Bedeutungsmomente in einer unaufgelösten Spannung verhält; die Unversehrbarkeit und Unverletzlichkeit seiner Würde ist immer auch die seines Leibes bzw. seines Körpers. Wer den Leib verletzt, verletzt immer auch seine Würde. Dass das bewusste und individuelle Leben an seine körperliche Konstitution gebunden ist, ist eine andere Vorstellung, die unauflöslich mit dem Menschen verbunden ist. „Mensch" erinnert an diese besondere, unsagbare Art und Weise, in der die biologischen Funktionen in den Vollzug seines Personseins eingebettet sind, aber auch an die (mit dem Christentum entstandene) und nicht mehr einfach aus der Welt zu schaffende Idee einer Universalisierung der Brüderlichkeit („Alle Menschen werden Brüder"). Nicht anders verhält es sich mit jener Erinnerung an die leibliche Verwandtschaft der Menschen untereinander, die immer mitschwingt, wenn von Menschheit und Menschengeschlecht die Rede ist, auch dann, wenn es in der „Menschheitsfamilie" eher auf nichtempirische Eigenschaften ankommt. Als Fragment ist der Mensch Symbol der Menschheit.[9] Schon vor dem Christentum hatte die Stoa die kosmopolitische Vorstellung von der Menschheit entwickelt.

Gerade darin, dass der Name des Menschen nicht glatt in eine wissenschaftliche Terminologie übersetzt werden kann, weder in die der Soziologie noch in die der Biologie, weder in die des Rechts noch in die der Politik, sollte Anlass sein, diesen Namen hochzuhalten. Der Mensch ist Person, alle Menschen sind Personen, aber Person trägt trotz allem nicht alle Assoziationen, die mit dem Menschen verbunden sind, vor allem nicht jene, die mit der zum Schrecklichen, zum Unmenschlichen und metaphysischen Übel hin offenen Seite assoziiert sind. Schon in der Antike – bei Sophokles – hatte es geheißen: „Vieles Schreckliches gibt es, aber nichts ist schrecklicher als der Mensch."

Literatur

Adorno, Th. W., 1970, Metakritik der Erkenntnistheorie. Drei Studien zu Hegel, in: Ders., Ges. Schriften, Bd. V, Frankfurt a. M.

Derrida, J., 1976, Fines hominis, in: Ders., Randgänge der Philosophie, Frankfurt a. M./Berlin/Wien.

Fahrenbach, H., 2000, Philosophische Anthropologie – Ethik – Gesellschaftstheorie. Grundzüge einer anthropologisch-ethisch zentrierten Philosophie, in: Brunner, R./Kelbel, P. (Hg.), Anthropologie, Ethik und Gesellschaft, Frankfurt a. M.

Freud, S., 1972, Das Ich und das Es, in: Ders., Ges. Werke, Bd. XIII, Frankfurt a. M.

Gamm, G., 1997, Der Deutsche Idealismus. Eine Einführung in die Philosophie von Fichte, Hegel und Schelling, Stuttgart.

Gamm, G., 2000, Nicht nichts. Studien zu einer Semantik des Unbestimmten, Frankfurt a. M.

[9] Wie Wilhelm v. Humboldt schreibt: „Der Einzelne, wo, wann und wie er lebt, ist ein abgerissenes Bruchstück seines ganzen Geschlechts" (Humboldt 1963, 161).

Gamm, G., 2002, Wahrheit als Differenz. Studien zu einer anderen Theorie der Moderne, Berlin.

Gamm, G., 2003a, Ich – Ansichten einer frühidealistischen Errungenschaft, in: Doll, V. (Hg.), Das schwierige Individuum. Menschenbilder im 19. Jahrhundert, Regensburg.

Gamm, G., 2003b, Fraktale Existenz. Was es heißt, ein Bewusstseinsinhaber zu sein, in: Schmidt, J. C./Schuster, L. (Hg.), Der entthronte Mensch?, Paderborn.

Gamm, G., 2004, Der unbestimmte Mensch. Zur medialen Konstruktion von Subjektivität, Berlin.

Hegel, G. W. F., 1965, Grundlinien der Philosophie des Rechts, Sämtliche Werke, Bd. 7, Stuttgart-Bad Canstatt.

Hegel, G. W. F., 1965, System der Philosophie, Dritter Teil. Die Philosophie des Geistes, in: Sämtliche Werke, Bd. 10, Stuttgart-Bad Canstatt.

Hetzel, A., 2005, Der Mensch als „praktischer Anspruch". Zum Primat des Politischen in Plessners Anthropologie, in: Gamm, G./Gutmann, M./Manzei, A. (Hg.), Zwischen Anthropologie und Gesellschaftstheorie. Helmuth Plessner und die Herausforderungen der biotechnologischen Medizin, Bielefeld.

Hogrebe, W., 2001, Was ist der Mensch? Wer ist der Mensch? Eine philosophische Perspektive, in: Forschung & Lehre, Heft 10.

Horkheimer, M./Adorno, Th. W., 1969, Dialektik der Aufklärung, Frankfurt a. M.

Humboldt, W. v., 1963, Über die Verschiedenheiten des menschlichen Sprachbaues, in: Flitner, A./Giel, K. (Hg.), Werke in fünf Bänden, Bd. III, Darmstadt.

Kämpf, H., 2001, Helmuth Plessner. Eine Einführung, Düsseldorf.

Kant, I., 1968, Anthropologie in pragmatischer Hinsicht, in: Kants Werke, Akademie Textausgabe, Bd. VII, Berlin.

Kant, I., 1976, Kritik der reinen Vernunft, nach der ersten und zweiten Originalausgabe neu hg. von R. Schmidt, Hamburg.

Löwith, K., 1986, Vicos Grundsatz: verum et factum convertuntur. Seine theologische Prämisse und deren säkulare Konsequenzen, in: Ders., Sämtliche Schriften, Bd. IX: Gott, Mensch, Welt – G. B. Vico – Paul Valéry, Stuttgart.

Luhmann, N., 2000, Organisation und Entscheidung, Opladen.

Plessner, H., 1975, Die Stufen des Organischen und der Mensch, Berlin/New York.

Plessner, H., 1980 ff., Gesammelte Schriften, Bd. I–X, G. Dux, O. Marquard u.a. (Hg.), Berlin.

Plessner, H., 2002, Elemente der Metaphysik. Eine Vorlesung aus dem WS 1931/32, Lessing, H.-K. (Hg.), Berlin.

Schürmann, E., 2003, Bildlichkeit in anthropologischer Hinsicht, in: Selected Papers of the 15th International Congress of Aesthetics, Nishimura, K. et al (Ed.), Tokyo.

2. Der Dritte und das Dritte

Gesa Lindemann

Die dritte Person – das konstitutive Minimum der Sozialtheorie

In den maßgeblichen soziologischen Theorien der Gegenwart ist eine dyadisch angelegte Konstellation der systematische Ausgangspunkt der Konzeption von Sozialität. Die hochkomplexe Beziehung zwischen mindestens zwei Entitäten bildet die Grundlage für die Entstehung einer neuartigen Ordnung, die als vermittelndes Drittes zwischen die Beteiligten tritt. Das entscheidende Charakteristikum dieser Ordnung besteht darin, dass sie nicht mehr auf das Handeln eines Einzelnen zurückgeführt werden kann. Simmel (1908) hatte dies zuerst formuliert: Er versteht die Wechselwirkung zwischen einem Ich und einem Du als die notwendige Bedingung für die Entstehung von etwas qualitativ Neuem, dem Vergesellschaftungsprozess und den ihn strukturierenden sozialen Formen. Ähnlich begreift Weber (1921–22) soziale Gebilde wie etwa die legitime Ordnung als etwas Drittes, das dem Ich bzw. dem Du im Rahmen sozialer Beziehungen Handlungschancen sichert. Vergleichbare Denkfiguren finden sich auch bei Mead: Er sieht Symbole und den generalisierten Anderen als vermittelnde Momente zwischen Ich und Anderem (vgl. Mead 1924/25, 1934). Luhmann (1984) setzt diese Tradition fort, wenn er im Anschluss an Parsons das Theorem der doppelten Kontingenz zwischen Alter und Ego zum Ausgangspunkt macht, um die Emergenz eines neuartigen Ordnungstypus herauszuarbeiten: soziale Systeme.[1]

Im Rahmen dieses Konsenses ist es eine strittige Frage, wie das Verhältnis zwischen den Aktivitäten von Ich und Du bzw. Ego und Alter und der durch ihre Beziehung entstehenden sozialen Ordnung begriffen werden kann. Was hingegen kaum problematisiert wird, ist die Frage, ob nicht mehr als zwei Akteure als notwendige Bedingung der Konstitution von Sozialität angenommen werden müssen.[2] Zu den wenigen Ausnahmen,

[1] Die These einer Konvergenz in der soziologischen Theoriebildung hinsichtlich der basalen Annahmen ist verschiedentlich vertreten worden. Als neuere Beiträge vgl. Gresshoff (2003) und Lindemann (1999, 2002b).

[2] Wie das Verhältnis der Aktivitäten von Ego und Alter zu der entstehenden sozialen Ordnung zu verstehen sei, war eine der zentralen Fragen in der Diskussion um Luhmanns Theorie autopoietischer sozialer Systeme (vgl. Haferkamp 1987). Die Kritik an Luhmanns Vorschlag, gesellschaftliche Ordnungen als sich selbst reproduzierende Systeme mit eigenen Operationen und Elementen zu verstehen, hat aber bezeichnenderweise nicht dazu geführt, dass die elementare Konstellation der

die der Dritten eine grundlegende Bedeutung beimessen, gehören Simmel sowie Berger und Luckmann, die Simmels Überlegungen aufgenommen und teilweise weitergeführt haben.[3] Sie begreifen den Dritten als Bedingung für die Emergenz einer überindividuellen sozialen Ordnung.

In diesem Aufsatz möchte ich auf der Grundlage neuerer empirischer und historisch-materialer Forschungen (vgl. Lindemann 2002a, 2003) die These vertreten, dass dem dritten Akteur in einem weitergehenden Sinn als bei Simmel bzw. Berger und Luckmann eine konstitutive Bedeutung für das Verständnis von Sozialität zukommt. Es lassen sich basal zwei Funktionen des Dritten im Verhältnis zur Dyade voneinander unterscheiden: die Emergenzfunktion und die konstitutive Funktion. Im Rahmen der Emergenzfunktion wird der Dritte als Bedingung der Emergenz einer sozialen Ordnung gedacht (Simmel und Berger/Luckmann[4]). Davon lässt sich die konstitutive Funktion der Dritten abheben. In diesem Rahmen wird die Dritte als Bedingung des Zustandekommens eines stabilisierten Ego-Alter-Verhältnisses begriffen. In diesem Verständnis gilt die Dritte als Bedingung stabiler Dyaden und damit als konstitutiv für das Vorkommen des Sachverhalts „Sozialität". D.h., der dritte Akteur wird nicht lediglich als ein Element verstanden, das zur bereits bestehenden Dyade hinzutritt, sondern als *Bedingung* der Existenz dyadischer sozialer Beziehungen zwischen Ego und Alter. Damit ist nicht die Dyade, sondern die Triade die basale Konstellation, von der her Sozialität begriffen werden muss.

Um die empirisch beobachtbare Relevanz des dritten Akteurs theoretisch einzuholen, beziehe ich mich auf Webers Legitimitätskonzept. Weber (1921–22, 16–20) hatte Legitimität auf *das* Dritte bezogen: die Struktur der aufeinander bezogenen Chancen, an denen sich das Handeln von Ich und Du orientiert. Insbesondere meint Legitimität den anerkannt normativ verpflichtenden Charakter der Ordnung – deren „Vorbildlichkeit und Verbindlichkeit" (Weber 1921–22, 16). Wenn man dies auf das Akteursproblem überträgt, heißt das: Alter ist nicht einfach ein Akteur, sondern er ist ein solcher nur insofern, als durch die Beziehung von Alter und Ego zu einem dritten Akteur entschieden ist, dass Alter ein Akteur sein muss. Das Gleiche gilt entsprechend für alle Beteiligten. Die empirisch fundierte These lautet: Akteure sind vollgültige soziale Akteure, wenn sie legitime Akteure sind und sie sind dann legitime Akteure, wenn sie durch den Bezug auf einen dritten Akteur Akteure sein müssen. Das Wort „müssen" ist mit Bedacht gewählt, denn es steht den Beteiligten nicht frei, sich dem Akteursstatus willent-

---

doppelten Kontingenz zwischen Ego und Alter als solche problematisiert worden wäre. Welker (1992) hat eingewendet, dass eine einfache doppelte Kontingenz nicht ausreichen würde, um die Ausdifferenzierung unterschiedlicher sozialer Systeme zu begreifen, dazu sei vielmehr eine Multiplizität doppelter Kontingenzen erforderlich. Eine Problematisierung der dyadischen Konstellation als solcher formuliert auch Welker nicht.

[3] Einen über die Soziologie hinausgreifenden ideengeschichtlichen Abriss verschiedener Versuche, den Dritten zu berücksichtigen bietet Fischer (2000).

[4] Ähnlich wie Berger und Luckmann argumentiert auch Luhmann (1972) in seiner frühen Rechtssoziologie. Er geht systematisch von der Dyade aus und nimmt den dritten Akteur in Anspruch, um die Entstehung von Institutionen zu begreifen (vgl. Luhmann 1972 Bd. 1, 65 ff.).

lich zu entziehen; sie unterliegen einem durch den dritten Akteur vermittelten „Anerkennungszwang".

Diese These möchte ich in drei Schritten entwickeln. Zunächst werden die Ansätze einer Berücksichtigung des dritten Akteurs in der Konzeption des Sozialen bei Simmel dargestellt, sowie deren Weiterentwicklung bei Berger und Luckmann skizziert (1). Zweitens werden die empirischen Forschungen vorgestellt, die zur Formulierung des Konzepts des legitimen Akteurs geführt haben, dies erfordert es, den dritten Akteur auf grundlegende Weise in die Konzeption des Sozialen zu integrieren (2). In einem dritten Schritt wird präzisiert, welche weitergehenden Perspektiven sich aus dieser neuen Konzeption des Sozialen ergeben (3).

1. Der dritte Akteur bei Simmel und Berger/Luckmann

Wenn man sich der Frage zuwendet, welche Bedeutung dem dritten Akteur bei Simmel zukommt, fällt auf, dass er diesen nicht im Rahmen der grundlegenden Bestimmungen einführt, die für ihn den Gegenstandsbereich „Gesellschaft" charakterisieren (vgl. Simmel 1908, 21–30). Erst im zweiten Kapitel seiner „Soziologie", in dem Simmel allgemein die Bedeutung der Anzahl der beteiligten Individuen für den Prozess der Vergesellschaftung erörtert, kommt er auf den dritten Akteur zu sprechen. Es ist also mehr als fraglich, ob oder inwiefern Simmel diesen zu den konstitutiven Bedingungen zählt, durch die sich das Soziale als der spezifische Gegenstandsbereich der Soziologie abgrenzen lässt. Um zu explizieren, welche Bedeutung dem Dritten als realen dritten Akteur zukommt, soll deshalb zunächst herausgearbeitet werden, wie weit Simmel zufolge die Erkenntnisansprüche einer dyadisch fundierten Theorie des Sozialen reichen. Die Veränderungen, die sich für Simmel durch das Hinzutreten des Dritten ergeben, werden im Anschluss daran skizziert.

1.1. Die dyadische Konzeption der Vergesellschaftung bei Simmel

Simmels Vorschlag ist insgesamt an Kant orientiert. Analog zur Kritik der reinen Vernunft, die der naturwissenschaftlichen Forschung philosophisch einen eigenen Bereich sichert, formuliert Simmel eine kritische Begrenzung des Gegenstandsbereichs sozialwissenschaftlicher Forschung. Dieses Vorhaben erweist sich aber Simmel zufolge als problematisch, denn die kritische Begrenzung erfolgt im Fall der Vergesellschaftung nicht mit Bezug auf die synthetische Aktivität des wahrnehmenden Subjekts (des Forschers). Die Einheiten, die es in der Natur gibt, werden – so Simmels Kantreferat – durch die synthetisierende Aktivität des Subjekts hergestellt. Die Verbindung zu einer Einheit liegt nicht in den beobachteten Dingen (vgl. Simmel 1908, 22). Hieran macht er den Unterschied zur Vergesellschaftung fest. Die Elemente, die zur Einheit „Gesellschaft" synthetisiert werden, sind die einzelnen Individuen. Diesen Elementen geschieht ihre Verbindung zur Gesellschaft nicht, indem eine äußere Beobachtung sie zu einer Einheit zusammenschließt, wie es bei der Naturbeobachtung der Fall ist, sondern die

Elemente verbinden sich wechselseitig zu einer von ihnen selbst konstitutierten Einheit – der Gesellschaft. „Das Bewußtsein, mit den anderen eine Einheit zu bilden, ist hier tatsächlich die ganze zur Frage stehende Einheit.“ (Simmel 1908, 22)

Um das Bewusstsein zu haben, mit Anderen eine Einheit zu bilden, muss ein Bewusstsein anderes ebenfalls als ein Bewusstsein erfahren. Die Grundvoraussetzung des Simmelschen Gedankens ist demnach die Realität des anderen Ich. Gesellschaft ist nur möglich, wenn physische Entitäten einander wechselseitig als personales Ich erfahren.

„Das Gefühl des seienden Ich hat eine Unbedingtheit und Unerschütterlichkeit, die von keiner einzelnen Vorstellung eines materiellen Äußerlichen erreicht wird. Aber eben diese Sicherheit hat für uns begründbar oder nicht, auch die Tatsache des Du; und als Ursache oder als Wirkung dieser Sicherheit fühlen wir das Du als etwas von unsrer Vorstellung Unabhängiges, etwas, das genau so für sich ist, wie unsre eigne Existenz. Daß dieses Für-Sich des Andern uns nun dennoch nicht verhindert, ihn zu unsrer Vorstellung zu machen, daß etwas, das durchaus nicht in unser Vorstellen aufzulösen ist, dennoch zum Inhalt, also zum Produkt dieses Vorstellens wird – das ist das tiefste, psychologisch-erkenntnistheoretische Schema und Problem der Vergesellschaftung.“ (Simmel 1908, 23)

Die Implikationen dieser Aussage sind gravierend. Der Ausgangspunkt, von dem aus im Weiteren die „apriorisch wirkenden [...] Formen der Vergesellschaftung“ (Simmel 1908, 24) entwickelt werden, ist weder das einzelne handelnde Ich noch die Dreierbeziehung, sondern die Ich-Du-Beziehung. Ich und Du wissen jeweils voneinander, dass sie einander als ein Für-Sich gegenüberstehen, wobei die Realität des anderen Ich nicht von der Seinsgewissheit des Ich abgeleitet wird. Es wird lediglich konstatiert, dass das Du die gleiche irreduzible Seinsgewissheit aufweist wie das Ich. Die Dyade wird von Simmel eindeutig als die soziologische Grundkonstellation begriffen. Von hier ausgehend entwickelt er drei allgemein gültige Bestimmungen, die den Prozess der Vergesellschaftung kennzeichnen und die deshalb von Simmel als apriorisch bezeichnet werden. Dazu gehören: 1. der wechselseitige konstruierend kategorisierende Bezug der Individuen aufeinander (vgl. Simmel 1908, 24 f.), 2. die Doppelstellung des Individuums als integriertes Glied der Gesellschaft und als zugleich außerhalb ihrer, ihr gegenüber stehend (vgl. Simmel 1908, 25–28) und schließlich 3. die Integriertheit des Individuums in ein geordnetes gesellschaftliches Ganzes (vgl Simmel 1908, 28 ff.). Jede dieser drei Bestimmungen beinhaltet elementar soziale „Wechselwirkungen“, damit wird auch dieses Kernkonzept von Simmel von einer dyadischen Konstellation her entwickelt.

1.2. Der dritte Akteur bei Simmel und die Weiterentwicklung bei Berger und Luckmann

Es scheint, als sei der Dritte verstanden als realer Dritter verzichtbar. Wenn man sich allerdings dem Kapitel über „die quantitative Bestimmtheit der Gruppe“ (Simmel 1908, 32 ff.) zuwendet, zeigt sich, dass das Auftauchen des realen Dritten an wichtigen Punkten zu Modifikationen führt, die im Rahmen der Ich-Du-Beziehung nicht mehr zu begreifen sind. Simmel arbeitet mehr oder weniger systematisch heraus, wie der Dritte die Beziehung zwischen Ich und Du verändert.[5] Der Dritte stellt „eine formal soziologische Bereicherung" dar (Simmel 1908, 68), die sich ergibt, wenn A, B, C eine Gemeinschaft bilden. Unter dieser Voraussetzung gibt es nicht nur die Verbindungen A–B, A–C und C–B, sondern es entsteht quasi ein Dreieck. A und B sind einerseits direkt aufeinander bezogen und zum anderen indirekt durch die beiderseitige Verbundenheit mit C. Dadurch entstehen neue Möglichkeiten der soziologischen Verbindung, die Simmel mit den Termini: Vermittler/Schiedsrichter (vgl. Simmel 1908, 76–82), tertius gaudens (vgl. Simmel 1908, 82–88) und divide et impera (vgl. Simmel 1908, 89–94) belegt. Die Entstehung des Rechts, die Konkurrenz um die Gunst eines Dritten und bestimmte Formen der Machtausübung sind für Simmel ohne die Berücksichtigung des Dritten nicht zu begreifen.

Bei Simmel ist der dritte Akteur also eine Erweiterung, die es erlaubt, das Feld der sozialen Formen vollständiger zu erschließen, aber dem realen dritten Akteur kommt hinsichtlich des allgemeinen Problems der Konstitution von Sozialität keine grundlegende Bedeutung zu.

Berger und Luckmann führen Simmels Gedanken weiter und versuchen, diese mit Durkheims Auffassung der Objektivität zu verbinden (vgl. Berger; Luckmann 1980, 62). Als Ausgangspunkt dient auch bei Berger und Luckmann eine dyadische Konstellation, die sie als konstitutiv für Vergesellschaftung begreifen. Das Hinzutreten des dritten Akteurs führt in diesem Ansatz aber zu einer anderen Konsequenz als bei Simmel. Berger und Luckmann begreifen den Dritten als Bedingung der Objektivität der von den Akteuren erzeugten sozialen Gebilde. Durch das Hinzutreten des Dritten und weiterer Akteure werden – so Berger und Luckmann – soziale Formen für die Akteure „opak", sie erhalten den dinglichen Charakter sozialer Tatsachen i.S. Durkheims und müssen von den Einzelnen hingenommen werden (vgl. Berger; Luckmann, 62 ff.). Nur deshalb würde der in der Dyade erst in Ansätzen bestehende Prozess der Institutionalisierung dazu führen, dass Institutionen entstehen, die gegenüber den Individuen ein Eigengewicht haben. Für Berger und Luckmann besteht die Funktion des Dritten also darin, ausgehend von der sozialen Beziehung zwischen Ego und Alter die Emergenz einer objektivierten sozialen Ordnung rekonstruieren zu können.

Wenn man die Emergenzfunktion des Dritten ernst nimmt, wird es fraglich, inwiefern die von Simmel formulierten allgemeinen Bestimmungen des Vergesellschaftungsprozesses noch ohne den dritten Akteur begriffen werden können. Die wechselseitige Kategorisierung (s.o.) lässt sich zwar noch ausgehend von einer dyadischen Konstellation begreifen, aber für das zweite und dritte Apriori Simmels sind vermutlich Modifikationen erforderlich. Wenn die Objektivität sozialer Gebilde an das Hinzutreten des dritten Akteurs gebunden ist, lässt sich die Doppelstellung des Individuums als sowohl innerhalb als auch außerhalb der Gesellschaft stehend (2. Apriori) von einer dyadischen Konstellation aus nicht mehr begreifen. Das Gleiche gilt entsprechend für das dritte Apriori, das die Integriertheit des Individuums in ein es umgreifendes gesellschaftliches Ganzes formuliert. Trotz dieser Kritik bleibt aber eine wichtige Gemeinsamkeit zwi-

---

[5] Schon früh wurde in der sozialtheoretischen Diskussion daran angeknüpft. Aber auch in diesen Beiträgen blieb die Dyade die elementare soziale Konstellation (vgl. Litt 1926).

schen Simmel auf der einen und Berger und Luckmann auf der anderen Seite bestehen. In beiden Fällen wird Sozialität konstitutiv von der Dyade her begriffen. Die Dritte wird als ein hinzutretender Akteur aufgefasst, der für die Emergenz neuer Phänomene im Bereich des Sozialen zentral ist.

2. Die konstitutive Funktion des dritten Akteurs

Dass diese Sozialitätskonzeption grundlegend modifiziert werden muss, wird einsichtig, wenn man sich deren implizite anthropologische Voraussetzung vergegenwärtigt. Sowohl Simmel als auch Berger und Luckmann arbeiten unausgesprochen mit einer positiven Anthropologie. Die Unterscheidung lebender Mensch/anderes wird als selbstverständlich geltend vorausgesetzt und als Grundlage dafür verwendet, den Kreis möglicher Akteure ohne weitere Reflexion festzulegen. Es ist auf diese Weise immer schon vorentschieden, wer überhaupt ein Ich, ein Du oder ein dritter Akteur sein kann, denn nur lebende Menschen können in dieser Weise als ein Akteur auftreten. Unter dieser Voraussetzung stellt sich nur noch die Frage, wie ein begegegnender sozialer Akteur im Rahmen einer dyadischen oder einer triadischen Beziehungsstruktur zu deuten ist und wie jeweils auf sein Handeln Bezug genommen werden kann, aber es stellt sich nicht mehr die Frage, wer überhaupt als ein sozialer Akteur in Frage kommt. Wenn die Frage vorentschieden ist, wer ein sozialer Akteur ist, kann die Dyade zu einem nicht weiter problematischen Ausgangspunkt werden. Allerdings ist diese naive Voraussetzung sowohl von der phänomenologischen Soziologie und zwar von Luckmann selbst als auch von den science studies in Frage gestellt worden. Wenn man aber untersuchen will, wie im sozialen Feld entschieden wird, wer ein sozialer Akteur ist, muss auch für die soziologische Forschung kontingent gesetzt werden, wer überhaupt als ein Akteur im Rahmen einer dyadischen Beziehung auftreten kann.[6]

Die empirische Analyse dieses Problems führt auf die Notwendigkeit, jene Akteure als legitime Akteure zu begreifen, die als solche konstitutiv für stabile soziale Beziehungen sind. Legitimität wird – wie gesagt – im Anschluss an Weber begriffen und bezeichnet einen grundlegenden Zwang zur Anerkennung des Anderen als sozialer Akteur. Diese Legitimität ist nur durch den Bezug des Dritten auf die Dyade zu begreifen. Empirisch lässt sich dies anhand der Analyse von prekären Interaktionssituationen in der Intensivmedizin zeigen, in denen entschieden wird, wessen physische Erscheinung im Sinne eines sozialen Akteurs zu deuten ist. An diesem Beispiel wird weiterhin herausgearbeitet, dass schon die Verwendung einfachster Symbole, wie etwa die Zeichen für Bejahung und Verneinung, nur durch den Bezug auf den Dritten begriffen werden kann.[7]

---

6 Die Grundlage für eine solche Forschungsperspektive bildet die Umstellung auf eine reflexive Anthropologie. Dies ist ausgeführt in Lindemann (in diesem Band).

7 Vgl. hierzu insgesamt Lindemann (2002a).

2.1. Die Analyse der Grenzen der Sozialwelt

Schon 1970 hatte Luckmann die Frage, ob der Kreis der sozialen Akteure mit dem Kreis der lebendigen Menschen identifiziert werden kann, aufgeworfen und mit nein beantwortet (vgl. Luckmann 1970). Es sei vielmehr historisch veränderlich, wie die Grenzen der Sozialwelt gezogen werden. Luckmann zufolge würde die soziologische Forschung ethnozentrisch verfahren, wenn sie von vornherein davon ausginge, dass nur lebende Menschen soziale Akteure sein können. Als Bezugspunkt dient ihm die ethnologische Forschung, die zutage fördere, dass auch Pflanzen, Tiere oder Verstorbene als soziale Akteure auftreten könnten. Von ganz anderer Seite wurde im weiteren Verlauf der siebziger Jahre das anthropologisch fundierte Akteurskonzept ebenfalls in Frage gestellt. Beginnend mit den Arbeiten von Latour und Woolgar (1979) wurde in der empirischen Wissenschaftsforschung die Frage aufgeworfen, ob nur menschliche Akteure berücksichtigt werden müssten, um ein angemessenes Verständnis des Forschungshandelns von Wissenschaftlern im Labor zu erarbeiten (vgl. Callon 1986; Knorr Cetina1991; Latour 1988).

Sowohl Luckmann als auch die Autoren der empirischen Wissenschaftsforschung insistieren darauf, dass durch einen historisch veränderlichen Deutungsprozess festgelegt wird, wer als ein sozialer Akteur auftreten kann. Entsprechend müsse sich die sozialwissenschaftliche Forschung der Frage zuwenden, wie die Grenzen der Sozialwelt je historisch neu gezogen werden. Hinsichtlich der Frage, wie dabei vorzugehen sei, unterscheiden sich die Vorschläge allerdings gravierend. Luckmann rekurriert auf eine transzendentale Bewusstseinssphäre, von der her die Zuerkennung des Status des sozialen Akteurs erfolgt. In der empirischen Wissenschaftsforschung werden dagegen unhinterfragt Akteure (nämlich: Techniker und Wissenschaftler) vorausgesetzt, die im Weiteren anderen Entitäten den Akteursstatus attribuieren können.[8]

Diese Vorschläge sind in methodischer Hinsicht auf je unterschiedliche Weise problematisch. Wenn man es nicht von vornherein ausschließen möchte, dass die eigenen beobachtungsleitenden Vorannahmen durch die empirische Forschung in Frage gestellt werden, muss man auf transzendentaltheoretische Konzeptionen verzichten. Damit wird es unmöglich, sich methodisch an Luckmann anzuschließen.[9] Aus anderen Gründen ist es aber ebenfalls nicht angebracht, dem Vorgehen der empirischen Wissenschaftsforschung zu folgen, denn dieses beinhaltet einen merkwürdig naiven Empirismus, der in einen unauflöslichen Zirkel führt. Der Vorschlag, den Deutungsprozess unter Bezug auf das Konzept der Attribution zu analysieren, scheitert nämlich, da der Vollzug von Attributionen immer schon anerkannte soziale Akteure voraussetzt. D.h.: Durch Attribution kann nicht geklärt werden, wie die Akteure, die attribuieren können, in die Position gelangen, aus der heraus sie anderen etwas attribuieren können (vgl. Lindemann 2003, 21 f.).

Daraus ergibt sich in methodischer Hinsicht ein doppeltes Problem: Die Bestimmung von Sozialität muss so angelegt sein, dass prinzipiell auch die Interaktionen von bzw. mit nichtmenschlichen Akteuren i.S. einer sozialen Interaktion gedeutet werden können

---

[8] In eine ähnliche Richtung argumentiert Werle (2002).

[9] Für eine ausführliche Kritik der transzendentaltheoretischen Lösung vgl. Lindemann (2002a, 64–69).

müssen. Dabei besteht aber die Gefahr einer beliebigen Ausweitung des Gegenstandes sozialwissenschaftlicher Forschung, denn es ist nicht mehr erkennbar, wie überhaupt noch irgendein Phänomen ausgeschlossen werden können soll. Denn bei einer radikalen Ausweitung des Akteurskonzepts gibt es keinen Grund mehr, etwa die Wechselwirkungen zwischen Grashalmen auszuklammern. Einer solchen Beliebigkeit kann überzeugend dadurch vorgebeugt werden, dass i.S. einer Abstraktion des eingangs dargestellten Konsenses der soziologischen Theoriebildung eine formale Theorie sozialer Beziehungen formuliert wird (vgl. Lindemann 2002a, Kap. 2). Als Merkmal der Sozialität von Interaktionen wurde dabei deren Komplexität begriffen. Alle Interaktionsbeziehungen, die eine spezifische Komplexität aufweisen, werden als soziale Beziehungen identifiziert. Ob und inwiefern menschliche Akteure involviert sind, wird damit in keiner Weise präjudiziert. Dadurch wird das methodisch fragwürdige Vorgehen der empirischen Wissenschaftsforschung vermieden, bestimmte Entitäten des Feldes unkritisch als soziale Akteure zu werten, die im Weiteren etwas attribuieren können. Im Unterschied zu Luckmann wird die forschungsleitende Annahme aber auch nicht i.S. einer transzendentalen Annahme begriffen, d.h., sie ist ihrerseits durch die Ergebnisse der empirischen Forschung irritierbar. Bei einer so angelegten Forschung ist es von Anfang an einkalkuliert, dass die Forschungsergebnisse es erforderlich machen, auch die grundlegende formale Annahme zu modifizieren.[10]

2.2. Der dritte Akteur als Bedingung der stabilen Unterscheidung zwischen sozialen Akteuren und Nichtakteuren und der Entstehung einfachster Symbole

Von diesem methodischen Ansatz ausgehend lassen sich die Prozesse untersuchen, durch die der Kreis der sozialen Akteure geschlossen wird. Die Forschung erfolgte in drei Bereichen: erstens dem Feld der Intensivmedizin, d.h. des Umgangs mit Intensivpatienten und der für diesen Bereich entwickelten Form der Todesfeststellung, der Hirntoddiagnostik sowie der neurologischen Frührehabilitation (vgl. Lindemann 2002a), zweitens dem wissenschaftshistorischen Feld der Durchsetzung der Hirntodkonzeption (vgl. Lindemann 2003) und drittens dem Bereich des Rechts und zwar anhand der Frage, wer im Verlauf der europäischen Rechtsgeschichte als ein schuldfähiger Akteur in ein Strafverfahren einbezogen werden konnte (vgl. Lindemann 2001). Die Ergebnisse lassen sich so zusammenfassen:

1. Es gibt Gesellschaften, die auch Tote, Pflanzen oder Tiere als soziale Akteure zulassen.[11] Das begriffliche Instrumentarium der Soziologie muss daher so konstruiert

---

[10] Dieser methodologische Ansatz ist – wie gesagt – eine Weiterführung der Methodologie Plessners für den Bereich der Analyse gesellschaftlicher Grenzregime (vgl. Lindemann in diesem Band). Für eine genauere Beschreibung des methodischen Vorgehens im Rahmen empirischer Forschung vgl. Lindemann (2002a, Kap. 1 u. 2).

[11] Dies ergibt sich unter Berücksichtigung ethnologischer Studien (vgl. u.a. Fortes 1987, Fortune; Malinowski 1932, Hallowell 1960). Deren Ergebnisse können allerdings erst dann als ein Beleg für

werden, dass nicht von vornherein der Kreis der sozialen Akteure begrenzt wird. Es muss in dieser Hinsicht eine größtmögliche Offenheit gewährleistet sein. Diese kann mit einer formalen abstrakten dyadischen Konzeption des Sozialen erreicht werden.

2. In einer konkreten Gesellschaft ist es nicht beliebig, wer mit wem auf welche Weise in eine soziale Beziehung geraten kann. Es gibt jeweils einen mehr oder weniger geschlossenen Kreis legitimer Akteure. Die Grenze dieses Kreises kann allerdings nicht als ein für allemal gültig betrachtet werden, denn es entstehen immer wieder neuartige Ich-Du-Beziehungen, die entweder abgelehnt, neutral geduldet oder anerkannt werden können oder müssen.

Wenn man diese Ergebnisse auf die verwendete theoretische Konzeption bezieht, ergibt sich folgender Schluss: Die dyadische Konstellation muss um den dritten Akteur erweitert werden, andernfalls lassen sich die empirisch beobachtbaren bzw. die am historischen Material rekonstruierbaren Grenzziehungsprozesse nicht begreifen.

Um diesen Schluss nachvollziehen zu können, soll zunächst die anfänglich verwendete dyadische Konstellation skizziert werden. Dabei steht der Begriff der Erwartungs-Erwartungen im Mittelpunkt. Anhand der Differenz von Erwartungen und Erwartungs-Erwartungen lässt sich nämlich trennscharf herausarbeiten, wie sich ausgehend von der Dyade – der Beziehung zwischen Ego und Alter – das Spezifische des Gegenstands soziologischer Forschung erfassen lässt.

Ego nimmt Alter wahr und entwickelt in der Interaktion Erwartungen bezüglich des weiteren Verhaltensablaufs auf der Seite von Alter. Wenn Alter dies entsprechend tut, kann man davon sprechen, dass Ego und Alter ihr Verhalten aufeinander abstimmen. Dabei befinden sich Ego und Alter in einer Situation einfacher Kontingenz, denn unwägbar kontingent ist das Verhalten des begegnenden Gegenübers. Dies ist allerdings nicht der soziologisch relevante Sachverhalt. Dieser erfordert eine weitere Steigerung der Beziehungskomplexität.

Ego ist ein Selbst, das zwischen sich und seiner Umwelt unterscheidet. Es merkt, was es der Umwelt und was es sich selbst zurechnen muss und kann so zwischen Wahrnehmen und Eigenaktivität unterscheiden und beides miteinander vermitteln.

Ego beobachtet Alter als ein Selbst, das seinerseits zwischen Umwelt und Selbst unterscheidet und Wahrnehmen und Eigenaktivität aufeinander abstimmt.

Weiterhin erfährt Ego sich als ein Selbst, das in der Umwelt von Alter vorkommt, d.h. als ein Selbst, das von Alter als ein Selbst beobachtet wird, in dessen Umwelt Alter vorkommt. Es handelt sich bei Ego und Alter jeweils um ein Selbst,

- das seine Umwelt wahrnimmt,
- das wahrnimmt, dass in seiner Umwelt ein anderes Selbst vorkommt,
- das erfährt, dass es von seinem Gegenüber als ein Selbst wahrgenommen wird, das sein Gegenüber als ein wahrnehmendes Selbst wahrnimmt.

---

die hier vorgetragene These gewertet werden, wenn die methodische Bedeutung der in diesen Studien enthaltenen sozialtheoretischen und anthropologischen Annahmen expliziert und die Befunde auf dieser Grundlage neu bewertet worden sind.

In einer solchen hochkomplexen Beziehung erfahren sich Ego und Alter wechselseitig real als ein anderes Subjekt; dieser für die soziologische Analyse konstitutive Sachverhalt wird vor allem von Simmel hervorgehoben (vgl. Simmel 1908, 23).

Damit Ego und Alter ihr Verhalten wechselseitig voneinander abhängig machen bzw. in das jeweils eigene Verhalten das Verhalten des Gegenüber einbauen können, müssen sie voneinander erwarten, dass der jeweils andere den Fortgang der Vermittlung zwischen Wahrnehmen und Eigenaktivität davon abhängig macht, wie sich das Gegenüber präsentiert. Aus der Perspektive von Ego gesprochen: Ego erwartet, dass Alter erwartet, dass Ego das eigene Verhalten vom Verhalten Alters abhängig macht. Für Ego ist damit sowohl das Verhalten von Alter unwägbar als auch das eigene Verhalten, denn Ego macht seine Eigenaktivität von den erwarteten Erwartungen Alters abhängig und diese Unsicherheit existiert für Ego als ein praktisch wirksamer Sachverhalt. Das Gleiche gilt für Alter entsprechend.[12]

Diejenigen, die miteinander in einer solchen Beziehung stehen, nehmen einander nicht nur wahr, sondern sie müssen anhand der Wahrnehmung entscheiden, ob der wahrgenommene Körper auch als Hinweis darauf gewertet werden kann, dass der andere ebenfalls wahrnimmt und Erwartungen hat. Die Existenz des alter Ego schließt immer eine zweifache Deutung ein: zum einen eine fundierende Deutung, durch die entschieden wird, ob es sich überhaupt um ein Gegenüber handelt, das Erwartungen hat; zum anderen eine auf der fundierenden aufbauende Deutung, durch die Ego versucht zu ermitteln, gemäß welcher Erwartungen Ego von Alter wahrgenommen wird.

Diese komplexe Wechselseitigkeit diente dazu, im Feld soziale Beziehungen zu identifizieren (vgl. Lindemann 2001, 2002a, 2003). Dabei diente mir Sprache als ein einfach zu handhabendes Kriterium. Diejenigen Entitäten, die sich sprachlich aufeinander beziehen, habe ich als soziale Akteure gedeutet. Denn ein sprachlicher Bezug aufeinander beinhaltet notwendigerweise Erwartungs-Erwartungen. Dies wird weiter unten genauer ausgearbeitet. Nach der Identifikation einer Kernklasse von Akteuren, konzentrierte sich die Analyse darauf, wie im Feld mit zweifelhaften Entitäten umgegangen wird. Wie wird entschieden, ob jemand eine soziale Person ist oder ob er aus diesem Kreis herausfällt?

Für die weitere Argumentation beziehe ich mich auf die Daten, die der Beobachtung des Umgangs mit Patientinnen auf einer neurologischen Frührehabilitation entstammen.[13] Neurologisch schwerstgeschädigte Patienten werden auf eine solche Station überwiesen, wenn ihr Zustand medizinisch soweit stabilisiert ist, dass sie selbständig atmen können und es Anlass zu der Hoffnung gibt, dass sie wieder einen Zustand erreichen, in dem sie ihre Umwelt bewusst wahrnehmen und sozial interagieren können. Initial ist es fraglich, ob solche Patienten überhaupt ihre Umwelt bewusst wahrnehmen. Wenn das als gesichert gilt, stellt sich als weiteres Problem, dass solche Patientinnen lernen müssen, Wahrnehmen und Eigenaktivität miteinander zu koordinieren. Schon einfachste Formen der Nahrungsaufnahme stellen eine anspruchsvolle Koordinations-

[12] Diese hochspezifische Komplexität, die soziale Beziehungen kennzeichnet, ist der sachliche Grund, weshalb Parsons (1968) und Luhmann (1976, 1984) den Terminus doppelte Kontingenz verwenden.

[13] Für das Weitere vgl. , 294–314).

leistung dar. Wenn ein Patient z.B. mit einem Teelöffel voll mit Bananenbrei gefüttert wird, muss er den Brei in seinem Mund merken und den Brei durch geeignete Bewegungen durch den Mund befördern und dann schlucken. Dabei muss anfangs das Problem gelöst werden, dass der Patient nicht panisch reagiert, wenn er überhaupt etwas in seinem Mund merkt. Nach einer langen Phase der künstlichen Ernährung, kann es offensichtlich eine höchst beunruhigende Erfahrung sein, überhaupt etwas im eigenen Mund zu spüren. Erst wenn diese Schwierigkeit überwunden ist, geht es darum, Brei zu essen. Die dabei erforderliche hochanspruchsvolle Koordination von Merken und Wirken muss eine Patientin mühevoll neu lernen. Wenn solche elementaren Wahrnehmungs- und Koordinationsleistungen zumindest im Ansatz gelingen, kann sich im Weiteren die Frage stellen, ob ein Patient aktuell als ein symbolverwendender Körper existiert.

Die einfachste Form einer Symbolverwendung, die ich beobachten konnte, besteht darin, auf eine Frage mit Ja oder Nein zu antworten.[14] D.h. konkret: Kann die Geste einer Patientin, die eine schwere neurologische Schädigung erlitten hat, i.S. einer Ja/Nein-Antwort auf eine Frage verstanden werden, d.h. als ein Symbol für Ablehnung oder Zustimmung.

In der feldinternen Terminologie wird dies als Verwendung eines „Ja/Nein-Kodes" durch die Patientin bezeichnet. Bei der Verwendung eines solchen Kodes müssen zwei Probleme geklärt werden:

1. Wie wird der Patientenkörper als ein Symbole verwendender Körper gedeutet?
2. Welche Gesten können als Symbole gedeutet werden, die ja oder nein mitteilen?

Mit Mead ist die Verwendung eines Ja/Nein-Kodes problemlos als ein Gebrauch von Symbolen zu verstehen, denn was das Verständnis von Ja-Gesten und Nein-Gesten betrifft, reagieren Ego und Alter in gleicher Weise auf das Symbol, das dadurch zu einem signifikanten Symbol wird (vgl. Mead 1924–25, 323).[15] In der hier verwendeten

[14] Diese Form der Symbolverwendung war auch diejenige Interaktion, die als einfachste Form sprachlicher Interaktion bezeichnet werden kann. Die anfänglich verwendete Strategie, sprachliche Interaktionen als konstitutiv durch wechselseitige Erwartungs-Erwartungen strukturiert anzusehen, kann damit als empirisch legitimiert gelten.

[15] Allgemein spielt der Symbolbegriff in der Soziologie vor allem im Anschluss an Mead eine Rolle. Dessen Theorie des „signifikanten Symbols" (Mead 1924–25) lässt sich als ein weiterer Beleg dafür heranziehen, dass die in den verschiedenen soziologischen Theorieansätzen formulierten grundlegenden Sozialitätskonzeptionen konvergieren. Mead begreift das signifikante Symbol nämlich als etwas Drittes, das zwischen Ego und Alter vermittelt und es ihnen erlaubt, ihre Handlungen in hochkomplexer Weise aufeinander abzustimmen. Die konstitutive Bedingung für die Entstehung von signifikanten Symbolen ist für Mead die Zweierbeziehung. Eine (Laut-)Gebärde ist nämlich dann ein signifikantes Symbol, wenn es in dem, der sie äußert, die Tendenz zu der gleichen Reaktion hervorruft, wie in dem, an den sie gerichtet ist (vgl. Mead 1924–25, 323). Genaugenommen ist eine Vielzahl von Zweierbeziehungen erforderlich, denn das Individuum muss die Erfahrung machen, dass nicht nur ein anderer, sondern viele andere in der gleichen Weise auf die Gebärde reagieren, wie es selbst (vgl. Mead 1922, 296 f.). D.h.: Ego macht mit vielen, die ihm gegenüber die Rolle des Alter einnehmen, die gleiche Erfahrung. Die darin enthaltene Generalisierung bezeichnet Mead als Bezug auf einen verallgemeinerten Anderen. Diese Konzeption des signifikanten Symbols sowie die darin

Terminologie der Erwartungs-Erwartungen lässt sich die den Ja/Nein-Kode tragende Beziehungsstruktur präzise beschreiben. Wer eine Geste als Symbol für Zustimmung oder Ablehnung bei der Beantwortung einer Frage verwendet, muss realisiert haben, dass an ihn eine Frage gestellt wurde. Dies beinhaltet die Erwartung des Fragenden zu antizipieren, auf seine Frage eine Antwort zu erhalten. Wenn derjenige, der die Antwort erhält, das Verhalten des Gegenüber mit Bezug auf diese Beziehungskomplexität auffasst, nimmt er das Gegenüber nicht einfach nur als Körper wahr, der auf einen Reiz reagiert oder Gefühle zeigt, sondern als ein Bewusstsein, das sich als in der Beziehung stehend erfährt und sein Verhalten von der Beziehungskonstellation her steuern lässt. Genau diesen Sachverhalt muss eine Patientin in ihrer Reaktion auf die Frage zeigen. Es muss am Verhalten ablesbar sein, dass die Patientin auf die Erwartung des Fragenden, eine Antwort zu erhalten, reagiert hat. Nur in diesem Fall gilt ihr Verhalten als ein Verhalten, das die Verwendung eines Ja/Nein-Kodes, d.h. eines Symbols für Ablehnung oder Zustimmung, belegt.

Bei meiner Beobachtung habe ich mich auf die professionellen Interpretinnen der Patientenkörper beschränkt. Dazu gehören zum einen Therapeutinnen (Musik- und Ergotherapie, Logopädie), Schwestern und Ärzte. Indirekt wurde ich auch mit Deutungen von Angehörigen vertraut, nämlich insofern, als diese von professionellen Interpretinnen diskutiert und entweder verworfen oder angenommen wurden.

Die Klärung der Frage, ob ein Patientenkörper symbolisch kommuniziert, ist ausgesprochen schwierig, denn es steht nicht im Vorhinein fest, welche Gesten als Symbole zu betrachten sind. Es kann eine Bewegung der Augenbraue sein oder eine Blickwendung in eine bestimmte Richtung, eine Kopfbewegung o.ä. Solche Gesten müssen drei Anforderungen genügen, die man auch als Interpretationsregeln bezeichnen kann:

1. Die Regel des zeitlichen Zusammenhangs: Die Reaktion des fragwürdigen Körpers ist nur dann eine Antwort, wenn sie zeitlich dicht auf die Frage folgt. Es ist nicht von vornherein festgelegt, wann die Antwort spätestens zu erfolgen hat. Aber der Zeitraum wird in wenigen Sekunden und nicht etwa in Minuten oder Stunden bemessen.
2. Die Regel der Angemessenheit: Die Reaktion des fragwürdigen Körpers ist nur dann eine Antwort, wenn die Fragende die Antwort als sinnvolle Antwort auf ihre Frage verstehen kann.
3. Die Regel der Allgemeinheit: Die Reaktion des fragwürdigen Körpers ist nur dann eine Antwort, wenn eine deutlich wiedererkennbare Geste möglichst gegenüber mehreren oder allen Beobachtern in dichtem zeitlichen Abstand als Reaktion auf die Frage folgt.

Die Fragen, deren Beantwortung auf diese Weise kontrolliert wird, sind sehr einfach. Sie ergeben sich aus den Erfordernissen der Therapie bzw. des medizinischen und pflegerischen Umgangs mit der Patientin. „Tut es weh?“ ist z.B. eine häufig gestellte Frage bei der Ergotherapie. In deren Rahmen werden die Arme und Beine eines Patienten, die

enthaltene Generalisierung ist im Weiteren in die empirischen Analysen des symbolischen Interaktionismus als leitende Annahme eingegangen. Es wurde dabei aber nie das Konzept des signifikanten Symbols selbst mit den Mitteln empirischer Forschung zum Gegenstand gemacht. Vgl. etwa Strauss (1967).

bei Wachkomapatientinnen in bizarren Körperhaltungen verkrampft sind, gegen die Muskelanspannung rein mechanisch in eine alltäglichere Haltung hineingebogen. Wenn z.B. die Füße dauerhaft gestreckt sind, ist es für die Patienten unmöglich zu stehen, denn die Haltung ihrer Füße würde es nur erlauben, mit den Zehenspitzen den Boden zu berühren. In einem solchen Fall wird der Fuß rein mechanisch in einen rechten Winkel zum Bein gebogen. Derartige Prozeduren sind für den Patienten oft schmerzhaft und werden deshalb nur dosiert durchgeführt. Bei der Musiktherapie werden einer Patientin Musikstücke vorgespielt, oder sie kann mit Klangkörpern arbeiten. In diesem Kontext kann eine Frage lauten: „Gefällt dir die Musik?“ oder „Gefallen dir diese Klangkörper?“

Wenn ein Patient als Reaktion auf eine solche Frage eine Reaktion zeigt, muss entschieden werden, ob diese als „Ja-Geste“ oder „Nein-Geste“ zu werten ist. Wenn es sich bei der Geste um eine symbolische handelt, zeigt die Patientin: Sie hat die Lautfolge „Gefällt dir die Musik?“ als Frage verstanden und reagiert deshalb auf die Lautfolge nicht wie auf einen einfachen Wahrnehmungsreiz, sondern sie versteht die Frage und reagiert auf die in der Frage enthaltene Erwartung, eine Antwort zu bekommen. Wenn die Reaktion für den Therapeuten einsichtigerweise den drei genannten Regeln folgt, handelt es sich um ein Symbol. Die Patientin reagiert z.B. immer wieder mit einem Heben der Augenbraue für „ja“ und zwar in einem dichten zeitlichen Abstand, d.h. innerhalb von ca. 1–3 Sekunden. Darüber hinaus muss die Antwort als nachvollziehbar erscheinen. Dies wird z.B. durch Gegenfragen geprüft. Eine Patientin sollte auf Gegenfrage „Gefällt dir die Musik nicht?“ keinesfalls mit dergleichen Geste wie auf die erste Frage reagieren. Tut sie es, wird sie nicht als Symbolverwenderin interpretiert. In jedem Fall muss die Geste einen Allgemeinheitswert haben, d.h. der Therapeut interpretiert die Geste dann als ein Symbol, wenn er erwartet, dass ein anderer Therapeut diese Geste ebenfalls wiedererkennbar im Sinne eines Ja/Nein-Kodes deuten wird.

Die ersten beiden Regeln (zeitlicher Zusammenhang und Nachvollziehbarkeit) könnte man problemlos von einer dyadischen Konstellation her begreifen. Sie lassen sich rekonstruieren, ohne dabei mehr als zwei Akteure, nämlich die Patientin und die Therapeutin zu berücksichtigen. Dies ist nun bei der letzten Regel nicht mehr der Fall. Diese beinhaltet eine grundlegende Triangulierung der Dyade. Es gibt nicht zwei Dyaden: Patient-Therapeut/1 sowie Therapeut/1-Therapeut/2, die beziehungslos nebeneinander bestehen, sondern das Geschehen innerhalb der dyadischen Konstellation Patient-Therapeut/1 wird strukturell davon bestimmt, was sich in der Dyade Therapeut/1-Therapeut/2 ereignet, bzw. was in dieser Hinsicht antizipiert wird. Therapeut/2 wird dadurch zum Dritten der Dyade Therapeut/1-Patient. Ich zitiere hierzu aus den Interviews mit zwei Therapeuten:

IP: „Ein Ja/Nein-Kode spricht sich schnell rum bei allen Therapeuten. Es ist dann immer noch die Frage, welcher Ja/Nein-Kode sich dann etabliert. Das ist dann immer sehr unterschiedlich, weil dann sagt die Pflege, er macht es so und so oder sie macht es so und so und dann sagt jemand von den Therapeuten, nee ich hab gedacht, der geht so und so und dann kann es sein, dass wir auch erst einmal unterschiedliche Kodes anwenden in der Anfangszeit. Das wird dann meistens in der Teambesprechung geklärt. Da wird das dann erzählt und dann geht die Diskussion los, nee ich habe das doch anders gesehen und dann sagt man, ok wir müssen uns natürlich einigen, wir können nicht drei verschiedene Sachen dem Patienten anbieten. Das kann ja kein Mensch koordinieren. Und dann geht es eigentlich relativ schnell. Wenn es irgend jemand feststellt, da gibt es ne Möglichkeit, er kann ganz bewusst es steuern irgend ne Reaktion, dann geht es vielleicht – weiß nicht – ne Woche oder so, dann ist es eigentlich geklärt für alle. Oder wir hängen dann einen Zettel übers Bett, ja bedeutet dies, nein bedeutet dies."

IP: „Dass man dann sagt, dass es wirklich adäquat ist bei einem Patienten, das muss man dann wirklich über mehrere Tage und Wochen beobachten und wenn es mehrere dann wirklich sagen: Der Ja/Nein-Kode ist wirklich adäquat."

Es muss notwendigerweise eine Initialzündung geben. Irgend jemand (Therapeut, Angehörige, Pfleger, Ärztin) interpretiert einen Patienten als Symbolverwender und berichtet davon, dass eine bestimmte Geste als Bestandteil eines Ja/Nein-Kodes gedeutet werden kann. Damit wird der Patient zu einer sozialen Person auf Probe. Aus einer soziologischen Perspektive existiert er jetzt aktuell beobachtbar in einer Konstellation, die durch Erwartungs-Erwartungen gekennzeichnet ist. Wenn es gelingt, die initiale Feststellung durch eine Kaskade weiterer Bestätigungen zu festigen, wird der Patient im Feld zu einem Symbolverwender. Im Sinne der soziologischen Beobachtung ist damit das Problem der fundierenden Deutung gelöst und es ist geklärt, wie die Gesten des Patienten zu verstehen sind. Gelingt die Bestätigungskaskade nicht, fällt der Patient im Feld aus dem Kreis möglicher Symbolverwender heraus, das Problem der Grenzregulierung ist also auf andere Weise gelöst. Im Sinne der soziologischen Beobachtung kann der Patient bis auf weiteres nicht mehr zu denjenigen Entitäten gezählt werden, die aktuell miteinander in ein Verhältnis geraten können, das durch Erwartungs-Erwartungen gekennzeichnet ist.[16] Die Notwendigkeit der Bestätigung durch Dritte bezeichnet eine Art common sense der Station. Dieser führt dazu, dass eine initial in der dyadischen Interaktion beobachtete Symbolverwendung ohne die Bestätigung durch Dritte im Weiteren als entwertet gilt. Dadurch wird systematisch eine „folie à deux" ausgeschlossen. Jeder Interpret des fragwürdigen Patientenkörpers, der eigensinnig darauf beharrt, einen Ja/Nein-Kode zu entdecken, wo ihn niemand anders entdecken kann, verspielt seinen Ruf als Interpret von Patientenkörpern und wird im Weiteren nicht mehr ernst genommen.

2.3. Konsequenzen für die Theoriebildung

Um solche Limitierungen zu begreifen, bedarf es offensichtlich einer dritten Instanz, die den Kreis legitimer Ich-Du-Beziehungen begrenzt. Die dritte Instanz lässt sich nicht mit einer reflexiven dritten Position identifizieren, die von den beiden Akteuren eingenommen werden kann.[17] Da die Struktur der sozialen Beziehung immanent eine Distanzie-

[16] Genaugenommen beendet erst der Tod die Existenz im Status eines legitimen Akteurs, denn Bewusstlose werden durch einen komplexen symbolischen Repräsentationsprozess im Status eines legitimen Akteurs gehalten, der indirekt mit anderen in einer Beziehung steht, die durch Erwartungs-Erwartungen gekennzeichnet ist (vgl. 324–346). Aus Platzgründen wird hier auf diese indirekte symbolische Expressivität nicht eingegangen.

[17] Ich halte es für eine offene Frage, ob Habermas in dieser Weise die Rolle des Dritten einführt. Seiner Argumentation zufolge spaltet sich die Kommunikationsrolle von Alter weiter auf, indem sie

rung des Selbst von sich erfordert, agiert ein sozialer Akteur nicht einfach, sondern er agiert als Element der Beziehung, in der er sich situiert. Dies ist nicht einfach spontan, sondern es erfordert, das alter Ego zu deuten und sich entsprechend des Sets von Erwartungen, das Alter an Ego richtet, zu verhalten. Wenn auf die gleiche Weise entschieden würde, ob einer der Beteiligten überhaupt ein sozialer Akteur ist, bzw. ob er überhaupt Symbole verwendet, bleiben nur zwei Möglichkeiten. Zum einen könnten die Elemente der Dyade konsensuell entscheiden, dass es sich bei einem der beiden Akteure nicht um einen solchen handeln soll. Zum anderen bliebe das Ich als einsamer Akteur, der kraft seiner Reflexion darüber entscheiden könnte, ob er mit dieser oder mit jener anderen Entität in einer Ich-Du-Beziehung existiert oder nicht. Beide Argumente sind nicht haltbar. Im ersten Fall wäre es ein in sich widersprüchliches Vorgehen: Der Patient müsste als ein sozialer Akteur anerkannt werden, als ein solcher würde er sich in gleicher Weise wie ein anerkannter, Symbole verwendender Therapeut von sich distanzieren, sich also als ein Element der Dyade erfassen und beide würden sich zueinander ins Verhältnis setzen, um dann festzustellen, dass diese Art des Umweltbezugs für den einen nicht gelten soll, d.h., ein Akteur würde durch einen Akt konsensueller Kommunikation, durch den er als ein sozialer Akteur existiert, auf seinen Status als Akteur verzichten. Im zweiten Fall würde die Zuschreibungsstrategie unzulässigerweise auf das Akteursproblem ausgedehnt. Ob der Patient ein sozialer Akteur ist, würde von der Zuschreibungsstrategie eines individuellen Therapeuten abhängen.

Empirisch lässt sich etwas anderes beobachten. Die Dritte sozialisiert die individuelle Willkür. Ego kann einem potentiellen alter Ego seine Anerkennung nicht gewähren oder entziehen, da Ego unter der Aufsicht eines Dritten steht und deshalb einem Zwang zur Legitimierung seines Anerkennungsvollzugs ausgesetzt ist. Mit Bezug auf das Konzept der Erwartungs-Erwartungen verkompliziert sich die Struktur, von der Sozialität zu denken ist, also in folgender Weise:

Ego erwartet konsistent und dauerhaft Erwartungen auf der Seite einer begegnenden Entität nur dann, wenn Ego die Erwartung eines Dritten antizipiert, dass von dieser Entität Erwartungen zu erwarten sind. Es gibt also nicht einfach den Sachverhalt „Erwartungs-Erwartungen“ wie in der dyadischen Konstellation zwischen Ego und Alter,

---

um die Position von Neuter ergänzt wird. Es bleibt offen, ob Neuter als eine reale Person gedacht wird oder aber als eine Position, die Ego und Alter einnehmen können. In jedem Fall können Ego und Alter aus der Position von Neuter dann ihre jeweiligen Kommunikationsrollen und die vorgetragenen Geltungsansprüche erfassen und bewerten (vgl. Habermas 1995, 58 f.). Auch wenn man annimmt, dass Habermas Neuter als einen realen dritten Akteur versteht, würde sich seine Thematisierung des Dritten in zweifacher Hinsicht von der hier vorgetragenen These unterscheiden. 1. Die Existenz von zwei Akteuren wird von Habermas naiv vorausgesetzt und nicht also solche reflektiert. 2. Habermas führt den Dritten erst an einer systematisch späten Stelle ein. Einfache Symbolverwendung und entsprechend einfach strukturierte Kommunikationen werden im Rahmen einer dyadischen Konstellation analysiert. Die Funktion des Dritten besteht primär darin, die Emergenz von Geltungsansprüchen plausibel zu machen. Wenn man die Probleme der Grenzziehung zwischen Akteuren und Nichtakteuren dagegen empirisch in den Blick nimmt, zeigt sich, dass allein schon die Existenz von Ego und Alter als Elemente der Dyade ohne den Dritten nicht denkbar ist. Im Weiteren wird sich weiterhin zeigen, dass auch die konsistente Verwendung einfacher Symbole ohne den Dritten nicht begriffen werden kann (s.u.).

sondern die dyadische Konstellation entsteht als stabile Konstellation erst dann, wenn es den Sachverhalt gibt, dass Ego von einem Dritten die Erwartung erwartet, dass von der zweiten Entität Erwartungen zu erwarten sind und es sich deshalb bei ihr um ein alter Ego handeln muss. D.h. der Dritte ist die Bedingung der Existenz stabiler Dyaden. Der Dritte ist die Bedingung eines Zwangs zur Anerkennung. Diejenigen Entitäten, die in dieser Weise anerkannt werden müssen, bezeichne ich als legitime soziale Personen.[18]

Der durch den Dritten bedingte Anerkennungszwang setzt den einzelnen Akteuren Grenzen, die als sozial vermittelte Grenzen begriffen werden können: Nicht B allein, sondern B und C entscheiden darüber, ob A ein legitimer Akteur ist oder nicht. Im Bezug auf den dritten Akteur entscheidet sich die Qualität der Beziehung: Handelt es sich bei der Begegnung A-B um eine Ego-Alter-Konstellation oder um etwas anderes. Es ist immer möglich, dass sich spontan eigensinnige quasi-soziale Dyaden bilden. In solche Dyaden können die unterschiedlichsten Entitäten einbezogen werden. Es wäre noch nicht einmal auszuschließen, dass sich etwa Akteur A seinem Fisch als einem Du zuwendet. Im Alltag werden derartige Phänomene häufig vorkommen.[19] In modernen demokratischen staatlich verfassten Gesellschaften wird es allerdings durch dritte Akteure weitgehend verhindert, dass B-Fisch, B-Hund oder auch B-toter Mensch als legitime soziale Akteure gewertet werden.

Wenn empirisch untersucht werden soll, wie der Kreis der sozialen Akteure geschlossen wird, kann die Dyade nicht als konstitutiver Ausgangspunkt angesehen werden. Denn – wie gesagt – als dyadisch strukturiertes Phänomen ist Sozialität ein instabiles Phänomen, das erst durch das Hinzutreten des Dritten ausreichend Konsistenz gewinnt. Entsprechend ist das Verhältnis von Dyade und Triade umzukehren. Die Dyade muss durch das Hinzutreten eines dritten Akteurs als eine legitime Dyade bewertet werden, erst dann kann sie als stabilisierte elementare Einheit des Sozialen, d.h. als eine gültige soziale Beziehung, gewertet werden. Damit ist nicht die Zweierkonstellation, sondern die Dreierkonstellation konstitutiv für Sozialität.

Im Verhältnis zur Dyade kommt dem externen Dritten in zweifacher Hinsicht eine fundierende Bedeutung zu:

1. Er begrenzt die Welt möglicher Ich-Du-Beziehungen, indem er festlegt, mit wem eine soziale, d.h. auch symbolisch vermittelte, Beziehung möglich ist.

---

[18] Die Rede von legitimen sozialen Personen schließt an Webers Legitimitätskonzept an. Weber (1921–22, 16–20) hatte Legitimität auf *das* Dritte bezogen: die Struktur der aufeinander bezogenen Chancen, an denen sich das Handeln von Ich und Du orientiert. Insbesondere meint Legitimität den anerkannt normativ verpflichtenden Charakter der Ordnung – deren „Vorbildlichkeit und Verbindlichkeit" (Weber 1921–22, 16). Dieser Gedanke wird hier auf das Akteursproblem übertragen: Alter ist nicht einfach ein Akteur, sondern er ist ein solcher nur, insofern er es durch die vorbildliche, d.h. von einem Dritten kontrollierte, Interpretation sein muss. Akteure sind vollgültige soziale Akteure, wenn sie legitime Akteure sind und sie sind dann legitime Akteure, wenn sie durch den Bezug auf einen Dritten Akteur Akteure sein müssen. Das Wort „müssen" ist mit Bedacht gewählt, denn es steht den Beteiligten nicht frei, sich dem Akteursstatus willentlich zu entziehen; sie unterliegen einem durch den Dritten Akteur vermittelten „Anerkennungszwang".

[19] Parsons hat vielleicht an solche Phänomene gedacht, als er schrieb: „a man's relationship to his dog is definetely a social interaction relationship" (Parsons 1956, 329).

2. Die in sich stabilisierte Triade ist die Bedingung der Entstehung und Aufrechterhaltung gültiger Symbole, die in der Dyade verwendet werden.

Wenn man die empirischen Ergebnisse systematisch auf das Problem des Zweier- und des Dreierverhältnisses bezieht, ergibt sich Folgendes:

- Wenn man das anthropologische Vorurteil der soziologischen Forschung suspendiert, wird deutlich, dass kommunikative Deutungen zweistufig sind. In einem logisch ersten Schritt wird geklärt, ob ein Körper überhaupt als ein Symbole verwendender Körper zu deuten ist. Darauf baut der logisch zweite Schritt auf, nämlich die konkrete kommunikative Deutung einer symbolischen Geste – etwa im Sinne von Ja oder Nein. Sowie die fundierende Deutung in den Blick genommen wird, erweist sich, dass die Dritte als konstitutive Bedingung der Dyade zu begreifen ist. Die Existenz als ein legitimer Akteur in der dyadischen Symbolverwendung muss durch den dritten Akteur garantiert werden.
- Das Gleiche gilt entsprechend für die Konstitution allgemeingültiger elementarer Symbole, auch diese bedarf des dritten Akteurs. Nur durch den Bezug auf den externen Dritten, d.h. durch dessen Bestätigung, gibt es Symbole, die allgemeine Gültigkeit besitzen.
- Wenn diese konstitutiven Bedingungen als erfüllt vorausgesetzt werden, kann es scheinen, als wäre die dyadische Ego-Alter-Konstellation die konstitutive Bedingung für Sozialität und für den Prozess der symbolvermittelten Interaktion. So erklärt sich, dass die Etablierung einfachster Symbole – wie etwa eines Ja/Nein-Kodes – in der Soziologie bzw. der Sozialtheorie ohne Bezug auf den Dritten gedacht wird.[20] Im Rahmen eines solchen Theoriedesigns muss das Problem der fundierenden Deutung stets als geklärt vorausgesetzt werden.

3. Schluß

Soziologische Theoriebildung und empirische Forschung werden zumeist als getrennte Bereiche behandelt. Dies gilt insbesondere dann, wenn – wie bei Simmel oder Berger und Luckmann – transzendentaltheoretische Annahmen verwendet werden. Hier wurde dagegen das Verhältnis von theoretischer und empirischer Forschung so konzipiert, dass auch die grundlegenden theoretischen Annahmen, wie z.B. das Theorem der Erwartungs-Erwartungen, nur durch ihren Empiriebezug relevant sind. Dadurch geraten theoretische Grundannahmen in ein wechselseitiges Verhältnis zur Empirie: Zum einen

[20] Bei der Diskussion der Entstehung von Institutionen durch Berger/Luckmann (1980) und Luhmann (1972) wird Sprache als gegeben vorausgesetzt. Im Unterschied dazu thematisiert Habermas (Habermas 1995, 38 f.) bei seiner Rekonstruktion des Meadschen Ansatzes auch die Entstehung einfacher Symbole. Dabei misst er dem Dritten aber keine Bedeutung zu. Habermas führt zwar eine über die Dyade hinausgehende Anzahl von Akteuren ein: A, B, C, D, E usw. Entscheidend ist jedoch, dass deren Interaktionen strukturell in die Kommunikationsrollen von Ego und Alter aufgelöst werden. Erst wenn es um die Emergenz von Geltungsansprüchen geht, führt Habermas strukturell den Dritten, nämlich Neuter ein.

fokussieren theoretische Annahmen die Aufmerksamkeit der empirischen Forschung und darüber hinaus müssen sie sich umgekehrt in der Analyse des Materials systematisch bewähren. Andernfalls müssen auch die grundlegend beobachtungsleitenden Annahmen modifiziert werden. Diese Methodologie wurde in der Auseinandersetzung mit dem Empirismus der „science studies“ und dem apriorischen Ansatz Luckmanns entwickelt.[21] Das Argument lässt sich problemlos auch auf Simmel übertragen (vgl. Lindemann 2002c).

Ein solcher Ansatz verschiebt die Koordinaten der Diskussion um die theoretischen Grundlagen der Soziologie: Die quasi-literaturwissenschaftliche Auseinandersetzung mit den klassischen Konzepten bleibt zwar unerlässlich, aber diese müssen so formuliert werden, dass sie sich in einer empirischen Forschung bewähren können. Nötigenfalls müssen auch grundlegende theoretische Konzepte reformuliert werden, wie sich am Beispiel der notwendigen Umarbeitung der dyadischen hin zu einer triadischen Konzeption des Sozialen erwiesen hat.

Bei Simmel und Berger/Luckmann kommt dem Dritten eine Emergenzfunktion zu, denn er wird als Bedingung für die Emergenz sozialer Ordnung begriffen. Davon lässt sich die konstitutive Funktion des Dritten abheben. Der Unterschied liegt darin, dass im Rahmen der Emergenzfunktion des Dritten der Akteursstatus von Ego und Alter nicht grundsätzlich berührt wird. Denn es wird als selbstverständlich bekannt vorausgesetzt, wer als ein sozialer Akteur zu werten ist: lebendige Menschen. Wenn man diese Gewissheit aufgibt, verändert sich das Verhältnis des Dritten zur Dyade. Jetzt gilt Folgendes: Vermittelt über den dritten Akteur befinden sich Ego und Alter in einer Beziehung, in der ein Anerkennungszwang herrscht. Durch diesen wird der Kreis der legitimen Akteure wirksam begrenzt. Der dritte Akteur wird so zur konstitutiven Bedingung der legitimen Dyade und nur eine solche Konstellation erreicht die Stabilität, die für die Entstehung einer sozialen Ordnung erforderlich ist. Dies zeigt sich daran, dass schon die Stabilität und Allgemeingültigkeit einfachster Symbole nur im Rahmen einer Dreierbeziehung begriffen werden können. Dadurch ergibt sich ein überaus enger Zusammenhang zwischen der Ebene der Akteure und der der vermittelnden sozialen Gebilde, denn im triadisch stabilisierten Vergesellschaftungsprozess wird schon auf einer so elementaren Ebene wie der der Konstitution einfachster Symbole darüber entschieden, wer auf welche Weise in die Vergesellschaftung und damit in die kreative Erzeugung sozialer Gebilde einbezogen wird.

Wenn man sich von der Dyade verabschiedet und stattdessen von einem in seinen Grenzen triadisch stabilisierten Vergesellschaftungsprozess als beobachtungsleitender Annahme ausgeht, ergibt sich eine neue Systematik in der empirischen Erforschung von Gesellschaften: Die Analyse erfolgt von außen nach innen. Denn die Aufmerksamkeit ist auf die „Grenzregimes“ von Gesellschaften (vgl. Lindemann in diesem Band) fokussiert. „Grenzregime“ bezeichnet das Insgesamt der Praktiken durch die der Kreis legiti-

---

[21] Hinsichtlich der orientierenden Funktion theoretischer Konzepte für die empirische Forschung ähnelt dieser Ansatz Blumers „sensitizing concepts“ (Blumer 1954). Die Unterschiede ergeben sich daraus, dass Blumer sich mit einer anderen Problemlage auseinandersetzen musste. Ihm ging es darum, dass Theorien nicht ausschließlich i.S. eines Falsifikationismus auf empirische Daten bezogen werden können.

mer Akteure geschlossen wird, die an der kreativen Erzeugung symbolischer Strukturen oder allgemeiner sozialer Gebilde beteiligt sind. Das Grenzregime einer Gesellschaft legt somit fest, wer als ein legitimer Akteur in einer Dyade anerkannt werden muss. Dabei ist aus methodischen Gründen zu beachten, dass prinzipiell alle möglichen Entitäten ein Akteur sein können – auch Tiere, Maschinen, Götter oder solche Entitäten, von denen wir jetzt noch gar nichts wissen. Nur in modernen Gesellschaften ist der Kreis der legitimen sozialen Akteure auf die lebenden Menschen beschränkt. In diesen Gesellschaften werden gesellschaftliche Grenzfragen deshalb als anthropologische Grenzfragen verhandelt, die rein wissenschaftliche Erkenntnisfragen zu sein scheinen. Wann beginnt menschliches Leben? Wann endet es? Wann ist ein Mensch bei Bewusstsein? Sind seine Gesten als symbolische Geste zu verstehen? Bei solchen und ähnlichen Fragen gilt das Wort (natur-)wissenschaftlicher Experten. Aber bei genauerem Hinsehen sind die biomedizinischen Experten nicht allein, vielmehr agieren sie im Zusammenspiel mit den Akteuren anderer gesellschaftlicher Bereiche, nämlich Recht und Politik. In modernen Gesellschaften lenken die Analysen der grundlegenden Grenzfragen die Aufmerksamkeit auf die Bedeutung des Staates, des Rechts und der Wissenschaft für die gültige Konstruktion legitimer Dyaden.[22]

Literatur

Berger, P. L./Luckmann, T., 1966/1980, Die gesellschaftliche Konstruktion der Wirklichkeit. Eine Theorie der Wissenssoziologie, Frankfurt a. M.

Blumer, H., 1954/1986, What is wrong with social theory? in: Ders. (Hg.), Symbolic Interactionism. Perspective and Method, Berkeley, CA.

Callon, M., 1986, Some Elements of a sociology of translation: domestication of the scallops and the fishermen of St Brieuc Bay, in: Law, J. (Hg.), Power, Action and Belief, London.

Fischer, J., 2000, Der Dritte. Zur Anthropologie der Intersubjektivität, in: Eßbach, W. (Hg.), Wir/ ihr/ sie. Identität und Alterität in Theorie und Methode, Würzburg.

Fortes, M., 1987, The concept of person, in: Religion, moralty, and the person. Essays on the tallensi religion, Cambridge/New York/New Rochelle.

Fortune, R. F./Malinowski, B., 1932, Sorcerers of Dobu. The social anthropology of the Dobu Islanders of the Western Pacific, London.

Greshoff, R., 1999, Notwendigkeit einer ‚konzeptuellen Revolution in der Soziologie'?, in: Österreichische Zeitschrift für Soziologie 24, Wiesbaden.

Greshoff, R., 2003, Kommunikation als subjektives Handlungsgeschehen, in: Giegel, H.-J./Schimank, U. (Hg.), 2003, Beobachter der Moderne. Beiträge zu N. Luhmanns ‚Die Gesellschaft der Gesellschaft', Frankfurt a. M.

Habermas, J., 1995, Theorie des kommunikativen Handelns, 2 Bände, Frankfurt a. M.

Haferkamp, H., 1987, Autopoietisches soziales System oder konstruktives soziales Handeln? Zur Ankunft der Handlungstheorie und zur Abweisung empirischer Forschung in Niklas Luhmanns

---

[22] Für eine historische Analyse dieses Zusammenspiels am Beispiel der Frage des Todeszeitpunktes vgl. Lindemann (2003).

Systemtheorie, in: Haferkamp, H./Schmid, M., 1987, Sinn, Kommunikation und soziale Differenzierung. Beiträge zu Luhmanns Theorie sozialer Systeme, Frankfurt a. M.

Hallowell, A. I., 1960, Ojibwa Ontology: Behavior and World View, in: Diamond, S. (Hg.), Culture in History: Essays in Honor of Paul Radin, New York.

Joerges, B., 1995, Prosopoietische Systeme, in: Halfmann, J. (Hg.), Technik und Gesellschaft, Jahrbuch 8: Theoriebausteine der Techniksoziologie, Frankfurt a. M./New York.

Knorr Cetina, K., 1991, Die Fabrikation von Erkenntnis. Zur Anthropologie der Naturwissenschaft, Frankfurt a. M.

Latour, B., 1988, The Pasteurization of France, Cambridge, Mass., London.

Latour, B./Woolgar, S., 1979, Laboratory Life. The Social Construction of Scientific Facts, London/Beverly Hills.

Lindemann, G., 1999, Doppelte Kontingenz und reflexive Anthropologie, in: Zeitschrift für Soziologie 28.

Lindemann, G., 2001, Die reflexive Anthropologie des Zivilisationsprozesses, in: Soziale Welt 52.

Lindemann, G., 2002a, Die Grenzen des Sozialen. Zur sozio-technischen Konstruktion von Leben und Tod in der Intensivmedizin, München.

Lindemann, G., 2002b, Person oder System. Ein Vergleich der Differenzierungskonzepte von Simmel und Luhmann. Vortrag auf dem 31. Kongress der Deutschen Gesellschaft für Soziologie, 7.–11. Oktober 2002 in Leipzig.

Lindemann, G., 2002c, Kritik der Soziologie, in: Deutsche Zeitschrift für Philosophie, 50/2.

Lindemann, G., 2003, Beunruhigende Sicherheiten. Zur Genese des Hirntodkonzepts, Konstanz.

Litt, T., 1926, Individuum und Gemeinschaft. Grundlegung der Kulturphilosophie, Leipzig.

Luckmann, T., 1970/1980, Über die Grenzen der Sozialwelt, in: Lebenswelt und Gesellschaft, Paderborn/München/Wien.

Luhmann, N., 1972, Rechtssoziologie (2. Bd.), Reinbek bei Hamburg.

Luhmann, N., 1976, Generalized Media and the Problem of Contingency, in: Loubser, J. J. e.a. (eds.) Explorations in General Systems Theory in Social Science. Essays in Honor of Talcott Parsons, New York/London.

Luhmann, N., 1980, Gesellschaftliche Struktur und semantische Tradition, in: Ders. (Hg.), Gesellschaftsstruktur und Semantik. Studien zur Wissenssoziologie der modernen Gesellschaft, Frankfurt a. M.

Luhmann, N., 1984, Soziale Systeme. Grundriß einer allgemeinen Theorie, Frankfurt a. M.

Luhmann, N., 1988, Die Wirtschaft der Gesellschaft, Frankfurt a. M.

Luhmann, N., 1995, Jenseits von Barbarei, in: Ders. (Hg.), Gesellschaftsstruktur und Semantik IV. Frankfurt a. M.

Mead, G. H., 1922/1987, Eine behavioristische Erklärung des signifikanten Symbols, in: Ders., Gesammelte Aufsätze I, Frankfurt a. M.

Mead, G. H., 1924–25/1987, Die Genesis der Identität und die soziale Kontrolle, in: Ders., Gesammelte Aufsätze Bd. I, Frankfurt a. M.

Mead, G. H., 1934/1967, Mind, Self, and Society, Chicago/London.

Parsons, T., 1956, Boundary Relations between Sociocultural and Personality Systems, in: Grinker, R. R. (Hg.), Toward a unified theory of human behaviour: An introduction to general systems theory, New York.

Parsons, T., 1968, Interaction: Social Interaction, in: International Encyclopedia of the Social Sciences Bd. 7, New York.

Simmel, G., 1907/1989, Philosophie des Geldes, Frankfurt a. M.

Simmel, G., 1908/1983, Soziologie. Untersuchungen über die Formen der Vergesellschaftung, Berlin.

Strauss, A., 1974, Spiegel und Masken, Frankfurt a. M.

Weber, M., 1921–22/1980, Wirtschaft und Gesellschaft, Tübingen.

Welker, M., 1992, Einfache oder multiple doppelte Kontingenz, in: Krawietz, W./Welker, M. (Hg.), Kritik der Theorie sozialer Systeme, Frankfurt a. M.

Werle, R., 2002, Technik als Akteurfiktion, in: Rammert, W./Schulz-Schaeffer, I. (Hg.), Können Maschinen handeln?, Frankfurt a. M./New York.

JOACHIM FISCHER

Der Dritte/Tertiarität

Zu einer Theorieinnovation in den Kultur- und Sozialwissenschaften

Die nachfolgenden Überlegungen versuchen die inzwischen vielerorts entwickelten Hypothesen, die Figur des Dritten bilde das Kraftfeld einer Innovation in der Sozialtheorie, in drei Schritten zu bündeln und zuzuspitzen. Zunächst (1) wird postuliert, dass die Kultur- und Sozialwissenschaften immer schon auf eine Sozialtheorie als erkenntnistheoretische *und* ontologische Basistheorie zurückgreifen, wobei diese basale Sozialtheorie bisher dominiert wird durch eine Theorie des „Anderen" (ego und alter ego, „Ich und Du", doppelte Kontingenz etc.). Unter dieser Voraussetzung werden nun vier Argumente systematisiert (2), die eine grundlegende Berücksichtigung des „Dritten" in der Sozialtheorie beanspruchen: 1. das Argument des sprachlichen Systems der Personalpronomen, 2. das Argument der Familiarität oder ödipalen Konstellation, 3. das Argument der Genese und Geltung von Institutionalität (einschließlich der Sprache als „Institution der Institutionen") durch den Dritten, 4. das Argument der auf den Anderen nicht reduzierbaren typologischen Fülle des Dritten. Abschließend werden die Konsequenzen skizziert (3), die eine um den „Dritten" angereicherte Sozialtheorie als Basistheorie der Kultur- und Sozialwissenschaften für deren (erkenntnistheoretisches) Verhältnis *zum* Gegenstand wie für (ontologische) Verhältnisbestimmungen *im* Gegenstand hat.[1]

1. Sozialtheorie als Basistheorie der Kultur- und Sozialwissenschaften

1.1. Basistheorie der Kultur- und Sozialwissenschaften

Seit sich die Geistes-, Kultur- und Sozialwissenschaften im 19. Jahrhundert als eigene Wissenschaftsgruppe in Abgrenzung zur Theologie, zur Naturwissenschaft und zur Philosophie begründen, rekurrieren sie in ihrer Grundlegung auf etwas, das man als Sozialtheorie oder Intersubjektivitätstheorie bezeichnen kann. Die sozialtheoretische

[1] Heike Delitz danke ich für kritische und kreative Kooperation bei mehreren Lehrveranstaltungen zum Thema.

Grundlegung erlaubt dieser Wissenschaftsgruppe, sowohl ihr besonderes *Verhältnis zum Gegenstand* (das Erkenntnisverhältnis zur sozio-kulturellen Welt) wie auch die besonderen *Verhältnisse im Gegenstand* (die Ontologie der sozio-kulturellen Welt selber) zu bestimmen.

Die Basisstellung einer solchen Sozialtheorie für die Kultur- und Sozialwissenschaften macht man sich am besten klar im Vergleich zu den wissenschaftstheoretischen und ontologischen Fundierungen der anderen Wissenschaftsgruppen. Die Theologie begründet ihr Verhältnis *zum* Gegenstand in dem unhintergehbaren Vermitteltsein durch einen transzendenten Dritten – Gott –, der sich offenbart als Voraussetzung von Erkennbarkeit überhaupt. Die Verhältnisse *im* Gegenstand bestimmt die Theologie von diesem umgreifenden transzendenten Dritten her (in dem „das Dritte" und „der Dritte" verschränkt sind), von dem aus alle in der Welt überhaupt vorfindlichen Relationstypen gestiftet und in den sie eingelagert sind. Die Naturwissenschaften begründen wissenschaftstheoretisch ihr Verhältnis *zum* Gegenstand innerhalb einer Subjekt-Objekt-Relation, wobei das Objekt (die „empirische" Sache), das dem forschenden „Ich" gegenüberliegende „Es" (die natürliche Welt) diese Relation führt; hinsichtlich der Verhältnisse *im* Gegenstand der Naturwissenschaft werden Objekt-Objekt-Verhältnisse postuliert (Naturgesetze zwischen den Elementen, Kausalität). Die Philosophie wiederum, hier in ihrer klassisch-neuzeitlich solipsistischen Gestalt, bestimmt ihr Verhältnis zum Gegenstand innerhalb eines reflexiv gedachten Subjektverhältnisses, in der die Selbstreflexion der denkenden Subjektivität auf die Bedingungen der Erkenntnis als Voraussetzung eines adäquaten Objektzuganges fungiert. Unter dieser transzendentalen Voraussetzung wiederum kann die neuzeitliche Subjekt-Philosophie die Verhältnisse *im* Gegenstand (ihrer Erkenntnis) als eine Fülle verschiedener Relationstypen bestimmen (Kausalität, aber auch Zweckmäßigkeit etc.), unter denen auch bereits Intersubjektivitätsverhältnisse auftauchen (Kampf um Anerkennung, moralische, rechtliche und politische Relationen etc.).

Die Wissenschaftsgruppe der Kultur- und Sozialwissenschaften fundiert sich nun weder in der Relation zu einem transzendenten Dritten noch in der Subjekt-Objekt-Relation, aber auch nicht im reflexiven Subjektverhältnis, sondern in einer Intersubjektivitätstheorie. Diese Wissenschaften begreifen sowohl ihr Erkenntnisverhältnis *zum* Gegenstand intersubjektivitätstheoretisch wie sie auch *innerhalb* ihres Gegenstandes – der sozio-kulturellen Welt – Intersubjektivität als Basisrelation unterstellen. Wenn Hermeneutik als prominenter methodischer Zugang *zum* „Gegenstand" der Kultur- und Sozialwissenschaft die Operation des „Verstehens" etabliert (Dilthey), dann ist damit ein intersubjektives Erkenntnisverhältnis aufgebaut: Das wissenschaftliche Erkenntnissubjekt versteht die sozio-kulturelle Objektivation als „Ausdruck" des „Erlebens" eines Anderen, eines anderen Subjekts. Das „Sinnverstehen" des Erkenntnissubjekts (Schütz 1974), das sich aufbaut im Bezug auf ein handelndes alter ego, ist der methodische Leitbegriff dieser Wissenschaftsgruppe (Habermas 1982, 89–305).

Zugleich gehen die Kultur- und Sozialwissenschaften *innerhalb* ihres Gegenstandes von basalen intersubjektiven Relationen aus, von Tausch- oder Kooperationsverhältnissen, von Konflikten bzw. Kampf um Anerkennung, von Dialog und Begegnung, also intersubjektiven Relationen, die sie zunehmend abstrakter zusammenfassen: als „Interaktion" oder „Kommunikation", als sinnhaft aneinander orientierten Verhaltensweisen von Handlungs- und Erlebenssubjekten, als „Erwartungserwartungen". In der Basisrelation der Intersubjektivität spielt sich *„das* Dritte" ein, das *immanente* „Dritte": Institutionalität, sinnhaft operierende Systeme, Sprache, Diskurse oder das intersubjektiv entdeckte weltimmanente Dritte: das Lebendige der Natur (Krüger 2002, 76).

Diese sozialtheoretische Fundierung ist nicht trivial, sondern hat Konsequenzen für den autonomen Erkenntnisanspruch der Kultur- und Sozialwissenschaften. Indem sie mit dem Intersubjektivitätsverhältnis ansetzen (oder innerhalb desselben), bestreiten sie nicht die Relationstypen der Subjekt-Objekt-Relation oder der Objekt-Objekt-Relation oder der reflexiven Subjektrelation, auch nicht den Relationstyp der Institutionalität oder Medialität (das weltimmanente Dritte), sondern sie stiften eine neue Prioritätenfolge: Das Intersubjektivitätsverhältnis geht den anderen Relationstypen voraus. In der Konsequenz der Fundierung der Kultur- und Sozialwissenschaften liegt es, anzunehmen (und dementsprechend zu forschen): Das Intersubjektivitätsverhältnis geht dem Subjekt-Objekt-Verhältnis (der Erschließung der Natur etc.) und dem reflexiven Subjekt-Verhältnis (der Identitätsbildung etc.) und der weltimmanent operierenden Medialität (der Sprache, dem Sinnsystem etc.) voraus oder, vorsichtiger gesagt, die Intersubjektivität als Basisrelation modifiziert diese anderen Relationen.[2]

1.2. Dyadische Sozialtheorie

Wenn man die Sozialtheorie in dieser Schlüsselfunktion für die Kultur- und Sozialwissenschaften umrissen hat, dann sieht man im nächsten Schritt, dass sie zunächst und zumeist immer als *dyadische* Intersubjektivitätstheorie oder Alteritätstheorie angelegt ist: „ego" und „alter ego", das eine Subjekt und das zweite Subjekt, „Ich" und „Du", Identität und Alterität, Dialog, Begegnung, „doppelte Kontingenz" (Luhmann 1984) sind die entsprechenden Formeln, entlang derer sich die sozialtheoretische Reflexion in verschiedenen Varianten auskristallisiert. Wichtige Bezugsdenker (Husserl, Buber, Heidegger, Sartre, Marcel, Schütz, Löwith, Binswanger, Jaspers u.a.) dieser dyadischen Sozialtheorie hat Michael Theunissen unter dem Titel der Kategorie „Der Andere" dargestellt, differenziert und kritisch diskutiert (Theunissen 1965). Die Sozialtheorie nimmt notwendig eine dyadische Form an, weil eben das zweite Subjekt, ein anderes Subjekt oder der „Andere", den spezifischen Relationstypus der Intersubjektivität stiftet und damit diese Relation von der Subjekt-Objekt-Relation, der Objekt-Objekt-Relation und dem reflexiven Subjektverhältnis unterscheidbar macht: Das zweite Subjekt ist erstens auch *ein* Subjekt und zugleich ein *anderes* Subjekt.

Deshalb kann man sagen: Mit der Theorieentdeckung des „Anderen" und der Erforschung der Eigenlogik der Alterität beginnt wissenschaftstheoretisch *und* ontologisch

---

[2] Da auch die Philosophie spätestens im 20. Jahrhundert – in der Wendung zur Sprache und Dialogizität als Letztinstanzen – eine „Transformation der Philosophie" (Apel) von der Begründung im selbstreflexiven Subjekt zur Begründung in der intersubjektiven Vermitteltheit aller Erkenntnis vollzogen hat, ist sie an der Ausarbeitung der Sozialtheorie mit beteiligt; die These ist aber, dass der Impuls für diese „Transformation" der Philosophie aus den Erfahrungen der Wissenschaftsgruppe der Kultur- und Sozialwissenschaften stammt.

die Besonderung der Wissenschaftsgruppe der Kultur- und Sozialwissenschaften. Das dyadische Paradigma ist einerseits die Basis, um die methodische Besonderheit des Zuganges *zum* Gegenstand zu klären: die Verstehenstheorie als spezifische kultur- und sozialwissenschaftliche Erkenntnistheorie abzuheben von der Erkenntnistheorie der Naturwissenschaften – des Erklärens – und der philosophischen Erkenntnistheorie der Selbstreflexion auf die transzendentalen Bedingungen der Erkenntnis. Damit ist nicht gesagt, dass kultur- und sozialwissenschaftliche Zuwendung zu ihrem Gegenstand nicht auch die anderen Erkenntnisrelationen berücksichtigen würde, sondern nur die Spezifik ihrer genuin intersubjektiven Erkenntnisrelation hervorgehoben. Das dyadische Paradigma ist andererseits die Basis, *innerhalb* des Erkenntnisgegenstandes – der soziokulturellen Sphäre – intersubjektive Grundverhältnisse anzusetzen (Interaktion zwischen Subjekt und dem Anderen, Dialog, Begegnung, Machtbeziehungen, Kampf um Anerkennung, Konflikt und Verständigung, praktische Intersubjektivität, doppelte Kontingenz etc.), um nun aus dem Eigenwirbel des Intersubjektivitätsverhältnisses die Bildungen des Subjekt-Objekt-Verhältnisses und der reflexiven Identitätsbildungen der Subjekte zu rekonstruieren. Es gibt – vom dyadischen Paradigma aus gesehen – einen Anderen vor dem Selbst, seiner Selbstreflexion, *und* vor der Subjekt-Objekt-Relation. Von dieser intersubjektiven Basis aus verfolgt, erscheint das Weltverhältnis nicht egologisch aufgebaut, sondern intersubjektiv vermittelt, ebenso wie das Identitäts- oder Selbstverhältnis nicht auf einem Für-sich-Sein beruht, sondern aus der Veränderung dieses Für-sich-Seins durch den „Blick des Anderen", seinen Anruf, sein Antlitz hervorgeht.

1.3. Entdeckung des „Dritten"

Die Frage ist, ob die Sozialtheorie abschließend oder zureichend angelegt ist, wenn sie als dyadische Intersubjektiviätstheorie angelegt wird. Diese Frage spiegelt sich im 20. Jahrhundert in vielerorts implizit oder explizit auftauchenden Verweisen und Reflexionen auf die „Figur und Funktion des Dritten". Viele Einzelwissenschaften innerhalb der Wissenschaftsgruppe der Kultur- und Sozialwissenschaften – Soziologie, Sozialpsychologie, Philosophie, Literaturwissenschaft, Rechtswissenschaft, Wirtschaftswissenschaft, Psychiatrie etc. – sehen sich von der Sache her genötigt, auch auf Figuren und Funktionen des Dritten zu rekurrieren, um ihren jeweiligen Gegenstand angemessen ordnen zu können. „*Der* Dritte" meint dabei nicht „*das* Dritte" – wie die Sprache, das System, den Diskurs –, sondern den personalen Dritten. Dessen Funktion kommt implizit nicht nur in der kultur- und sozialwissenschaftlichen Verhältnisbestimmung *zum* Gegenstand ins Spiel – wie in der teilnehmenden Beobachtung, der Operation der Übersetzung, dem Streit der Interpretationen, der Triangulierung von Methodenzugängen –, sondern auch hinsichtlich der Verhältnisbestimmungen *im* Gegenstand – die parasitäre Konstellation, die Figuration des Sündenbocks, die Mediation, die dritte Position des Beobachters oder Voyeurs, die Hybridfigur etc.

Die Theorieentdeckung des „Dritten" führt zugleich klassische „Fragmente zum Dritten" bzw. zentrale Theoreme bei klassischen Autoren herauf, die bisher übersehen wurden, und führt sie zusammen. Zu Simmels fundamentaler Reflexion auf die Figuren und Funktionen des Dritten, bereits in seiner Grundlegung der Soziologie als einer Formenlehre der „Wechselwirkung" (Simmel 1968, 73–94), tritt Freuds Präparierung der ödipalen Konstellation als dynamische Basisfiguration der Familiarität (Freud 1930, 338–359). Unter dem Eindruck von beiden wird „der Dritte" innerhalb der Sozialphilosophie zum ersten Mal als konstitutiv für die sozio-kulturelle Welt gesehen bei Theodor Litt, der in der Verknüpfung von hermeneutischer, phänomenologischer und idealistischer Denktradition Denkvoraussetzungen kombiniert, aus denen *der* Dritte neben der Dyade in der Sozialtheorie systematisch werden kann (Litt 1926, 236–241). Weitere sozialtheoretische Beobachtungsstücke zum „Dritten", oft auf *eine* Figur oder Funktion beschränkt, finden sich im französischen Denkraum bei Sartre, bei Lacan, bei Levinas, Serres, Girard, aber auch im Umkreis der rational-choice-Theorie bei Coleman in der Figur des „agent" im Unterschied zu den „actors". Bereits Theodor Caplow hatte von diesem Ansatz aus systematische Beobachtungen zu „Triaden" vorgelegt (Caplow 1968).

All diese Fragmente muss man miteinander verknüpfen, um einen Vorgriff auf einen Paradigmenwechsel in der Sozialtheorie zu erreichen.[3] Identität und Alterität um die dritte Figur, um „Tertiarität" zu ergänzen (Fischer 2000, 104), d.i. ein Schritt über die Grenze der Dyade hinausgehen, heißt zugleich, die Figur des Dritten zwischen Alterität und „das Dritte" schieben (Institutionalität oder Medialität), zu der die dyadischen Modelle zu rasch und unvermittelt übergehen. In der sozialtheoretischen Figur des Dritten wird schließlich der „transzendente Dritte" – Gott –, in dem das Dritte *und* der Dritte als umgreifende transzendente Größe verschränkt vorgestellt sind, *immanent*. Die Funktionen und Figuren des Dritten werden konkrete weltimmanente Größen, deren konstitutive Leistung für die sozio-kulturelle Welt beobachtbar werden. In dieser Denkbewegung vom transzendenten zum immanenten Dritten wird Theologie zur Anthropologie depotenziert, die als Philosophische Anthropologie das kognitive Potential dieser Theologie eines „transzendenten Dritten" bewahrt. Nur die Philosophische Anthropologie, die systematisch – in ihrer Theorie – den Körperleibbezug des Menschen, seine „exzentrische *Positionalität*", durch die Rekonstruktion jeder sozio-kulturellen Welt präsent hält, entwickelt das Sensorium, den systematischen Stellenwert des *konkreten*, personalen Dritten für die Sozialtheorie als Basistheorie der Kultur- und Sozialwissenschaften bis in alle Konsequenzen zu verfolgen.

[3] Sozialtheoretisch relevante Synopsen und Kombinationen zur Figur des Dritten bei Caplow (1968), Ruskin (1971), Siep (1979), Hartmann (1981), Waldenfels (1997), Breger/Döring (1998), Röttgers (2002); ausführlich bei Bedorf (2003) und Wetzel (2003). Seit 2002 einschlägig auch das Konstanzer Graduiertenkolleg von Albrecht Koschorke: „Die Figur des Dritten".

2. Systematisierung der Argumente: der Dritte/Tertiarität in der Sozialtheorie

Wenn die Sozialtheorie als Basistheorie der Kultur- und Sozialwissenschaften fungiert, dann muss die Berücksichtigung einer „dritten“ Figur und Funktion Konsequenzen haben, sowohl was das sozialepistemologische Verhältnis dieser Wissenschaften *zum* Gegenstand als auch was das sozialontologische Relationsgefüge *innerhalb* des Gegenstandes betrifft. Bevor man sich dieser Frage zuwendet, gilt es die Mehrfachentdeckung des „Dritten“ zu systematisieren. Es gilt zu klären, welche Argumente für die systematische Berücksichtigung der dritten Figur innerhalb der Intersubjektivitätstheorie sich unterscheiden lassen. Wenn die Relevanz des „Dritten“ angesprochen ist, dann ist damit nicht „das Dritte“ gemeint – das Objekt, den Gegenstand, das Thema –, auf das sich ego und alter ego beziehen. Klar ist auch, dass „der Dritte“ nicht „das Dritte“ im Sinne des Mediums meint – die Sprache, der Code, der Diskurs, das System –, das sich zwischen ego und alter ego bildet oder in dem sie als immer schon vermittelt vorgestellt werden. Über den Anderen hinaus den „Dritten“ in der Sozialtheorie zu postulieren, heißt ihn als eine Figur zu vermuten, die nicht auf den Anderen reduziert (eine Wiederholung der Funktionen des Anderen) *und* die in ihrer Potenz und in der Brisanz ihrer Effekte nicht durch die Figur eines Vierten oder Fünften überboten werden kann. Die über den Dritten geführte Sozialtheorie verändert den Blick auf die Identität, aber auch den auf Alterität und weiter den auf Pluralität oder Komplexität. Der Dritte oder „Tertiarität“ ist der Kniff zwischen Identität und Alterität und Alterität und Komplexität. Die These ist, dass mindestens vier unterscheidbare Argumente das Paradigma des „Dritten“ oder der „Tertiarität“ stützen: 1. das Argument des Sprachsystems der Personalpronomen, 2. das Argument der Familiarität oder ödipalen Konstellation, 3. das Argument der Genese und Geltung von Institutionalität durch den Dritten, 4. das Argument der typologischen Fülle des Dritten, nur vergleichbar der Fülle der Gegebenheitsweisen des Anderen, aber nicht auf Funktionen des Anderen zurückführbar.

2.1. Sprachformales Argument: System der Personalpronomen

Sprache gilt als „das Dritte“, das in seinem Verweissystem alle Relationstypen (das Selbstverhältnis, das Weltverhältnis, das Sozialverhältnis) vorprägt und ausrichtet. Umgekehrt wird der kommunikative Kern jedes Sprachsystems aber durch das „System der Personalpronomen“ gebildet, in dem die basale Intersubjektivitätsstruktur sich ein formales und flexibles Bezeichnungssystem erst schafft. Am Aufbau der Sprache – „das Dritte“ – ist „der Dritte“ oder die dritte Position im innersten Kern des Sprachsystems der Personalpronomen immer mitbeteiligt, wenn der formale Stellenplan der Sprache in jeder Sprechsituation die elementaren Kommunikationsrollen verteilen lässt: Ich, Du, *Es, Er* bzw. *Sie*, Wir, Ihr, Sie (Elias 1978, 132–145).

Das System der Personalpronomen kann Schritt für Schritt als ein flexibles System von Perspektivendifferenzierung oder Gefüge von Relationstypen analysiert werden, das sich jeweils vom Sprecher in seinem Zeigfeld („hier“, „da“, „dort“) aufbaut. „Ich“

markiert sprachlich die Identitätsposition, „Du“ die Alteritätsposition, „Es“ die Objektposition. Genau genommen sind „Ich“ und „Du“ *Personal*pronomen, während „Es“ das Pronomen für eine irgendwie impersonale *Sache* bildet. Den Anderen in der „zweiten Person“ als „Du“ ansprechen heißt, ihn dezidiert nicht als Objekt, als „Es“ zu markieren, sondern als eine Subjektposition – wie die vom Sprecher, aber eben eine andere, *alter* ego-Position. Nun wird aber zusätzlich jemand in der „dritten Person“ – „Er“ oder „Sie“ – vom Sprecher aus ansprechbar und damit eine weitere Subjektposition markiert, die aber anders als das anwesende „Du“ angesprochen – nämlich in ihrer Distanz oder potentiellen Abwesenheit –, und zugleich definitiv anders als ein Etwas – ein „Es“ – erfasst wird, nämlich personal. Sonst bedürfte es innerhalb der Denk- und Sprachökonomie des Systems der elementaren Kommunikationsrollen der Unterscheidung „Es“ von „Er/Sie“ nicht. In der dritten *Person* „Er“ oder „Sie“ liegt außer dem „Nicht-Ich“ und dem „Nicht-Du“ (Humboldt 1963, 139) auch das Nicht-Es, die Abhebung von „etwas“. Die Figur des personalen Dritten ist also formal in der Sprache immer bereits mit vorgesehen, unterschieden von dem sachlichen Dritten als einer nichtpersonalen Größe. Dass die „dritte Person“ in Differenz zur Sache – „Es“ – durch die kommunikative Intelligenz der Sprache noch einmal geschlechtlich in „Er“ oder „Sie“ unterschieden wird, liegt an der potentiellen Abwesenheit der dritten Person in der kommunikativen Situation, in der sie Thema wird. In der Stelle der „dritten Person“ überschreitet die Intersubjektivitätssphäre die Grenze kommunikativer Erreichbarkeit unter sich wahrnehmenden Anwesenden. Weil in der Situation, unter Bedingungen der Anwesenheit, das Geschlecht der beteiligten Subjekte unmittelbar wahrnehmbar ist, bedarf es nicht der geschlechtlichen Differenzinformation im Personalpronomen „Du“, wohl aber in der „dritten Position“, die im Besprochenwerden außer Reichweite der Wahrnehmung sein kann.

Die Schlüsselrolle der dritten Person im Sprachsystem der Personalpronomen wird aber erst im Übergang zu Personalpronomen der Pluralität deutlich sichtbar. Von „Ich“ und „Du“ aus ist – als kommunikativer Ausdruck einer Kooperation oder eines Konfliktes – das „Wir“ erreichbar, mehr aber nicht. Um das Sprachsystem der Fürwörter mit seinen weiteren Pluralstellen („ihr“, „sie“) zu erreichen bzw. in der Kommunikation auszuschöpfen, ist hingegen die dritte personale Positionsfigur für die Konstellation notwendig: „Wir“ sehen „ihn“ an, oder „ihr“ seht mich an, oder beiseite gesprochen: Jetzt sehen „sie“ „mich“ an. Zugleich ist die dritte personale Position hinreichend: Ein Vierter oder Fünfter bringt nur Modifikationen des Bekannten, insofern ist auch kein Personalpronomen für eine vierte oder fünfte Intersubjektivitätsposition ausdifferenziert. Das ist ein elementarer Befund, wenn Sprachlichkeit überhaupt sich erst im elementaren Zeigfeld intersubjektiver Positionen bildet. Wenn das System der Personalpronomen den kommunikativen Kern sprachlicher Vermitteltheit bildet, dann ist die in jeder Sprache (in Varianten) mit ihrer Fürwörterserie oder dem System der Personalpronomen ausdifferenzierte „Stelle“ eines personalen Dritten ein Argument für die systematische Berücksichtigung des Dritten in der Sozialtheorie.

2.2. Sozialisationstheoretisches Argument: Familiarität oder ödipale Konstellation

Familiarität lässt sich gar nicht anders fassen als ein Inventar von dyadischen *und* triadischen Relationen. Elementar sozialbiologisch ist die dritte Position des Kindes ein Resultat von Vater und Mutter, wie umgekehrt sozio-kulturell die emotional-kognitive Sozialisation jedes Neuankömmlings sich in einer Triangulierung entfaltet. Ödipale Konstellation meint immer zugleich das faktische geschlechts- und generationendifferente Soziodrama des Kindes im Verhältnis zu Vater und Mutter wie den „Familienroman" (Freud), die Ebene des Phantasmas, der Fiktionen, in denen die Einbildungskraft die Figuren des Anderen und des Dritten in symbolische und narrative Größen der Vorstellungswelt und damit der Kultur verwandelt. Insofern ist das Argument der Familiarität für die Relevanz des Dritten in der Sozialtheorie immer zugleich ein sozialisationstheoretisches *und* ein fiktionswissenschaftliches oder literaturwissenschaftliches (Koschorke 2000).

Als Schlüsselerfahrung gilt dabei nicht die von vornherein mitspielende Präsenz des Dritten im familialen Geschehen, sondern das affektiv geladene Gewahrwerden dieser Präsenz, das Auftauchen des Dritten in der überraschten Wahrnehmung als eines weiteren Anderen neben dem einen Anderen, der Bezugsperson, mit der das Kind in Beziehungen der Kooperation, des Tausches, des Konfliktes, der Vertrautheit bereits eingespielt ist. Der Blick zwischen dem Anderen und dem Dritten, dessen Wechselseitigkeit das Kind bemerkt, in den es aber nicht involviert ist, enthält so für das ihn wahrnehmende und mit ihm phantasierende Subjekt gegensätzliche Erfahrungen wie die der Entlastung/Neutralisierung und die der Exklusion, der Nichtzugehörigkeit. In welcher historischen Gestalt Familiarität auch auftritt (Lenz 2003), diese Beziehung zwischen dem Anderen und einem weiteren Anderen rückt das Kind strukturell aus der Teilnahme an einer Beziehung (mit dem einen Anderen) in die Beobachterperspektive einer Beziehung (zwischen Anderen und Dritten) – des Intersubjektivitätsphänomens selbst, und setzt es strukturell zugleich einer Ausschließung aus dem Intersubjektivitätsgeschehen aus; der Dritte ist Bedingung der Distanzbildung, stimulierender Eckpunkt der Urteilsbildung, und der Dritte ist Bedingung der Exklusions- und Einsamkeitserfahrung, damit des Inklusions- und Zugehörigkeitsbegehrens jeder Menschwerdung (Oevermann 1979; Allert 1997, 251–262). Das Auftauchen eines Vierten und Fünften im Familiengeschehen wiederholt und modifiziert dyadische und triadische Figuren und vermehrt die Beziehungskomplexität, bringt aber hinsichtlich der kognitiv-affektiven Identitätsbildung keine grundsätzlich neue Perspektivierung (Fivaz-Depeursinge/Corboz-Warnery, 2001).

Die familial konstituierten und imaginierten Dyaden und Triaden bilden den Fond der Wirklichkeitsmodellierung überhaupt, der kritischen und kreativen Schematisierung von Welt. Indem das Auftauchen der dritten Figur im elementaren Sozialisationsgeschehen Grunderfahrungen und Grundimagines konstituiert, die der Andere allein nicht stiften kann, ist Familiarität oder die ödipale Konstellation oder „Triangulierung" ein Argument für die systematische Berücksichtigung des Dritten in der Sozialtheorie als Basistheorie der Kultur- und Sozialwissenschaften.

2.3. Institutionentheoretisches Argument: missing link zwischen Interaktion und Institution

Jede Sozialtheorie muss einen Übergang zwischen einer handlungstheoretischen und einer systemtheoretischen Ebene aufweisen können, zwischen den beteiligten Akteuren ego und alter ego mit ihren Perspektiven *und* dem Faktum einer objektivierten Ebene (*das* Dritte) der Institutionen, der Systeme, der Sprache, in deren Medialität die Perspektiven der Beteiligten eingelassen und so einander und je für sich selbst vermittelt sind.

Theorietechnisch ist der Dritte, die Figur des Dritten, die denknotwendige Figur, um den Übergang zwischen Interaktion und Institution systematisch vorstellen zu können. Zwei können eine Regel verabreden, nach der sie ihr Verhalten orientieren, nach der sie sich typisieren, bis hin zur gewohnheitsmäßigen Abgestimmtheit; doch können sie die Regel, die Typisierung als personale Urheber verhandelnd auch ändern. Erst der Dritte, der ihre Regel übernimmt, löst dadurch die geregelte Beziehung von diesen Akteuren ab und objektiviert sie ihnen gegenüber (Litt 1926, 236–241; Berger/Luckmann 1969, 56–72). Indem der Dritte die Regel übernimmt, verkörpert, löst sie sich von den Akteuren ab, es bildet sich eine anonyme „Körperschaft“, eine Institution: „man“ macht das so, „es“ läuft.

Mit diesem Institutionenargument kommt auch der sozialtheoretische Untergrund von System- und Sprach- bzw. Diskurstheorien in den Blick. Erst durch die Figur des Dritten bildet sich so etwas wie Relationalität in Gestalt von System oder Diskurs: „es“ kursiert, im Kursierenden ist der „Diskurs“ da als eine abgelöste Größe; „es“ läuft, in der Anschlussfähigkeit des Dritten ist das „System“ da. Die in der Figur des Dritten inkarnierte abgelöste „Relationalität“ bedeutet für die dyadischen Akteure der Interaktion: es läuft, es kursiert, ego und alter können nichts mehr machen, sie brauchen nichts mehr zu machen. Erst jetzt lässt sich sozialtheoretisch sagen, „das Dritte“ – etwas wie ein System oder ein Diskurs – bildet sich in Selbsterzeugung und Selbstbeobachtung, und dieses „Etwas“ bildet seine Selbstsymbolisierung und Selbstbeschreibung aus. Noch grundlegender kann man in der sprachphilosophischen Debatte beobachten, dass die Sprache – als „Institution der Institutionen“ (Apel) – nur aus einer triadischen Konstellation rekonstruierbar ist. So lassen sich Wittgensteins Überlegungen zur Regelbefolgung und zur (Un-)möglichkeit einer Privatsprache so denken, dass es notwendig einer dritten Figur als Mehrheitsbeschafferin bedarf, um konsistent einer Regel folgen zu können, mithin zu sprechen und zu denken (Wittgenstein 1984).

Der Dritte ist der Übergang zwischen Interaktion und Institution in beiden Richtungen: Er ist die reale Möglichkeit, dass sich die Regel von der Situation löst, abhebt, verselbstständigt, anonymisiert, und er ist die reale Möglichkeit, dass sich die Regel in der Situation, im Kontext verkörpert, konkretisiert, Konsistenz gewinnt. Als „exzentrische Positionalität“ (Plessner) bildet der Dritte einen Doppelaspekt: „Exzentrisch“ abstrahiert sich in seinem Tun die Regel von der dyadischen Interaktion, verwandelt sich in „das Dritte“ gegenüber den beteiligten Subjekten, aber weil er eine Figur ist und Position bezieht (da er „Positionalität“ ist), verkörpert sich „das Dritte“ auch in ihm – der dritten Person. Der Dritte als missing link, die notwendige, aber auch hinreichende Bedingung für den Übergang zwischen Interaktions- und Institutionenebene, bildet ein weiteres Argument für die systematische Berücksichtigung des Dritten in der Sozialtheorie.

2.4. Materiales Argument: die Fülle der Figuren und Funktionen des Dritten

Die Sozialkategorie des „Anderen" bündelt eine Vielzahl nicht aufeinander rückführbarer dyadischer Figurationen (Dialog, Kooperation, Tausch, Vertrag, Konflikt, Anerkennung, Freundschaft, Liebe, Fürsorge etc.), die bereits an der Basis der dyadischen Sozialtheorie die Vielfalt der sozio-kulturellen Welt für die Thematisierung durch die Kultur- und Sozialwissenschaften vorstrukturieren. Eine Phänomenologie des Dritten, die alle seine Gegebenheitsweisen herankommen lässt, klärt über eine Fülle von Figurationen auf, die, da sie nicht auf dyadische Konstellationen rückführbar sind, offenbar den Komplexitätsgrad der sozio-kulturellen Welt steigern und in einer Weise ausgestalten, wie es durch eine dyadisch basierte Sozialtheorie nicht erschließbar ist.

Es gibt nicht nur den Anderen als Dialogpartner, sondern den abwesenden Dritten als Gesprächsthema; nicht nur den Anderen als Koakteur, sondern den Dritten als Beobachter, Lauscher, Zeugen; nicht nur den Einen und den Anderen, die voneinander entfernt sind, sondern auch den Dritten als Boten, als Übersetzer; nicht nur den Anderen als Kooperierenden, sondern auch den Dritten als Intriganten; nicht nur den Anderen als Vertrauten, sondern den Dritten als Fremden; nicht nur den Anderen als Gegner, sondern den Dritten als Verbündeten; nicht nur den Anderen als Tauschpartner, sondern den Dritten als Händler, als Agenten; nicht nur den Anderen als Umworbenen, sondern den Dritten als Konkurrenten oder Rivalen; nicht nur den Anderen als Opponenten und Antagonisten, sondern den Dritten als Vermittler oder Schiedsrichter; nicht nur den Einen und den Anderen als Gleiche, sondern den Dritten als Herrscher, der nach der Maxime divide et impera sie voneinander differenziert und gegeneinander hierarchisiert; nicht nur den Anderen als Freund, sondern den Dritten als Sündenbock, als Ausgeschlossenen, als gemeinsamen Feind.

So wie nicht nur die Existenz des Anderen, sondern die typologische Fülle der Alterität ein Argument für den „Anderen" in der Sozialtheorie ist, so ist es auch die typologische Fülle des Dritten für dessen Stellenwert in der Sozialtheorie, wenn man phänomenologisch dieses Spektrum der Figuren und Funktionen innerhalb der Kategorie des Dritten vergegenwärtigt. Innerhalb der triadischen Figurationen gibt es nicht nur die Figur des Zuschauers, des Beobachters, des Voyeurs, sondern auch den Übersetzer, den Boten; so gibt es nicht nur den Dolmetscher oder Überbringer, sondern auch den Parasit; nicht nur den Verbündeten gegen den Opponenten, sondern auch den Überläufer oder Verräter, nicht nur den Intriganten, sondern auch den Fürsprecher, den Vormund, den Deligierten, den beauftragten Agenten; nicht nur den Vermittler oder Mediator, sondern auch den Schiedsrichter, die Arbitration; aber auch nicht nur den Richter, sondern auch den Hierarchen, den herrschenden Dritten, der die Differenz zwischen zweien ausbaut zur Staffelung von Rängen; nicht nur den Sündenbock, den ausgeschlossenen Dritten, sondern auch den lachenden, begünstigten Dritten.

„Der Dritte" als Kategorie umschließt ein Spektrum verschiedenster nicht aufeinander rückführbarer Figuren und Funktionen, wie sozialtheoretisch sonst nur die Kategorie des Anderen. Vergleichbare materiale Differenzierungen lassen sich für eine vierte oder fünfte Position nicht aufweisen. Die aufgeführten Figurationen lassen sich nicht auf dyadische Konstellationen zurückbringen, immer aber minimal als eine Dreieckskonstellation aufklären. Insofern bildet das Argument der nicht auf den Anderen rückführbaren typologischen Fülle ein Argument, den Dritten – so wie den Anderen – systematisch in der Sozialtheorie zu berücksichtigen.

3. Konsequenzen: triadische Sozialtheorie als Basistheorie der Kultur- und Sozialwissenschaften

Was sind die Konsequenzen, wenn man die Sozialtheorie systematisch vom Anderen auf den Dritten umstellt, von dyadischer Intersubjektivität auf Tertiarität, ohne dabei die Figur und Funktion des Anderen aus dem Blick zu nehmen? Das lässt sich – in Aufnahme und Kombination der systematisch eingeführten Argumente für den Dritten – wiederum verfolgen am epistemologischen Verhältnis *zum* Gegenstand, das die Kultur- und Sozialwissenschaften ausbilden, und an den ontologischen Verhältnisbestimmungen *im* Gegenstand, die sie grundlegend vornehmen.

3.1. Verhältnis zum Gegenstand

Die These ist, dass die systematisch mit einbezogene Figur des Dritten eine Epistemologie der Kultur- und Sozialwissenschaften ermöglicht, wie sie dem Schema der Alterität allein nicht möglich ist. Die Sozialtheorie der Tertiarität ermöglicht eine Erkenntnistheorie, die mit einer irreduziblen Medialität oder Vermitteltheit der menschlichen Wahrnehmung rechnet, die also eine triadische Relation an die Stelle der dualen Relation von Subjekt-Objekt (Kant) bzw. der dyadischen Relation der Intersubjektivität des Sinnverstehens (Dilthey) setzt. Die Reformulierung der Kantischen Erkenntnistheorie (Verstandesbegriffe des Erkenntnissubjekts als Voraussetzung der Objekterfahrung) durch Peirce ist auch eine Reformulierung der hermeneutisch-phänomenologischen Verstehenstheorie (Verstehen des subjektiv gemeinten Sinns des Ausdrucks des Anderen), insofern die Erkenntnis sowohl von natur- wie geistes-/sozialwissenschaftlichen Gegenständen als Zeichenprozess rekonstruiert wird, der sich nach den Kategorien „Erstheit, Zweitheit und Drittheit" ordnet.

Alle Erkenntnis ist demnach durch Zeichen *vermittelt* und die Zeichenrelation selbst repräsentiert die triadische Relation der Vermitteltheit oder Medialität: Etwas (ein Zeichenmittel) bezieht sich auf Etwas (das Bezeichnete) für Etwas (den „Interpretanten"), also ein weiteres Zeichen in der Zeichenverkettung. Erkenntnis und Sprache werden nach dem Modell der Vermittlung vorgestellt, also einer triadischen Relation, die denkökonomisch auf einer dritten Figur: dem Vermittler beruht (Peirce spricht in dieser semiotischen Erkenntnistheorie vom „Interpretanten" als Vermittler, als Dolmetscher).

Der „Interpretant" ist nicht deckungsgleich mit dem „Interpreten", und doch funktioniert der „Interpretant", die Drittheit im Zeichenprozess, die die Zuordnung des Zeichens zum Bezeichneten vermittelt, *in* einer Zeichen- oder Kommunikationsgemeinschaft, wo für den Fall, dass die Zuordnung fraglich scheint, der „Interpret" des Interpretanten einspringt, sich für einen Interpretanten stark macht. Man kann auch an Simmels Bestimmung denken: Erst der Dritte ermöglicht „Verstand", weil er zwischen zweien eine abgekühlte „Verständigung" herbeiführt.

Solche Bilder des Erkenntnisprozesses als eines Vermittlungsprozesses sind nur von der triadischen Personenkonstellation aus denkbar. Wenn Sozialtheorie als Basistheorie innerhalb von empirischem Datenmaterial steuert, was überhaupt unter Sozialität bzw. Soziokulturalität verstanden wird, dann ist „der Dritte" die Instanz, die die eingeführte Rede von der „Selbst"-beobachtung von sozialen Systemen bzw. Diskursen intersubjektiv zu rekonstruieren erlaubt. Eine dyadische Sozialtheorie unterstellt Erwartungserwartungen, die verstanden werden müssen und innerhalb derer die Methode des Verstehens operieren kann; Erwartungserwartungen sind gleichsam der Platzhalter für die Relation zwischen agierenden Entitäten. Innerhalb der Relation kann aber nicht selbst entschieden werden, ob die Operation des Verstehens greift; die „dyadische" Relation kann sich nicht selbst beobachten, ob eine Erwartungserwartbarkeit (z.B. bei Hirntodfeststellung) vorliegt oder nicht. Erst ein weiterer Anderer, der Dritte, der die Verstehensrelation beobachtet, sichert die Unterscheidung (z.B. bezogen auf menschliche Körper) zwischen agierenden Entitäten und bloßen Dingen. In der Beobachtung durch den Dritten, der die Verstehensvermutung, die Intersubjektivitätsunterstellung des Anderen mit Bezug auf den Ersten stützt oder verwirft, indem er zugleich mit dem Anderen interagiert, wird überhaupt die „Grenze der sozialen Welt" gezogen – was dem Verstehen zugänglich ist, was nicht (Lindemann 2005).

Von ihrem komplexesten Punkt aus, der Figur des Dritten, der triadischen Intersubjektivität aus, erschließt Sozialtheorie überhaupt die Grenzziehungsproblematik des Gegenstandes der Kultur- und Sozialwissenschaften. Erst dann können die Kultur- und Sozialwissenschaften epistemologisch sagen: Ihr spezifischer Gegenstand, die sozio-kulturelle Welt, konstituiere sich in der „Selbst"-beobachtung und „Selbst"-beschreibung dieses Gegenstandes (besser: die Relation der Kommunikation zur „ihr", der Kommunikation, des Systems zu „ihm", dem System, der Sprache zu „ihr", der Sprache)[4], weil diese Relation grundsätzlich verschieden sei von der Subjekt-Objekt-Relation, der selbstreflexiven Subjektrelation und der Relation zwischen Objekten. Und erst insofern sind die Kultur- und Sozialwissenschaften Beobachter zweiter Ordnung, die „Selbst"-Beobachtungen der Kommunikationssysteme oder Institutionen beobachten, sie nehmen eine potenzierte Drittenposition als Voraussetzung der Zugänglichkeit ihres Gegenstandes ein.

---

4 Zu „ihm" selbst soll die Relationalität der Institutionalität von der Relation der reflexiven Subjektivität – zu sich selbst – unterscheidbar machen.

3.2. Verhältnisse im Gegenstand

Was passiert, wenn man mit einer triadischen statt einer dyadischen Sozialtheorie die Verhältnisse *im* Gegenstand der Kultur- und Sozialwissenschaften bestimmt? Die Vorgehensweise einer Sozialtheorie als Sozialontologie besteht zunächst darin, dass sie innerhalb des Gegenstandes elementar verschiedene Relationstypen unterscheidet, die nicht aufeinander rückführbar sind: das Objekt-Objekt-Verhältnis (die Relationen zwischen Dingen etc.), das Verhältnis Subjekt-Objekt (die Relation der „Intentionalität" eines Bewusstseins auf etwas), das reflexive Subjekt-Verhältnis (die Relation der Rückwendung des Subjekts auf sich selbst), das Intersubjektivitätsverhältnis (die Relation zwischen alter ego und ego und die Relation von tertius ego zu alter ego und ego) und das Institutionalitätsverhältnis (die Relation eines Systems oder Diskurses zu „ihm" selbst – dem System oder Diskurs). Diese Relationstypen entsprechen denen, die das System der Personalpronomen in der Koordinierung von sprachlicher Kommunikation zu unterscheiden ermöglicht: die Beziehung von einem „Es" zu einem anderen „Es", die Ich-Es-Beziehung, die Ich-Ich-Beziehung, die Ich-Du oder Du-Ich-Beziehung einschließlich der Wir-Beziehung, die Er/Sie-Du-Ich-Beziehung einschließlich der Ihr- oder Sie-Beziehung, die impersonale Beziehung, die sich im „man" ausdrückt: „man" macht oder denkt es so, oder „es" wird so gemacht oder gedacht.

Die Sozialtheorie muss diese Relationstypen systematisch – in welcher Begrifflichkeit auch immer – unterscheiden, weil sie als *Sozial*theorie die Intersubjektivitätsrelation in ihrer Relationslogik als eigenen Typus herausarbeiten und hervorheben will. Unabhängig von der Unterscheidung der nicht auf einander rückführbaren Relationstypen schlägt nämlich *Sozial*theorie als Basistheorie der Kultur- und Sozialwissenschaften eine Fundierungsordnung der Relationen vor, die bei der Relation der Intersubjektivität ansetzt bzw. von ihr ausgeht. Alle anderen Relationstypen werden als eingebettet in die Relationslogik der Intersubjektivität vorgestellt: Das Selbstverhältnis, das Verhältnis zur Welt, die Verhältnisse in der Sachwelt, das Institutionenverhältnis gelten als vermittelt, modifiziert durch die Logik der Intersubjektivität, oder anders gesagt: Der Bezug zur Natur, die Vorstellung von Verhältnissen in der Natur, das Identitätsverhältnis des Selbst, das Systemverhältnis der Sprache, von Institutionen und Diskursen gelten als eingelagert in die sozio-kulturelle Welt, die ohne die Logik intersubjektiver Relationen sich nicht als sozio-kulturelle Welt aufbaut und insofern nur über eine Hypothese über diese intersubjektiven Relationen rekonstruierbar ist.

Von diesem Punkt aus lässt sich nun beobachten, was sich den Kultur- und Sozialwissenschaften basal erschließt, wenn sie von der triadisch angereicherten und komplettierten Sozialtheorie aus die Bildung des Selbstverhältnisses, des Weltverhältnisses und der Gesellschaft, d.h. komplexer institutionalisierter und systemhafter Vergesellschaftung beobachten.

3.2.1. Selbstverhältnis

Die Vermittlung des *Selbstverhältnisses* durch die dyadische Intersubjektivität bzw. durch die Logik der Sprache oder Institutionalität ist immer dramatisches Thema der verschiedenen Varianten der Sozialtheorie gewesen. Das Gewahrwerden des Anderen, die Beobachtung seines Blicks, führt zu einer Verwandlung der Selbstvertrautheit des Subjekts: zur Depotenzierung oder Dezentrierung seiner Egologie, seinem eigenen mittelpunkthaften Kreisen um sich, aber auch zur umweghaften Identifizierung: Ich bin, aber ich habe mich nicht, darum werde ich erst im Umweg über den Anderen und anders als Du. Das Erscheinen des Anderen bedeutet das Gewahrwerden der Freiheit des Subjekts, insofern der Andere mich nicht nur erkennt wie ein Objekt, sondern mich anerkennt als Andersheit seiner selbst, das Erscheinen des Anderen enthält auch die reale Möglichkeit des Kampfes, insofern beide sich gegenseitig zur Unterwerfung zu zwingen suchen mit dem Resultat der Machtbeziehung, der Über- und Unterordnung. Das Erscheinen des Anderen kann auch Potenzierung meiner selbst bedeuten, insofern es durch Tausch und Kooperation zur Steigerung von Kräften und Kompetenzen kommt. Durch alle diese Formen der dyadischen Intersubjektivität geht das Subjektverhältnis durch „Veranderung" (Theunissen) verändert hervor, die Perspektive auf sich selbst und die Welt ist durch die Perspektive des alter ego vermittelt.

Triadische Intersubjektivität ermöglicht nun einen weiteren Struktureffekt auf die sich bildende Subjektivität, der nicht zum Potential der Dyade gehört. Das Gewahrwerden des Dritten bedeutet für die Subjektbildung die strukturelle Möglichkeit des bewussten Erfassens des Für- oder Gegeneinander zweier agierender Entitäten, der Beziehung zwischen Ich und Du. Das „Ich" ist nicht mehr nur Beobachter des Blickes des Anderen, sondern Beobachter des Beobachters, der zwei Blicke vor sich hat. Damit hat das Ich nicht nur den Anderen, sondern das Verhältnis zwischen sich und dem Anderen vor sich. Die objektive Möglichkeit des Dritten bedeutet für die Subjektbildung die Entlastung von der Zumutung bzw. von der Abhängigkeit vom Anderen, seiner Perspektive in mir; der Dritte bedeutet Wahlfreiheit zwischen dem Einen und dem Anderen, er ermöglicht strukturell das freie Schweben, die Exzentrizität der Subjektivität. Die triadische Urszene verwandelt das Selbstverhältnis, wenn die spontane Einbildungskraft der Subjektivität den Blick des Dritten, der zwei beobachtet, nach innen zieht und den Zuschauerpunkt im Subjekt herausdreht, den von nun an immer möglichen, jeder konkreten Konstellation entzogenen ex-zentrischen Punkt der Subjektposition, den „Blick von nirgendwo". Damit ist das Selbstverhältnis selbdritt geworden, was man in der Terminologie von Freud oder der von Mead ausdrücken kann: ein „Ich" zwischen einem „Es" (der un- und vorbewussten Sphäre der Subjektivität) und einem „Über-Ich" (der Perspektive des Anderen im Subjekt), oder ein „self" zwischen „I" und „me". Neben der gegenwartsbezogenen Ich-Perspektive des eigenen Leibes („Es" oder „I") und der Stimme und dem Blick des Anderen im Subjekt („Über-Ich" oder „me") kann das Subjekt – vermittelt über die Perspektive des Dritten – eine neutrale Sicht auf sich bezüglich seiner selbst einnehmen. Das ist die strukturelle Möglichkeit des Subjektverhältnisses, zwischen den natalen, spontanen Impulsen und der verinnerlichten Orientierung am Anderen zu wägen.

Zugleich aber verwandelt die triadische Urszene das Selbstverhältnis in eine exklusive Größe und stiftet damit die strukturelle Möglichkeit des Solipsismus. Im Erscheinen und Blick des Dritten tut sich der Abgrund der Exklusion und Isolierung auf, wie sie im Verhältnis zum Anderen nicht möglich ist. Das Subjekt sieht im „Blick von nirgendwo" seine konkrete Subjektivität als eine neben anderen, neben vielen wahrgenommen und im vergleichenden Blick gewogen und für überflüssig befunden; das konkrete Subjekt könnte überflüssig sein im gemeinsamen Blick zwischen dem Dritten und dem Anderen, marginal, nicht mehr dazugehörig, es könnte der ausgeschlossene Dritte sein, die auf sich selbst zurückgeworfene Existenz. Neutralisierung und Existentialisierung können als Konstitutionsmomente des Selbstverhältnisses erst von einer triadischen Sozialtheorie rekonstruiert werden.

3.2.2. Weltverhältnis

Die intersubjektive Vermittlung des *Weltverhältnisses*, die Konstitution einer objektiven Außenwelt, enthält zwei Aspekte: die intersubjektive Modifikation des Subjekt-Objekt-Verhältnisses, d.i. des Verhältnisses zur Welt als Außenwelt, und die intersubjektive Modellierung der Vorstellung der Verhältnisse in dieser objektiven Außenwelt.

In der Beziehung der Innenwelt des Subjekts *zu der* Außenwelt ihm gegenüber erscheint diese Außenwelt erst dann objektiviert, wenn auch der Blick des Anderen sie als Außenwelt feststellt. Die Sphäre der Intersubjektivität stößt auf Anzeichen einer Außenwelt, die sie von der gemeinsamen Intersubjektivität, der Mitwelt aus, als objektive Außenwelt der Dinge abgrenzt. Kraft gemeinsamer Interpretation ist die Außenwelt das Reich der Dinge, die nicht den Regeln der Intersubjektivität folgt. Allerdings ist die Grenze zur Außenwelt in der Interpretation immer strittig, immer labil. Erst das Erscheinen des Dritten mit seiner Beobachterperspektive erzwingt eine Stabilität der Objektivität der Außenwelt an der Grenze der intersubjektiven Sphäre. Denn wenn der Dritte mit seiner Beobachtung einem von beiden Anderen zustimmt, bildet sich ein Konsens, minimal ein Mehrheitskonsens, welche die Frage der Objektivität des Verhältnisses zur Welt vorübergehend stabilisiert.

Ein ganz anderer Punkt ist die intersubjektive Vermitteltheit der Vorstellung von den Verhältnissen *in* der objektiven Außenwelt. Im Ergebnis gelten in der natürlichen Außenwelt Verhältnisse zwischen Objekten, also zwischen Dingen oder Größen, denen gerade keine intersubjektive Relation zukommt. Insofern ordnen sich die Verhältnisse in der Außenwelt vollkommen verschieden von den Verhältnissen des Intersubjektivitätsreiches. Zu den Entdeckungen der Kultur- und Sozialwissenschaften gehört aber, dass – ob ontogenetisch oder ethnologisch gesehen – zunächst die Verhältnisse in der Außenwelt immer belebt oder beseelt vorgestellt werden; die Außenwelt ist gleichsam aus dem Fundus der sozio-kulturellen Welt heraus immer „bevölkert" mit agierenden Entitäten vorgestellt. Die Vorstellung der Außenwelt als Verhältnis zwischen bloßen Objekten oder Elementen resultiert also aus einem Abbau eines intersubjektiven Überschusses, der zunächst auch dort – in der Natur – das Vorherrschen von Erwartungserwartungen unterstellt. Im Begriff der „Wechselwirkung" oder der „Korrelation" zwischen Elementen wirkt die Wirklichkeitsmodellierung dyadischer Intersubjektivität nach. Darüber hinaus fällt auf, dass Menschen in der Wirklichkeitsmodellierung dieser objektiven Welt, in ihren Operationen des Identifizierens, Unterscheidens und Koordinierens von Elementen dieser Welt, bevorzugt entlang „trifunktionaler" Schemata klassifizieren und operieren: „1, 2, 3/4" (Brandt 1991). Die Theologie des Trinitätsdenken ist nur ein prominenter Fall dieser Modellierung von Welt. Peirce hat die kognitive-semiotische Operationsweise der „Kommunikationsgemeinschaft" im Hinblick auf die Weltverhältnisse auf die

Termini der „Erstheit, Zweitheit und Drittheit“ gebracht, entlang deren kategorialer Gefüge die Welt in allen Dimensionen komplex reduziert geordnet wird. Wenn man dieses Ordnungsschema nicht erkenntnistheoretisch in einem Apriori des Verstandes verankern will oder metaphysisch in einer Realdialektik der Welt, ließe sich aus der triadischen Sozialtheorie eine Hypothese gewinnen: Die kognitiv-semiotische Anordnung des Objektiven entlang von Erstheit, Zweitheit und Drittheit lehnt sich an die Schlüsselerfahrung der intersubjektiven Veränderung und Triangulierung an, die jedes Erkenntnissubjekt durchläuft, weil in diesen zwischenmenschlichen Doppel- und Drittenfigurationen eine basale und zugleich äußerste Beziehungskomplexität verarbeitet wird, die in der Koordination und Korrelation von agierenden „Elementen“, ihrer Vermittlung und Hierarchisierung sowie in der Dekonstruktion von hierarchisierten Elementen ein Minimalmodell für jede sinnhafte Reduktion von Komplexität abgibt.

3.3.3. Gesellschaft oder das Verhältnis der Institutionalität

Zuletzt ermöglicht eine Sozialtheorie, die systematisch den Dritten mitreflektiert, von der Basis aus eine Rekonstruktion der *Gesellschaft* als im Ansatz komplexe Institutionalisierung bzw. Systembildung, wie sie von keiner dyadisch operierenden Sozialtheorie erschlossen werden kann.

Eine triadische Sozialtheorie kann zweierlei beobachten: *Institutionalisierung durch den Dritten* und *Institutionalisierung der verschiedenen Drittenfunktionen*. Sie kann erstens rekonstruieren, wie Institutionalisierung als Inbegriff komplexer Sozialität – einschließlich der Sprache als „Institution der Institutionen“ – über die Figur des Dritten möglich wird, und zweitens, wie sich komplexe Vergesellschaftung nun in der Institutionalisierung spezifischer Drittenfiguren und -funktionen ausdifferenziert. Institutionalisierung und Systembildung überhaupt als Voraussetzung aller situations- und raumübergreifenden Vergesellschaftung sind über die Figur des Dritten rekonstruierbar: Im Weiterreichen, in der Nachahmung lösen sich die Regeln der Dyade von ego und alter ego ab, treten dem Einen und dem Anderen im Gebrauch durch den Dritten gegenüber, gewinnen in dessen Begleitbewusstsein die Form institutionellen Sachcharakters: „Man macht das so“. Die Ausweitung der Dyade zur Triade ermöglicht den charakteristischen Relationstypus des (sich) selbst steuernden sozialen Systems, der Institutionalität, der Objektivität der sozialen Wirklichkeit: *es* gibt „Gesellschaft“, *es* gibt Sprache.

Unter dieser Voraussetzung von Institutionalität und Systembildung überhaupt greift die Vergesellschaftung nun auf die in Interaktionen auftauchenden und ausgelebten, durch die Einbildungskraft symbolisch aufgeladenen sowohl dyadischen wie triadischen Figurationen zurück, um deren jeweilige Muster zu institutionalisieren, sie als Mechanismen komplexer Vergesellschaftung für bestimmte Funktionen einzurichten. Gesellschaft differenziert sich, indem sie die qualitative Fülle dyadischer und triadischer Figurationen – die in der Familiarität durchgeprobt und eingelebt werden – in Mechanismen oder spezielle Medien der Koordination von Kommunikation verwandelt. Eine dyadisch angelegte Sozialtheorie kann Mechanismen des Tausches, der Kooperation, des Konfliktes, des Vertrauens, der Moral, der Liebe, der Fürsorge als Kernzonen komplexer Vergesellschaftung rekonstruieren: der Ökonomie, der Verständigung, der Intimität, der Erziehung. Eine dyadische Sozialtheorie hat aber aus systematischen Gründen Schwierigkeiten, Markt, Recht, Medien, Politik als gleichursprüngliche Kernfelder einer komplexen Vergesellschaftung aufzuweisen. Letztere haben nämlich eine triadische Grundfiguration und erscheinen somit aus dem Ansatz dyadischer Modelle in den Kultur- und Sozialwissenschaften oft als etwas Sekundäres, Parasitäres, Entfremdetes – gegenüber einer ursprünglichen Vergesellschaftung. Eine triadisch komplettierte Sozialtheorie als Basis der Kultur- und Sozialwissenschaften hingegen ermöglicht es zu zeigen, dass Gesellschaften von Beginn an etwas aus dyadischen und triadischen Figurationen machen, sich in ihnen strukturieren und institutionalisieren. Selbst Dritte als Störgrößen werden in ihrer Funktionalität entdeckt und eingehegt in produktive Faktoren der Kommunikation verwandelt.

Im *Recht* stellen Gesellschaften den schiedsrichternden Dritten systemhaft auf Dauer, der im Konfliktfall von zweien für sie entscheidet (statt Moral), in den *Medien* den Boten und Übersetzer, der füreinander nicht unmittelbar erreichbare Akteure Nachrichten und Meinungen verschiebt (statt unmittelbarer Verständigung), in der *Politik* Inklusion/Exklusion, den von einer Koalition oder einer Mehrheit ausgeschlossenen Dritten (statt Freundschaft), in der *markt*förmigen Organisation der Ökonomie den begünstigten Dritten der Konkurrenz zwischen zweien: den lachenden Dritten (statt Tausch). Der systematische Einbau des Dritten überhaupt *und* die typologische Fülle seiner Figuren und Funktionen ermöglicht es der Sozialtheorie als Basistheorie der Kultur- und Sozialwissenschaften, die Verhältnisbestimmungen im Gegenstand, in der sozio-kulturellen Welt, so reich anzulegen, dass die Komplexität von Vergesellschaftung unverstellt erreichbar wird.

Literatur

Allert, T., 1998, Die Familie. Fallstudien zur Unverwüstlichkeit einer Lebensform, Berlin/New York.

Bedorf, Th., 2003, Dimensionen des Dritten. Sozialphilosophische Modelle zwischen Ethischen und Politischen, München.

Berger, P./Th. Luckmann, 1969, Die gesellschaftliche Konstruktion der Wirklichkeit. Eine Theorie der Wissenssoziologie. Frankfurt a. M.

Brandt, R., 1991, D'Artegnan und die Urteilskraft. Über ein Ordnungsprinzip der europäischen Kulturgeschichte (1,2,3/4), Stuttgart.

Breger, C./T. Döring, (Hg.),1998, Figuren der/des Dritten. Erkundungen kultureller Zwischenräume, Amsterdam.

Caplow, Th., 1968, Two against one. Coalitions in Triads, New Jersey.

Elias, N., 1978, Die Fürwörterserie als Figurationsmodell, in: Ders., Was ist Soziologie?, München.

Fischer, J., 2000, Der Dritte. Zur Anthropologie der Intersubjektivität, in: Eßbach, W. (Hg.): Wir/ihr/sie. Identität und Alterität in Theorie und Methode, Würzburg.

Fischer, J., 2004, Figuren und Funktionen der Tertiarität. Zur Sozialtheorie der Medien, in: Michael, J./Schäffauer, M. K. (Hg.), Massenmedien und Alterität, Frankfurt a. M.

Fivaz-Depeursinge, E./Corboz-Warnery, A., 2001, Das primäre Dreieck. Vater, Mutter und Kind aus entwicklungstheoretisch-systemischer Sicht, Heidelberg.

Freud, S., 1930, Vorlesungen zur Einführung in die Psychoanalyse, Wien.

Habermas, J., 1982, Zur Logik der Sozialwissenschaften. Erweiterte Ausgabe, Frankfurt a. M.
Hartmann, K., 1981, Politische Philosophie, Freiburg.
Honneth, A., 1994, Kampf um Anerkennung. Zur moralischen Grammatik sozialer Konflikte, Frankfurt a. M.
Honneth, A., 2003, Von der zerstörerischen Kraft des Dritten. Gadamer und die Intersubjektivitätslehre Heideggers, in: Ders., Unsichtbarkeit. Stationen einer Theorie der Intersubjektivität, Frankfurt a. M.
Humboldt, W. v., 1963, Ueber den Dualis (1827), in: Ders., Werke in fünf Bänden, Bd. III: Schriften zur Sprachphilosophie, hg. v. A. Flitner/K. Giel, Darmstadt.
Koschorke, A., 2000, Die heilige Familie und ihre Folgen. Ein Versuch, Frankfurt a. M.
Krippendorf, K., 1994, Der verschwundene Bote. Metaphern und Modelle der Kommunikation, in: Merten, K./Schmidt, S. J./Weichsenberg, S. (Hg.), Die Wirklichkeit der Medien. Eine Einführung in die Kommunikationswissenschaft, Opladen.
Krüger, H. P., 2001, Zwischen Lachen und Weinen. Bd. II: Der dritte Weg Philosophischer Anthropologie und die Geschlechterfrage, Berlin.
Lenz, K., 2003, Familie – Abschied von einem Begriff? Siebte Diskussionseinheit: Hauptartikel – Kritik – Replik, in: Erwägen, Wissen, Ethik (EWE), 14/3.
Levinas, E:, 1983, Die Spur des Anderen. Untersuchungen zur Phänomenologie und Sozialphilosophie, Freiburg/München.
Lindemann, G., 2005, The Analysis of the Borders of the Social World: A Challenge for Sociological Theory, in: Journal of Social Behaviour, 35/1.
Litt, Th., 1926, Individuum und Gemeinschaft. Grundlegung der Kulturphilosophie, Leipzig.
Luhmann, N., 1984, Soziale Systeme. Grundriß einer allgemeinen Theorie, Frankfurt a. M.
Oevermann, U., 1979, Sozialisationstheorie. Ansätze zu einer soziologischen Sozialisationstheorie und ihre Konsequenzen für die allgemeine soziologische Analyse, in: König, R./Neidhardt, F./Ludz, P. L. (Hg.), Deutsche Soziologie seit 1945. Sh. Der KZfSS, Opladen.
Peirce, Ch., 2000, Dritte Vorlesung über den Pragmatismus. Die Verteidigung der Kategorie, in: Ders., Semiotische Schriften 1, hg. v. Ch. J. W. Kloesel/H. Pape, Frankfurt a. M.
Röttgers, K., 2002, Kategorien der Sozialphilosophie, Magdeburg.
Ruskin, M., 1971, Structural and unconscious implications of the dyad and the triad: An essay in theoretical integration; Durkheim, Simmel, Freud, in: The Sociological Review, Vol. 19.
Sartre, J. P., 1967, Kritik der dialektischen Vernunft, Bd. I: Theorie der gesellschaftlichen Praxis, Hamburg.
Schütz, A., 1974, Der sinnhafte Aufbau der sozialen Welt. Eine Einleitung in die verstehende Soziologie (1932), Frankfurt a. M.
Serres, M., 1991, Hermes I. Kommunikation, Berlin.
Siep, L., 1979, Anerkennung als Prinzip der praktischen Philosophie. Untersuchungen zu Hegels Jenaer Philosophie des Geistes, Freiburg.
Simmel, G., 1968, Die quantitative Bestimmtheit der Gruppe, in: Der., Soziologie. Untersuchungen über die Formen der Vergesellschaftung, Berlin.
Theunissen, M., 1965, Der Andere. Studien zur Sozialontologie der Gegenwart (2. Aufl. 1977), Berlin.
Waldenfels, B., 1997, Topographie des Fremden. Studien zur Phänomonologie des Fremden, Frankfurt a. M.
Wetzel, D. J., 2003, Diskurse des Politischen. Zwischen Re- und Dekonstruktion, München.
Wittgenstein, L., 1984, Philosophische Untersuchungen, Frankfurt a. M.

Hans-Peter Krüger

Die Antwortlichkeit in der exzentrischen Positionalität

Die Drittheit, das Dritte und die dritte Person als philosophische Minima

Nehmen wir einmal an, die Hypothese in Plessners Philosophischer Anthropologie stimme, dass für die Spezifikation menschlicher Lebewesen in der lebendigen Natur als die letzte Ermöglichungsbedingung eine exzentrische Positionalität in Anspruch genommen wird (vgl. Kapitel 1.1 im vorliegenden Band). Dann stehen wir vor dem Problem, was aus der Fraglichkeit folgt, die sich aus dem Bruch zwischen der Exzentrierung der Verhaltensbildung vom Körperleib weg und der Rezentrierung der Verhaltensbildung solcher Lebewesen auf ihren Körperleib zurück ergibt. Wie können derartige Lebewesen ihre Fraglichkeit überhaupt beantworten, d.h. zu einer Antwortlichkeit gelangen, welche nicht vorschnell mit den jeweils *bestimmten* Fragen und Antworten *innerhalb einer* Kultur des homo sapiens identifiziert wird? Es *muss* (kategorisch) zu *einer* exemplarischen Antwort kommen, die nicht von vornherein die *Bestimmtheit* anderer Antwortmöglichkeiten ausschließt, sondern diese vergleichbar und darin unterscheidbar werden lässt, insofern also im Konjunktiv steht (vgl. zum kategorischen Konjunktiv Krüger 1999, 50 f.). Irgendwie müssen diese Lebewesen die gegensinnigen Zentrierungsrichtungen in ihrer Verhaltensbildung verschränken, in eine Proportion bringen können. Anderenfalls würden sie nicht den *Bruch* zwischen den Richtungen *vollziehen*, sondern *nur* in eine Richtung zentrieren oder sich durch die dualistische Alternative, entweder exzentrieren oder rezentrieren zu müssen, in eine permanente Paralyse treiben. Was folgt produktiv aus der Hypothese für das Problem, unter welchen minimalen Strukturbedingungen die exzentrische Positionalität als realisiert angesehen werden kann?

Ich habe Plessners Antwort auf diese Frage unter den Titeln der „Personalisierung des Individuums" und der „Individualisierung der Person" im Anschluss an seine Sozial- und Kulturanthropologie des Spielens *in* Personenrollen und des Schauspielens *mit* Personenrollen ausgearbeitet (vgl. Krüger 1999, 4. u. 5. Kap.). Dafür habe ich den allgemeinen Personbegriff, d.h. „Personalität", als das „Medium" (vgl. ebd. 193–201, 207 f.) verstanden, durch welches sich exzentrische Positionalität soziokulturell in gemeinschaftlichen und gesellschaftlichen Interaktionen zeigt. In diesem medialen Sinne von Personalität habe ich die „dritte Person" im Allgemeinen als den konzeptionell springenden Punkt herausgestellt (vgl. ebd. 199 f.). Daher freue ich mich über die sozialtheoretische Fassung der Triade der dritten Person (im Unterschied zur Dyade zwischen Ich und Du) als dem „konstitutiven Minimum“ für Soziales in der exzentrischen Positionalität (vgl. Lindemann im vorliegenden Bd., Kap. 2. 1.), das die Fruchtbarkeit der Philosophischen Anthropologie im Vergleich der Sozialtheorien (vgl. Fischer eben hier 2. 2.) demonstriert. Dabei bleibt aus philosophischer Sicht der folgende Unterschied bedeutsam: Die exzentrische Positionalität ist eine exzentrische Weltstruktur, die ich phänomenologisch-semiotische „Drittheit“ im Unterschied zur „Zweitheit“ einer Umwelt nenne (im Anschluss an Peirce vgl. Krüger 2001, 162 f.). Diese Drittheit ist nicht identisch mit ihrem Medium, d. h. der positionalen Personalität als dem „Dritten“ (Dativ von „das Dritte“ im Sinne des Neutrums). Und dieses Dritte ist wiederum nicht identisch mit derjenigen „dritten Person“, die soziokulturell zur Stabilisierung der Realisierung exzentrischer Positionalität unabdingbar ist und sich positiv als Gegenstand bestimmen lässt, wie Lindemann auch empirisch zeigt.

Diese Unterscheidung zwischen der Drittheit (exzentrische Weltstruktur), dem Dritten (positionale Personalität als Medium für die Erscheinungsweise von Phänomenen im Rahmen der Welt) und der soziokulturell bestimmbaren „dritten Person“ (als erfahrungswissenschaftlicher Gegenstand) ist wichtig, um konzeptionell die Veränderungsmöglichkeit der soziokulturell etablierten „dritten Person“ zu veranschlagen. Die soziokulturelle Realisierung der exzentrischen Positionalität durch dritte Personen hindurch verändert sich geschichtlich-künftig. Die mögliche Realisierung exzentrischer Positionalität geht nicht in einer ihrer geschichtlich bestimmten soziokulturellen Realisierungsformen als Gegenstand auf. Die Fraglichkeit der exzentrischen Positionalität wird durch keine soziokulturelle Bestimmung der Personalität als dritte Person in der Sozial- und Kulturanthropologie abschließend beantwortet, da auch diese Anthropologie für ihre Bestimmung dritter Personen erneut exzentrische Positionalität als Drittheit und als das Dritte in Anspruch nimmt, ohne sie kontrollieren zu können. Erfahrungswissenschaftliche Gegenstände können in einem Rahmen von Welt bestimmt werden, aber das Umgekehrte gilt nicht. Bestimmt man die Welt innerhalb eines bestimmten Gegenstandes, wird sie als Sinnhorizont aufgelöst. Durch die Unterscheidung zwischen Drittheit, Drittem und dritter Person lässt sich der mögliche Zirkel, die legitime dritte Person legitimiere die dritte Person nicht nur empirisch, sondern auch der Geltung nach, philosophisch öffnen.

Diese Öffnung hat Lindemann in ihrer „reflexiven Anthropologie“, die die Grenzen des Sozialen als „veränderliche Grenzen“ konzipiert, nicht nur in materialer Hinsicht gezeigt. Sie hat vor allem das Problem einer „erweiterten Deutung“ angesprochen: eine „entscheidende Deutung, die den Kreis derjenigen festlegt, deren Verhalten als kommunikativ aufgefasst werden muss“ (Lindemann 2002, 45). Dies entspricht bei Habermas der von ihm unausgeführten, aber als Komplementarität angesprochenen Differenz zwischen der *Lebenswelt*, die als Kontext dem kommunikativen Handeln vorausgesetzt wird, und den *Weltstrukturen*, die im argumentativen Resultat kommunikativen Handelns der Fortsetzung des kommunikativen Handelns präsupponiert werden (vgl. Habermas 1981, Bd. 2, 182–219). Das Problem der „erweiterten Deutung“ muss ernst genommen werden, weil diese Deutung vor und nach den Leistungen liegt, die innerhalb der sprachlichen Kommunikation erbracht werden können. Es handelt sich um die Frage nach der Grenze für den Zugang zur und für den Abgang aus der sprachlichen Kommunikation. Die Lösung dieses Problems kann nicht in einer symbolistisch vorausgesetzten Lebenswelt oder in Lebensformen vorliegen, die als einfach gegebene angesehen werden (vgl. Wittgenstein 1984, 572). Diese Deutung liegt ebenso wie ihr Problem *geschichtlich zwischen* Lebenswelt / Lebensform und der sprachlichen Kommunikation.

Zunächst (1.) werde ich die Dreierstruktur der Weltauffassung (Drittheit) in der Philosophischen Anthropologie im Kontrast zu anderen philosophischen Weltkonzipierungen erläutern. Hier vergleiche ich Plessner mit K. Jaspers' Existenzphilosophie und N. Luhmanns allgemeiner Theorie selbstreferentieller Sozialsysteme. Jaspers und Luhmann stellen zwei Extreme in dem gegenwärtigen Spektrum von Auffassungen der Welt dar. Während Jaspers die Innenwelt markiert, privilegiert Luhmann die Außenwelt und ihre Reduktion auf Umwelt. Im Vergleich mit diesen beiden Positionen tritt die Eigenart des Plessnerschen Ansatzes der Mitwelt hervor. 2. komme ich auf das Dritte zurück, d.h. auf die Personalität als das interaktive Medium, das in der Anschauung die Phänomenbegegnung und in der semiotisch-sprachlichen Rekonstruktion die Freilegung des in Anspruch Genommenen ermöglicht. Diese bei Plessner positionierte Personalität liegt systematisch gesehen vor dem heutigen Streit zwischen den Paradigmen der Subjektivität (Henrich) und der Intersubjektivität (Habermas). 3. erinnere ich an das Schauspielmodell der dritten Person, das zwar soziokulturelle Bestimmbarkeit von zurechenbaren Rollen ermöglicht, aber als Potential auch Abstand von den gerade etablierten Personenrollen hält, wodurch diese von vornherein als geschichtlich-künftig änderbare konzipiert werden (vgl. zum mentalen Wandel Plessner 1982; zum sozialhistorischen Wandel Sennett 1986).

1. Die Besonderheit der Dreierstruktur von Welt (Drittheit) in der Philosophischen Anthropologie Plessners im Vergleich mit Jaspers und Luhmann

Für den systematischen Vergleich philosophischer Weltauffassungen empfiehlt es sich, von einer phänomenalen Grundsituation auszugehen, die zwar von vielen Autoren her bekannt ist, aber in ihrer Beschreibung sehr verschieden ausgelegt wird. *Einerseits* nehmen wir uns von außerhalb her wie neben uns stehend wahr als uns in einer Szenerie bewegend. Wir können in dem Mittelpunkt dieser Szenerie vorkommen, aber auch an ihrem Rande oder aus ihr verschwunden sein. Die Szenerie kann in dieser Hinsicht exzentrisch entleert werden bis auf einen Rest des Rahmens von Erwartungen darüber, was in ihr noch auftreten könnte. *Andererseits* können wir alles uns Begegnende schon immer spontan auf die Position des eigenen Körperleibes hin fokussieren, aus dem heraus wir kund tun und agieren und in den hinein wir erleben. Wir können in solchen Fokussierungen *aufgehen*, so dass wir nicht mehr gleichzeitig neben (oder hinter oder über) uns stehend die Szenerie als ganze anschauen. Es entfällt dann augenblicklich die Realisierung der Möglichkeit, als ob wir aus unserem Körperleib heraus noch woanders stünden, von woher wir sähen und hörten. Die Exzentrierung löst sich so rezentrisch in der Intensität der augenblicklichen Begegnung auf. Beide Richtungen, in denen exzentrisch von außerhalb wie nebenher oder rezentrisch von sich her und auf sich hin fokussiert wird, können auseinander fallen oder sich in verschiedenen Proportionen überlagern. Jaspers und Plessner thematisieren den *Zusammenhang beider Zentrierungsrichtungen als ein Grenzproblem*, aber doch auf verschiedene Weise. Bei Jaspers bietet es sich an, mit dem zu beginnen, das er das *Umgreifende, das wir sind*, nennt. Wenn Jaspers dieses Umgreifende beschreibt, fühlt sich jeder Plessner-Leser sogleich an dessen Umschreibungen der „exzentrischen Positionalität" erinnert.

Das genannte Umgreifende können wir nicht erfassen, so Jaspers, wie ein Etwas in der Welt, das uns vorkommt. „Es ist vielmehr das, worin alles Andere uns vorkommt. Wir erkennen es überhaupt nicht angemessen als einen Gegenstand; sondern wir werden seiner inne als Grenze. Dieser uns vergewissernd, verlassen wir das deutliche, weil gegenständliche, durch Unterscheidung von anderen ebenso bekannten Gegenständen bestimmte Wissen von Etwas. Wir möchten gleichsam über uns hinaus, außerhalb unserer selbst stehen, um uns zusehend erst zu sehen, was wir sind; aber in diesem vermeintlichen Zusehen sind und bleiben wir immer zugleich in das gebannt, das wir wie von außen sehen möchten." (Jaspers 1987, 37)

Jaspers versteht unter „Gegenstand" ein erfahrungswissenschaftlich reproduzierbares Etwas, das Plessner eine Bestimmung des „Körpers" (in Differenz zum Leibsein, vgl. Krüger 1999, 38–41) nennt. Im Unterschied zum Gegenstand, so Jaspers, betreffe das Umgreifende eine Grenze, der wir inne würden, insofern wir Folgendes realisieren: Das Zusehen von *außerhalb* soll nicht nur das Was-Sein von uns betreffen, sondern auch ein *vermeintliches* Zusehen sein, insofern wir in dasjenige *gebannt* blieben, das wir von außen sehen möchten. Bei Jaspers gibt es also schon im phänomenalen Einstieg eine deutliche Markierung derjenigen Seite, von der her er die Unterscheidung zwischen Innen und Außen verwendet, nämlich zugunsten der Seite des Inneren. Man werde sich der Grenze inne und realisiere das Zusehen von außen als vermeintlich, insofern man ins Innere gebannt sei. Zudem wird der Blick von außerhalb mit dem Was-Sein, nicht mit Fragen des Wie, Wozu und Wer assoziiert.

Vergleicht man Jaspers' Umschreibungen mit denen von Plessner fällt auf, dass Plessner nicht nur überhaupt eine dritte Position stark macht, sondern diese auch in einer besonderen Weise gegen ihre bisherigen Interpretationen vertritt, einschließlich der von Jaspers. Wenn man sich fragt, was wir dafür in Anspruch nehmen, in der geschilderten Szenerie von Welt eine Grenze zwischen außen und innen unterscheiden zu können, stößt man auf ein Drittes, von dem her die Unterscheidung ermöglicht wird. Plessner nennt das dritte Moment der Weltstruktur, das die Unterscheidung zwischen Innen- und Außenwelt ermöglicht, die „Mitwelt" (Plessner 1975, 302–304). Aber das dritte Strukturmoment von Welt spielt in den „Stufen" von Anfang an in der Thematisierung von Lebendigkeit eine herausgehobene Rolle. Schon am Beginn führt das dritte Strukturmoment nicht weiter, wenn es *nur* entweder innerhalb oder außerhalb läge oder wenn es *nur* sowohl innerhalb als auch außerhalb läge. Läge das Dritte nur entweder innen oder außen, wie vermöchte es so etwas zu ermöglichen, das im Grenz*übergang* sowohl innen als auch außen situiert werden kann? Läge das Dritte nur sowohl innen als auch außen, wie könnte es so die Grenze (Schranke) zwischen innen und außen ermöglichen? Was Plessner das Phänomen nennt, seine eigene Grenze zu realisieren, muss seine Tautologie paradox und sein Paradox tautologisch entfalten können (vgl. Plessner 1975, 104). Anderenfalls würde es nicht seine eigene Grenze realisieren, sondern entweder in seiner Tautologie erstarren oder in seinem Paradox zerfließen. Aber genau darin, in der Realisierung der eigenen Grenze, bestehe die Lebendigkeit eines Körpers im Unterschied zu anorganischen Körpern.

Daher lehnt Plessner alle vorschnellen Markierungen zur Rückführung des Dritten so oder so in die Ausgangsunterscheidung, hier zwischen innen und außen, ab. In der Betonung des folgenden Bruches in der exzentrischen Positionalität wird zunächst einmal ein nur paradoxer oder nur tautologischer Rücklauf in die Unterscheidung von außen und innen hinein vermieden, um das wirkliche Problem des bereits in Anspruch genommenen Dritten freizulegen: Selbst in voller Rückwendung, noch seinem Zusehen zusehend, bleibe „der Mensch im Hier-Jetzt gebunden, im Zentrum totaler Konvergenz des Umfeldes und des eigenen Leibes. So lebt er unmittelbar, ungebrochen im Vollzug dessen, was er kraft seiner unobjektivierten Ichnatur als seelisches Leben im Innenfeld fasst. Ihm ist der Umschlag vom Sein innerhalb des eigenen Leibes zum Sein außerhalb des Leibes ein unaufhebbarer Doppelaspekt der Existenz, ein wirklicher Bruch seiner Natur. Er lebt diesseits und jenseits des Bruches, als Seele und als Körper *und* als die psychophysisch neutrale Einheit dieser Sphären.“ (Plessner 1975, 292) Nachdem betont wurde, dass es ohne ein drittes Strukturmoment nicht geht, welches die Unterscheidung (hier zwischen innerlicher Seele und äußerlichem Körper) ermöglicht, wird sogleich im Anschluss einem üblichen Missverständnis des dritten Momentes widersprochen. Es sei nicht als eine eigene Sphäre wirkungsmächtiger Einheitsbildungen zu begreifen, welche den Verhaltungsbruch aufhöbe, weder in einer ursprungsphilosophischen noch in einer geschichtsphilosophischen Überwindung des Hiatus: „Die Einheit überdeckt jedoch nicht den Doppelaspekt, sie läßt ihn nicht aus sich hervorgehen, sie ist nicht das den Gegensatz versöhnende Dritte, das in die entgegengesetzten Sphären überleitet, sie bildet keine selbständige Sphäre. Sie ist der Bruch, der Hiatus, das leere Hindurch der Vermittlung, die für den Lebendigen selber dem absoluten Doppelcharakter und Doppelaspekt von Körperleib und Seele gleichkommt, in der er ihn erlebt. Positional liegt ein Dreifaches vor: das Lebendige ist Körper, im Körper (als Innenleben oder Seele) und außerhalb dem Körper als Blickpunkt, von dem aus es beides ist. Ein Individuum, welches positional derart dreifach charakterisiert ist, heißt *Person*.“ (Plessner 1975, 292 f.)

Semiotisch gesprochen besteht das Besondere von Plessners Verfahren, die Ermöglichung innerweltlicher Phänomenbegegnungen zu rekonstruieren, darin, das dritte Moment der Weltstruktur als irreduzibel hervortreten zu lassen. Welt ist erst als Dreierstruktur klar von Umwelt (als einer interaktiven Zweierstruktur zwischen Organismus und Umwelt in der zentrischen Positionalität) unterscheidbar. Plessner lehnt jede Wiedereinführung desjenigen dritten Strukturmomentes, das die Ausgangsunterscheidung ermöglicht hat, in die Ausgangsunterscheidung zurück ab. Damit wird die Weltstruktur, soll sie denn eine Szenerie sein, in der einem Phänomene begegnen können, vor dem Kollaps in eine Umwelt von Dingen bewahrt. Erst so kann Welt ihre Funktion, dass sich in ihr Gegenstände zeigen können, erfüllen, ohne selbst in einer gegenständlichen Bestimmung unterzugehen. Wird das dritte Strukturmoment wieder eingeführt in die Ausgangsunterscheidung, die durch es ermöglicht worden ist, läuft es in einer Tautologie fest oder zerfließt es in einem Paradox. Sie, Tautologie und Paradox, haben üblicher Weise das letzte Wort, obgleich doch erst mit beiden zugleich von einem Dritten her

Lebendiges in einer Welt auftreten kann. Insofern holt erst Plessners exzentrische Positionalität ein, was in den heute üblichen Begriffen der „Lebenswelt" (seit Husserl) und der „Lebensformen" (seit Wittgenstein) an Lebendigkeit versprochen wird.

Plessners Ablehnung der Wiedereinführung des dritten Strukturmomentes in die durch es ermöglichte Unterscheidung betrifft nicht nur die existenzphilosophische Markierung zugunsten des innenweltlichen Selbstbezuges. Was Plessner „Mitwelt" nennt, bezeichnet die Ermöglichung der Differenz zwischen Innen- und Außenwelt. Daher lässt sich Plessners Betonung des Strukturbruches auch gegen außenweltliche Formen des „re-entry" (G. Spencer-Brown) wenden, auf welche Niklas Luhmanns Theorie selbstreferentieller Systeme aufbaut (vgl. Luhmann 1997, 45–47). Am nächsten kommt Luhmann der Philosophischen Anthropologie, insofern er an deren Unterscheidung zwischen *Umwelt* und *Welt* doch noch festhält. Das „re-entry" (die Wiedereinführung) der vom System selbstreferentiell verwendeten Unterscheidung zwischen System und Umwelt ermöglicht nur die Bestimmung *seiner* Umwelt, d.h. derjenigen des Systems. Diese Wiedereinführung entspricht in Plessners Begriffswelt der künstlichen Einrichtung einer zentrischen Organisationsform, die sich zentrisch positioniert, also keine exzentrische Positionalität darstellt. Luhmann selbst hat auch eingeräumt, seine selbstreferentielle Wende der Theorie sozialer Systeme in Analogie zur selbstreferentiellen Funktionsweise des Gehirnes unternommen zu haben (vgl. Krüger 1993, 1. Teil). Demgegenüber ist Welt für Luhmann das „‚unmarked space' als der letzten unerwähnten Seite aller Unterscheidungen. Sie [die Beobachter] setzen die Welt als letztes Unbeobachtbares (nicht: als Gesamtheit vermuteter Konsense) voraus." (Luhmann 1995, 166) Welt wird in dieser Soziologie vorausgesetzt, um den Zusammenhang zwischen System und Umwelt vom System her bestimmen zu können. Luhmann fragt nun nicht mehr weiter nach den Konsequenzen, welche die geschichtliche Veränderung der Differenz zwischen Umwelt und Welt zeitigt, eine Differenz, die keineswegs feststeht oder nur im nachhinein von Belang sein kann. So überzeugend seine Kritik an der Reduktion von Welt auf Umwelt soziologisch ist, so wenig überzeugt philosophisch Luhmanns Abservierung des Themas der Welterschließung, die doch von der Zukunft her schon immer geschichtlich dafür in Anspruch genommen wird, zu neuen Umweltbestimmungen gelangen zu können. Das (traditionell philosophische) Thema der Welterschließung muss nicht mit dem des *Subjekts* (Husserl) fehlidentifiziert werden, wodurch es bei Luhmann im abwertenden Sinne als „Utopie" erscheint (ebd. 162).

Philosophisch gesehen ist die Welthaltung eine andere, wenn man den Ausgang (exit) aus Umwelt in Welt als Gewinnung geschichtlicher Zukunft wie Plessner offen hält. Die laut Plessner für uns letztmöglich zu thematisierende Dreierstruktur von Welt, eben die „exzentrische Positionalität", ist semiotisch betrachtet keine Wiedereinführung (*re-entry)*, sondern der Ausgang (*exit)* ins „Nichts" (Plessner 1975, 293). Dieser Ausgang erfolgt in dasjenige, was Peirce phänomenologisch eine (nicht degenerierte) Drittheit und semiotisch ein vollständiges (nicht defizientes) Zeichen nennt (vgl. Peirce 1973, Vorlesung III; Peirce 1983, 55–57, 60). Das Nichts ist bei Plessner nicht die Beschwörung der Seinsproblematik (wie bei Heidegger) bis hin zum existenzialen Selbstsein-Können, sondern die Freigabe der Thematik des Lebendigen in der Welt, in all seiner exzentrischen Fragilität.

Wie kann also Personalität, dieses neben sich, insofern aus sich heraus Stehende, das so in eine Szenerie von Welt Schauende und Hörende, aus der Negativität des Absoluten her nicht etwa *sein*, sondern *leben*? – Geschichtlich, ist Plessners Antwort. Der exzentrische Strukturbruch, der dem Richtungssinn nach entgegengesetzte Verhaltungszentrierungen ermöglicht, ist geschichtsbedürftig zwischen Immanenz und Transzendenz, mit denen Plessners „Stufen“ enden und die er in seinen geschichtsanthropologischen Studien fortsetzt. Lebewesen, die sich von außerhalb der beiden Zentrierungsrichtungen auf ihren Körperleib hin und von diesem weg positionieren können, brauchen einen Ausgleich beider Zentrierungsrichtungen, den sie *geschichtlich* erringen und verlieren können. Da diese exzentrische Positionierungsart zentrische und azentrische Positionierungspotentiale zur Spezifikation einschließt, fällt die Antwort für das Lebendige noch *umgreifender* (Jaspers) als für Personalität aus: Lebendige Körper realisieren laut Plessners Hypothese im Unterschied zu anorganischen Körpern ihre eigene Grenze. Sie realisieren darin sowohl das Paradox, sie selbst als auch nicht sie selbst zu sein, als auch die Tautologie, schon immer sie selbst zu sein und dies auch zu bleiben. Da sie ihr Paradox und ihre Tautologie, die gemeinsam ihre Grenze bilden, nicht gleichzeitig und am gleichen Ort realisieren können, existieren sie nur in der eigenräumlichen und eigenzeitlichen Verteilung ihres Paradoxes und ihrer Tautologie in den Prozess ihres Werdens hinein (vgl. Plessner 1975, 134, 138). Sie sind sich in ihrer Bewegung schon immer vorweg und hinterher. Gemessen an physikalischen Raum- und Zeitbestimmungen, die *räumlich* und *zeitlich* definieren, führt sich Lebendiges interaktiv als raumhaft und zeithaft auf. Lebende Körper schieben ihre Bestimmung auf und lockern sie im Vergleich zu unbelebten Körpern. Sie entparadoxieren und sie enttautologisieren sich phasenweise im Spiel zwischen ihren Fixierungen. Sie sind in ihren Entgrenzungen (Indifferenzierungen) für sich gefährdet und für andere gefährlich.

Plessners naturphilosophischer Weg über die Fundierung im Lebendigen bereitet in der Zeitlichkeit des Lebendigen geschichtliche Künftigkeit nur vor. In einer *geschichtlichen Welt* zu stehen zu kommen, darum ringt erst Personalität, darum ringen keine anderen Lebewesen. Wenn sich dieser naturphilosophische Weg elaborieren lässt, warum dann, so kann man mit Plessner fragen, noch einmal den Weg über das Sein gehen, mit allem, was am Sein an traditioneller Semantik hängt, an Nichts, an Dasein, an Bewusstsein überhaupt, an Geist, um dann doch wie Jaspers erst dreimal transzendieren zu müssen? So absolvieren die drei Bände von Jaspers' Philosophie drei Grenzüberschreitungen, um von der Weltorientierung über die Existenzerhellung bis zur Metaphysik aus dem Was-Zirkel der Gegenstandsbestimmung wieder herauskommen zu können. Warum nicht gleich mit dem physisch-psychischen Doppelaspekt aller lebendigen Phänomene beginnen, der nicht nur für alle vergleichbar als beurteilbare Wahrnehmung, sondern auch als individuell verschiedene Anschauung im Vollzug der Mitwelt präsent ist? Plessner entkoppelt das Problem der verschiedenen Selbstbezüge vom Thema des Seins mit all seinen Folgeproblemen vom Nichts bis zum in die Innerlichkeit abgedrängten Selbst per Bewusstsein. Er resituiert das Problem der verschiedenen Selbstbezüge im Thema des Lebendigen qua interaktivem Doppelaspekt, der aber durchgängig eines dritten Strukturmomentes bedarf.

Lässt man die Distanz der Philosophischen Anthropologie gegenüber Schlachten innerhalb der Seinssemantik mit ihren Folgeproblemen mal beiseite, liegen die Parallelen zu dem, was Jaspers „Schwebe", die Erscheinungsweise der Gegenstände (im Unterschied zu ihrer Fixierung), das Ergreifen von Daseinsaspekten als existentieller Möglichkeit und Aufgabe und schließlich die Spezifik der Chiffre nennt, nahe, nur in einem optionsreicheren Sinne, der nicht den Weg über die existentielle Markierung des innenweltlichen Selbstbezuges privilegieren muss. Jaspers selbst will eine derartige Privilegierung durch das Band der Vernunft begrenzen. Plessners Doppelaspekt setzt demgegenüber methodisch in der selektiven Erscheinungsweise der Erscheinungen, die sich interaktiv ändern, selber an. Er nimmt die interaktive Oberfläche des Sich-Verhaltens (daher Ver-Haltung) im raum- und zeithaften Fluss so ernst, dass sich das womöglich hinter den Erscheinungen hockende Wesen von Erscheinung zu Erscheinung selber zeigen kann. Es ist da im Lebendigen also nicht eine Gegenstandswelt, die erst transzendiert werden müsste. Viel mehr gibt es von vornherein in der Gegenstandswelt die Differenz zwischen physischen und psychischen Aspekten von einem Dritten her. Ein Mantel von in der Wahrnehmung messbaren Eigenschaften werde einem Kern der Anschauung prädiziert, der die methodenabhängig bestimmten Eigenschaften im Ganzen überschießt (vgl. Plessner 1975, 82–84). Aber derartige Dingkerne führen sich als lebendige Gegenstände *in* einer Szenerie von dreigliedriger Welt auf. Lebendiges ist nicht nur bewusst, sondern auch vor- und nachbewusst selbst, d.h. es lebt in dieser Differenz zwischen Physischem und Psychischen und geht nicht in einer seiner bestimmten Erscheinungen auf. Diese Differenz begegnet als Phänomen und stellt die Aufgabe, das für diese Begegnung in Anspruch genommene Dritte rekonstruktiv freizulegen, von der Hypothese der Realisierung eigener Grenzen durch lebende Körper bis zur Freilegung der Mitwelt.

Die Rekonstruktion der exzentrischen Positionalität im Rückschluss aus vollbrachten Unterscheidungsleistungen auf das dafür letztlich in Anspruch Genommene zeigt, dass die Drittheit von Welt (statt Zweitheit von Umwelt) nicht nur in der Außen- und Innenwelt veranschlagt werden muss, sondern konsequenter Weise als „Mitwelt" zu thematisieren ist, die den Unterschied zwischen der Außenwelt und der Innenwelt ermöglicht. Mit dieser Mitwelt korrespondiert, worauf ich sogleich im 2. Schritt zurückkomme, die dreidimensionale Personalität, bevor man von 1., 2. und 3. Person im Singular und Plural reden kann. Der dritte, gegenüber Körper und Seele traditionell *geistig* genannte Aspekt der Personalität, d.h. die „Wir-Form des eigenen Ichs", antwortet bereits auf das Verschränkungsproblem von Körper und Seele in der Personalität. Er ermöglicht den geschichtlichen Streit darüber, welcher „Aussonderung in der ersten, zweiten, dritten Person Singularis und Pluralis" (Plessner 1975, 303 f.) das Primat gebühren soll. „Das *Verfahren* der Beschränkung, wie es sich in der Deutung leibhaft erscheinender fremder Lebenszentren abspielt, muß streng getrennt werden von der *Voraussetzung*, [...], daß es eine personale Welt überhaupt gibt." (Ebd. 301) Bei aller Bestimmbarkeit dieser Vor-Aussetzung: Letztlich ist die exzentrische Position *unbestimmbar*, sofern sie nämlich im Vollzug in Anspruch genommen bleibt. Insoweit nennt Plessner sie das „Utopische", ein Nirgendwo und Nirgendwann, das es möglich macht, zu positiven Bestimmungen gelangen zu können. „Geschichtlich" heißt also nicht „historisch faktisch", sondern betrifft die Differenz, aus Geschichte durch positive Bestimmung etwas machen zu müssen, wofür man aber Unbestimmtes, Unbedingtes und Unendliches aus der Zukunft konjunktivisch in Anspruch nimmt.

Die Grenzen der semantischen Offenheit von Jaspers' Philosophie treten im Vergleich mit Plessners experimenteller Hypothetisierung der eigenen semantischen Tradition an zwei charakteristischen Zitaten plastisch und zusammenfassend hervor. In der „Metaphysik", dem dritten Band seiner „Philosophie", schreibt Jaspers zu Plessners Thema der philosophischen Anthropologie über den Menschen Folgendes: „Weil der Mensch sich Natur, Bewußtsein, Geschichte, Existenz ist, ist das Menschsein der *Knotenpunkt* allen Daseins, worin alles sich uns verknüpft, von dem aus alles Andere uns erst erfassbar wird. Als Mikrokosmos noch zuwenig, ist der Mensch vielmehr bezogen auf Transzendenz über alle Welt hinaus. Er ist zu denken als das *Mittelglied* des Seins, in dem das Fernste sich trifft. Welt und Transzendenz verschlingen sich in ihm, der auf der Grenze beider steht als Existenz. Was der Mensch sei, ist ontologisch nicht zu fixieren. Der Mensch, sich selbst nie genug, in keinem Wissen erfasst, ist sich Chiffre." (Jaspers 1994, 187) Bei aller Gemeinsamkeit von Jaspers mit Plessners Anerkennung der Unergründlichkeit des Menschen, schließt aber doch Plessner in deren Offenheit auch noch das Befremdlichste ein. Nur wenig früher (1931) publiziert Plessner seine „Macht und menschliche Natur", in der es heißt: „Als exzentrische Position des In sich-Über sich ist er [der Mensch] das Andere seiner selbst: Mensch, sich weder der Nächste noch der Fernste – und auch der Nächste mit seinen ihm einheimischen Weisen, auch der Fernste, das letzte Rätsel der Welt." (Plessner 1981, 230) Die exzentrische Positionalität bewahrt konsequenter Weise auch die Ermöglichung noch dieser Unterscheidung zwischen dem uns Nächsten und Fernsten vor dem Rücklauf in sie selbst. Die Kulturen und Personen unterscheiden sich in ihrer Antwort auf diesen geschichtsbedürftigen Ausgang *(Exit)*.

Zusammenfassend lässt sich sagen: Im Vergleich philosophischer Auffassungen von Welt muss ihre Dreierstruktur nicht so konzipiert werden, dass das dritte Strukturmoment als Ausgang (aus der Differenz von Innen- und Außenwelt oder anderen Unterscheidungen) verstanden wird. Wir haben an Jaspers' Umgreifendem gesehen, dass es sich im Zirkel der privilegierten Innenwelt zur unergründlichen Chiffre wird. Im Falle der Luhmannschen Theorie gibt es zwar noch eine Spur von Außen*welt*, aber sie wird dadurch auf *Um*welt herunter gestuft, dass das Dritte in die Selbstunterscheidung eines Systems wieder eingeführt wird. Man könnte über diese Varianten der Weltauffassung hinausgehen. So fasst Hegel das dritte Strukturmoment als eine die Seiten der Ausgangsdifferenz versöhnende Einheit, in welcher der Begriff seine Substantialität als Begriff begreift (vgl. Plessner 1975, 150 f.). Damit wird, im Unterschied zu Luhmann, das Niveau von Welt gehalten. Weitere Konzipierungen von Welt sind möglich. Selbst wenn man Welt mit einer exzentrischen Struktur identifiziert, die gegen Hegel nicht einholbar ist, könnte sie anders entfaltet werden. Man könnte die Exzentrierung durch eine Semiosis von Zeichen zu Zeichen laufen lassen, *ohne* auf Markierungen Rücksicht zu nehmen, die an ihren Körper gebundene Lebewesen in der Zeichenverwendung leiblich brauchen. Man kann so gegebene Primate von Unterscheidungen (z.B. wahr-falsch zugunsten der Wahrheit statt Falschheit) umkehren, bis sich die Ausgangsunterscheidung in eine unentscheidbare Antinomie auflöst, also dekonstruiert wird (Derrida). Es gibt bei philosophischen Erschließungen von Welt oft eine exzentrische Dreierstruktur, auch bei Habermas in den Weltbezügen kommunikativer Akte, nur sind diese durch die Wiederbegründung der Tradition der Vernunft markiert. Ich bin auf diesen Vergleich Plessners mit Hegel, Derrida, Habermas u.a. bereits andernorts eingegangen (vgl. Krüger 2001, Kap. 1., 2.3.–2.5.).

2. Das Dritte: Positionale Personalität als Medium für die Erscheinungsweise von Phänomenen in der Welt

Das nächste Besondere in Plessners Erschließung der exzentrischen Dreierstruktur von Welt ist ihre Markierung, die eine Rezentrierung ermöglicht. Dadurch wird der Unterschied zwischen der exzentrischen Dreierstruktur von Welt und der Dreierstruktur von positionierter Personalität hervortreten. Plessner verschränkt zwar beide ineinander, was er Geist nennt, aber die Verschränkung fällt erst durch den Unterschied auf.

Zunächst zur Rezentrierung der Verhaltungsbildung auf den Körperleib zurück, deretwegen die Seite, von der her das Lebewesen Zeichen verwendet, leiblich markiert werden muss: Wenn die exzentrische Positionalität einen Verhaltungsbruch zu Tage fördert, dann sind die Verhaltungsbildungen in ihr nur in den Ambivalenzen zwischen der Exzentrierung und der Rezentrierung möglich. Plessner beharrt darauf, dass die von ihm formulierten Verhaltungsambivalenzen nicht einfach umgekehrt werden können. Natürliche Künstlichkeit, vermittelte Unmittelbarkeit, indirekte Direktheit sind für exzentrische Verhaltungsbildung konstitutiv, die die Körper-Leib-Differenz wegen der zentrischen Organisationsform rezentrieren muss. Demgegenüber sind unmittelbare Vermitteltheit, direkte Indirektheit, künstliche Natürlichkeit *als solche* für derart vom Hiatus betroffene Lebewesen schwerlich *lebbar* (vgl. Plessner 1975, 326, 343). Sie können als solche Umkehrungen von leiblich nicht betroffenen, insofern außenstehenden Beobachtern beschrieben werden. Aber diese Beschreibungsmöglichkeit entlastet nicht die Betroffenen von ihrer Lebensführung.

Plessner selbst spricht das Problem gleich in der ersten Teilüberschrift seines Abschlusskapitels der „Stufen“ an: „Die Positionalität der exzentrischen Form“ (ebd. 288) ist unter den philosophischen Weltauffassungen nicht selbstverständlich (vgl. auch Schürmann im vorliegenden Band, Kap. 1.4.), die in der Tradition eines der Natur enthobenen Geistes stehen (vgl. zur Begegnung Spaemann 1996, 23 f.). Plessner weiß, dass er eine Alternative zu Heidegger allein durch den Zusammenhang zweier Schritte zu entwickeln vermag. Er muss durch die *Rezentrierung* der Exzentrierung in der Positionalität eine bessere *Daseinsanalyse* (Zuhandenheit, Vorhandenheit, alltäglich habitualisierter Pragmatismus) zu Wege bringen, eben die künstliche Einrichtung von Umwelten, die „habitualisiert“ (Plessner 1975, 69, 80, 114) wie natürliche gelebt werden können. Plessner muss aber mehr noch die *Exzentrizität* als *Positionalität* (statt als *Existenzialität*) durchführen (vgl. König/Plessner 1994, 175 f.; zum Wettlauf beider Philosophien Krüger 2001, Kapitel 1.2.9.).

Bei Plessner wird die exzentrische Dreierstruktur von Welt aus einem Medium erschlossen, dem *Medium der Personalität*. Was er den allgemeinen Personbegriff nennt, Personalität, ist nicht eine Person, die als Gegenstand innerhalb des Rahmens von Welt bestimmt wird. Vielmehr ist die Erscheinungsweise aller möglichen Phänomene, die in der Drittheit als Hintergrund in ihren Vordergrund treten können, von einem Medium abhängig. Indem dieses nebenher mitläuft, ermöglicht es Konturierungen in einer Art und Weise des Erscheinens. Die in der Erscheinungsweise feststellbaren Eigenschaften sind nicht das Medium der Personalität, sondern indirekter Anhaltspunkt dafür, dass diese Erscheinungsweise medial vollzogen wird. Das Medium der Personalität muss aber laut Plessner nicht mehr mit dem alten traditionalen Abstand der *geistigen* Person, d.h. dem Zentrum geistiger Akte *jenseits* der Natur, zusammenfallen. Es ermöglicht zwar die Distanz, die nötig ist, um zwischen Körperhaben und Leibsein unterscheiden zu können. Aber Personalität existiert nicht unabhängig von Körpern und Leibern, und sie vollzieht den Bruch zwischen beiden Verhaltungsrichtungen, ohne diesen Hiatus in einer Wirklichkeit sui generis beseitigen zu können. Daher wird aus der Drittheit der Welt nicht alles Mögliche gleichermaßen genommen, sondern in bestimmbarer Hinsicht (auf den Leib hier und jetzt) *nicht* relativierbar (ebd. 289), „nicht überführbar" (ebd. 295), also im erwähnten Sinne *markiert*. Diese Weltstruktur kann nicht absolute Leere und Stille bleiben, sondern ist so etwas wie eine Bühne zum Auftritt, und sei es der zum Warten auf Godot (S. Beckett). Alles in ihr *Gegebene* ist durch die Personalität als Medium hindurch bereits *genommen, weshalb Ent-Täuschung möglich ist*. Es nimmt sich in der medialen Brechung auch von vornherein perspektivisch und fragmentarisch aus, „erscheint als Ausschnitt, als Ansicht, weil es im Licht der Sphäre, d.h. vor dem Hintergrund eines Ganzen steht" (ebd. 293).

Die exzentrische Drittheit ist in Plessners Philosophischer Anthropologie medial also nicht an irgendeine, sondern an *positionierte* Personalität gebunden und daher eine „personale Welt" (ebd. 301). Personalität muss sich so minimaler Weise *in* einer Körper-Leib-Diffferenz positionieren können. Es geht hier noch nicht um die individuell bestimmte Person, sondern um die allgemeine Person, um Personalität und damit überhaupt personale Welt eben. Allein diese *personale Welt* wird als „Vorbedingung" und „Voraussetzung" (im Sinne der Positionalität) für das oben zitierte „Verfahren der Beschränkung, wie es sich in der Deutung leibhaft erscheinender fremder Lebenszentren abspielt" (ebd. 301, vgl. ebd. 346), angesprochen. Aus unserem üblichen Selbstverständnis muss die personale Welt erst durch Hinterfragung des Selbstverständlichen erschlossen werden, bis die in der exzentrischen Positionalität vorliegende Vor-Aussetzung hervortritt. Die Exzentrizität bestimme, „daß die individuelle Person an sich selbst individuelles und ‚allgemeines' Ich unterscheiden muß. Allerdings wird ihr dies für gewöhnlich nur faßbar, wenn sie mit anderen Personen zusammen ist, und auch dann tritt dieses allgemeine Ich nie in seiner abstrakten Form, sondern mittels der ersten, zweiten, dritten Person konkret auf. Der Mensch sagt zu sich und anderen Du, Er, Wir –, nicht etwa darum, weil er erst auf Grund von Analogieschlüssen oder einfühlenden Akten in Wesen, die ihm am konformsten erscheinen, Personen annehmen müßte, sondern kraft der Struktur der eigenen Daseinsweise. [...] Daher steht es dem Menschen versuchsweise frei, diese Ort-Zeitlosigkeit der eigenen Stellung, kraft deren er Mensch ist, für sich selber und jedes andere Wesen in Anspruch zu nehmen auch da, wo ihm Lebewesen gänzlich fremder Art gegenüberstehen.“ (Plessner 1975, 300)

Plessner erhellt umsichtig in beide Richtungen. Einerseits zeigt er, wie einer Personalität, die sich in der lebendigen Natur exzentrisch *positioniert*, alles ihr Mögliche in einem exzentrischen Rahmen von Welt vorkommen muss. Andererseits rekonstruiert er in umgekehrter Richtung, wie eine Dreierstruktur von Welt, die bislang als Geist für *außerhalb* und *über* der lebendigen Natur stehend gehalten wurde, *in* dem exzentrischen Verhaltensbruch der lebendigen Natur durch das Medium der Personalität eröffnet wird. Diese Verschränkung von Drittheit und dem Dritten in einander nennt Plessner „Geist“: „Die Mitwelt *umgibt* nicht die Person, wie es [...] die Natur tut. Aber die Mitwelt *erfüllt* auch nicht die Person, wie es in einem ebenfalls inadäquaten Sinn von der Innenwelt gilt. Die Mitwelt *trägt* die Person, indem sie zugleich von ihr getragen und gebildet *wird.* Zwischen mir und mir, mir und ihm liegt die Sphäre dieser Welt des *Geistes.* Wenn es das auszeichnende Merkmal der natürlichen Existenz der Person ist, die absolute Mitte einer sinnlich-bildhaften Sphäre einzunehmen, welche von sich aus diese Stellung zugleich relativiert und ihres absoluten Wertes entkleidet; wenn es das auszeichnende Merkmal der seelischen Existenz der Person ist, daß sie zu ihrer Innenwelt in erfassender Beziehung steht und zugleich diese Welt erlebend vollzieht; so beruht der geistige Charakter der Person in der Wir-Form des eigenen Ichs, in dem durchaus einheitlichen Umgriffensein *und* Umgreifen der eigenen Lebensexistenz nach dem Modus der Exzentrizität.“ (Plessner 1975, 303)[1]

Insofern Personalität die eigene Lebensexistenz umgreift, indem sie in der Mitwelt umgriffen wird, treffen sich beide Exzentrierungsweisen, die der Drittheit und die des Dritten, *geistig*. Aber diese Verschränkung ist keine Aufhebung des Bruches zwischen der Ex- und Re-Zentrierung des Verhaltens im höheren Hegelschen Geiste, sondern nur ein Ausgleich beider „per hiatum irrationalem“ (ebd. 153, 213) im Vollzug. Sie ermöglicht einen fairen Vergleich der Kulturen, da sie ihn frei davon hält, die erst im Gefolge der Säkularisierung üblich gewordene Trennung von Natur, Kultur und Überirdischem zum Maßstab für alle anderen zu erheben. Wenn es in der exzentrischen Positionalität freisteht, Personalität auch für fremde Wesen in Anspruch zu nehmen oder nicht eigens in Anspruch zu nehmen, liegt die „erweiterte Deutung“ (Lindemann) in keiner strukturfunktional durchlaufenden Gesetzlichkeit[2], sondern wird geschichtlich errungen oder

---

1 Mit der Wir-Form des eigenen Ichs spielt Plessner offenbar auf Hegels Phänomenologie des Geistes an, in der es heißt: „*Ich*, das *Wir*, und *Wir*, das *Ich* ist. Das Bewußtsein hat erst in dem Selbstbewußtsein, als dem Begriffe des Geistes, seinen Wendungspunkt, auf dem es aus dem farbigen Scheine des sinnlichen Diesseits und aus der leeren Nacht des übersinnlichen Jenseits in den geistigen Tag der Gegenwart einschreitet.“ (Hegel 1971, 140)

2 Bei A. Gehlen schrumpft der „Hiatus“ in der menschlichen Verhaltensbildung bio-anthropologisch gesehen auf den Bruch zwischen Antrieben und Handlung (vgl. Gehlen 1993, 55–58, 426). Daher sei ein „einheitliches“, alle Schichten (von der Sensorik und Motorik bis zum Geistigen) durchlaufendes „Strukturgesetz“ möglich und nötig. Dieses Gesetz fasst er funktional vor allem unter den Kategorien der „Entlastung“ und der „Handlung“ (vgl. ebd. 20, 26, 39, 48, 72, 452). Dadurch reduziert sich das Problem der künftigen Geschichtlichkeit auf die Frage, wie das durchlaufende Funktionsgesetz der Leistung durch entsprechende Institutionen gesichert werden, d.h. „auf Dauer“ ge-

verloren. Weder die gewesene noch die künftige Kulturgeschichte kommt einem dann noch linear vor, sei es aufsteigend oder absteigend linear. Sie kommt einem auch nicht mehr als ein endgültig überwundenes Kabinett von Kuriositäten vor. Es kann tatsächlich die Grundverfassung des Hiatus im Vollzug wegbrechen oder glücken, da der Rahmen der Drittheit und das Medium des Dritten als Minima *nicht beliebig* werden. Die Inanspruchnahme von Personalität für Wesen, die uns heute der Personalität fremd vorkommen, ist kulturgeschichtlich gut belegt. Wenn Menschen glauben, vor Gott als Beobachter ein Schauspiel aufzuführen, und sie sich mit ihm als dem Symbol der Einheit von Welt und Personalität persönlich identifizieren, dann wird das Medium der Personalität auf religiöse Weise Welt erschließen, z.B. offenbaren. Das Problem zeigt sich nicht nur im Gott-Mensch-Vergleich, sondern auch im Tier-Mensch-Vergleich. Lindemann diskutiert, welche falsche Zivilisationstheorie davon abhält, dem in der europäischen Geschichte Jahrhunderte langem Faktum von Strafprozessen gegen Tiere Rechnung tragen zu können (vgl. Lindemann 2001; vgl. zu einer anderen Kritik an der Zivilisationstheorie von N. Elias auch Schloßberger im vorliegenden Band, Kap. 3.4.).

Plessners geistige Verschränkung von Mitwelt und Personalität ineinander liegt in dem Verfahren, auf das für Leistungen letztlich in Anspruch zu Nehmende zurückzuschließen, *nach* den Unterscheidungen, in welchen heute ein Paradigmenstreit ausgetragen wird. Das Paradigma der Subjektivität im Sinne von Dieter Henrich wird aus der Lebenserfahrung und dem Wissen der ersten Person Singular entwickelt (vgl. Henrich 2004, 30–33, 36–39). Das Paradigma der sprachlichen Intersubjektivität im Sinne von Jürgen Habermas wird implizit aus der ersten Person Plural, dem Wir des Einverständnisses der expliziten Ich- und Du-Teilnehmer am kommunikativen Handeln, entfaltet, im Unterschied zum Beobachter der dritten Person (vgl. Habermas 1988, 65–70, 80, 87 f.). Beide, Henrich und Habermas, unterstellen in ihrem Streit darüber, welche Person singularis oder pluralis primär sein soll, die in die Mitwelt gestellte und sie tragende Personalität, die gegen Einzahl und Mehrzahl noch gleichgültig ist (vgl. Plessner 1975, 305). Sie macht insofern die Ausdifferenzierung und Änderung der im Reigen der Personalpronomina fassbaren Personen erst möglich. „Real ist die Mitwelt, wenn auch nur eine Person existiert, weil sie die mit der exzentrischen Positionalität gewährleistete Sphäre darstellt, die jeder Aussonderung der ersten, zweiten, dritten Peron Singularis und Pluralis zu Grunde liegt. Darum kann die Sphäre als solche sowohl von den Ausschnitten aus ihr wie von ihrem spezifischen Lebensgrund geschieden werden. So ist sie das reine Wir oder Geist." (Ebd. 304) Die dreidimensionale Struktur der Personalität ermöglicht sowohl ein anspruchsvolles Selbstverhältnis qua Selbstbewusstsein als auch sprachlich oder anders abständige Intersubjektivität. Sie ist das von beiden, der Subjektivität und der Intersubjektivität, in Anspruch genommene Minimum eines Strukturbruches von einem Dritten her. Exzentrische Subjektivität ist sich schon in ihrem Selbstverhältnis (zwischen mir und mir) anders, d.h. ein intersubjektives Wir. Und exzentrische Intersubjektivität (zwischen mir und ihr, ihm, es) ist nicht anders als durch rückbezüglichen Selbstbezug der Subjektivität (Ich) möglich. Personalität gehört nicht entweder zur Subjektivität oder zur Intersubjektivität, sondern ermöglicht beide Ausle-

stellt werden kann „gegen die Vergänglichkeit" (Gehlen 1986, 88 f.). Auch wo Gehlen die Termini von Scheler und Plessner verwendet, versteht er sie begrifflich anders als diese.

gungen ihrer geistigen Verschränkung. Diese Auslegungen antworten auf geschichtliche Erfahrungsbrüche des Wir (Habermas) und des Ich (Henrich) in der leiblich verschiedenen Markierung für die Generationenfolge. Von Plessners Erschließung der geistigen Verschränkung zwischen Mitwelt und Personalität her rekonstruiert, geht es in dem Streit zwischen Henrich und Habermas systematisch um die Komplementarität zweier vereinseitigender Alternativen.

Die Fassung der *positionalen Personalität* als Medium der Welterschließung legt Plessner selbst in seiner Verwendung des Medienbegriffes in den „Stufen" nahe (vgl. Plessner 1975, 22, 103 f., 151, 334, 336, 340). Ich habe diesen Begriff als ein interaktives Medium, nicht als Werkzeug, sondern als das Medium der Medien, d.h. als einschränkbare, aber nicht beliebig erweiterbare Medialität konzipiert. Dieses interaktive Medium als Minimum ermöglicht die Begegnung mit lebendigen Phänomenen in ihrer ganzen Spezifikationsbedürftigkeit, statt diese vorab methodisch so radikal einzuschränken, dass in der Konsequenz wieder nur entweder leblose Dinge oder eine reine *specula* übrig bleiben. Im Hinblick auf die Lebendigkeit von Phänomenen stellt der Dualismus vor die Fehlalternative, entweder verhaltenswissenschaftlich aus der erfahrungswissenschaftlichen Beobachterperspektive oder handlungstheoretisch aus einer bewusstseinshermeneutischen Teilnehmerperspektive verfahren zu sollen. Dagegen richte ich die Aufmerksamkeit auf das *Dazwischen* der *Inter*-Aktionen und auf das *Co/Kom* (Mit- oder Ko-Gemeinsame) in sprachlicher und nichtsprachlicher *Kom*-Munikation (vgl. Krüger 1999, 193–201). Während der Interaktionsbegriff auf das Dazwischen im Äußeren der Akteure zwischen ihrem Handeln und Verhalten verweist, thematisiert der Kommunikationsbegriff dieses Dazwischen semiotisch. Der Medienbegriff qualifiziert den Koordinierungseffekt der Kommunikation als eine aktuale Semiosis in der Form einer Deixis. Die Bezeichnungen, die Zuordnungen zwischen Bezeichnetem und Bezeichnendem, werden nicht einfach vorausgesetzt, sondern vorgeführt wie ein Phänomen. Ein Medium ermöglicht die Vorführung semiotischer Unterscheidungen, indem es als das Kontrastmittel (Neutrum) oder als der Mittler / die Mittlerin (personenhaft) der dritten Person fungiert. Die allgemeinste dritte Person heißt Personalität, die körper-leiblich positioniert ist. Der Unterscheidung zwischen sprachlicher und nichtsprachlicher Kommunikation entspricht auf Seiten des Medienbegriffs die Differenz zwischen ganzen Sprachen (als Kopplungen der Sinneskreise) und der Maske als der Verkörperung leiblicher Bewegungsrichtungen. Die Sprache und die Maske der dritten Person sind anthropologisch betrachtet die beiden Grundmedien, die als Kontrast alles andere erst hervortreten, sehen, hören, fassen, für wahr nehmen lassen. Mit dieser anthropologischen Hypothese wird bestimmbar, was philosophisch als Personalität letztlich unbestimmt bleibt, solange sie gleichzeitig im Vollzug beansprucht wird.

3. Die dritte Person der Verdoppelung im Schauspielmodell: eine minimalanthropologische Sonde für Geschichtsmächte im Unterschied zu Lebensmächten

Es ist im 20. Jahrhundert wohl empirisch wahr geworden, dass in der modernen Gesellschaft erfahrungswissenschaftlich gestützte, insbesondere „biomedizinische Grenzregimes“ (Lindemann) produziert werden, die Wer-Fragen indirekt über die Beantwortung von Was-Fragen beantwortbar machen. Dieses Problem wurde philosophisch im letzten Viertel des 18. Jahrhunderts und ersten Viertel des 19. Jahrhunderts in dem primär erkenntnistheoretischen Vokabular von Subjekt (Wer-Fragen) und Objekt (Was-Fragen) in dem Zusammenhang beider (zu welchem Zweck und dank welcher Mittel) vordiskutiert. Die Was- und die Wer-Fragen waren eingebunden in die *Wie-Fragen der Tätigkeitsweisen*, deren Ermöglichungsgrund nach der kopernikanischen Wende (Kant) dem normativen Primat der Subjektivität unterstand. Aber die politisch kollektive, nationalstaatlich zentrierte Selbstermächtigung zur nicht nur Reproduktion, sondern Neuproduktion der Weisen, Objekt und Subjekt zu werden, hatte seit dem Ende des 18. Jahrhunderts die geschichtliche Lage in den „anthropologischen Kreis“ (Foucault, vgl. Krüger im vorliegenden Bd., Kap. 1.1.) hineinmanövriert. Die Tautologie des Menschen wird ihr Paradox und das Paradox des Menschen wird seine Tautologie rein inneranthropologisch nicht los. Dieser *Zirkel* wird auch dann struktur- und entscheidungs-*politisch* genommen, wenn er im Namen einer vermeintlich reinen Anthropologie, die schon in der Pluralität erfahrungswissenschaftlicher Anthropologien strittig bleibt, für lösbar deklariert wird. Auch diese Politik des Unpolitischen überwindet nicht die geschichtliche Unbestimmtheitsrelation, sondern antwortet auf diese durch szientistische Versprechen, die ideologisch verwertet werden können.

Ich habe in der Diskussion von Foucaults Konzeption der „Bio-Politik“ (im Unterschied zur „Bio-Geschichte“) angesichts der „Lebensmächte“ dafür plädiert, die dazu gegenläufige Tendenz zu neuen „Geschichtsmächten“ (Krüger 2001, 52–56; Krüger 2004) nicht zu übersehen. Foucault hat nicht wie Plessner eine eigene Naturphilosophie entwickelt, die die Spezifik lebendiger Phänomene entdecken, beschreiben und rekonstruieren kann. Insbesondere vermag er nicht, die räumlich-zeitliche Bestimmbarkeit solcher Phänomene als Anhaltspunkt für ihre Raum- und Zeithaftigkeit bis in den Hiatus der Verhaltungsbildung hinein zu entfalten, in die Fraglichkeit und Antwortlichkeit der Geschichtlichkeit exzentrischer Lebewesen. Stattdessen arbeitet Foucault noch mit dem alten Gegensatz „in der Doppelstellung des Lebens zum einen außerhalb der Geschichte als ihr biologisches Umfeld und zum anderen innerhalb der menschlichen Geschichtlichkeit, von deren Wissens- und Machttechniken sie durchdrungen wird“ (Foucault 1977, 171). Die Anerkennung der Eigengesetzlichkeit biotischer Lebensformen, ihrer Plastizität und reproduktiven Grenzen (z.B. in der Diagnose ökologischer Krisen), resultiert inzwischen aus den Auseinandersetzungen der relevanten Experten- und Laienkulturen, darunter der biomedizinischen Erklärungs- und Verstehenspraktiken, deren Forschungslage sich geschichtlich ändert.

Insofern dürfte das Problem mittlerweile weniger darin bestehen, weiterhin das *Leben* zu verteidigen, all seine Ansprüche zu entdecken und durch den Markt und den Wohlfahrtsstaat produktiv steigern zu können. Das Problem liegt strukturell vielmehr darin, präventiv diejenige *künftige Geschichtlichkeit* zu befördern, die exzentrische Lebewesen im Durchlaufen ihrer Verhaltungsbildung von Generation zu Generation für ihre nicht feststellbare Selbstspezifikation brauchen. Die Formen für Zeitlichkeit und Räumlichkeit sind in solchen „Geschichts-Mächten", die auf die Generationen übergreifende Veränderung habitueller Gewohnheiten im Lichte der Unbestimmtheitsrelation exzentrischer Lebewesen setzen, *andere* als in „Bio-Mächten" und „Wissens-Mächten" (vgl. Krüger 2001, 53–61). Es geht um *problematische Ungleichzeitigkeiten* zwischen den verschiedenen Lebens-, Macht- und Wissensformen. In der Inanspruchnahme künftiger Geschichtlichkeit wechselt die semantische Besetzung apriorischer und aposteriorischer Funktionen, frei zu sein von bisheriger Bestimmung und frei zu sein zu neuer Bestimmung. Als souverän kann eine Machtform gelten, in welcher Personen die Relation zu ihrer eigenen Unbestimmtheit als den offenen Ermöglichungsgrund ihrer künftig neuen Selbstbestimmung bejahen können. Sie machen sich so in Kontingenzen nötig, indem sie Wirklichkeit, die sie anders machen könnten, auch sein lassen können (vgl. Plessner 1981, 163). Souveränität muss so nicht mehr als Selbstbestimmung und Selbstverwirklichung im Gegensatz zur Fremdbestimmung und Fremdverwirklichung verstanden werden. Vielmehr kann Souveränität in der Begrenzung der Selbstermächtigung zu diesem Gegensatz eingesehen werden. „Mensch-Sein ist das Andere seiner selbst sein. Erst seine Durchsichtigkeit in ein anderes Reich bezeugt ihn als offene Unergründlichkeit." (Ebd. 225)

Da man aus der exzentrischen Positionalität keine abschließend und positiv bestimmte Antwort auf deren Fraglichkeit deduzieren kann, jedenfalls nicht, ohne den Preis des Selbstwiderspruches entrichten zu müssen, bleibt die Verfremdung der teilnehmenden Beobachtung der zeitgenössischen weltgeschichtlichen Lage, die nie bei Null beginnt, ihre Aufgabe. In diesem Sinne sehe ich es auch als eine Aufgabe der Philosophischen Anthropologie an, an der Ausarbeitung einer „Minimalanthropologie" von Potenzialitäten mitzuwirken, die exzentrische Lebewesen minimaler Weise für ihre Selbstspezifikation in einer demokratischen Globalisierung brauchen (vgl. Krüger 2001a). Statt die Exzentrierung der Verhaltungsbildung philosophisch nur in der Selbstreferenz der Sprache (Habermas) bzw. Schrift (Derrida) anzusetzen, kann sie in der lebendigen Natur selbst, ihrer Aus-Setzung, situiert werden. Es ist auch und gerade in den Kultur- und Medienindustrien nicht von vornherein unmöglich, einen Abstand gegenüber den sogenannten Enden und Wiederholungen der (bisher vor allem kriegerischen) Geschichte gewinnen zu können. Nicht die Positivität der menschlichen Natur macht alle ihre Vertreter gleich, sondern die Negativität der exzentrischen Natur macht alle ihre Kandidaten *gleich fraglich*, nämlich als Lebewesen, die der Not einer Ergänzungsbedürftigkeit unterliegen (vgl. Krüger 2004).

Fragt man nach minimalanthropologischen Sonden, um in einer geschichtlichen Lage überhaupt zu Bestimmungen gelangen zu können, die mehr als „nicht nichts" (Gamm 2000) ergeben, empfiehlt sich Plessners Sozial- und Kulturanthropologie des Spielens in Rollen und des Schauspielens mit Rollen in den Grenzen der Verhaltungsbildung, welche im ungespielten Lachen und Weinen erreicht werden. Dabei kann als Anhaltspunkt unter Rolle zunächst elementar ein Schaubild für körperleibliche Bewegungen (reale Positionierung) und der Dialekt einer selbstreferentiellen Sprache (virtuelle Positionierung in Perspektiven) verstanden werden. Das Bestehen des Rollentestes hängt von der habituellen Übereinstimmung beider, des Schaubildes und des Dialektes, vor anderen und einem selbst ab. Spiel heißt zunächst nur, dass in einem eingeborenen Rahmen plastische Verhaltensanbindungen in der Interaktion durch Bewusstsein erworben werden müssen. Dieses Spielverhalten von Säugern reicht indessen für exzentrische Verhaltensspiele in und mit soziokulturellen Rollen nicht aus. Deren Imitation erfordert eine Abständigkeit, die sowohl die Identifikation mit als auch die Differenz zur Rolle ermöglicht. Damit entsteht die Frage, inwiefern Spielen gespielt werden kann, mithin Schau-Spielen vorliegt. Insofern eine Rolle von einer zentrischen Organisationsform in ihren Interaktionen inkorporiert wird, gewinnt der Organismus eine Verhaltungszentrierung außerhalb seiner in der Rolle. Der Organismus gerät so auf Distanz von sich und muss sich von der Rolle her zu sich verhalten. Er erscheint sich von dort in der Differenz zwischen sich als Körper, der in der soziokulturellen Ausgangskultur wie andere Körper auch bestimmt wird (als vertretbar, ersetzbar, austauschbar), und als Leibsein, das immer hier und jetzt vom Körperhaben abweicht, insofern der eigene Körper unvertretbar, unersetzbar, nicht austauschbar gelebt wird. Die leiblichen Abweichungen vom Körperhaben, das am Ausgangsmaßstab der Rolle von anderen und einem selbst bewertet wird, ermöglichen eine Distanzgewinnung gegenüber der Ausgangsrolle, die in ihrer Ausübung spontan und bewusst variiert wird. Selbst bei fortlaufender Identifikation mit der Ausgangsrolle als einem Bündel von Erwartungen anderer an einen selbst muss mit den leiblichen Abweichungen von ihr umgegangen werden. Umso mehr kann sich in der anderen Richtung die Distanzgewinnung zum Konflikt mit der Rolle ausweiten. So oder so wird nun *mit* ihr und nicht mehr allein *in* ihr gespielt, was eben Schauspielen zunächst meint. Die Person, die elementar schauspielert, verdoppelt sich in die Figur, als welche sie öffentlich vor anderen und sich selbst gelten und entsprechend erscheinen möchte, und den Maskenträger, der seine Privatheit vor anderen und womöglich auch vor sich selbst verbirgt. Dies nennt Plessner das „Doppelgängertum“, das nun nicht mehr nur für die anderen erscheint, sondern für die Person selber, insofern sie von sich aus die Differenz zwischen ihrer öffentlichen und privaten Seite aufführt.

Mit der Verdoppelung der Person in die Differenz ihrer privaten und öffentlichen Seite hinein wird das dritte Strukturmoment der Personalität nicht mehr nur vorausgesetzt, sondern im Vollzug herausgesetzt. Diese, gleichsam dritte Person wird dafür in Anspruch genommen, die privat-öffentliche Differenz in der Ausübung der Rolle gewichten, bewerten und beurteilen zu können. Voraussetzung für die Anwendbarkeit dieses theatralischen Begriffes von der Rolle als Schauspiel ist, „daß es einen Rollenträger gibt, der seine Existenz wechselt, um die Rolle zu spielen. Das in der ersten Bedeutung von Rolle als Rollenhaftigkeit latente Spielelement, das in die Konstitution der Person durch die Verkörperung eingeht und in ihr gebunden bleibt, wird freigesetzt und gestattet nun einer Person, eine andere zu sein. Sie tritt an ihre Stelle.“ (Plessner 1983, 199) Durch das dritte Strukturmoment der Personalität von Personen können diese zwischen sich und anderen Personen *als* auch Personen unterscheiden. Diese Ermöglichungsstruktur ist die „Wir-Form des eigenen Ichs“ (Plessner 1975, 303), welche zwischen „individuellem“ und „allgemeinem Ich“ (ebd. 300) zu differenzieren erlaubt. Damit haben wir jenes Strukturminimum erreicht, von dem her die Personalisierung des Individuums ihm selbst und die Individualisierung der Person ihr selbst verstehbar werden.

Plessner spielt hinsichtlich der leiblichen Dimension der Lebensführung mit Ernst Blochs Diktum: „Ich bin, aber ich habe mich nicht“ (Plessner 1983, 190). Wer jedoch fühlt und sagt dies?: Weder das Ich, das leiblich ist, noch jenes Ich, das sich als Körper hat, sondern die *Personalität neben ihnen*. Dieser exzentrische, mithin vom Dritten her gelebte Strukturbruch wird sowohl von der Subjektivität, deren Selbst sich anders sein kann, als auch von der Intersubjektivität, in der sich eigenes und anderes Selbst begegnen, in Anspruch genommen. Beide, Subjektivität in der Beziehung von mir zu mir und Intersubjektivität in der Beziehung von mir zu ihr / ihm / es haben *die gleiche Struktur der Wir-Form eines Ich, die sich aber in der Positionierung der Körperleiber verschieden markiert*. Ausgerechnet dieser wirkliche Unterschied zwischen der Subjektivität und der Intersubjektivität in der Markierung der Körper-Leib-Differenz wird jedoch weder von Henrich noch von Habermas konzipiert (vgl. zum Zirkel beider Theorien und ihrer wechselseitigen Voraussetzung Schloßberger 2004, 1. Kapitel). Dazu muss auch dieses Vokabular, das noch aus dem Primat einer Theorie reflexiver Erkenntnis stammt, vom Standpunkt einer Ästhesiologie des Geistes neu aufgerollt werden (vgl. Krüger 2001, 120–128). Subjektivität und Intersubjektivität sind keine voneinander getrennten Sphären, sondern Aspekte der exzentrischen Lebensform. Es gibt keinen Gegensatz von Sphären (der Subjektivität und der Intersubjektivität), sondern die mitweltliche Entsprechung im medial personalen Vollzug des Hiatus. *Hic Rhodus, hic salta.*

Das Schauspielmodell der Personalität ist kein Reflexionsmodell einer innerlichen Selbstbeherrschung, sondern öffnet den Reflexionszirkel des Selbstbewusstseins in das Bewusstsein als bewusstes Sein hinein. Es handelt sich im Schauspielmodell um leibliche und körperliche Bewegungsrichtungen, die anhand physischer und psychischer Anhaltspunkte in die Welt hinein und aus ihr zurück ausgeführt werden müssen und zu deren Verschränkung Spielraum und Spielzeit auszubilden vonnöten ist, damit die Selbstbezüge sich entfalten und ausgleichen können. Was eine Frage des Spieles zwischen exzentrischen und rezentrischen Positionsbewegungen und deren perspektivischen Virtualisierungen ist, steht nicht in der Gewalt eines reflexiv kontrollierenden Selbstbewusstseins. Dies wird nirgends deutlicher als in Plessners Thematisierung der Grenzen exzentrischer Verhaltensbildung nach dem individuell verschiedenen, aber doch allgemeinen Übergang vom gespielten zum ungespielten Lachen und Weinen. Ungespieltes Lachen und Weinen „treten als unbeherrschte und als ungeformte Eruptionen des gleichsam verselbständigten Körpers in Erscheinung. Der Mensch verfällt ihnen, er fällt – ins Lachen, er läßt sich fallen – ins Weinen. Er antwortet in ihnen auf etwas, aber nicht in einer entsprechenden Formung, die der sprachlichen Gliederung, der mimischen Gebärde, Geste oder Handlung an die Seite zu stellen wäre. Er antwortet mit seinem Körper als Körper wie aus der Unmöglichkeit heraus, noch selber eine Antwort finden zu können. Und in der verlorenen Beherrschung über sich und seinen Leib erweist er sich als ein Wesen zugleich außerleiblicher Art, das in Spannung zu seiner physischen Existenz lebt, ganz und gar an sie gebunden." (Plessner 1982a, 234 f.)

Es ist hier nicht der Ort, die bereits früher geleistete Durchführung des Schauspielansatzes der Personalität als Medium in Richtung auf die Individualisierung der Person und die Personalisierung des Individuums natur- und kunstanthropologisch, individual- und sozial- kulturanthropologisch zu wiederholen. Worauf es mir hier allein ankam, war die philosophisch minimal nötige Unterscheidung zwischen der Drittheit der exzentrischen Positionalität als Mitwelt, dem Dritten der positionierten Personalität als dem Medium in einer exzentrischen Weltstruktur und der Personalität als dritter Person, die empirische Untersuchungen ermöglicht. Die dritte Person in diesem Sinne ist bereits in dem Schauspielmodell enthalten. Die am Schauspiel Teilnehmenden, die anhand der Personalpronomen ausgeführt werden können, begegnen einander aber alle in ihrer dritten Person von Körper-Leib-Differenzen. Dieses Modell erlaubt es nicht nur, die körperleiblich verschiedenen Verteilungen der Personalität zu untersuchen. Es steht auch dem Selbstverständnis des Common Sense nahe und ist für die Herausbildung der Aufmerksamkeit für Geschichtsmächte hilfreich. Rollen in diesem weiten Sinne sind sowohl narrativ als auch zu Funktionen entfaltbar. Selbst für Komapatienten wurden im Austausch zwischen den medizinischen, juristischen und politischen Expertenkulturen Rollen eingerichtet und geschrieben (vgl. Lindemann 2002, 4.–6. Kapitel).

Literatur

Foucault, M., 1977, Sexualität und Wahrheit. Der Wille zum Wissen, Frankfurt a. M.

Gamm, G., 2000, Nicht nichts. Studien zu einer Semantik des Unbestimmten, Frankfurt a. M.

Gehlen, A., 1986, Urmensch und Spätkultur. Philosophische Ergebnisse und Aussagen (1956), Wiesbaden.

Gehlen, A., 1993, Der Mensch. Seine Natur und seine Stellung in der Welt (1940), in: Gehlen, A., Gesamtausgabe, hg. v. K.-S. Rehberg, 2 Teilbände, Frankfurt a. M.

Habermas, J., 1981, Theorie des kommunikativen Handelns, 2 Bände, Frankfurt a. M.

Habermas, J., 1988, Handlungen, Sprechakte, sprachlich vermittelte Interaktionen und Lebenswelt, in: Habermas, J., Nachmetaphysisches Denken, Frankfurt a. M.

Hegel, G. W. F., 1971, Phänomenologie des Geistes (1807), hg. v. J. Hoffmeister, Berlin.

Henrich, D., 2004, Der Mensch als Subjekt in den Weisen seines Mitseins, in: Hügli, A./Kaegi, D./Wiehl, R. (Hg.), Einsamkeit – Kommunikation – Öffentlichkeit, Basel.

Jaspers, K., 1987, Vernunft und Existenz (1935), München/Zürich.

Jaspers, K., 1994, Philosophie III: Metaphysik (1932), München.

König, J./Plessner, H., 1994, Briefwechsel 1923–1933, hg. v. H.-U. Lessing/A. Mutzenbacher, Freiburg/München.

Krüger, H.-P., 1993, Perspektivenwechsel. Autopoiesis, Moderne und Postmoderne im kommunikationsorientierten Vergleich, Berlin.

Krüger, H.-P., 1999, Zwischen Lachen und Weinen. Bd. I. Das Spektrum menschlicher Phänomene, Berlin.

Krüger, H.-P., 2000a, Schwerpunkt: Das Schauspiel der Kultur im Spiel der Natur. Helmuth Plessners Philosophische Anthropologie, in: Deutsche Zeitschrift für Philosophie, 48/2.

Krüger, H.-P., 2000b, Das Spiel zwischen Leibsein und Körperhaben. Helmuth Plessners Philosophische Anthropologie, in: Deutsche Zeitschrift für Philosophie, 48/2.

Krüger, H.-P., 2001, Zwischen Lachen und Weinen. Bd. II: Der dritte Weg Philosophischer Anthropologie und die Geschlechterfrage, Berlin.

Krüger, H.-P., 2001a, Die Potenzialität des Menschseins. Zur Minimalanthropologie einer demokratischen Globalisierung, in: Deutsche Zeitschrift für Philosophie, 49/6.

Krüger, H.-P., 2004, Die Aussetzung der lebendigen Natur als geschichtliche Aufgabe in ihr, in: Deutsche Zeitschrift für Philosophie, 52/1.

Krüger, H.-P., 2004a, Existenz als exzentrische Lebensform? Überlegungen zum Vergleich der Philosophien von Karl Jaspers und Helmuth Plessner, in: Hügli, A./Kaegi, D./Wiehl, R., (Hg.), Einsamkeit – Kommunikation – Öffentlichkeit, Basel.

Lindemann, G., 2001, Die reflexive Anthropologie des Zivilisationsprozesses, in: Soziale Welt 52.

Lindemann, G., 2002, Die Grenzen des Sozialen. Zur soziotechnischen Konstruktion von Leben und Tod in der Intensivmedizin, München.

Luhmann, N., 1995, Die Tücke des Subjekts und die Frage nach den Menschen, in: Ders., Soziologische Aufklärung 6: Die Soziologie und der Mensch, Opladen.

Luhmann, N., 1997, Die Gesellschaft der Gesellschaft, 2 Bände, Frankfurt a. M.

Peirce, Ch. S., 1973, Lectures of Pragmatism, Hamburg.

Peirces, Ch. S., 1983, Phänomen und Logik der Zeichen, Frankfurt a. M.

Plessner, H., 1975, Die Stufen des Organischen und der Mensch. Einleitung in die philosophische Anthropologie (1928), Berlin.

Plessner, H., 1981, Macht und menschliche Natur. Ein Versuch zur Anthropologie der geschichtlichen Weltansicht (1931), in: Plessner, H., Gesammelte Schriften V, Frankfurt a. M.

Plessner, H., 1982, Die verspätete Nation. Über die Verführbarkeit bürgerlichen Geistes (1935/1959), in: Plessner, H., Gesammelte Schriften VI, Frankfurt a. M.

Plessner, H., 1982a, Lachen und Weinen. Eine Untersuchung der Grenzen menschlichen Verhaltens (1941), in: Plessner, H., Gesammelte Schriften VII, Frankfurt a. M.

Plessner, H., 1983, Die Frage nach der Conditio humana (1961), in: Plessner, H., Gesammelte Schriften VIII, Frankfurt a. M.

Schloßberger, M., 2004, Die Erfahrung des Anderen. Über die Formen menschlichen Miteinanders im Anschluß an Lipps, Dilthey, Husserl und Scheler, philosophische Dissertation Universität Potsdam.

Sennett, R., 1986, Verfall und Ende des öffentlichen Lebens. Die Tyrannei der Intimität, Frankfurt a. M.

Spaemann, R. 1996, Personen. Versuche über den Unterschied zwischen „etwas" und „jemand", Stuttgart.

Wittgenstein, L., 1984, Philosophische Untersuchungen, in: Wittgenstein, L., Werkausgabe Band 1, Frankfurt a. M.

3. Die exemplarische Fassung grundlegender Probleme der Lebensführung

HANS-PETER KRÜGER

Ausdrucksphänomen und Diskurs

Plessners quasitranszendentales Verfahren, Phänomenologie und Hermeneutik quasidialektisch zu verschränken

Einleitung

Das Thema „Ausdrucksphänomen, d.h. lebendiges Phänomen, und Diskurs" betrifft – nach dem *linguistic turn*, also nach der Wende der Philosophie in die Klärung der Sprache durch Sprache – eine zentrale Frage in der gegenwartsphilosophischen Diskussion. Eine Art, dieser Frage von vornherein auszuweichen, besteht darin, Philosophie auf die Verwaltung einmal geläufiger Kategorien zu beschränken und die Entdeckung solcher Phänomene, die für die Lebensführung des Common sense relevant sind, aus ihr fernzuhalten. Aber selbst wenn die Frage nach dem Zusammenhang von lebendigem Phänomen und Diskurs im ersten Anlauf gestellt wird, wird sie oft im zweiten Anlauf wieder aufgelöst. Man hat diese zentrale Frage nicht mehr, wenn man unterstellt, dass es Phänomene ausschließlich dank eines Diskurses und in demselben gibt, und man hat sie auch nicht mehr, wenn man meint, dass es Phänomene im Sinne von etwas, das sich selber zeigt, ohnehin nur unabhängig und außerhalb von einem Diskurs gibt. Im ersten Fall unterlägen menschliche Lebewesen einer Art Überdetermination in und durch Sprache, der Verdichtung der Sprache (vgl. Foucault 1971, 455–461). Die Verstehensmöglichkeiten fallen hier zusammen mit den Sprachmöglichkeiten, d.h. deren Dichte, die aber in Diskursen selektiv realisiert wird (vgl. Krüger 2001, 47–51). Es gäbe so kein von der Sprachdichte unterscheidbares Verstehen der Ausdrücke lebendiger Phänomene im Ausdrucksverstehen. Im zweiten Fall wird eine von der Sprache unabhängige Determination oder eine Empfänglichkeit außerhalb der Sprache angenommen. Es gäbe dann einen außersprachlichen Kausalmechanismus oder zusätzlich zur Sprache ein von ihr verschiedenes Ausdrucksverstehen leibesphänomenologischer Art.

Warum aber sollte es, im Hinblick auf den ersten Fall, Sprache *ohne* Fremdreferenz geben, als ob die alleinige Selbstreferenz der Sprache die ihr widerspenstigen Phänomene den lebenden Sprachteilnehmern schon noch austreiben könnte? – Dadurch dass in der Sprache selbstreferentiell gesagt werden kann, was in ihr getan wird (vgl. Habermas 1988b, 65), gibt Sprache ihre davon verschiedene Fremdreferenz frei. So werden sprachliche Veränderungen möglich. Auch die dualistische Unterstellung im zweiten Fall überzeugt vom Standpunkt derjenigen Selbstreferenz der Sprache, die ihre Fremdreferenz ermöglicht, nicht. In welchem *Zusammenhang* sollte dann der natürliche Mechanismus oder der Leib unabhängig und außerhalb der Sprache *mit* der Sprache stehen? In welchen Grenzen könnte diese angenommene Nische für letzte Phänomene, sei es in der unberührten Natur oder in der leiblichen Existenzialität, *zur* Sprache kommen? Diese Möglichkeit, dass Außersprachliches zur Sprache kommt, muss für die naturwissenschaftliche Erklärung des nichtsprachlichen Kausalmechanismus in Anspruch genommen werden. Anderenfalls gäbe es sie nicht. Die Möglichkeit, etwas Außersprachliches sachhaltig zur Sprache zu bringen, wird in der philosophischen Tradition oft als die phänomenologische Frage bezeichnet, die in der Anschauung lebendiger Phänomene die Wesensspezifikation von Ausdrücken betrifft.

Ich befürchte für die Dualisten (zweiter Fall) und die Monisten (erster Fall), dass der Zusammenhang zwischen Diskurs und Phänomen pluraler und damit strittiger ist, als sie es sich vorstellen. Beide Positionen unterstellen, d.h. abstrahieren davon, dass Menschen als Lebewesen sowohl lebendige Phänomene in ihrem Ausdruck anschauen als auch in der Sprache spezifizieren. *In* deren Leben wird beides im Unterschied voneinander *getan*. Die Klärung des Zusammenhanges zwischen spezifisch sprachlichem Verstehen und davon unterschiedenem Ausdrucksverstehen lebendiger Phänomene könnte von der Thematisierung derjenigen Lebensform gewinnen, in der *es* phänomenbezogen zum Fragen und Antworten kommt. Die spezifikationsbedürftig menschliche Natur des Lebendigen ist plastisch, aber sie ist auch nicht grenzenlos formbar. Es gibt ein semiotisches Kontinuum in der lebendigen Natur, das menschliche Lebewesen in ihrem Verhaltungsbruch zu spezifizieren gestattet, ohne dafür den hermeneutischen Zirkel des Menschseins in Anspruch nehmen zu müssen (vgl. meine Kap. 1.1. u. 2.3. im vorliegenden Band).

Plessner weist beide, die unüberbrückbar dualistische und die allein sprachmonistische Ausklammerung der sich als Menschen fraglichen Lebewesen zurück. Er schlägt eine andere Differenzierung in der Verhaltungsbildung solcher Lebewesen vor. Sprachformen und Ausdrucksformen gibt es nicht getrennt voneinander, sondern verschränkt ineinander. Was exklusiv Nichtsprachliches in menschlichen Verhaltungen zu sein scheint, sind sprachgeprägte Ausdrucksformen, die sich aber sprachlicher Interpretation entziehen, und Ausdrucksformen, die in Fortführung bestimmter sprachlicher Intentionen auf deren Mittel verzichten: „Wir sollten uns hier an die Sprache in ihrem Horizont halten und den Bereich des Nichtsprachlichen in ihm und gegen ihn abgrenzen. In bzw. Gegen soll verhindern, daß wir das Thema aus den Augen verlieren, die Behandlung nämlich jener Ausdrucksformen, welche einmal in ihrem Bezug auf Sprache deren Unvermögen erkennen lassen, sie mit ihren Mitteln mitzuteilen und zu verstehen, oder aber in Fortführung gewisser sprachlicher Intentionen auf deren Mittel verzichten. Sprachgeprägte Ausdrucksformen, die sich sprachlicher Interpretation entziehen, sind einmal Lachen und Weinen, zum anderen die Musik. Ausdrucksformen aber, die in Fortführung gewisser sprachlicher Intentionen auf deren Mittel verzichten, finden wir in der Darstellungsform und der Zeichensprache der Mathematik. Mimik und Gestik grenzen sich in diesem Sinne gegen Sprache nicht ab.“ (Plessner 1982c, 462) Es weisen nicht nur die nichtsprachlichen Ausdrucksformen einen Bezug zur Sprache auf, sondern auch umgekehrt die Sprachformen zu den Ausdrucksformen. Sprache ist selbst auch Ausdrucksform, nicht nur Handlungsform. Sie nimmt eine „Mittelstellung zwischen Ausdruck und Handlung“ (Plesser 1982a, 93) ein. In ihr kann der Seinswert des Ausdrucks, d.h. die Anzeige lebendigen Seins, mit dem Funktionswert der Handlung, einen bestimmten Zweck durch Mittel zu erfüllen, vereinigt werden. Erfüllt sprachliche Tätigkeit nicht diese Aufgabe der Mittelstellung unmittelbar hier und jetzt, stellt sie solche Aufgaben selbstreferentiell dar, indem sie die dreigliedrige Stellvertreterfunktion der Zeichen in sich entfaltet (vgl. ebd. 92). – Es gibt offenbar einen dritten Zugang zum Thema Phänomen und Diskurs, der ihren verschieden verschränkbaren Zusammenhang zwischen Ausdrucksphänomenen und Sprachformen aufrollt.

Ich werde im Folgenden die quasidialektische und quasitranszendentale Verschränkung der phänomenologischen Methode und der hermeneutischen Aufgabe in Plessners Philosophischer Anthropologie für die Herstellung des Zusammenhanges von Phänomenen und Diskursen darlegen (2. Teil). Dieser Zusammenhang ist nicht wie im Schlaraffenland *vor*-gegeben. Zuvor möchte ich im ersten Teil zeigen, dass diese Verschränkung in der gegenwartsphilosophischen Diskussion als eine systematische Option fehlt. Ich ergänze so meine frühere kritische Revue der Gegenwartsphilosophie und ihres naturphilosophischen Defizits (vgl. Krüger 2001, Kap. 1.1.). Dabei setze ich die seinerzeit herausgearbeitete Übersetzbarkeit zwischen der Philosophischen Anthropologie und Austins Aufrollung des Problems der Performativität (d.h. der Wahrnehmung der ersten Person Singular im Indikativ Präsens Aktiv durch Lokutionen, Illokutionen und Perlokutionen) voraus (vgl. ebd. Kap. 1.2.). Ich beginne hier mit drei einflussreichen und auf charakteristische Weise verschiedenen Stellungnahmen aus der Diskussion der beiden letzten Dekaden.

1. Zur Aktualität des Themas: Rortys Ethnozentrismus, Habermas' dualistische Anthropologie der Moderne und Lyotards Widerstreit

Wenn man dem ehemals führenden Vertreter des *linguistic turn* Richard Rorty glauben darf, gäbe es einerseits Sprache (nur in der Vielfalt ihrer Vokabulare, am innovativsten für die Selbsterschaffung in dem Vokabular der Dichter) und andererseits Kausalität im Sinne der experimentellen Naturwissenschaft, *aber nichts Drittes* (vgl. Rorty 1989, 14, 33, 39 f., 69, 117, 142, 146, 200, 208, 313–319). In Rortys Kritik an der Erfahrungsmetaphysik, insbesondere der im klassischen Pragmatismus von John Dewey, der mit drei Drittheiten (interaktivem Leben, Geschichtlichkeit und Körper-Geistern) arbeitet, wirkt die analytische Begeisterung für Entweder-oder-Entschiedenheiten noch immer nach. Rortys Gegensatz zwischen entweder Sprachbenutzer oder Nicht-Sprachbenutzer beugt nicht nur der Konfusion von Erfahrungen beider Arten von Lebewesen vor, sondern marginalisiert auch das Erfahrungsproblem zu etwas Privatem (vgl. Rorty 2000, 23–29). Was politisch zur westlichen Demokratie passe, könne öffentliche Geltung beanspruchen, was nicht, wie Heideggers Existenzialontologie oder Nabokovs „Lolita“, sei eben ein privater Selbstentwurf. Rorty liest die „Privatisierung“ der Fragen nach der Spezifik der „menschlichen Natur“ und des „Subjekts“ empirisch in seiner Gesellschaft auf und bestätigt sie in seiner Empfehlung, sich einem „andauernden Versuch und Irrtum“ auszusetzen (vgl. Rorty 2001, 36, 48). Er verspricht zwar eine „Kultur ohne Zentrum", hält aber doch die im Westen errungene antimetaphysische Trennung von Öffentlichem und Privatem für zentral, wenngleich sie sich historisch kontingent ergeben habe und insofern kein universell gültiger Maßstab für die anderen Kulturen sei (vgl. Rorty 2001, 30 f., 38 f., 42).

Man wüsste von Rorty nur zu gerne, wie sich die Differenz zwischen öffentlicher Rede und privaten Vokabularen geschichtlich beurteilbar ändern kann, und mit „beurteilbar" meine ich die Ermöglichung eines pragmatischen Minimums an Kriterien dafür, welche Variante besser oder schlechter, zumindest welches Übel das geringere wäre. Es gab sicher Arten von Metaphysik, die Öffentliches und Privates konfundiert haben. Aber warum sollte dagegen die antimetaphysische Trennung von Privatem und Öffentlichem helfen, statt nach dem geschichtlich-künftig zu verbesserndem Zusammenhang beider zu fragen? Die Zukunft, die Sprachbenutzer zwischen Geschichte zu erleiden (bei Rorty: Schmerz und Demütigung) und Geschichte zu machen (bei Rorty: „Selbsterschaffung") erringen oder verlieren können, ist anscheinend weder so kontingent wie die Sprache der Dichtungen noch so kausal berechenbar wie die Wahrscheinlichkeit von Elementarteilchen. Sie liegt thematisch und methodisch irreduzibel dazwischen, zwischen der bei Rorty unklaren Resonanz für Metaphern und dem Kausalgeschehen einer blinden Evolution.

Rortys positive Orientierungsfigur, die „liberale Ironikerin", soll einerseits ironisch Abstand halten, indem sie ihr Vokabular, ihr Selbst und ihr Gemeinwesen kontingent, d.h. als anders möglich, setzt. Andererseits soll sie Phänomene des „Schmerzes", die Sprachbenutzer mit Tieren teilen, und die besonderen Schmerzen von Sprachbenutzern, genannt „Demütigung", solidarisch vermeiden. Aber woher kommen diese anthropologischen Unterscheidungen, zumindest zwischen Tieren, einem selbst und anderen Sprachbenutzern? Die liberale Ironikerin nimmt dafür den „Ethnozentrismus" eines „Wir" von vorausgesetzten „Menschen" in Anspruch, die auf historisch kontingente Weise misstrauisch gegen „Ethnozentrismen" seien (vgl. Rorty 1989, 319 f.). Rorty ringt in dem in der westlichen Kultur üblichen anthropologischen Zirkel mit einem Ethnozentrismus, genannt „Patriotismus" (Rorty 1998), gegen andere Ethnozentrismen, als hätte es die *philosophische* Fraglichkeit anthropologischer Fragen und Antworten nie gegeben (vgl. Krüger im vorliegenden Band, Kap. 1.1.). Nicht einmal die *anthropologischen* Fragen und Antworten selbst werden überhaupt als solche kenntlich gemacht, sondern nur implizit verhandelt, da sie offenbar privat scheinen. Was sind das nur für Sprachbenutzer, die mit Tieren (warum nicht mit Pflanzen, Engeln, fiktiven Wesen) Schmerzen teilen, sich aber philosophisch jede Erfahrung verkneifen müssen, um politisch kein metaphysisches Durcheinander in die vorausgesetzte Trennung zwischen öffentlicher und privater Geltung zu bringen? Warum sollte diese Konstruktion für den politischen Hausgebrauch Philosophie sein oder nicht vielmehr ihr Bankrott in der Pflege der hermeneutischen Vorurteile der eigenen Kultur und in der Weigerung, neue, öffentlich relevante Phänomene entdecken zu helfen? In dieser *Konservierung der Trennung* zwischen Öffentlichem und Privatem dürfen sich weder andere als vorgesehene Phänomene von selbst zeigen noch dürfen die Strukturen, in denen sie wenigstens besser oder schlechter zu verstehen wären, problematisiert werden.

Diese Problematisierung sollte sozialphilosophisch gelingen. Auch Habermas, der die linguistische Wende der Philosophie normativistisch im Sinne der sprachlichen Intersubjektivität versteht und dementsprechend für eine postmetaphysische Denkweise wirbt, scheint Naturphilosophie von vornherein für ein romantisches Unternehmen zu halten. Seine frühe Abwehr eines naturphilosophischen Ausweges aus seiner Umstellung der transzendentalen Ermöglichungsfunktion vom Bewusstsein auf die Sprache und ihre Teilnehmer lautete: Da Naturphilosophie zu keiner alternativen Naturwissenschaft führe, könne man sich gleich auf die „Moralisierung des Umganges mit der Natur" konzentrieren (Habermas 1984, 511, 520). „Oder können, womit die Mystiker unter den Naturphilosophen gerechnet haben, am Ende auch Minerale die Augen aufschlagen?" (ebd. 511). – Man muss Naturphilosophen des Lebendigen nicht unterstellen, sie wollten – genetisch betrachtet – in dem Animismus der frühen Kulturen und Kleinkinder stehen bleiben. Für die Transzendentalphilosophen der sprachlichen Kommunikation, die Sprache nicht auch als Verhaltung thematisieren, kommt es schlimmer: Säuger, zu denen Menschen – sich spezifikationsbedürftig – gehören, schlagen nicht nur alle ihre Augen auf. Sie kommunizieren so auf vorsprachliche Weise, und Primaten unter ihnen erlernen auch die sprachliche Kommunikation, wenngleich anders und in Grenzen, die vergleichsweise beim Menschenkinde in seinem dritten Lebensjahr veranschlagt werden.

Einerseits nehmen also die sich fraglichen Menschen als Lebewesen an der vorsprachlichen Kommunikation von Säugern teil, wobei strittig ist, wie weit andere Primaten in der sprachlichen Kommunikation gelangen. Andererseits besteht das Problem der *in* der Sprache *fortlaufenden* Kommunikation in der Frage, woher dieser Abstand zur Säugernatur, ihre Beobachtung, kommt und wie er sich in *Verhaltungen* aufbauen und stabilisieren lässt (vgl. Tomasello 2003). Ohne diese exzentrische, das Verhalten bildende Distanz zur Teilnahme an der Säugernatur käme es nicht zu dem *inner*sprachlichen Wechsel zwischen Teilnehmer- und Beobachter*perspektiven*. Anders könnte Sprache nicht erlernt und in sich stabil kontinuiert werden. Vor dem innersprachlichen Perspektivenwechsel (genetisch gesehen), während dieses Wechsels (systematisch betrachtet) und nach ihm (im Hinblick auf Habitualisierungen) liegt das Problem des Hiatus der Verhaltungsstruktur (exzentrische Positionalität): Durch den Bruch mit der Teilnahme spezifisch menschlicher Lebewesen an der Säugernatur wird die Exzentrierung ihres Verhaltens möglich, darunter insbesondere die Dezentrierung in ihrem Sprachverhalten. Aber diese Exzentrierung (bei Habermas allein als Dezentrierung im sprachlichen Perspektivenwechsel gefasst) muss auch auf die Organisationsform dieser Lebewesen rezentriert werden können. Performativität hat hier und jetzt Vollzugscharakter. Abgesehen von seinem Verweis auf G. H. Meads symbolischen Interaktionismus, insbesondere dessen Verständnis der Lautkommunikation (vgl. Habermas 1988a, 210–212, 215–228), überspringt Habermas dieses Problem der Verhaltensbildung (vgl. Krüger 1990, 4. u. 5. Kap.). Für ihn ist der *inner*sprachliche Wechsel zwischen den Teilnehmer- und Beobachter*perspektiven* konzeptionsbildend (vgl. Habermas 1981, Bd. 2, 179–182, 189 f., 200, 208 f., 227–230).

Dabei wird die Thematisierung dieses Wechsels auch noch mit einer *Feststellung* der von den Personalpronomen her möglichen Perspektiven verbunden. Ich, Du und Wir werden auf das Teilnehmen festgelegt, während die dritte Person singularis mit dem

Beobachten identifiziert wird. Sie wird in einer Hinsicht nach dem Modell der erfahrungswissenschaftlichen Beobachtung ausgeführt, das für die Objektivierung der Argumentation steht. In anderer Hinsicht wird die dritte Person Einzahl mit einem erfolgs- statt verständigungsorientierten Aktor identifiziert (vgl. Habermas 1981, 2. Bd., 292 f.). Die zweite und die dritte Person pluralis erlangen keine konzeptionelle Bedeutung (vgl. Habermas 1988a, 201 f., 211 f., 216–223, 227–231), obgleich ohne sie schwerlich das moderne Problem der Pluralität gestellt werden kann (vgl. Krüger 1993, 199–215, 227–237). Nicht die Naturphilosophie des Lebendigen ist romantisch, sondern die *Konfusion der Sprache mit der Ich- und Du-Teilnehmerperspektive ist eine hermeneutische Projektion*. Auch die Ich- und Du-Perspektive, erst recht die anderen Perspektiven, können auf *ambivalente* Weise Teilnehmen und Beobachten verschränken. Darin besteht das Strukturpotential der Sprache (vgl. Krüger 1999, 48–50, 100–103, 125 f., 138, 142–144, 155 f., 201–206, 215, 234). Sprachliche Wechsel zwischen Teilnehmen und Beobachten werden von der Personalität und ihrer exzentrischen Weltstruktur her ermöglicht, statt auf soziokulturell festgelegte Personenrollen begrenzt zu sein (vgl. meinen Beitrag 2.3. im vorliegenden Band). Konzeptionell kann man so umgekehrt zu Habermas fragen, woher diese empirisch auffälligen Beschränkungen der Personalität und Mitwelt auf festgestellte Personenrollen stammen. In Habermas' Übergang von der Lebenswelt zu ihrer sprachlich-intersubjektiven Reproduktion zwischen Ich- und Du-Teilnehmern liegt noch immer die Annahme einer traditionell hermeneutischen Horizontverschmelzung vor, die erst durch eine dritte, zudem auf das Beobachten, instrumentelle oder strategische Handeln festgelegte Person gestört wird. Diese Horizontverschmelzung (Gadamer)[1] wird einerseits in der Lebenswelt dem sprachlich-kommunikativen Handeln vorausgesetzt: „Die expliziten Verständigungsleistungen der kommunikativ Handelnden bewegen sich im Horizont gemeinsamer unproblematischer Überzeugungen; die Beunruhigung durch Erfahrung und Kritik bricht sich an einem, wie es scheint, breiten und unerschütterlichen, aus der Tiefe herausragenden Fels konsentierter Deutungsmuster, Loyalitäten und Fertigkeiten." (Habermas 1988b, 85 f.) Andererseits soll nach der Problematisierung der Lebenswelt dem Telos der sprachlichen Verständigung gemäß aus dem sprachlich-kommunikativen Handeln eine erneute Art von Horizontverschmelzung resultieren: „Von kommunikativem Handeln in einem *starken* Sinne spreche ich, sobald sich die Verständigung auf normative Gründe für die Wahl der Ziele selber ausdehnt. Dann nehmen die Beteiligten auf intersubjektiv geteilte Wertorientierungen Bezug, die ihren Willen, hinausgehend über die je eigenen Präferenzen, *binden*." (Habermas 1999, 122)

Unklar bleibt, was an der Lebenswelt das Lebendige sein soll. Sie wird zwar als präreflexiver, aber gleichwohl sprachlich-symbolischer Verweisungszusammenhang vorausgesetzt. Gegen die kulturalistische und bewusstseinsphilosophische Verengung der Konzeption von Lebenswelt erweitert Habermas sinnvoll diese Konzeption auf drei Dimensionen (Kultur, Gesellschaft, Persönlichkeit), aber um den Preis, die lebenswelt-

[1] Vgl. Gadamer 1960, 311 f., 347, 380. Gadamer weiß zwar, dass ein Text nicht wie ein Du auftritt, interpretiert ihn aber nach dem Modell der Verständigung in dem Gespräch zwischen Ich und Du über eine Sache. Vgl. ebd. 364 f., 374, 383 f., 449. Dieses Modell wirkt in Habermas' Teilnahmeprimat an Lebenswelt und Sprache fort.

lichen Verweisungszusammenhänge als sprachliche Bedeutungszusammenhänge aufzufassen (vgl. Habermas 1981, 2. Bd., 189 f., 209 f.). Das Präreflexive kann so nur die Sedimentierung von Sprachlichem und nichts anderes sein. Dann wäre aber die Versprachlichung der Lebenswelt im kommunikativen Handeln nicht mehr nötig, da die Lebenswelt schon immer sprachlich strukturiert gewesen wäre und umso mehr nach ihrer symbolischen Reproduktion nichts grundsätzlich anderes als Sprache sein könnte. Die ganze Komplementarität von Lebenswelt und sprachlich-kommunikativem Handeln entfiele. Unklar ist auch, warum die Reproduktionsprobleme der Lebenswelt erst der Perspektive dritter Personen als Beobachter auffallen sollen, da sie doch auch den Perspektiven der ersten und zweiten Personen bewusst werden dürften, wären diese Teilnehmerperspektiven nur als Personen (statt allein als Teilnehmer, ohne beobachten zu können) konzipiert worden (vgl. Habermas 1981, 2. Bd., 213 ff., 219–223; Habermas 1988b, 63–70, 85–95). Nicht moderne-theoretisch, aber philosophisch betrachtet bleibt so in Habermas' Werk sowohl Husserls Phänomenologie der Lebenswelt als auch Heideggers Welterschließung aktuell (vgl. ebd. 94, 103). Erst in jüngerer Zeit rekurriert Habermas auf die Körper-Leib-Differenz aus Plessners Philosophischer Anthropologie, allerdings nur, um seine Moralphilosophie durch eine Gattungsethik, nicht aber eine Naturphilosophie zu fundieren (vgl. Habermas 2001, 27 f., 64 f., 89 f.). Habermas anerkennt inzwischen zwar die „Hermeneutik der Naturgeschichte ‚von oben'" im klassischen Pragmatismus und in der Philosophischen Anthropologie, zieht dieser jedoch weiterhin seine „begriffliche Klärung von intuitiv beherrschten Praktiken aus der Teilnehmerperspektive" (Habermas 1999, 30) vor.

Insofern hält er an seiner dualistischen Anthropologie der Moderne fest: Allein die *materielle* Reproduktion der Lebenswelt könne über die entsprachlichenden Steuerungsmedien erfolgsorientierter Beobachter laufen, während in der *symbolischen* Reproduktion der Lebenswelt die Teilnehmerperspektiven durch mediale Kondensierung der Sprache primär bleiben müssten. Wenn in der modernen Trennung zwischen materieller und symbolischer Reproduktion nicht die symbolische Teilnahme an Lebenswelt und Sprache den evolutionären Primat über die strategischen Handlungsweisen erfolgsorientierter Beobachter habe, komme es zu Psycho-, Sozial- und Kultur-Pathologien, d.h. den Formen der Kolonialisierung der Lebenswelt (vgl. Habermas 1981, Bd. 2, 209 f., 226, 278, 476 f., 592 f.). Wie sollte aber ein materielles, insofern wohl nicht symbolisches Verhalten oder ein symbolisches, insoweit wohl immaterielles Verhalten als *soziales* Verhalten überhaupt möglich sein? – In Habermas' dualistischer Auffassung der modernen Gesellschaft wird radikal eingeschränkt, was sich als Phänomen geben (von sich aus zeigen) und als solches im Verstehen genommen werden kann. Er nennt die strukturelle Rückwirkung der Systeme auf die Lebensformen die „Verständigungsform" (Habermas 1981, 2. Bd., 278–293). Zumindest für die materielle Reproduktion in der Moderne lässt Habermas Luhmanns Reduktion von Welt auf die systemische Selbstreferenz von Umwelt gelten (vgl. meinen Beitrag 2.3. im vorliegenden Band). In der symbolischen Reproduktion der Lebenswelt wehrt das Primat der Teilnahme an der sprachlichen Verständigung alle anderen Welterschließungen als pathologische ab. Die Theorie des kommunikativen Handelns kulminiert so in der Einschätzung, dass die kommunikative Rationalisierung der Lebenswelt selbst paradox sei. Diese Rationalisierung ermögliche diejenigen systemischen Strukturen, welche die Lebenswelt kolonialisieren, und gleichzeitig die utopische Kritik an dieser Kolonialisierung (vgl. Habermas 1981, 2. Bd., 486, vgl. ebd. 277, 470, 491, 522, 593; ebenda 1. Bd., 458 f.). Kann man sich angesichts dieses Paradoxes der sprachlichen Rationalisierung nicht philosophisch fragen, ob womöglich die Lebenswelt die dualistisch-anthropologische Aufspaltung ihrer Reproduktion in der Moderne schwerlich aushält?

In der Philosophie können die phänomenologischen Weisen der Selbst-Gebung von Phänomenen und die hermeneutischen Weisen der Nehmung von Phänomenen *als* dieses oder jenes im Verstehen anders als patriotisch (Rorty) oder moderne-theoretisch (Habermas) entworfen und problematisiert werden. Daran hat Lyotard erinnert, insofern er meines Erachtens dazu einlud, sich nicht nur in der Sprache zu perspektivieren. Ihm ging es auch darum, neben den sprachlichen Äußerungen stehend auf die situative Angemessenheit ihrer Verwendung angesichts der Phänomene beschädigten Lebens (Adorno) zu achten. Wenngleich Lyotard seine Positionierung nicht theoretisch rekonstruktiv einholte, versetzte er doch zu seinen Lebzeiten die Hörer seiner Vorträge und die Besucher seiner Ausstellung (Immaterialien) in diese Lage, zwischen dem Involviertsein in ein Phänomen und dem Seitenblick, der das Vorverständnis des Phänomens problematisiert, hin und her gehen zu müssen. Dadurch kam situativ *Expression zur Sprache* oder nicht zur Sprache und kam *Sprache zum Ausdruck* oder nicht zum Ausdruck. „Der Widerstreit ist der instabile Zustand und der Moment der Sprache, in dem etwas, das in Sätze gebracht werden können muss, noch darauf wartet. Dieser Zustand enthält das Schweigen als einen negativen Satz, aber er appelliert auch an prinzipiell mögliche Sätze. Was diesen Zustand anzeigt, nennt man normalerweise Gefühl. ‚Man findet keine Worte' usw. Es bedarf einer angestrengten Suche, um die neuen Formations- und Verkettungsregeln für die Sätze aufzuspüren, die dem Widerstreit, der sich im Gefühl zu erkennen gibt, Ausdruck verleihen zu können, wenn man vermeiden will, dass dieser Widerstreit sogleich von einem Rechtsstreit erstickt wird und der Alarmruf des Gefühls nutzlos war. Für eine Literatur, eine Philosophie und vielleicht sogar eine Politik geht es darum, den Widerstreit auszudrücken, indem man ihm entsprechende Idiome verschafft." (Lyotard 1987, 33, vgl. 106 f.) Im Falle eines Widerspruches hat man soziokulturell ein Verfahren für seine Lösung installiert, das vom Ausschluss des Widerspruches im formallogischen Sinne bis zu juristischen Prozeduren der Rechtsprechung über Arten von Konfliktfällen reicht, so auch noch vor dem Gerichtshof der Vernunft. Im Falle eines Widerstreites sind die Maßstäbe der Konfliktseiten nicht nur inkommensurabel. Zumindest eine Seite hatte geschichtlich nicht einmal die Chance, sich soziokulturell vertreten zu können (vgl. ebd. 27, 227, 229 f.).

Lyotard kritisiert den „Anthropozentrismus" der Humanwissenschaften und solcher Gebrauchstheorien der Sprache, die einfach Menschen als Sprachbenutzer unterstellen (Rorty oben) und informationstechnisch annehmen, dass es sich bei der Übermittlung einer Botschaft von Sendern an Empfänger um Sprache handele (vgl. Lyotard 1987, 31 f., 103, 226, 229). Demgegenüber beginnt für Lyotard Sprache mit der *Darstellung* von etwas in dem Universum eines Satzes, der seinerseits in einer „zeitlichen Reihenbildung" von weiteren Sätzen dargestellt wird (vgl. ebd. 108 f.). Im Unterschied zur Expression zeichnet sich Sprache dadurch aus, Dargestelltes darzustellen (Selbstreferenz). „Sender und Empfänger werden im Universum, das der Satz darstellt, situiert, genauso wie dessen Referent und dessen Sinn“ (ebd. 30). Diese vier Instanzen eines Satz-Universums sind mehrdeutig verwendbar, was durch ihre Markierung und die entsprechenden Regelsysteme zur Verkettung der Sätze eingegrenzt werde (vgl. ebd. 125 f., 215). Man müsse von diesem Strukturpotential der Sprache seine geschichtlich selektive Verwendung zu bestimmten soziokulturellen Zwecksetzungen (z.B. Wissen, Lehren, Rechthaben, Verführen, Bewerten, Erschüttern, Kontrollieren, Handel treiben, Verträge schließen etc.) in den „Diskursarten“ unterscheiden (vgl. ebd. 10, 149). „Die Diskursarten sind Strategien. Von niemandem.“ (Ebd. 228)

Nun behauptet Lyotard, dass sowohl die Satz-Regelsysteme untereinander als auch die Diskursarten untereinander heterogen im Sinne von inkommensurabel sind. Dies leuchtet insofern ein, als jedes Regelsystem (bzw. jede Diskursart) auf eine Relationierung der Instanzen (bzw. einen bestimmten Zweck) konkurrenzlos spezialisiert ist. Dadurch kann es zwar innerhalb desselben Regelsystems (bzw. derselben Diskursart) einen Wettbewerb geben, nicht aber zwischen den Regelsystemen bzw. Diskursarten, da für deren Interrelationen kein gemeinsamer Vergleichsmaßstab zur Verfügung steht. Inwiefern aber gibt es Widerstreit und nicht nur die Beliebigkeit und Gleichgültigkeit des Heterogenen bzw. Inkommensurablen? – Insoweit sich die Sätze, die verschiedenen Regelsystemen und Diskursarten angehören, in ihrer zeitlichen Reihung in dreierlei Hinsicht „treffen“ (Lyotard 1987, 57):

Erstens treffen sich Sätze in ihrer gemeinsamen Ermöglichung durch die Formen der Gegebenheit von etwas in Raum und Zeit, worauf sie sich beziehen können (vgl. Fremdreferenz oben). Diese Formen seien im Sinne der Phänomenologie von Merleau-Ponty präreflexiv und präprädikativ. Daher würden sie nicht zur Strukturbedingung eines sprachlich bewussten Widerstreites, in dem schon immer (bis auf Dichtung) reflexive Subjekt-Objekt- bzw. Subjekt-Subjekt Differenzen auftreten (vgl. Lyotard 1986a, 7, 13, 17, 20 ff.). Die Gemeinsamkeit an leiblichen Formen der Gegebenheit werde marginalisiert durch einen künstlichen Zeitraum, die „Zeit der Informationsingenieure“ (ebd. 31). Dieser „Entzug der Formen der Gebung zugunsten der Vorherrschaft des Kalküls und des Geschmiedeten“ (ebd. 29) dränge die passive Synthesemöglichkeit von frei gegebenen Phänomenen (im Sinne der Kantschen Ästhetik) zurück. Diese Marginalisierung finde heute zugunsten der „verallgemeinerten Simulation nur als Exemplifizierung einer bereits aufgestellten Regel“ statt, in der das Gegebene „seinen Charakter als Einzelnes verliert“ (ebd. 32, vgl. auch Lyotard 1987, 286–292).

Zweitens „treffen“ sich (Lyotard 1987, 57 f.) die Sätze aus heterogenen Regel-Systemen und inkommensurablen Diskursarten darin, dass sie ihr – transzendental gesehen – gleiches Strukturpotential (das Universum zur Darstellung der vier Instanzen, s.o.) – empirisch betrachtet hier und jetzt – immer nur als eine einzige Verkettung von Sätzen aktualisieren, unter Ausschluss anderer Möglichkeiten (vgl. ebd. 59). Vielleicht wären aber diese anderen Möglichkeiten situativ angemessener gewesen. Die zeitlich endliche Aktualisierung des Strukturpotentials kann in ihrer erweiterten Reproduzierbarkeit das Potential selbst eingrenzen. Darauf könne zwar der „metasprachliche Bezug“ der „Umgangssprache“ (ebd. 13, vgl. ebd. 67, 117, 201 ff., 262) auf sie selbst aufmerksam machen. Aber die philosophische, literarisch-künstlerische, geistige Kultivierung metasprachlicher Rückbezüge auf die Umgangssprache ähnele dem „Auslaufen der Serie“ (ebd. 15), d.h. dem Auslaufen der Avantgarde.

Drittens treffen sich die Sätze ungleichartiger Regel-Systeme und Diskursarten „in den Eigennamen, [...] in den Welten, die durch die Namensgeflechte festgelegt werden“ (Lyotard 1987, 57 f.). Der Eigenname könne als „Bindeglied“ zwischen verschiedenartig geregelten Diskursarten fungieren, da er „zugleich die doppelte Fähigkeit besitzt: zu bezeichnen und bedeutet zu werden“ (ebd. 83). Wirklich sei dann der Referent, „der sich in diesen drei Situationen als der gleiche erweist: bedeutet, benannt, gezeigt“ (ebd. 82, vgl. ebd. 140).

Der Widerstreit der Diskursarten ergibt sich demnach im Hinblick auf die Wahr-Nehmung von Phänomenen. Diese Phänomene müssen in leiblichen Formen von Raum und Zeit gegeben werden oder sich geben können. Zugleich können sie aber nur in der endlichen Aktualisierung des Strukturpotentials der Sprache hier und jetzt unter Ausschluss anderer Aktualisierungsmöglichkeiten genommen, d.h. sprachlich verstanden werden. Dabei hänge die personale Auszeichnung von Phänomenen, der wirkliche Träger von Eigennamen zu sein, von der starken Anforderung ab, durch die heterogenen Regelsysteme und die inkommensurablen Diskursarten hindurch sowohl bedeutet als auch benannt als auch gezeigt werden zu können. In diesen Strukturbedingungen eines Widerstreites ist doch philosophisch als Ermöglichung, nicht als positive erfahrungswissenschaftliche Bestimmung, eine nötige Minimalfassung der *condition humaine* enthalten. Man kann diese Problemstellung des Widerstreites respektieren, ohne Lyotards Motive und seine Lösungsrichtung in den fatalen Krieg der Sprache mit sich selbst teilen zu müssen. Ich habe sein merkwürdig postmodernes Opfer der Moderne im Plural der Antagonismen andernorts kritisiert (vgl. Krüger 1993, 2. Teil, 2.3.).

Rortys Sprachanalyse mündet in einen Patriotismus; Habermas' Theorie der sprachlichen Verständigung in ein Paradox, das der dualistischen Moderne entspricht; Lyotards Widerstreit in einen Krieg der Sprache mit sich selbst. Die Alternative zu all dem besteht in Folgendem: Der Zusammenhang zwischen Phänomenen und Sprachen kann in einem naturphilosophischen Untersuchungsverfahren aufgerollt werden, wenn man *das Thema der Natur* im weiten Sinne nicht von vornherein *defensiv aus der Philosophie ausbürgern* und einem reduktionistischen Missverständnis der Naturwissenschaften überlassen würde (vgl. Plessner 1975, 19, 26–28). Warum dürfte Natur nur in dem Rahmen des dualistischen Mainstream als Gegenpol zum Geist (d.h. im *linguistic turn* zur Sprache) und darin nur von der Naturwissenschaft thematisiert werden? Natur spielt doch – in der Gestalt von Körpern und in der Form von Leibern, in der Gefühlslage von Situationen und in den Stimmungen über Situationen hinaus, als ein ökologisch gefährdeter irdischer Ort des Lebens im Kosmos usf. – eine Rolle in den philosophischen Grenzfragen der spezifikationsbedürftig menschlichen Lebensführung. Warum könnte lebendige Natur gegenüber dem Dualismus von Naturkausalität und Sprachverstehen nicht dasjenige Dritte sein, das als Strukturbruch geschichtsbedürftig von Personalität gelebt wird (vgl. Krüger 2004)? Das Problem, wie sich personale Lebewesen als Individuum, in Generationen und als Gattung geschichtlich spezifizieren können, ist von der Frage nach der Natur ihrer Möglichkeiten und Grenzen nicht zu trennen, soll Personalität nicht einfach eine sprachliche Konvention oder eine *specula* sein. Habermas und

Lyotard arbeiten – philosophisch auf verschiedene Weise – kritisch sowohl mit Husserls transzendentaler Phänomenologie als auch mit Heideggers existenzialer Hermeneutik, deren Erschließung von Welt durch Verdichtung der Sprache. Aber beiden, Habermas und Lyotard, ist das naturphilosophisch differenzierende Verfahren, Phänomenologie als Methode und Hermeneutik als Etappe für die Fundierung einer Philosophischen Anthropologie zu verknüpfen, unvorstellbar geblieben, wie übrigens auch anderen Gegenwartsphilosophen, so insbesondere Derrida, Foucault und Ch. Taylor im Unterschied zu J. L. Austin (vgl. Krüger 2001, 1. Kap.). Immerhin hat Lyotard den Widerstreit aus Kants dritter Kritik zu reformulieren versucht, womit auch Plessner in seinen „Untersuchungen zu einer Kritik der philosophischen Urteilskraft" (1920) begonnen hatte (vgl. Plessner 1981a, 152, 228).

2. Die naturphilosophische Fundierung der Philosophischen Anthropologie: Ihr quasitranszendentales Verfahren zur quasidialektischen Verschränkung der phänomenologischen Methode mit der hermeneutischen Aufgabe

2.1. Ziel, Weg und Aspekt der philosophischen Unternehmung von Helmuth Plessner

Plessner unterscheidet in einer philosophischen Unternehmung zwischen ihrem Ziel respektive Zweck, ihrem Weg und ihrem Aspekt. So sei das Ziel der Kantschen Philosophie ihr Weltbegriff, der Weg ihre Vernunftkritik und ihr Aspekt der Ausgang von der naturwissenschaftlichen Erfahrung gewesen. In dieser Analogie beschreibt Plessner sein eigenes Anliegen – nach W. Diltheys lebensphilosophisch-geschichtlicher Hermeneutik und E. Husserls transzendentaler Phänomenologie – in seinem Buch „Die Stufen des Organischen und der Mensch" (1928) wie folgt: „Der Zweck heißt: Neuschöpfung der Philosophie unter dem Aspekt einer Begründung der Lebenserfahrung in Kulturwissenschaft und Weltgeschichte. Die Etappen auf diesem Wege sind: Grundlegung der Geisteswissenschaften durch Hermeneutik, Konstituierung der Hermeneutik als philosophische Anthropologie auf Grund einer Philosophie des lebendigen Daseins und seiner natürlichen Horizonte; und ein wesentliches Mittel (nicht das einzige), auf ihm weiterzukommen, ist die phänomenologische Deskription." (Plessner 1975, 30)

Plessners Zweckbestimmung, die Neuschöpfung der Philosophie, bezieht sich auf eine andere Konzipierung von Welt, als wir sie von Kant kennen. Dies verdeutlicht der angegebene Aspekt, die Begründung der Lebenserfahrung in Kulturwissenschaft und Weltgeschichte. Verglichen mit Kant, für den seinerzeit Newtons Physik die zentrale Herausforderung für die Grenzfragen der menschlichen Lebensführung darstellte, hat sich die Lebenslage des Menschengeschlechts weltgeschichtlich und wissenschaftsgeschichtlich geändert. Es ging nach Dilthey und zwischen den beiden Weltkriegen philosophisch um die künftige *Geschichtlichkeit der Welt*, nicht mehr um ihre Außer- oder

Übergeschichtlichkeit oder ihre nur *historische* Faktizität. Außer den Wissenschaften von der unbelebten Natur waren seit dem 19. Jh. die Biowissenschaften und nun, seit dem Beginn des 20. Jhs., auch noch die Sozial- und Kulturwissenschaften lebendiger Gegenstände hervorgetreten. Sie alle, aber in der philosophischen Entdeckung der Geschichtlichkeit insbesondere die Kulturwissenschaften, warfen die folgende Frage auf: Wie können diese Wissenschaften ihre gemeinsame Voraussetzung, die Lebenserfahrung des Common sense, so eingrenzen, dass ihnen auf konzeptionell klare Fragen methodisch auch klare empirische Antworten gelingen? Was also können sie wie aus der Lebenserfahrung, ihrer eigenen fortlaufenden Ermöglichung, weglassen, damit eine positive erfahrungswissenschaftliche Gegenstandsbestimmung zustande kommt, die sie auch methodisch kontrollieren können? Die philosophische Gegenfrage aber lautete: Wie lassen sich diejenigen Lebenserfahrungen mit lebendigen Gegenständen, die alle Erfahrungswissenschaften lebendiger Gegenstände voraussetzen und eingrenzen müssen, ihrerseits philosophisch thematisieren? Wie lässt sich also diejenige künftige Geschichtlichkeit von Welt rekonstruktiv freilegen, von der die erfahrungswissenschaftliche Forschung, selbst eine geschichtlich zu erneuernde Unternehmung, zehrt, die sie aber in der erfahrungswissenschaftlichen Bestimmung lebendiger Gegenstände weglässt?

Der Weg, aus Diltheys lebensphilosophischer *Kritik der historischen Vernunft* die Konsequenzen zu ziehen, erschien und erscheint vielen noch heute als die Aufgabe der Hermeneutik, welche die Geisteswissenschaften im Gegensatz zu den Naturwissenschaften begründen sollte. Plessner spricht hier, was eine geisteswissenschaftliche Hermeneutik angeht, relativierend nur von einer Etappe auf einem schwierigeren Weg. Das Besondere an Plessners Weg besteht darin, dass er die *Hermeneutik als eine philosophische Anthropologie konzipiert*. Die Spezifik geistigen Verstehens, auch und gerade der Verstehensleistung, die die erfahrungswissenschaftliche Thematisierung von biosozialen und soziokulturellen Lebensformen ermöglicht, steht geschichtlich gesehen nicht vorab fest. Geistiges Verstehen ist nicht unabhängig von anderen Verstehensmöglichkeiten, insbesondere des Ausdruckes aller möglichen Lebe-Wesen und ihres Ausdrucksverstehens, zu spezifizieren. Im *Ausdruck* schwingt, im Unterschied zur anorganischen Natur, bereits irgendeine Selbstbeziehung des sich zum Ausdruck Bringenden mit. Im *Ausdrucksverstehen* läuft bereits ein interaktiver Mitvollzug der Kundgaben des Anderen mit, ohne sich von diesem Anderen *als Anderen* zu distanzieren, wie man es durch abständige Beobachtung, z.B. durch sprachliche Reflexion, zu tun vermag. Wenn Hermeneutik nicht von vornherein in dem ethnozentrischen Zirkel der historistisch gerade in einer bestimmten Kultur gegebenen Lebenserfahrung enden soll, dann muss sie philosophisch „die Möglichkeit der Lebenserfahrung begreifen“, ohne selbst empirisch „auf Grund von Erfahrungen und Erfahrungsbegriffen“ festgelegt zu sein (Plessner 1975, 23). So erhielte Rortys Problemstellung, zwischen Ethnozentrismus und Kritik einer Erfahrungsmetaphysik zu schwanken, doch eine Lösungsrichtung. Als „Wissenschaft des Ausdrucks, des Ausdrucksverstehens und der Verständnismöglichkeiten“ (ebd. 23) müsse die Hermeneutik anders als von vornherein spezifisch geisteswissenschaftlich angelegt werden. Die Differenz zwischen Ausdruck, Ausdrucksverstehen und spezifisch geistigen Verständnismöglichkeiten wird selbst erst geschichtlich von solchen Lebewesen herausproduziert, die personal in Spezifikationsnot leben. Daher wird die Aufgabe der Hermeneutik zu der einer philosophischen Anthropologie erweitert.

Die Anthropologie fungiert hier als die „Theorie der menschlichen Lebenserfahrung“ (ebd. 24). Sie habe gleichzeitig den „vertikalen“ Vergleich der spezifisch menschlichen mit anderen Lebensformen und den „horizontalen“ Vergleich der spezifisch menschlichen Lebensformen untereinander zu leisten (vgl. ebd. 32, 36). Dafür nimmt sie als Anthropologie philosophisch aber etwas anderes als sich selbst in Anspruch. Wenn diese beiden anthropologischen Vergleichsreihen nicht ihrerseits paradox nebeneinander (Dualismus) oder tautologisch ineinander (Monismus) stehen sollen, erfordert ihre philosophische Fundierung eine Besonderheit: Sie muss sich aus dem üblichen Dualismus, entweder Natur (vertikaler Vergleich) oder Geist (horizontaler Vergleich), heraussetzen. Sie positioniert sich in das für diesen Dualismus Unbestimmte hinein, neben der Frontalstellung, in welcher der Dualismus zentrisch verharrt. Darin besteht die Aufgabe der naturphilosophischen Fundierung von einem Dritten her, das Personalität ermöglicht.

Für Plessner erschöpft sich die Fraglichkeit der Menschennatur, auf welche die Kulturen historisch und gegenwärtig plural antworten, in keiner *bestimmten Selbst*befragung, d.h. in keinem naturwissenschaftlichen, geisteswissenschaftlichen oder existenzial hermeneutischen Zirkel. Vielmehr fundiert er die Fraglichkeit durch eine Exzentrierung der lebendigen Natur, die in ihrem Bruch mit der lebendigen Natur auf sich, die Unbestimmtheit ihrer Künftigkeit, hin lebt. Diese Fundierung steht nicht in dem Zirkel, sich dank ihres Selbstes schon immer *selbst zu fragen*. Sie verweist auf denjenigen Verhaltungsbruch, in welchem *sich fraglich wird*, wer ihn vollzieht. Naturphilosophisch lässt sich das Anderssein des Selbstseins steigern, also nicht schon in den Formen eines nur anderen Selbstseins im Lebendigen der Natur abbrechen, sondern auch noch durch ein anderes Dasein, das nicht mehr in einer Form von Selbstbezug lebt, konturieren. „Mensch-Sein ist das Andere seiner selbst Sein. Erst seine Durchsichtigkeit in ein anderes Reich bezeugt ihn als offene Unergründlichkeit.“ (Plessner 1981, 225) Erst durch die „Philosophie des lebendigen Daseins und seiner natürlichen Horizonte“ (Plessner 1975, 30) gelänge eine „allgemeine Hermeneutik“ (ebd. 28) an der Grenze alles Lebendigen, im Unterschied zu den speziellen Hermeneutiken der Natur- oder Kulturwissenschaften.

Dabei bedeutet „Fundierung“ im Sinne der Freilegung des „Ursprünglichen“ *keine* „Ontologisierung des Erschauten“ (ebd. 23). Vielmehr handelt es sich um die Rekonstruktion des in der Lebensführung Irreduziblen, des für sie nicht Ersetzbaren. Auch eine erfahrungswissenschaftliche Erklärung, die etwas Bestimmtes ableitbar und kausal beherrschbar machen kann, befreit die Lebensführung im Ganzen nicht davon, dass sie vom Betroffenen vollzogen werden muss. „Philosophische Hermeneutik als die systematische Beantwortung der Frage nach der Möglichkeit des Selbstverstehens des Lebens im Medium seiner Erfahrung durch die Geschichte lässt sich nur in Angriff nehmen – oder gar durchführen – auf Grund einer Erforschung der Strukturgesetze des Ausdrucks. Und dies ist wiederum nur möglich, wenn man sich diesseits jeder spezialistischen Bearbeitung des Ausdruckslebens hält und es in seiner Ursprünglichkeit, d.h. so wie es lebt und nicht so, wie es für die wissenschaftliche Beobachtung da ist, studiert.“ (Ebd. 23)

Für die naturphilosophische Fundierung der philosophischen Anthropologie als Hermeneutik soll die phänomenologische Deskription als ein Mittel Verwendung finden. Plessner würdigt – auch bei vielen anderen Gelegenheiten und nicht nur in seinem Hauptwerk – Husserl dafür, das Mittel der phänomenologischen Deskription bereit gestellt zu haben, das Diltheys geisteswissenschaftlichem Projekt noch fehlte (vgl. ebd. 28). Plessner übernimmt jedoch nicht Husserls Phänomenologie einfach als den Aspekt seines Philosophierens, sondern funktioniert diese Phänomenologie nur als ein Mittel theoretisch um. Diese Aufgabe wird zunächst an dem deutlich, was er an bis heute gängigen Lösungsvarianten abweist. Wolle „man den Menschen, so wie er lebt und sich versteht, als sinnlich-sittliches Wesen in Einer, d.h. der menschlichen Existenz entsprechenden Erfahrungsstellung, welche ‚Natur' und ‚Geist' umspannt, begreifen, so muß man auch die Mittel dazu schaffen. Diese Mittel können jedoch nicht dem traditionellen Begriffsschatz der Einzelwissenschaften entnommen werden, da jede Einzelwissenschaft, sei es Natur-, sei es Geisteswissenschaft, eine besondere Reduktion an den Dingen vornimmt, ohne die sie die Grenzen ihres Gebietes sofort verlässt" (ebd. 25). Plessner teilt mit Heidegger gegen E. Cassirer nicht die Lösungsrichtung, wohl aber das Problembewusstsein: „Wer da glaubt, dass mit Sprachphilosophie oder Kulturphilosophie die Sache gemacht ist, irrt sich ganz gewaltig und unterschätzt denn doch den Sinn der Situation, die in Dilthey zum Bewusstsein ihrer selbst gekommen war. Versteht man diesen Sinn dahin, dass sie die Aufforderung zu einer Befreiung von der Herrschaft der seit der griechischen Antike die Interpretation unseres Denkens, Handelns und Hoffens beherrschenden Kategorien enthält, so kann es keinen Zweifel darüber geben, dass die Arbeit der Philosophie von Neuem bis zu den letzten Elementen vordringen, sie ergreifen und umgestalten muß." (Ebd. 25)

Plessners theoretische Interpretation der Husserlschen Phänomenologie ist mit dieser selbst unvereinbar. Was wir letztlich aus allen Phänomenbeschreibungen heraus als das in Anspruch Genommene im Sinne der Ermöglichung erschließen, Husserls „absolute Subjektivität" und Plessners exzentrische Positionalität, sind philosophisch nicht nur nicht dasselbe. Wir müssen deshalb genauer der Frage nachgehen, für welche philosophische Theorie Plessner die Phänomenologie als Mittel verwendet und wie sich in dieser Instrumentierung die phänomenologische Methode selbst ändert.

2.2. Plessners Unterscheidung zwischen der Methode und den Theorien der phänomenologischen Bewegung

Zur philosophischen Tätigkeit gehört, noch vor jeder Zuordnung ihrer Resultate zu dieser oder jener bestimmten Philosophie, eine allgemein interessierende Infragestellung des in der Lebensführung alltäglich Vertrauten und Eingespielten. Aber wie, d.h. methodisch, erfolgt diese Infragestellung, und wozu, d.h. theoretisch, führt sie? Ein Philosophieren wird insofern bestimmbar, als es Methode und Theorie in einen Zusammenhang bringt, der die Grenzen alltäglicher Vertrautheit betrifft. Daher kommen solche Grenzfragen wie die nach dem vorab schon immer Verstandenen und dem davon verschieden überhaupt Verstehbaren oder die nach dem für eine Erklärung Gehaltenen, dem einer Erklärung Bedürftigen und dem überhaupt Erklärbarem usf. Plessner würdigt zunächst an Husserl, dass er überhaupt in einer bestimmten, hier nicht weiter zu verfolgenden historischen Konstellation das Philosophieren erneut ermöglicht habe, so wenn Husserl „die Aktualität des Problems der Kategorie, d.h. der Aussagbarkeit von Sachen, wieder ins Licht stellt“: „Wie der Ausdruck heißt und welcher Grammatik er folgt, ist für diese Beziehung zwischen Ausdruck, Bedeutung und Sache äußerlich. In ihr selbst liegt aber ein Problem verborgen, die Aussagbarkeit der Sachen selber, die zwar menschliche Rede braucht, um den Kontakt zwischen Menschen sachlich zu vermitteln und ihm logische Gliederung, Elastizität und Bündigkeit zu geben, aber nicht aus der Rede stammt. [...] Die Sache hat auch ihr Wort mitzureden, sie bietet durch Gliederung, Konstanz, Elastizität, Wandelbarkeit gewissermaßen eine Schauseite, welcher die Rede entspricht.“ (Plessner 1985a, 136 f.)

Das Besondere an Husserls philosophischer Tätigkeit beginne nun damit, dass er „offenbar gar nicht an einer Lösung interessiert ist, sondern umgekehrt an einem Abbau des Problems, das nach Lösung verlangt. Alle Theorien schießen nach seiner Ansicht zu weit, weil sie von einer Problematik ausgehen, welche die natürliche, ursprüngliche Sachgebundenheit der Ausdrucksbedeutungen verkennt bzw. interpretiert, ohne sie selber in aller Ruhe angesehen zu haben. [...] Warum etwas erklären wollen, was gar nicht erklärungsbedürftig ist? [...] Erst der Befund und die Beschreibung, später falls nötig, vielleicht einmal die Erklärung.“ (Ebd. 137 f.) Husserls phänomenologischer Einsatz beginnt also für Plessner mit einer Wendung gegen andere Philosophien, die von künstlich aufgebauten Problemen gleichsam leben. Demgegenüber entwerfe Husserl für diese Wendung den modernen Forschungscharakter der philosophischen Tätigkeit, der sich von der weltanschaulichen Funktion traditioneller Philosophien emanzipiere (vgl. ebd. 133).

Wie kommt nun aber diese Wendung gegen andere Philosophien dazu, sich aus der phänomenologischen Bewegung heraus selbst zum Tagen zu bringen? – Phänomenologisch verstanden, habe die Philosophie „den Auftrag, die quellgebende kategoriale Anschauung selbst durchsichtig, die Wesensschau (durch eine besondere Technik) zum Objekt zu machen“, eben durch die phänomenologische Reduktion bzw. Einklammerung: Die Phänomenologie „hat sich nur an das Phänomen als an die sich zeigende Sache selber zu halten. Ein Irrtum in der Beurteilung der Tatsachen kann das innere Verhältnis von Erscheinung und Wesen nicht stören. Dies lässt sich einklammern und darf auch nur in der Klammer, in der Zurückhaltung gegen die Frage: wirklich, ja oder nein? verstanden werden.“ (Ebd. 139) Diese Methode der Phänomenologie deckt das „gegen seine Verwirklichung neutrale, von ihr abhebbare Wesen, das Was, die Essenz (die etwas zu dem macht, als was es angesprochen ist)“ (ebd. 140), auf. *Insofern die Essenz gegen ihre Existenz neutralisiert wird, entsteht nun das Problem, dieses methodenabhängige Ergebnis interpretieren zu müssen.* Dieses Problem war geschichtlich solange verdeckt, solange der Glaube „Husserls und seiner ersten Schüler an eine endgültige Sicherung und Wiederherstellung des ‚natürlichen Weltbegriffs‘ auf dem Boden ursprünglichen Erlebens mächtig war“ (ebd. 140). Plessner hebt die problematische *Verwechselung des methodischen Prinzips der Phänomenologie mit einem Rechtfertigungsprinzip* hervor: „Aus dem methodischen Prinzip der unbedingten Achtung vor dem Aktsinn, [...] – das freilich auf dem stillschweigenden Vertrauen zu einer ursprünglichen Natürlichkeit ruht, [...] – wird ein Rechtfertigungsprinzip. [...] Tatsächlich ist diese Umdeutung der an sich ganz unverbindlichen Sinn- und Wesensanalyse zu einer Rechtfertigung des in diesem Sinn und Wesen liegenden ‚Anspruchs' der Sündenfall der Phänomenologie. Aber ohne ihn hätte sie weder für Philosophie noch für die Einzelwissenschaften irgendeine Bedeutung gewinnen können. Bloße Beschreibungen hätten niemanden interessiert." (Ebd. 141 f.)

Zur phänomenologischen Bewegung gehören für Plessner alle diejenigen theoretischen Bemühungen, welche versuchen, auf das Interpretationsproblem der phänomenologischen Methode zu antworten. Dadurch könnte der Sündenfall der Phänomenologie, die aufgedeckten Sinn- und Wesensstrukturen im Sinne einer *natürlichen Rangordnung* affirmativ zu bewerten, überwunden werden. Plessner begreift Husserls eigene Theorieentwürfe (von den „Ideen" im Jahre 1913 bis zur Krisisschrift 1936) und die von Max Scheler, Nicolai Hartmann und Martin Heidegger als verschiedene Unternehmungen, um auf das Theoriedefizit der Phänomenologie zu antworten. Indessen scheitert für Plessner die phänomenologische Bewegung an dreierlei.

Erstens widerstrebe das „Prinzip der Wesensschau" seiner Disziplinierung im Sinne einer ständig sich vervollkommnenden Spezialwissenschaft, die ursprünglich Husserl wohl vorgeschwebt hatte. Wollte man über ein Prinzip wie das der Achtung vor dem Aktsinn die Technik der Einklammerung mit einer Theorie verbinden, müsste es sich um einen spezifisch philosophischen Theorietypus handeln. Zweitens: Alle theoretischen Bemühungen, die phänomenologische Methode zu interpretieren, gehen auf außerphänomenologische Quellen zurück, so Kant bei Husserl, die Scholastik bei Scheler, Hegel bei Hartmann, Kierkegaard bei Heidegger usw. Je größer auf der einen Seite der Theorieimport von außen in die Phänomenologie hinein wird, desto mehr wird auf der anderen Seite davon unabhängig ihre Methode aus ihr heraus transferiert in viele Wissenschaften hinein, gerade weil diese Technik zu nichts Theoretischem verpflichtet. Die phänomenologische Bewegung sei in diesen theoretischen Zuflüssen und methodischen Abflüssen, die in keinem prinzipiengeleiteten Zusammenhang stehen, doch nur eine „*Wendung*, die alles und jedes zum Paradigma und Anlass eines Wesens machen kann" (Plessner 1985a, 144), es sei denn, sie wird von außen theoriegeleitet und damit auch thematisch stabilisiert. Drittens: Selbst wenn man, wie es Husserl in den „Ideen" und der „Krisis" gehofft hat, außerphänomenologische Theorieanstöße innerphänomenologisch zu formulieren versucht, dann kommt zwar in die „Wendung, Bewegung, die einen Halt braucht, den sie sich selbst nicht geben kann", ein „Prinzip der Rangordnung" hinein. Aber dafür zahlt dann die Phänomenologie erneut jenen Preis, den man als den der traditionellen Philosophie kennt, gegen welche sie ursprünglich sich gewendet hatte. „Gegen Husserls und nicht weniger gegen Heideggers Vertrauen in eine natürliche Rangordnung ursprünglicher Bewußtseins- oder Daseinsorientierung bleibt es dabei, daß dieses Vertrauen zwar den Vorwand für die Abdankung der Philosophie zugunsten der Phänomenologie abgibt, aber nur um den Preis ihrer, der Phänomenologie, Bindung wieder an eine Philosophie der Natürlichkeit und Ursprünglichkeit, an einen Positivismus höherer Ordnung." (Ebd. 146)

Wir sind damit im dritten Grund wie schon im ersten Grund des Scheiterns der phänomenologischen Bewegung auf die Frage nach einem spezifisch philosophischen Zusammenhang von Methode und Theorie rückverwiesen. Dieser Zusammenhang kann angesichts ihrer Grenzfragen in der Philosophie nicht wie in den Erfahrungswissenschaften ausgebildet werden. Dies war das frühe Thema von Plessners Habilschrift „Untersuchungen zu einer Kritik der philosophischen Urteilskraft“ aus dem Jahre 1920. Bereits damals hatte er es abgelehnt, das Philosophieren in Analogie zu Kants ersten beiden Kritiken oder Kants metaphysischer Grundlegung zu verstehen. Stattdessen hatte er die Lösungsrichtung eingeschlagen, in Analogie zur ästhetisch und teleologisch reflektierenden Urteilskraft, also der dritten Kritik, die philosophischen Grenzfragen anzugehen. Dabei verteidigte er Kants indirekte Frageweise als kompatibel mit dem Prinzip der Wahrung der Menschenwürde. Plessners Werkfolge ist eine Serie von Antworten auf die in seiner Habilschrift enthaltene Aufgabenstellung, im Widerstreit zwischen den verschiedenen Forschungsverfahren eine neue Art und Weise des Philosophierens auszubilden (vgl. Krüger 2001, Kap. 2.3.).

In dem Text von 1938, der den Charakter eines Nachrufes auf Husserl hat, sind dementsprechend nur einige Winke auf die von Plessner selbst seit 1920 eingeschlagene Lösungsrichtung gegeben. So besteht er in dem Nachruf auf einem „Verantwortungsbewußtsein in Dingen der Ratio“, das die „Philosophie wach halten kann“, statt sich „rückhaltlos“ einer Wesensschau anzuvertrauen. In einem Nebensatz zu der Frage, woher ein Prinzip der Rangordnung komme, verweist er darauf: „aus dem Glauben, der Metaphysik oder heutzutage aus der Politik“ (Plessner 1985a, 146). Plessner hatte ausführlich 1931 in seinem Buch „Macht und menschliche Natur“ drei Primatsetzungen durchgespielt, das Primat der Lebensphilosophie, der naturalistischen Anthropologie und des Politischen. Angesichts der Unentscheidbarkeit über das Primat in einem positiv verstandenen Absoluten begründete er im Anschluss an Georg Mischs Systematisierung des Diltheyschen Lebenswerkes das Prinzip der Anerkennung des *homo absconditus*, d.h. der Unergründlichkeit des Menschen (vgl. Plessner 1981, 188, 191). Schließlich gibt Plessner in seinem Nachruf auf Husserl von 1938 einen letzten Wink auf seine Lösungsrichtung, wenn er die Erfüllung von Husserls Werk in einer anderen Richtung sieht, als es sein Autor selbst gehofft hatte: „Die Freisetzung und technische Isolierung des Prinzips der Wesensschau und Wesensanalyse wird in Wissenschaft und Philosophie die kritische Distanz zur Sprache und ihre Idole wach halten, vertiefen, die Freiheit vor der Sprache, die Überlegenheit über sie verstärken und so den Abstand zur eigenen Geschichte, aus der wir Sprache empfangen, vergrößern; jenen Abstand, den der Mensch heute dringender als je braucht, um sich die Freiheit zur Objektivität zu bewahren.“ (Plessner 1985a, 147) Die Aktualität seiner Schlussbemerkung in dem Nachruf von 1938 bleibt bis heute relevant, bedenkt man das große Vertrauen, das Hermeneutik und Sprachanalyse auch später noch in die vermeintliche *Ursprünglichkeit der Sprache* setzten. Der *linguistic turn* hat die Ursprünglichkeit im Sinne einer natürlichen Rangordnung nur ausgewechselt.

2.3. Plessners quasitranszendentale Instrumentierung der phänomenologischen Deskription in der naturphilosophischen Fundierung seiner philosophischen Anthropologie

Plessner geht in seiner Rede „Husserl in Göttingen" anlässlich dessen 100. Geburtstages 1959 anmerkungsweise noch einmal auf dasjenige ein, das ihm bei Husserl selbst die theoretische Uminterpretation der phänomenologischen Deskription in die phänomenologische Methode der philosophischen Anthropologie ermöglicht hat. Plessner spricht sich in dieser Anmerkung dagegen aus, aus der mit den „Ideen" einsetzenden Entwicklung Husserls zum transzendentalen Idealismus den falschen Schluss zu ziehen, davor habe es eine realistische Phase Husserls gegeben: „Beide Charakteristica aber sind schief. Phänomenologisches Tun bewegt sich in der Sphäre natürlich-ursprünglichen Weltverhaltens diesseits von Idealismus und Realismus, die ihrerseits theoretische Antworten auf den Verlust des natürlichen Weltvertrauens sind. Das Bemühen um eine gegen alle künstliche Theorie gerichtete restitio ad integrum teilt Husserl – und hält es durch seine ganze weitere Entwicklung bis zu seinem sich selber noch einmal überholenden *und* bestätigenden Spätwerk, der ‚Krisis' fest – mit bedeutenden Zeitgenossen [...]. Nur eben mit anderen, schärferen, von den Vorurteilen des Psychologismus und Physikalismus, [...], gereinigten Mitteln. Daß hierfür die Intentionalitätsauffassung des Bewußtseins, also des offenen, von der intentio her genuin ‚hinüberreichenden' Bewußtseins im Gegensatz zum geschlossenen, von Empfindungen, Vorstellungen usw. gefüllten Bewußtsein entscheidend war, wird nicht immer deutlich genug betont. Die intentionale Transgredienzstruktur verhindert von vornherein den falschen solipsistischen Ansatz. Sie verhindert *nicht*, im Gegenteil, sie führt zu den Konstellationsfragen im transzendentalen Sinne. Sie ermöglicht die noetisch-noematische Strukturanalyse *quer* zur alten idealistisch-realistischen Alternative. Sie enthebt die Analyse einer Realitäts- oder Irrealitätssetzung im Sinne eines Sichentscheidenmüssens zugunsten eines Gliedes der Alternative." (Plessner 1985b, 360 f.)

Hier sind die bei Husserl selbst gegebenen Anknüpfungspunkte für Plessners Transformation versammelt. Es geht auch bei Plessner um das für die Lebensführung *ursprüngliche Weltverhalten*. Es lässt sich zwar nach ihm nicht mehr als das natürliche wertmäßig auszeichnen, wohl aber als naives Verhalten von der Reflexion unterscheiden, deren Resultate erst zum Erkenntnisprimat und angeblichem Entscheidungsdilemma zwischen Realismus und Idealismus in der dualistischen Philosophie führten. Was auch Plessner nur sekundär als Problem*ver*stellung interessiert, ist der reflexive Weg des Bewusstseins in die Immanenz des Selbstbewusstseins mit ihren Folgen an Selbstermächtigung durch Selbstsetzung (seit Fichte). Was Plessner primär an Husserl interessiert hat, ist die intentionale *Transgredienzstruktur bewussten Seins*, bevor dieses Sein in Produkten reflexiver Trennung thematisiert, solange also die Transgredienzstruktur *gelebt wird*.

Plessner ist nicht gegen, sondern für die Neustellung der transzendentalen Frage nach den strukturalen Bedingungen der Ermöglichung von Erfahrung. „Auf jeden Fall brauchen Bedingungen der Möglichkeit der Erfahrung nicht Erkenntnisbedingungen zu sein. Es kann auch um die Möglichkeit von Gegenständen und Substraten, an denen die Erfahrung ansetzt, gestritten werden.“ (Plessner 1975, 75) „Wesensnotwendig für das Leben heißt für es möglichkeitsbedingend sein.“ (Ebd. 122) Plessner geht es inzwischen – problemgeschichtlich gesehen – um die Fundierung der Lebenserfahrung im Hinblick auf die Kulturwissenschaften und die Weltgeschichte. Ich habe diese Neustellung der transzendentalen Frage, um einen Vergleich mit Foucault, Derrida u.a. zu ermöglichen, Plessners „quasi-transzendentale“ Fragestellung (vgl. Krüger 2001, 30 f., 44, 48, 88 f., 92 f., 144 f., 189 f.) genannt. Seine quasitranszendentale Fragestellung löst sich von Kants Antwort, von der ganzen Semantik zwischen Subjekt und Objekt des Bewusstseins sowie der Bezeichnung der beide übergreifenden Struktur als absolute Subjektivität, die Husserl von Kant wieder übernimmt. Warum müsste auch die Frage nach der Transgredienzstruktur im Weltverhalten im vorhinein ihrer Untersuchung auf die Antwort der absoluten Subjektivität (vom reinen Bewusstsein bis zur Lebenswelt) festgelegt werden, d.h. auf Begriffe, die aus der theoretischen Verselbständigung der Reflexion resultieren? Warum dürfte dafür keine neue begriffliche Semantik gebildet werden, welche dem geschichtlichen Wechsel Rechnung trägt? In der Generationenfolge von Körperleibern ändert sich für jede Generation der Inhalt dessen, was Erfahrung ermöglicht (apriorische Funktion) und aus der Erfahrung positiv resultiert (aposteriorische Funktion, vgl. Krüger 1999, 6. Kap.).

Plessner hat in den 1920er Jahren zwei entscheidende Veränderungen in der Instrumentierung der phänomenologischen Deskription vorgenommen, nämlich hinsichtlich des Was und Wozu der Beschreibung, sodass sie als die phänomenologische Methode in seiner eigenen philosophischen Unternehmung funktionieren konnte. Erstens: Plessner neutralisiert im Anschluss an Max Scheler anders als Husserl (vgl. Scheler 1985, 243, 256; Scheler 1995, 18 f., 39, 42). Ging es bei Husserl in der phänomenologischen Analyse der Wesensstruktur um deren Neutralisierung gegen Existenzurteile, verwendet Plessner wie schon Scheler die Einklammerungstechnik in einer anderen Hinsicht (vgl. Plessner 1975, 74 f., 78 f.). Scheler und Plessner *neutralisieren ihr Verfahren gegen die dualistische Vorentscheidung*, etwas müsse entweder physisch oder psychisch bzw. in anderen Varianten des Dualismus: etwas müsse entweder materiell oder geistig sein. Es kann sowohl physisch (respektive materiell) als auch psychisch (respektive geistig) sein, wodurch es als *lebendiges* Phänomen *kandidiert*. Lebendige Phänomene existieren ihrer Ermöglichungsstruktur nach, insofern ihre Aspekte des Physischen und des Psychischen in *einer* Perspektive aufeinander einspielen können. Sie sind Spiel in der Differenz der Aspekte und haben Spiel in der integrierenden Perspektive qua Verhaltung (vgl. Buytendijk mit Plessner in Plessner 1982b). Husserls intentionale Transgredienzstruktur ist so in die Interaktionen von Organismen in ihrem Lebenskreis (von Uexküll) verlegt, d.h. in die Verhaltung ermöglichende Integration des Doppelaspektes von Physischem und Psychischem. Es handelt sich also um keinen organizistischen Lebensbegriff mehr, sondern um ein auf die Verhaltungsermöglichung fokussiertes Lebensverständnis, das dann näher in azentrische, zentrische und exzentrische Positionalitätsformen im Unterschied zu deren Organisationsformen ausdifferenziert werden kann. Zweitens: Am Ende dieser Unterscheidungsreihe steht als Hauptleistung der philosophischen Anthropologie die Welterschließung durch exzentrische Positionalität im Unterschied zur Vorangepasstheit des Verhaltungsspieles an bestimmte Umwelten in der zentrischen Positionalitätsform. Als menschlich spezifizierbare Lebewesen kandidieren dann solche, deren Aspekt-Differenz (zwischen Physischem und Psychischem) die Form einer Körper-Leib-Differenz für sie selber annimmt, insofern diese Differenz ihrerseits von einer exzentrischen Positionalität als dem Dritten ermöglicht wird. Dadurch wird die von Husserl ausgeklammerte Frage nach den Existenzurteilen über die Ermöglichung von Körperbestimmungen im Unterschied zur Leibesdimension entfaltet. Die Körperbestimmungen geben so Anhaltspunkte dafür her, im personalen Verstehen als dieses und nicht jenes genommen werden zu können.

2.4. Die Verfahrensoriginalität der naturphilosophischen Fundierung einer philosophischen Anthropologie als Hermeneutik: Methodenverschränkung in einer Schrittfolge

Wir können nunmehr, belehrt über das Theoriedefizit der Phänomenologie und ihre quasitranszendentale Umstellung als Methode auf die Anschauung der Lebendigkeit von Phänomenen, an den Ausgangspunkt (2.1.) zurückkehren. Sie wird als Mittel in der naturphilosophischen Fundierung einer philosophischen Anthropologie verwendet, welche den Status einer Hermeneutik haben soll. Als Anthropologie galt die Theorie der Lebenserfahrung im Hinblick auf horizontale und vertikale Vergleiche, die Unterschiede ermöglichen. Als allgemeine, nicht spezielle Hermeneutik wurde eine Wissenschaft des Ausdruckes, des Ausdrucksverstehens und der Verständnismöglichkeiten konzipiert. Philosophisch wird so die Möglichkeit vom Selbstverstehen des Lebens im Medium seiner Erfahrung durch die Geschichte thematisiert. Die Frage, die daraus erwächst, lautet, in welchem Verfahren einer methodischen Schrittfolge die genannten Aufgaben miteinander verknüpft und in Angriff genommen werden können. Ich hatte dazu früher einen Viererschritt vorgeschlagen, den ich entsprechend variiere (vgl. Krüger 1999, 28–30, 117–124, 152 f.).

Der Zweck der Variation hier besteht in der Verdeutlichung der Originalität des Forschungsprogrammes der Plessnerschen Philosophischen Anthropologie hinsichtlich ihrer Verschränkung unterschiedlicher Methoden, die ansonsten häufig schon für Philosophien gehalten werden. Aus der Annahme, eine Methode sei auch schon eine Philosophie, folgen so falsche, weil die philosophische Theorie verfehlende Fragen wie diese: War dann Kant ein analytischer oder ein synthetischer Philosoph? Plessners Philosophische Anthropologie bildet weder eine Unterabteilung der phänomenologischen Philosophie noch der hermeneutischen Philosophie noch der dialektischen Philosophie noch einer szientistisch verstandenen Naturphilosophie, falls es all diese Philosophien nicht nur im Sinne einer einzelnen Methode, sondern systematisch geben sollte. Plessners naturphilosophische Fundierung seiner Anthropologie verschränkt vielmehr die phänomenologische und hermeneutische Methode auf eine ungewöhnlich dialektische Weise, bis quasitranszendental die Negativität des Absoluten (statt dessen positive Fassung) hervortritt. Die inhaltlich entscheidende Vorgabe für das Durchlaufen des Verfahrens ist die Fokussierung auf anthropologische Unterscheidungen, in denen menschliche Lebewesen spezifiziert werden.

Erstens: Die Ermöglichung der Begegnung lebendiger Phänomene und ihrer Beschreibung

Da die phänomenologische Methode nun dualistische Entweder-Oder-Entscheidungen ausklammert, entfallen Phänomene, die dieser Alternative entsprechen (Habermas' Minerale als reine Materie, Gott als reiner Geist). Stattdessen klammert die Methode zugunsten des Doppelaspektes ein, der auf der horizontalen Ebene die anspruchsvolle Bedingung einer Körper-Leib-Differenz für die betroffenen Lebewesen selbst erfüllen muss (vgl. Krüger 1999, 1. u. 2. Kap.). Auf der vertikalen Ebene wird der Doppelaspekt elementar mit der raum- und zeithaften Differenz zwischen zwei Bewegungsrichtungen, von innen nach außen und von außen nach innen, anhand räumlicher und zeitlicher Indikatoren verstanden. Diese Hypothese, lebendige Körper realisierten ihre eigene Grenze, wird durch die verschiedenen Organisations- und Positionalitätsformen hindurch entfaltet (vgl. ebd. 3. Kap.). Auf welcher speziellen Stufe auch immer, die auf den Doppelaspekt der Phänomene bezogene Methode erfordert die Einrichtung von Spielmöglichkeiten zwischen *Physischem* und *Psychischem* im weiten Sinne anhand fassbarer Indikatoren. Letztere können aus Gestalten bestehen. Das Spiel zwischen der physischen und psychischen Gestaltreihe hat für die Anschauung des *Ausdrucks* Seinswert, d.h. es zeigt den Wert lebendigen Seins an, im Unterschied zum Funktionswert, d.h. der Anzeige, in einer Zweck-Mittel-Relation handeln zu können (vgl. Plessner 1982c, 93). In diesen Spielmöglichkeiten können sich Phänomene von sich aus als lebendige und damit spezifikationsbedürftige zeigen.

Dieses Vorgehen ist keineswegs trivial, vergleicht man es mit anderen Methoden, die dem vorherrschenden Dualismus gemäß darauf ausgerichtet sind, die Phänomene so zuzurichten, dass sie als entweder physische oder psychische Eigenschaften gemessen werden können. Dies ist zwar in erfahrungswissenschaftlichen Laborkontexten zu bestimmten Zwecken nötig, kann aber nicht auf die Grenzfragen der menschlichen Lebensführung im Ganzen übertragen werden. Umgekehrt geht der Common sense der Lebensführung als das Verstehenspotential in die Erfahrungswissenschaften ein, ohne dort gemessen und erklärt zu werden. Die „wissenschaftliche Weltbetrachtung" wird ihren Zusammenhang mit der „vorwissenschaftlichen Weltbetrachtung" nicht los (vgl. Plessner 1975, 72, 118). Die Erfahrungswissenschaften ermitteln in Abhängigkeit von ihren Methoden Erklärungs- und Messresultate, die in dem phänomenologischen Arrangement eine andere Rolle, die der Indikatoren des Doppelaspektes, spielen.

Hat die phänomenologische Methode die Begegnung mit einem lebendigen Phänomen ermöglicht, gilt es, dieses so gut als möglich zu beschreiben. Auch hierfür bildet der von allen geteilte Common sense die wichtigste Ressource, die angesichts der Spezifikationsprobleme der Lebendigkeit des Phänomens durch expertenkulturelle Beratung erweitert, nicht aber ersetzt werden kann. So lassen sich gewiss Spezialwissenschaften für die besonderen Fälle Fleisch fressender Pflanzen oder festsitzender Tiere konsultieren. Die Beschreibung des Common sense, dass Tiere als sich selber frei bewegend vorgestellt und Pflanzen nicht als Fleischfresser erwartet werden, tritt so nur umso deutlicher hervor. Oder, um ein anderes Beispiel zu nehmen: Es war sicher für ein bestimmtes intellektuelles Nachkriegsmilieu eine bewegende Entdeckung, die Absurdität der menschlichen Existenz einzusehen. Dies hindert den Common sense bis heute nicht daran, auch ohne Kenntnis des Absurden in den Szenen des ungespielten Lachens und des ungespielten Weinens Sinnkrisen zu erblicken. Diese Phänomene treten interkulturell vergleichbar und zugleich individuell auf: Jedes Individuum lacht und weint anders (vgl. Krüger 1999, Kap. 4.11.–4.12.). Solche individuellen Allgemeinheiten sind charakteristisch für das *Ausdrucksverstehen*.

Zweitens: Rekonstruktion des für die Phänomenbegegnung und ihre Beschreibung in Anspruch Genommenen in anthropologischer Hinsicht

Im Unterschied zum ersten, dem phänomenologischen Schritt im Forschungsverfahren, könnte man diesen zweiten Schritt den hermeneutischen nennen, weil in ihm das im ersten Schritt unproblematische Vorverständnis des Phänomens nun seinerseits als Verstehensmöglichkeit freigelegt wird. Die Aufmerksamkeit richtet sich jetzt nicht mehr darauf, wie sich das Phänomen selbst in der Anschauung zeigen und seine Lebendigkeit mehr oder minder naiv aus der Vorstellung beschrieben werden kann. Vielmehr interessieren nun diejenigen Voraussetzungen, Bedingungen und Folgen der Ausgangsinteraktion selbst, die zwar in ihr in Anspruch genommen wurden, nicht aber in ihrer Beschreibung zur Sprache kamen. Was unterstellt die in der Ausgangsbeschreibung zur Sprache gekommene naive Weltsicht an Anschauungsformen und Kategorien, um etwas so und nicht anders verstehen zu können? Zum Beispiel erwarten wir, dass sich Lebendiges von sich aus bewegt. Daher erscheint die – wie eine Feder in einer Schachtel gespannte – Papierschlange nur im ersten Augenblick, in dem sie aus der Schachtel herausspringt, als lebendige. Oder man überzeugt sich erst im Zeitrafferfilm endgültig davon, dass sich Pflanzen doch von sich aus dem Medium Licht entgegen bewegen, wenngleich sie festsitzen. Warum sollte im Falle der Erfüllung der Kriterien für den Hirntod abgeschaltet werden, da doch der Patient nach den Kriterien des Common sense noch lebt? Was zeichnet Menschen an Geist aus, da Schimpansen Werkzeuge herstellen, Populationskulturen über Generationen tradieren und Machtkämpfe aufführen können?

In der Rekonstruktion zieht man aus dem im ersten Schritt Ermittelten die *Konsequenzen*, z.B.: Was gilt als Regel, was als Ausnahme? Man kontrastiert das Ermittelte mit den Gegenseiten der in ihm benutzten Unterscheidungen (für schön z.B. hässlich; andere als die bislang verwendeten Gestalten der Wahr-Nehmung). Man erfragt die vorausgesetzten oder Folge-Unterscheidungen (z.B. abwesend-anwesend; oder: dem Werte nach ist lebendig weiter als menschlich, aber menschlich wichtiger als lebendig). So kommt in der Rekonstruktion das im ersten Schritt aktualisierte Vor-Verständnis des Phänomens seinerseits zur Sprache und Vorstellung. Was selbstverständlich war, ist es im Abstand der Rekonstruktion nicht mehr. Das Selbstverständnis verschiebt sich. Was im ersten Schritt impliziter, d.h. mitvollzogener Kontrast von Abwesendem war, wird im zweiten Schritt expliziert. In der Rekonstruktion tritt das für selbstverständlich gehaltene „Als“ des vorgängigen Verstehens wie ein „als ob“ hervor. Hätte die Anschauung, anhand der nun explorierten Kontraste für die Vorstellung und die Begriffe der Urteilsbildung, auch anders ausfallen können? Darüber können Hypothesen generiert werden. Lag es am Angeschauten, am Anschauenden, an ihrer Interaktion auf welchem Level? – Bereits der rekonstruktive oder hermeneutische Schritt enthält zu viele Möglichkeiten, ausgeführt und darin zerstreut zu werden, gäbe die philosophische Anthropologie nicht die thematische Bündelung vor. Sie fordert Konzentration auf diejenigen Möglichkeiten, die für die beiden Reihen eines horizontalen und vertikalen Vergleiches von Belang sind.

Drittens: Die quasidialektische Erneuerung der Phänomenbegegnung und -beschreibung zur Bewährung der rekonstruktiven Hypothesen über anthropologische Unterscheidungen im Besonderen

Die anthropologisch relevante Fokussierung setzt sich im dritten Schritt fort, der Ausschau nach Phänomenen hält, welche für die Bewährung einer rekonstruktiven Hypothese sinnvoll sind. Können die inzwischen explizierten Kontraste in der Anschauung und Beschreibung von neuen Phänomenen erprobt werden? Bestätigt deren Beschreibung die hypothetischen Annahmen der Rekonstruktion? Die Mehrzahl der Philosophien zeichnet den Menschen z.B. durch Handeln und Sprache aus. Nehmen wir an, wir hätten im ersten Schritt mit Phänomenen solcher personalen Selbstbeherrschung begonnen und hätten im zweiten Schritt die Kontraste dazu ermittelt. Dann wären wir jetzt im dritten Schritt damit beschäftigt, für den Verlust der personalen Selbstbeherrschung Phänomene zu eruieren und zu beschreiben. Wir würden, wie es Plessner getan hat, z.B. Lachen und Weinen als gespielte und als ungespielte Grenzphänomene untersuchen (vgl. Plessner 1982a) und so fortschreitend eine neue Dimension der *condition humaine* entdecken.

Entfernt erinnert der dritte Schritt an eine dialektische Vermittlung (vgl. Plessner 1975, 115). Insoweit könnte man ihn den dialektischen nennen, der hier aber ungewöhnlich genug auftritt, weshalb ich von „quasidialektisch“ spreche. Enthielt der phänomenologische Schritt eine Position und der hermeneutische Schritt ihre Negation durch Kontraste, besteht nun der dritte Schritt nicht in einer Gesprächs- oder Begriffssynthese, die üblicher Weise *dialektisch* genannt wird. Vielmehr besteht er in einem erneuten phänomenologischen Schritt, in dem die rekonstruktiven Hypothesen des hermeneutischen Schrittes zu einer anthropologisch relevanten Unterscheidung ausprobiert werden. Kommt das hypothetische Resultat der Rekonstruktion nun in dem neuen Phänomen selber als gegenständlicher Aspekt vor? Gibt es das, gibt sich das? So bleibt die Fortsetzung des Verfahrens positional dem Lebenszusammenhang näher (als es eine reine Gesprächs- oder Begriffssynthese kann) und muss sich in Bezug auf ihn perspektivisch bewähren. Die Auswahl der Phänomene ist weder zufällig noch beliebig. Zusätzlich zu ihrer anthropologischen Relevanz kommt es auf die theoretische Aufgabe in der Phase des Gesamtverfahrens an.

Viertens: Die naturphilosophische Fundierung der systematisch gesehen anthropologischen Grenzphänomene und ihrer Verständnismöglichkeiten im Ganzen

Die bisherige Dreierschrittfolge kann von verschiedenen Seiten her für anthropologisch relevante Grenzphänomene und deren Verstehen durchlaufen werden. Dafür bieten biomedizinische, soziale, kulturale und historische Anthropologien einen Reichtum an Indikatoren und speziellen Verfahren. Das mehrfache Durchlaufen schafft Probleme der systematischen Herstellung von Zusammenhängen. Netzwerke von Phänomenen und deren Verstehensmöglichkeiten entstehen, sich entsprechend und widersprechend. Ich habe z.B. einen derartigen Systematisierungsversuch des Spektrums spezifisch menschlicher Phänomene in „Zwischen Lachen und Weinen" unternommen. Es enthält unter anderen auch Phänomene, in denen nicht einmal mehr ungespielt gelacht und geweint werden kann, geschweige gespielt. Diese Phänomene übersteigen die menschliche Verhaltungsbildung in die Ermöglichung von Unmenschlichem hinein (vgl. Krüger 1999, 4.15.–4.17.). Wie stehen die Zwischenergebnisse der horizontalen und der vertikalen Vergleichsreihen zueinander? Was muss minimaler Weise für die Ausbildung ihres geschichtlichen Zusammenhanges als wesentlich in Anspruch genommen werden? Welche Strukturbedingungen bzw. Strukturbrüche lassen sich verallgemeinern, da sie die anthropologischen Vergleichsreihen durchlaufend ermöglichen?

Es muss einen letzten Schritt geben, wollen wir am Ende des Verfahrens infiniten Regress, Paradox und Tautologie vermeiden. Plessner beantwortet die in diesem Sinne letzte, die quasitranszendentale Frage nach der Ermöglichung der Spezifikation von Lebewesen als Menschen durch die Arbeitshypothese: die exzentrische Positionalität (in vertikaler Hinsicht) und eine körperleiblich positionierte Personalität (in horizontaler Hinsicht, vgl. Krüger im vorliegenden Band, Kap. 2.3.). Plessner führt die anthropologische Bestimmung dieser körperleiblichen Sonde für Personalität (horizontal) aus in der auf Personalität relativen Funktionseinheit der Sinne (vgl. Plessner 1975, 33–36). In seiner „Ästhesiologie des Geistes" wird der Verhaltungsaufbau „von unten" so proportioniert, dass „oben" eine personale Einheit der Sinne für die Ausübung spezifisch geistiger Funktionen zustande kommen kann (vgl. Plessner 1980). Betrachtet man die Verhaltensbildung im Rückbezug auf die zentrische Organisationsform (rezentrisch), koppelt die Sprache zwei Sinneskreise, die Auge-Hand-Kooperation und die Kooperation der Stimmen mit der Propriozeption (Wahrnehmung des eigenen Körpers). Sprache verbindet elementar Handlungen als Antwort auf Ausdrücke und Ausdrücke als Antwort auf Handlungen zu proportionierten Verhaltungen des *Ausdrucksverstehens*. Exzentrisch gesehen löst Sprache die Personalität von der aktualen Positionierung ab zugunsten von Perspektiven für mögliche Positionierungen in semiotischen Kontrasten. Sie stellt Ausdruckshandlungen und Handlungsausdrücke abständig dar. An diese Darstellung kann die Vertretungsfunktion dreigliedriger Zeichen anschließen, so in Aussagen und Metaphern, die ihrerseits dargestellt werden (vgl. Krüger 1999, 70–79, 146 ff.; Krüger 2001, 118–128). Diese Naturphilosophie enthält auch Sprachphilosophie, nur eine andere, welche die Sprache nicht für den natürlichen Ursprung des Menschen hält. In dem Zusammenhang der sprachlichen Verhaltungen mit den verschiedenen Ausdrucksformen zeigt sich seine Ermöglichung aus einem Dritten, der Personalität, in einer Drittheit, der Mitwelt, her (vgl. Krüger im vorliegenden Band, 2.3.). Erst dadurch lassen sich „darstellbare" und „erschaubare Gehalte" unterscheiden (Plessner 1975, 119 f.).

Plessners Antwort auf die quasitranszendentale Frage ist die einer naturphilosophischen Fundierung (nicht Letztbegründung) der nicht übertragbaren Lebensführung, ihrer Grenzen im Ganzen. Diese Fundierung setzt den Zirkel des selbstverständlichen Menschseins aus. Sie setzt seine Ermöglichung in die exzentrische Positionalität von

Personalität hinein. War der zweite Schritt noch ein hermeneutischer im Besonderen, der das besondere Ausgangsphänomen des ersten Schrittes in Kontrasten negierte, führt der vierte und letzte Schritt in die systematische Verallgemeinerung der in beiden Vergleichsreihen beanspruchten Negativität hinein. Er mündet in die Anerkennung des Prinzips der Unergründlichkeit des Menschen. Wir nehmen für die Ermöglichung seiner Spezifikation noch etwas anderes als ihn selbst von woanders her in Anspruch. Diese Anerkennung folgt aus dem Verfahren und seinen Resultaten. Sie ist weder primordial noch Folge einer vorab bekannten Moral. Das Verfahren schließt diejenigen Fehlübertragungen, welche die „Dialektik der Vernunft" (Kant) auszeichnen, aus, d.h. die Fehlübertragungen des Bedingten, Bestimmten und Endlichen auf Unbedingtes, Unbestimmtes und Unendliches. Diese Übertragungen für Fehler zu halten, könnte nur dadurch widerlegt werden, dass sich die Hypothese Gottes beweisen ließe. Aber die Hybris, den Träger der Allprädikate (allmächtig, allgütig, allwissend) dadurch klein zu machen, dass er in einem erneuten dritten Schritt als bedingtes, bestimmtes und endliches Phänomen auftritt, sieht das Verfahren nicht vor. Es spielt nicht Gott, auch keinen kleinen Gott (Sartre), und ist daher ideologisch nicht verwertbar. Die anthropologischen Ausgangsfragen bleiben – in allem zwischenzeitlichen Gewinn an wesentlichen Antwortmöglichkeiten – offene Fraglichkeit. Keine noch so gutwillige oder sprachlich gebundene Teilnahme von mir an Deinem Leben nimmt es Dir ab.

Der hier vorgestellte Viererschritt ist kein Dogma, sondern ein Vorschlag, mit Plessner heute zu arbeiten. Je nach Problem- und Forschungslage können die Schritte auch gleichzeitig oder in der umgekehrten Reihefolge durchlaufen werden, ohne dass sich ihre systematische Verschränkung auflösen würde. So beginnt Lindemann für die Konzipierung einer sozialwissenschaftlichen Untersuchung der Frage, wie anthropologische Unterscheidungen soziokulturell im Austausch verschiedener Expertenkulturen anhand materialer Indikatoren produziert werden, im vierten Schritt (vgl. Lindemann 2002, 1. Kap.). Sie nimmt die Negativität aus dem vierten Schritt in Anspruch, um gegen hermeneutisch positive Vorverständnisse (im ersten Schritt unterstellte anthropologische Selbstverständlichkeiten) die sozialanthropologische Frage reflexiv zu öffnen. Für die Beantwortung dieser Öffnung wird eine Theorie des Gegenstandes vorgeschlagen, der nach methodischen Regeln als eine Phänomenserie beobachtbar gemacht wird. Diese Phänomenserie wirft hermeneutisch Deutungsfragen auf, deren Beantwortung im Austausch der Expertenkulturen einer teilnehmenden Beobachtung unterworfen wird. Die Schrittfolge wird also in umgekehrter Reihenfolge durchlaufen, konzeptionell und methodisch aus dem vierten Schritt, der so mögliche dritte, zweite und erste Schritte klar vorstrukturiert. Ähnlich verfuhr Plessner in seiner naturphilosophischen Theorie der azentrischen, zentrischen und exzentrischen Lebensformen (in den „Stufen") mit seiner Grenzhypothese im Hinblick auf den damaligen Entwicklungsstand der theoretischen Biologie. Lindemanns Vorgehen entspricht, soweit ich dies als Nichtsoziologe einzuschätzen vermag, auch dem Entwicklungsstand der Soziologie, die nicht bei Null anfängt, sondern ein Jahrhundert der Auseinandersetzung zwischen verschiedenen Paradigmen und deren Methoden hinter sich hat, in der sich jeder neue Vorschlag theoretisch und methodisch ausweisen können muss.

Indessen kann aber bei anderen, womöglich erst in der Zukunft anstehenden Themen sowohl die öffentlich diskutierte Problemlage als auch die disziplinäre Forschungslage eine andere Verschränkung der unterschiedenen Schritte sinnvoll erscheinen lassen. Man wird nur m. E., soll die Untersuchung überhaupt einen Bezug zu Plessners Philosophischer Anthropologie herstellen können, der über Dekoration hinausgeht, eine anspruchsvolle Verknüpfung der genannten vier Schritte erwarten dürfen. Die Thematisierung anthropologischer Unterscheidungen erfordert hier aus philosophischer Sicht die Verschränkung zwischen 1. der Entdeckung und Beschreibung von Phänomenen im Doppelaspekt als lebendige, 2. ihrer Rekonstruktion durch Kontraste (semiotisch in Anspruch genommene Negationsformen der Vorstellung und sprachlichen Artikulation) zur Freilegung des hermeneutischen Vorverständnisses der anthropologischen Unterscheidungen, 3. der quasi dialektischen Bewährung der rekonstruktiven Hypothesen in neuen Phänomenen, die Besonderungen gestatten, und 4. des quasitranszendentalen Rückschlusses auf die Inanspruchnahme exzentrischer Positionalität für Personalität im Allgemeinen und Ganzen der Lebensführung.

Schlussbemerkung

Was erbringt nun dieser Rückgriff auf Plessners Philosophische Anthropologie in der Form eines Verfahrensvorschlages für das anfangs gestellte Problem des Zusammenhanges zwischen Aussdrucksphänomenen und Diskursen? – Dieser Zusammenhang stellt sich inzwischen anders als patriotisch vorgegeben, moderne-theoretisch paradox oder in einem ewigen Widerstreit wiederkehrend dar. Er kann so wirklich erforscht werden, d.h. ohne die Antwort vorab zu kennen. Der Rückgriff reformuliert ein Forschungsprogramm, das quer zu den üblichen Gegensätzen (vgl. Plessner 1982a, 224) liegt und die Antwort auf keinen „Generalnenner“ (Plessner 1975, 152) einschränkt. In diesem Untersuchungsverfahren können lebendige Phänomene als spezifikationsbedürftige entdeckt und beschrieben werden, *ohne* aber von sich aus in der Anschauung bereits ihr Wesen erschauen zu können. Sie müssen zwar sich von sich aus geben können, aber sie schenken einem bei dieser methodischen Gelegenheit nicht auch gleich noch die Theorie der Anschauung ihres Wesens mit. In diesem Programm kann auch verstanden werden, sowohl naiv in Ausdruck und Ausdrucksverstehen, als auch rekonstruktiv in sprachlichen Vorstellungen und deren Negationsformen. Aber dafür kann nicht angenommen werden: *„Sein, das verstanden werden kann, ist Sprache.“* (Gadamer 1960, 478) In diesem Forschungsprogramm wird auch dialektisch verfahren, indem zwischen der phänomenologischen Position und ihrer hermeneutischen Negation weitere phänomenologische Entdeckungen und Verstehensmöglichkeiten in besonderen Verallgemeinerungen aufgedeckt werden können. Aber diese Dialektik führt zu keiner Synthese der Sphären (Hegel), zu keiner Horizontverschmelzung im Gespräch (Gadamer), zu keinem Paradox der sprachlichen Verständigung in der Moderne (Habermas) und zu keiner ewigen Wiederkehr der Antagonismen (Lyotard). Ihr quasitranszendentaler Rückschluss auf die geschichtlich letzten verallgemeinerbaren, mithin künftigen Ermöglichungsbedingungen von Lebenserfahrung legt die Inanspruchnahme der Negativität, d.h. des

Unbestimmten, Unbedingten und Unendlichen, frei. Die Sorge, die Rorty, Habermas und Lyotard auf verschiedene Weise umtreibt, vor einer ideologisch verwertbaren Metaphysik absoluter Positivitäten entfällt, ohne die Metaphysik der Negativität in der Lebensführung selbst abstreiten zu müssen.

Kurzum: Die Philosophische Anthropologie ermöglicht dem Philosophieren Forschung. Nicht, weil sie aus Unkenntnis der philosophischen Tradition mal wieder meinte, *tabula rasa* machen zu können, sondern weil sie den Forschungscharakter der Traditionen zu ihrer Zeit achtet, dies also heute selbst durch Transformation der Traditionen leisten muss. Die Umstellung der Phänomenologie als Methode auf den Doppelaspekt des Lebendigen, die Erweiterung der hermeneutischen Aufgabe auf andere als nur sprachliche Verstehensmöglichkeiten, die Transformation der Dialektik in erneute phänomenologische Bewährung und deren hermeneutische Negation und die Situierung der transzendentalen Frage in einer naturphilosophischen Fundierung lassen sich anhand anthropologischer Unterscheidungen verschränken. Was wäre heute philosophisch wichtiger, als die Fraglichkeit dieser Unterscheidungen in der Lebensführung herauszuarbeiten?

Literatur

Foucault, M., 1971, Die Ordnung der Dinge. Eine Archäologie der Humanwissenschaften, Frankfurt a. M.

Gadamer, H.-G., 1960, Wahrheit und Methode. Grundzüge einer philosophischen Hermeneutik, Tübingen.

Habermas, J., 1981, Theorie des kommunikativen Handelns, 2 Bände, Frankfurt a. M.

Habermas, J., 1984, Replik auf Einwände (1980), in: Habermas, J., Vorstudien und Ergänzungen zur Theorie des kommunikativen Handelns, Frankfurt a. M.

Habermas, J., 1988a, Individuierung durch Vergesellschaftung. Zu G. H. Meads Theorie der Subjektivität, in: Habermas, J., Nachmetaphysisches Denken, Frankfurt a. M.

Habermas, J., 1988b, Handlungen, Sprechakte, sprachlich vermittelte Interaktionen und Lebenswelt, in: Habermas, J., Nachmetaphysisches Denken, Frankfurt a. M.

Habermas, J., 1999, Rationalität der Verständigung. Sprechakttheoretische Erläuterungen zum Begriff der kommunikativen Rationalität, in: Habermas, J., Wahrheit und Rechtfertigung, Frankfurt a. M.

Habermas, J., 2001, Die Zukunft der menschlichen Natur. Auf dem Weg zu einer liberalen Eugenik?, Frankfurt a. M.

Krüger, H.-P., 1990, Kritik der kommunikativen Vernunft. Kommunikationsorientierte Wissenschaftsforschung im Streit mit Toulmin, Sohn-Rethel und Habermas, Berlin.

Krüger, H.-P., 1993, Perspektivenwechsel. Autopoiese, Moderne und Postmoderne im kommunikationsorientierten Vergleich, Berlin.

Krüger, H.-P., 1999 u. 2001, Zwischen Lachen und Weinen. Bd. I: Das Spektrum menschlicher Phänomene. Bd. II: Der dritte Weg Philosophischer Anthropologie und die Geschlechterfrage, Berlin.

Krüger, H.-P., 2004, Die Aussetzung der lebendigen Natur als geschichtliche Aufgabe in ihr, in: Deutsche Zeitschrift für Philosophie, 52/1.

Lindemann, G., 2002, Die Grenzen des Sozialen. Zur soziotechnischen Konstruktion von Leben und Tod in der Intensivmedizin, München.

Lyotard, J.-F. u. a., 1985, Immaterialität und Postmoderne, Berlin.

Lyotard, J.-F., 1986, Das postmoderne Wissen. Ein Bericht, Graz-Wien.

Lyotard, J.-F., 1986a, Grundlagenkrise, in: Neue Hefte für Philosophie, H. 26, Göttingen.

Lyotard, J.-F., 1987, Der Widerstreit, München.

Plessner, H., 1981a, Untersuchungen zu einer Kritik der philosophischen Urteilskraft (1920), in: Plessner, H., Gesammelte Schriften II, Frankfurt a. M.

Plessner, H., 1975, Die Stufen des Organischen und der Mensch. Einleitung in die philosophische Anthropologie (1928), Berlin/New York.

Plessner, H., 1980, Die Einheit der Sinne. Grundlinien einer Ästhesiologie des Geistes (1923), in: Plessner, H., Gesammelte Schriften III, Frankfurt a. M.

Plessner, H., 1981b, Macht und menschliche Natur. Ein Versuch zur Anthropologie der geschichtlichen Weltansicht (1931), in: Plessner, H., Gesammelte Schriften V, Frankfurt a. M.

Plessner, H., 1982a, Lachen und Weinen. Eine Untersuchung der Grenzen menschlichen Verhaltens (1940), in: Plessner, H., Gesammelte Schriften VII, Frankfurt a. M.

Plessner, H., 1982b, Die Deutung des mimischen Ausdrucks. Ein Beitrag zur Lehre vom Bewußtsein des anderen Ichs (1925), in: Plessner, H., Gesammelte Schriften VII, Frankfurt a. M.

Plessner, H., 1982c, Zur Hermeneutik nichtsprachlichen Ausdrucks (1967), in: Plessner, H., Gesammelte Schriften VII, Frankfurt a. M.

Plessner, H., 1985a, Phänomenologie. Das Werk Edmund Husserls (1938), in: Plessner, H., Gesammelte Schriften IX, Frankfurt a. M.

Plessner, H., 1985b, Husserl in Göttingen (1959), in: Plessner, H., Gesammelte Schriften IX, Frankfurt a. M.

Rorty, R., 1989, Kontingenz, Ironie und Solidarität, Frankfurt a. M.

Rorty, R., 1998, Achieving our Country. Leftist Thought in Twentieth-Century America, New York.

Rorty, R., 2000, Dewey zwischen Hegel und Darwin, in: Joas, H., (Hg.), Philosophie der Demokratie. Beiträge zum Werk von John Dewey, Frankfurt a. M.

Rorty, R., 2001, Habermas, Derrida und die Aufgaben der Philosophie, in: Rorty, R., Philosophie & die Zukunft, Frankfurt a. M.

Scheler, M., 1985, Wesen und Formen der Sympathie (1923), Bonn.

Scheler, M., 1995, Die Stellung des Menschen im Kosmos (1928), Bonn.

Tomasello, M., 2003, Constructing a Language. A Usage-Based Theory of Language Acquisition, Cambridge/London.

ULLE JÄGER

Plessner, Körper und Geschlecht

Exzentrische Positionalität im Kontext konstruktivistischer Ansätze

Die Geistes- und Sozialwissenschaften haben in den letzten drei Jahrzehnten ein Thema für sich entdeckt, das lange exklusiv zum Gegenstandsbereich der Naturwissenschaften gehörte: den Körper. In der Geschichtswissenschaft, in der Anthropologie, in der Kunstgeschichte, überall taucht er auf. Auch in der Soziologie und in der Geschlechterforschung spielt der Körper eine große Rolle. Die Körpersoziologie hat sich zuerst im Englischsprachigen (Bendelow 1998; Featherstone/Hepworth/Turner 1991; Scott/Morgan 1993; Shilling 1993; Turner 1984, 1996) und dann im deutschsprachigen in den 90er Jahren als eigenständiger Bereich etabliert (Alheit 1999, Hahn/Meuser 2002; Koppetsch 2000; Meuser 1997).[1] Inzwischen sind erste einführende Arbeiten erschienen (Gugutzer 2004, Schroer 2005). In der feministischen Theorie ist der Körper als Geschlechtskörper schon immer Thema, ins Zentrum gerückt ist er ebenfalls in den 90er Jahren mit der Diskussion um Butlers performatives Verständnis von Geschlecht (Butler 1990, 1993; Duden 1993; Lindemann 1993b).[2] Trotz der inzwischen fast unüberschaubaren Fülle neuerer Publikationen zu diesem Thema in der Geschlechterforschung und in der Soziologie hat sich ein Paradigma im Sinne eines gemeinsamen Grundstocks an geteilten Auffassungen über den Gegenstand noch nicht herausgebildet. In beiden Untersuchungsfeldern konkurrieren radikalkonstruktivistische und minimalessentialistische Auffassungen miteinander. Im Anschluss an die Arbeiten von Butler gibt es in der feministischen Theorie eine Auseinandersetzung um das Spannungsverhältnis zwischen Materialität und Konstruktion, denn mit der Auflösung von *sex* in *gender* entsteht die Tendenz, den materiellen Körper aus dem Blick zu verlieren. In der Körpersoziologie wird eine ähnliche Diskussion geführt, wenn es darum geht, welchen Stellenwert der materielle Körper in der Sozialwissenschaft hat und wie es möglich ist, den körperlich-materiellen Aspekt in die sozialwissenschaftliche Theorie zu integrieren. Es

---

1 Von der Etablierung einer „Körpersoziologie" im Angelsächsischen kann man seit dem erstmaligen Erscheinen der Zeitschrift „Body & Society" im Jahr 1995 sprechen. Die *British Sociological Association* hat 1998 ihre Jahrestagung dem Körper gewidmet. Im gleichen Jahr wurde innerhalb der Deutschen Gesellschaft für Soziologie ein Arbeitskreis zur Soziologie des Körpers gegründet.

2 Einen Überblick über die feministische Debatte zum Körper und weiterführende Literaturhinweise geben Davis (1997) und Price/Shildrick (1999). Siehe auch Villa (2000).

geht also in beiden Feldern darum, darüber nachzudenken, wie beides zusammengehen könnte: Materialität *und* Konstruktion.

In diesem Zusammenhang ist die Philosophische Anthropologie von Helmuth Plessner fruchtbar, denn Plessner stellt mit der exzentrischen Positionalität eine Begrifflichkeit bereit, die einen solchen Mittelweg erlaubt. Gesa Lindemann hat an der Schnittstelle zwischen Geschlechterforschung und Körpersoziologie als erste gezeigt, wie mit Bezug auf Helmuth Plessner (und den Philosophen Hermann Schmitz) eine Differenzierung zwischen Körper und Leib in Theorie und Empirie zur Anwendung kommen kann. In einer Weiterführung der Überlegungen von Lindemann möchte ich zeigen, wie sich mit der exzentrischen Positionalität ein Mittelweg zwischen Konstruktion und Materialität und damit auch zwischen Poststrukturalismus und Phänomenologie denken lässt. Die Differenzierung zwischen Körper und Leib im Anschluss an Helmuth Plessner stellt eine Möglichkeit dar, die geforderte Vermittlung zwischen einer Ebene der gesellschaftlichen Zurichtung und einer Ebene der Erfahrung und des Materiellen zu leisten, ohne einen Rest an Natürlichkeit beibehalten oder wieder einführen zu müssen. Mit der begrifflichen Annäherung an „Körper“ und „Leib“ wird außerdem der Versuch unternommen, zwei zumeist getrennt voneinander verlaufende theoretische Ansätze, nämlich die phänomenologische Perspektive auf den Leib und die poststrukturalistische Perspektive auf den Körper, als miteinander verschränkt zu verstehen. Die Verschränkungsthese ist sowohl in der Körpersoziologie als auch in der Geschlechterforschung als Grundlage eines nichtnaturalistischen Körperverständnisses anwendbar.

Die doppelte Gegebenheitsweise des Körpers

Die deutsche Sprache macht eine begriffliche Unterscheidung möglich, die sich zur Differenzierung des Gegenstands Körper anbietet: Es ist die Rede von *Körper* und *Leib*. Diese besonders in phänomenologischen Ansätzen prominente Differenzierung findet sich auch im Werk von Helmuth Plessner. Dessen zentraler Beitrag zur Philosophischen Anthropologie ist die 1928 erschienene Monografie „Die Stufen des Organischen und der Mensch. Einleitung in die philosophische Anthropologie“ (Plessner 1975, ab hier auch: „Stufen“). Ich beziehe mich in meiner Darstellung der exzentrischen Positionalität auf die „Stufen“ und auf „Mit anderen Augen. Aspekte einer philosophischen Anthropologie“ (Plessner 2000). Im Folgenden werde ich die Besonderheiten von Plessners Stufenmodell des Organischen hervorheben, die im Kontext der hier aufgeworfenen Fragen zur methodischen Erfassung des Körpers zwischen Konstruktion und Materialität relevant sind.

Bei der Differenzierung zwischen Körper und Leib handelt es sich um eine analytische Differenz. Die beiden Begriffe heben auf zwei je unterschiedliche Perspektiven ab, die man in Bezug auf den Körper einnehmen kann. Plessner geht von einer doppelten Gegebenheitsweise des Körpers aus. In den „Stufen“ ist in diesem Zusammenhang die Rede vom Doppelaspekt von *Körperhaben* und *Leibsein*. Im Anschluss daran soll der Unterschied zwischen Körper und Leib folgendermaßen verstanden werden: Der Begriff „Körper“ steht für den Gegenstand Körper, den Körper als Objekt. Plessner spricht hier vom Körper in Gegenstandsstellung. Dieser Gegenstand zeigt sich mir auf die gleiche Weise wie andere Gegenstände auch. Ich kann ihn sinnlich wahrnehmen, fühlen, riechen, sehen. In Bezug auf den Körper in Gegenstandsstellung vertrete ich die These, dass dieser immer nur im Kontext eines bestimmten Wissenssystems wahrgenommen wird. Der Begriff „Körper" steht also mehr oder minder synonym für Körperwissen, und zwar für ein Körperwissen, dass historisch-kulturell variiert. Der Begriff des Leibes eröffnet eine andere Perspektive. Hier geht es um das, was ich selbst bin. Plessner spricht von Selbststellung. Als Ergänzung bietet sich die Definition des Leiblichen von Hermann Schmitz an. Dieser führt als ein Kriterium der Unterscheidung an, der Leib werde eben nicht über die fünf Sinne wahrgenommen, sondern er sei das, was ich in der Gegend meines Körpers von mir spüren kann. Der Körper ist das, was ich von mir selbst sehen oder tasten kann. Der Leib hingegen ist das, was ich von mir selbst spüre, ohne von den fünf Sinnen Gebrauch zu machen. Zu den leiblichen Regungen gehören Phänomene wie Schmerz, Hunger, Durst, Schreck oder Müdigkeit, die zwar auch von Wissensformen geprägt sind und dementsprechend historisch-kulturell variieren. Sie stellen aber dennoch nach Schmitz ein eigenes Gegenstandsgebiet dar: das eigenleibliche Spüren. Das Spüren des Leibes wird von Schmitz auch mit dem Begriff des affektiven Betroffenseins umschrieben. Der Leib ist ein absoluter Ort für das Selbst (Schmitz 1965, 54 ff.). Die Idee des absoluten Ortes (im Unterschied zum relativen Ort) findet sich auch bei Plessner (1975, 294).[3] Der Doppelaspekt von Körperhaben (als relativer Ort) und Leibsein (als absoluter Ort) führt zwar nicht zu einer Verdopplung des Gegenstandes, dennoch ist er, wie Plessner sagt, radikal: „Leib und Körper fallen, obwohl sie keine material von einander trennbaren Systeme ausmachen, sondern Ein und Dasselbe sind, nicht zusammen" (Plessner 1975, 294–295).

Bei Plessner werden die Unterschiede der Aspekte von Körperhaben und Leibsein im Rahmen seines Stufenmodells deutlich. Er analysiert das je spezifische Umweltverhältnis, in dem nicht belebte und belebte Gegenstände stehen. Dieses Umweltverhältnis fasst er mit dem Begriff der Positionalität. Die Umweltbeziehung des Menschen zeichnet sich durch eine Besonderheit aus: Sie ist exzentrisch, d.h. der Mensch ist aus dem direkten – zentrischen – Umweltbezug herausgesetzt, der die Stufe des Tieres charakterisiert. Die Differenz zwischen Körper und Leib beschreibt Plessner bereits auf der Stufe des Tieres. In der zentrischen Position richtet sich die Umwelt auf ein leibliches Selbst, andererseits ist dieses leibliche Selbst aber auch selbständig auf die es umgebende Umwelt gerichtet. Mit dieser Gerichtetheit auf die Umwelt geht die „Verdoppelung" einher: Das leibliche Selbst existiert einmal als Ding unter Dingen (Körper) und einmal als absolute Mitte, von der aus es auf seine Umwelt bezogen ist (Leib). Plessner beschreibt das folgendermaßen: „[Das Tier] steht nicht mehr direkt mit dem Medium und den Dingen um ihn herum in Kontakt, sondern lediglich mittels seines Körpers. Der Körper ist die Zwischenschicht zwischen dem Lebendigen und dem Medium geworden.

[3] Auch bei Merleau-Ponty lässt sich diese Differenzierung finden: „Auf meinen Leib angewandt, bezeichnet das Wort ‚hier' nicht eine im Verhältnis zu anderen Positionen oder zu äußeren Koordinaten bestimme Ortslage, sondern vielmehr die Festlegung der ersten Koordinate überhaupt, die Verankerung des aktiven Leibes im Gegenstand, die Situation des Körpers seinen Aufgaben gegenüber" (Merleau-Ponty 1966, 125, 126).

[...] Das Lebewesen grenzt mit seinem Körper an das Medium, hat eine Realität ,im' Körper, ,hinter' dem Körper gewonnen und kommt deshalb nicht mehr mit dem Medium in direkten Kontakt. [...] Sein Körper ist sein Leib geworden, jene konkrete Mitte, dadurch das Lebenssubjekt mit dem Umfeld zusammenhängt" (Plessner 1975, 230, 231). Das leibliche Selbst ist ein Körper und es hat seinen Leib, und zwar in dem Sinne, dass es diesen Leib selbständig auf die Umwelt richten kann, ohne sich allerdings dieser Gerichtetheit gegenwärtig zu sein. Auf der Stufe des Tieres spricht Plessner von einem „sich", das allerdings (noch) kein „Ich" ist. In seinem Selbst sein bleibt das Tier sich verborgen. In Plessners Worten: „Sein Existieren im Hier-Jetzt ist nicht noch einmal bezogen [...]. Insoweit das Tier selbst ist, geht es im Hier-Jetzt auf. Dies wird ihm nicht gegenständlich, hebt sich nicht von ihm ab [...]. Das Tier lebt aus seiner Mitte heraus, in seine Mitte herein, aber es lebt nicht als Mitte. Es erlebt Inhalte im Umfeld, Fremdes und Eigenes, es vermag auch über den eigenen Leib Herrschaft zu gewinnen, es bildet ein auf es selber rückbezügliches System, ein Sich, aber es erlebt nicht – sich" (Plessner 1975, 288).

Das Tier spürt und merkt seinen Leib, merkt aber nicht, dass es merkt. Dieses Merken des Merkens setzt erst auf der Stufe des Menschen ein. Dementsprechend bezeichnet Plessner diese Stufe als exzentrisch: Durch das menschliche Bewusstsein und die Möglichkeit der Reflexion auch seines eigenen (leiblichen) Standpunktes ist die sphärische Einheit zwischen Selbst und Umwelt, in der das Tier lebt, aufgebrochen: „Ist das Leben des Tieres zentrisch, so ist das Leben des Menschen, ohne die Zentrierung durchbrechen zu können, zugleich aus ihr heraus, exzentrisch" (Plessner 1975, 291–292). Der Mensch als leibliches Selbst hat ein Verhältnis zu sich selbst als leiblichem Selbst, d.h. er ist gleichzeitig in der Umweltbeziehung und aus ihr herausgesetzt. Doch auch auf der Stufe der Exzentrizität bleibt die zentrische Position insofern erhalten, als dass der Mensch mit seinem Leib im Hier-und-Jetzt steht und aus seiner Mitte heraus und in seine Mitte hinein lebt. Der Mensch lebt in einem unaufhebbaren Doppelaspekt seiner Existenz als Körper und als Leib. Als Körper ist er ein „Ding unter Dingen an beliebigen Stellen des Einen Raum-Zeitkontinuums", als Leib ist er das „um eine absolute Mitte konzentrisch geschlossene System in einem Raum und einer Zeit von absoluten Richtungen" (Plessner 1975, 294). Der Mensch ist zugleich (zentrisch) in Selbststellung, ein Punkt des Hier-Jetzt, dem er zunächst unmittelbar ausgesetzt ist, und (exzentrisch) in Gegenstandsstellung, er erfährt sich selbst als von der Umwelt unterschieden und nimmt den eigenen Körper als gegenständlich wahr. Mit Plessner könnte man sagen, dass ich meinen Körper *habe*, während ich mein Leib *bin*.

„Körper" und „Leib" in Körpersoziologie und Geschlechterforschung

Plessner gehört bislang nicht zu den zentralen Bezugspunkten für theoretische und empirische Untersuchungen des Körpers in der Körpersoziologie und in der Geschlechterforschung. Die „Stufen" sind im Grenzgebiet zwischen philosophischer Anthropologie und Soziologie zwar schon lange bekannt (vgl. Honneth/Joas 1980), die Differenzierung zwischen Körper und Leib spielt jedoch in sozialwissenschaftlichen Theorien bislang keine grundlegende Rolle, auch wenn sie mehr und mehr zur Kenntnis genommen wird. Seit Beginn der 90er zeichnet sich Wiederentdeckung seines Werkes in der Philosophie ab (Barkhaus 1996; Krüger 2000a/b). Krüger widmet der philosophischen Anthropologie Plessners eine zweibändige Untersuchung, in der neben den „Stufen" auch spätere Schriften Plessners eine zentrale Rolle spielen, vor allem seine Überlegungen zu Lachen und Weinen (Krüger 1999, 2001a). Hier kommt es zu einer umgekehrten Thematisierung, denn Krüger befasst sich als Philosoph und als Kenner Plessners auch mit Fragen der Geschlechterforschung und der Körpersoziologie, wenn er die Arbeiten Lindemanns und Butlers diskutiert. In kritischen Überlegungen zu Biotechnologie und Medizintechnik wird ebenfalls auf Plessner Bezug genommen (Barkhaus/Fleig 2002; Gamm/Gutmann/Manzei 2005, Lindemann 2002). Bereits in den 90ern sind Einführungen in Plessners Denken erschienen (Pietrowicz 1992; Redeker 1993), die durch eine Reihe von neuen Arbeiten ergänzt werden (Haucke 2000; Kämpf 2001; Schüßler 2000). Kämpf weist in ihrer Einführung darauf hin, dass es bestimmte Motive gibt, die trotz der Wandlung, der eine Reihe von Begriffen im Rahmen der Entwicklung von Plessners Theorie unterliegen, immer wieder auftauchen. Neben der Überwindung des cartesianischen Leib-Seele-Dualismus gehört dazu die „durchgängige Abwehr biologischer oder physiologischer Deutungen [...], deren Grenzen Plessner immer wieder aufweist" genauso wie das „Motiv der Kritik naturalistischer Positionen" (Kämpf 2001, 10). Diese Kritik führt Plessner ihrer Ansicht nach durch, „ohne den Eigensinn, die Widerständigkeit des Leibes zugunsten der Annahme seiner beliebig wandelbaren ‚Plastizität' preisgeben zu müssen" (Kämpf 2001, 10). Diese Motive sind es, die Plessners Werk auch im Rahmen von Körpersoziologie und Geschlechterforschung interessant machen.[4]

Die von Plessner konstatierte Weltoffenheit des Menschen und die anthropologischen Grundgesetze der „natürlichen Künstlichkeit", der „vermittelten Unmittelbarkeit" und des „utopischen Standorts" des Menschen machen seine philosophische Anthropologie zu einem interessanten Ansatzpunkt für Überlegungen, die nicht länger an einem universellen Begriff vom Menschsein festhalten wollen (vgl. Haucke 2000, 10 ff.). Diese Lesart von Plessners Theorie gewinnt zunehmend an Raum. Als Hauptvertreter eines solchen Verständnisses von Plessners Theorie könnte man bislang innerhalb der Philosophie Hans-Peter Krüger und innerhalb der Sozialwissenschaften Gesa Lindemann bezeichnen. Krüger betont das Besondere an Plessners Philosophischer Anthropologie als einer „Philosophie, deren zentraler Einsatz die anthropologischen Themen sind" (Krüger 1999, 24). Plessner bietet sich im Kontext aktueller Fragestellungen als Bezugspunkt an, „weil er systematisch eine neuartige Weise des Philosophierens mit und über Menschen entworfen hat, die noch immer den Kern unserer heutigen Problemlage trifft. Plessner kommt das Verdienst zu, die Philosophische Anthropologie in ihrer ganzen Anlage als die produktive Kritik am Dualismus und gleichzeitig am Nihilismus konzipiert zu haben" (Krüger 1999, 25). Besonders für Gegenstände, die quer zur übli-

4 In beiden Feldern bietet sich ein Anschluss an Krügers Überlegungen an, der nicht nur die Geschlechterfrage explizit thematisiert und hier den Begriff der „erotischen Leibesnatur" stark macht, (2001a, 336–400), sondern auch ein eigenes Konzept des Habitus entwickelt. Dieses bietet sich als Ergänzung des Habituskonzepts von Bourdieu an, der ja in der Körpersoziologie eine zentrale Rolle spielt. Krüger nimmt hier auch Bezug auf Plessners Begriff des Schauspiels und der Rolle.

chen Trennung zwischen Sozial- und Naturwissenschaften liegen, stellt Plessner ein adäquates begriffliches Instrumentarium bereit. „Gegenüber solchen Gegenständen, die sich klar unter entweder materiell oder ideell einordnen lassen, handelt die Philosophische Anthropologie von Phänomenen, für die der ‚Doppelaspekt' konstitutiv ist. Sie offenbaren sich in ihrer Eigenart nur, wenn man sie als Verschränkung von Körperlichem und Geistigem ernst nimmt" (Krüger 1999, 25). Sowohl Geschlecht verstanden als sex *und* gender als auch der lebendige menschliche Körper mit seinen materiellen und sozialen Aspekten gehören zu solchen grenzüberschreitenden Gegenständen.

Wie wird nun die Unterscheidung zwischen Körper und Leib in der Körpersoziologie und in der Geschlechterforschung zur Kenntnis genommen? Zunächst zur Körpersoziologie. Die erste Phase der angelsächsischen Richtung ist geprägt von Arbeiten, welche die Abwesenheit des Körpers in der sozialwissenschaftlichen Theorie monieren (z.B. Turner 1984). Im nächsten Schritt geht es darum, seine „abwesende Anwesenheit" sichtbar zu machen (Shilling 1993). Die geheime, verdeckte Geschichte des Körpers in den klassischen soziologischen Theorien wird aufgedeckt, um die Präsenz des Körpers auch dort sichtbar zu machen, wo er nur implizit oder am Rande vorkommt. Der Körper wird so vom unhinterfragt als gegeben betrachteten Hintergrund sozialwissenschaftlicher Untersuchungen zu einem eigenen Thema. Im Englischsprachigen kann man in Bezug auf die Theorie der exzentrischen Positionalität von einer Rezeptionslücke sprechen.[5] Diese ist u.a. dadurch zu erklären, dass bislang nur ein Bruchteil von Plessners Arbeiten in englischer Übersetzung vorliegt. Die „Stufen" gehören bislang nicht dazu.

In der weiteren Entwicklung überwiegt zunächst ein konstruktivistisches Körperverständnis im Sinne Foucaults, das sich eher mit Repräsentationen des Körpers beschäftigt als mit körperlichen Erfahrungen (Body & Society ab 1995; Turner 1984; Frank 1991). Auch dieser Fokus mag ein Grund für ein zunächst geringeres Interesse am lebendigen Körper bzw. Leib sein. Die Theoriebezüge sind vielfältig, und in den empirischen Untersuchungen des Körpers zeichnet sich keine einheitliche Umgangsweise mit dem neuen Gegenstand ab. Es geht um „*representations* of the body in a (wide) range of contexts" (Featherstone/Hepworth/Turner 1991, Preface, Hervorhebung U. J.). Diese Engführung auf Körperrepräsentationen wird zunehmend kritisiert. Es wird eine Beschäftigung mit dem Körper, wie er sich dem Selbst als dessen eigener Körper zeigt, eingefordert (Frank 1996; Hughes/Witz 1997; Lyon 1997; Radley 1995). Luc Wacquant formuliert das Problem der Auslassung des gelebten Körpers als Paradox der Körpersoziologie: „One of the paradoxical features of recent social studies of the body is how rarely one encounters in them actual living bodies of flesh and blood. The books that have appeared in recent years on the topic [...] typically offer precious few insights into the actual practices and representations that constitute the human body as an ‚ongoing practical achievement', to borrow an expression from Garfinkel. [...] [T]he newer sociology of the body has paid surprisingly little focused attention to the diverse ways in which specific social worlds invest, shape, and deploy human bodies and to concrete incorporating practices whereby their social structures are effectively embodied by agents who partake in them" (Wacquant 1995, 65).

5 Eine Ausnahme hierzu bildet Turner (1992).

In Reaktion auf diese Kritik gibt es mittlerweile Versuche, den gelebten Körper durch eine Zuwendung zur Erfahrungsebene in die Körpersoziologie einzuholen. Zentraler Bezugspunkt ist hier der Leibbegriff Merleau-Pontys. Diese empirischen Versuche enden in vielen Fällen in rein deskriptiven Untersuchungen, die wenig von einer Analyse des Verhältnisses von symbolischer und materieller Ordnung oder Repräsentation und Erfahrung erkennen lassen. So haben Nettleton und Watson (1998) eine Sammlung von empirischen Studien herausgegeben, die auf ausführliche methodische und theoretische Überlegungen weitgehend verzichtet. Statt für eine Vermittlung zwischen einem naturalistischen und konstruktivistischen Verständnis wird für die Unterscheidung zwischen einer *sociology of the body*, also einer Soziologie des Körpers, und einer *sociology of embodiment,* d.h. der Verkörperung eingetreten. Sie sprechen zwar von der Möglichkeit, eine analytische Unterscheidung zu treffen zwischen „having a body, doing a body and being a body" (Nettleton/Watson 1998, 11) und verweisen auf die deutsche Begrifflichkeit: „Turner (1992) and others have found the German distinction between Leib and Korper [sic] to be instructive here. The former refers to the experiential, animated or living body (the body-for-itself), the latter refers to the objective, instrumental, exterior body (the body-in-itself)" (Nettleton/Watson 1998, 11). Doch dieser Unterschied wird in den Beiträgen nicht berücksichtigt und weder theoretisch noch empirisch genauer ausgeführt. Auffällig ist, dass es den Autorinnen zur Berücksichtigung der gelebten Erfahrung notwendig erscheint, zumindest einen Rest an biologischer Gegebenheit wieder in die konstruktivistische Theorie einzuführen. So fragen sie nach dem Einfluss „biologischer Prozesse" auf die täglichen Routinen und darauf, wie Menschen über sich selbst denken.

Einen theoretischen Versuch, den lebendigen Körper zu berücksichtigen, unternehmen Bendelow/Williams (1998). Sie plädieren dafür, von einem dialektischen Verhältnis zwischen Körpererfahrung und Körperrepräsentation auszugehen. Konstruktivistische Ansätze werden dafür kritisiert, dass sie das Problem des Dualismus nicht lösen, sondern lediglich umkehren. Ein biologischer Essentialismus werde ersetzt durch einen diskursiven Essentialismus, der den Körper als materielle oder biologische Entität zum Verschwinden bringt. Auch hier wird – ähnlich wie bei Nettleton und Watson – versucht, einen nicht-reduktionistischen, positiven Begriff von biologischer Bestimmtheit des Körpers zu entwickeln. Diese Begriffsentwicklung wird als eines der Hauptthemen bzw. als Hauptaufgabe der gegenwärtigen Körpersoziologie verstanden. Bendelow und Williams möchten einen Ansatz entwickeln, der eine Kombination aus einer „foundationalist ontologiy (i.e. an ‚organic', pre-social, body as a material entity which exists beyond discourse)" und einer „social constructionist epistemology (i.e. the body as a product of power/knowledge)" darstellt (Bendelow/Williams 1998, 17). Auch hier scheint der Rekurs auf den natürlichen Organismus als einzige Möglichkeit der Berücksichtigung des gelebten Körpers, auch wenn von der Notwendigkeit gesprochen wird, insgesamt das Biologische in einer nicht-reduktionistischen Art und Weise neu zu denken. Wie die beiden Stränge zueinander in Verhältnis zu setzen sind, wird nicht thematisiert.

Es gibt im Englischsprachigen insgesamt eine inzwischen unüberschaubare Anzahl körpersoziologischer Beiträge. Die grundsätzliche Frage nach (methodisch-theoretischen) Lösungsvorschlägen für die Probleme, die das Körperthema mit sich bringt, ist aber nach wie vor offen, der Gegenstand ist unbestimmt. „What is the body and what is embodiment?" – diese Frage werfen Featherstone und Turner in ihrer Einleitung zur ersten Ausgabe von „Body & Society" Mitte der 90er auf (Featherstone/Turner 1995, 6). Die gleiche Frage wird von Gugutzer knapp zehn Jahre später in der ersten deutschsprachigen Einführung in die Soziologie des Körpers wiederholt: „Was ist der Körper" heißt dort ein Kapitel, das sich der Gegenstandsbestimmung widmet. Im Unterschied zum Englischsprachigen wird hier zur Beantwortung dieser Frage explizit Bezug auf Plessner genommen. Gugutzer schlägt den Begriff der „Zweiheit des Körpers" vor, um dessen doppelte Gegebenheitsweise zu markieren.[6] Während Plessner Ende der 90er in der deutschen Körpersoziologie in einem Überblicksaufsatz zum Thema „Die leibliche Dimension sozialen Handelns. Zu einer Soziologie des Körpers" noch nicht als Referenzpunkt auftaucht (Meuser 1997), wird er inzwischen zur Kenntnis genommen (Meuser 2002). Zu körpersoziologischen Arbeiten mit Bezug auf Plessner gehören neben Lindemanns Beiträgen Villas soziologische Reise durch den Geschlechtskörper (Villa 2000), Gugutzers Untersuchung zur Bedeutung von Körper und Leib für eine sozialwissenschaftliche Theorie der Identität (Gugutzer 2002) und mein Entwurf einer Theorie der Inkorporierung (Jäger 2004).[7]

Mittlerweile wurde mehrfach vorgeschlagen, Plessners Begrifflichkeit und damit die Unterscheidung von Körper und Leib zur Grundlage für eine Soziologie des Körpers zu machen (Gugutzer 2004; Jäger 2002; Lindemann 1995). Wenn Gugutzer die „Zweiheit des Körpers" zu einem zentralen Ansatzpunkt für die Körpersoziologie erhebt, vertritt er allerdings in Bezug auf die Grenze zwischen Natur und Gesellschaft eine etwas andere Position als die hier im Konzept der Verschränkung von Körper und Leib skizzierte. Er bezieht sich auf Plessner, um zu zeigen, „dass der Mensch als körperliches Wesen in beide Bereiche gehört: Der Mensch ist Plessner zufolge *Natur*wesen, insofern er leiblich (sein Körper) *ist*, und er ist *Kultur*wesen, insofern er seinen Körper *hat*" (Gugutzer 2004, 148, Hervorhebung im Original). Dabei hält er an einem als natürlich zu bezeichnenden körperlichen Rest fest, der als kulturell überzogen zu verstehen ist: „Nichtsdestotrotz ist der Mensch immer auch sein Körper, ist Leib und damit Natur. Geburt, Altern, Tod, Hunger, Durst, Schlafen, Sexualität, all das sind erst einmal Phänomene der menschlichen Natur. Aufgabe der Soziologie des Körpers ist es, zu beschreiben und zu erklären, *wie* diese natürlichen Seiten des Menschen kulturspezifisch gelebt werden und *wie* Gesellschaften mit ihnen umgehen" (Gugutzer 2004, 149). So lassen sich selbst in solchen Arbeiten, die sich als konstruktivistisch verstehen, Reste eines naturalistischen Körperverständnisses lokalisieren.[8] Die Verschränkungsthese soll im Unterschied dazu

---

6 Einen ähnlichen Versuch habe ich in meiner Formulierung der Verschränkungsthese mit dem Begriff des „körperlichen Leibes" unternommen, den ich Hermann Schmitz entlehne und der ebenfalls verdeutlichen soll, dass zwei verschiedene Aspekte in einem Gegenstand zu berücksichtigen sind (Jäger 2004, 103 ff.).

7 Siehe auch Manzei 2003, die Plessners Konzept der exzentrischen Positionalität im Rahmen einer kritischen Anthropologie am Beispiel der Transplantationsmedizin fruchtbar macht.

8 Das gilt auch für Turner, und das trotz des starken Einflusses von Foucault auf dessen Arbeit: „The human body has definite and distinctive biological and physiological characteristics which are re-

zeigen, dass anstelle der Wiedereinführung eines natürlichen Rests eine andere Möglichkeit besteht, das Materielle zu respektieren. Dazu ist es wichtig, die gelebte Erfahrung und den Körper als biologischen Organismus nicht miteinander gleichzusetzen. Turner hat bereits Anfang der 90er Jahre dafür plädiert, ein Körperverständnis zu entwickeln, das zwischen den naturalistischen und den konstruktivistischen Auffassungen vermittelt. Er schlägt eine Verbindung zwischen dem Körper als biologischem Organismus bzw. gelebter Erfahrung einerseits und dem Körper als System von Repräsentationen andererseits vor (Turner 1992). Ähnlich Shilling, der den Körper zugleich als soziales und biologisches Phänomen verstehen möchte. Eine solche Verbindung und damit eine Überwindung der Grenze zwischen Naturwissenschaft und Gesellschaftswissenschaft wird in neueren körpersoziologischen Arbeiten zwar immer häufiger gefordert (z.B. Scott/Morgan 1993; Ussher 1997) jedoch nur selten eingelöst.

Auch in der feministischen Theorie und in der Geschlechterforschung wird die Dominanz einer konstruktivistischen (und poststrukturalistischen) Herangehensweise an den Körper problematisiert. Hier wird festgestellt, dass der gelebte Körper gegenüber dem Projekt der Dekonstruktion von (geschlechtlicher) Symbolik und von (geschlechtlichen) Dichotomien vernachlässigt worden ist. Der Körper wird historisiert, als Metapher begriffen und als Ort der Konstruktion von Rasse, Klasse und Geschlecht verstanden, doch der materielle Körper und die gelebte Körpererfahrung werden nicht erfasst. So stellt Davis Ende der 90er Jahre fest: „Bodies are not simply abstractions, however, but are embedded in the immediacies of everyday, lived experience. Embodied theory requires interaction between theories about the body and analyses of the particularities of embodied experiences and practices. It needs to explicitly tackle the relationship between the symbolic and the material, between representations of the body and embodiment as experience or social practice in concrete social, cultural and historical contexts" (Davis 1997, 15).

In den Versuchen, die gelebte Körpererfahrung zu erfassen, wird ähnlich wie in der Körpersoziologie vornehmlich auf Merleau-Ponty Bezug genommen (siehe Stoller/Vetter 1997). Das mag daran liegen, dass bereits in einem der grundlegenden Texte feministischer Theoriebildung Merleau-Pontys Leibbegriff eine zentrale Rolle spielt. Simone de Beauvoir schließt in „Das andere Geschlecht" mit dem Begriff des Körpers als Situation nicht nur an Sartres Existenzphilosophie an (Sartre 1994), sondern auch an Merleau-Pontys Überlegungen zum Leib (Merleau-Ponty 1966). In der Kritik an Butlers performativem Geschlechterbegriff wird auf die Theorietradition des französischen Existentialismus und der Phänomenologie wieder Bezug genommen (vgl. Moi 2001, Young 2003).[9] Die Tradition der philosophischen Anthropologie hingegen wird in der

sistant to a deconstructionist epistemology. One prevalent and persistent characteristic of organic life, for example, is asymmetry. In fact biological asymmetry appears to be a fundamental principle of life as such" (Turner 1996, 30). Und: „[...] a sociology of the body, by raising the ambiguity of the division between nature and culture, leads to the question: what generically is man? That is, the sociology of the body must ultimately address itself to the nature of social ontology" (Turner 1996, 215).

9 Dabei wird auch hervorgehoben, dass Butler ihr Verständnis von Geschlecht zunächst in Anlehnung an Beauvoir entwickelt hat (Butler 1986). Dieser Aspekt wurde in der deutschen Rezeption

englischsprachigen Geschlechterforschung trotz der zunehmenden Plädoyers für eine Berücksichtigung des Leibes kaum zur Kenntnis genommen. Dabei gibt es bei Butler selbst Textstellen, die bei genauem Hinsehen den Vergleich mit dem in dieser Tradition formulierten Leibbegriff nahelegen. In ihrem Versuch, den Begriff des Körpers und den der Materialität genauer zu fassen, schlägt Butler vor, Materialität als Prozess der Materialisierung zu begreifen: „What I would propose [...] is a return to the notion of matter, not as a site or surface, but as a process of materialization that stabilizes over time to produce the effect of boundary, fixity, and surface we call matter“ (Butler 1993, 9). Doch durch die Orientierung an der Sprechakttheorie und dem Begriff der Iteration geht mit der Betonung des Zeitlichen der Aspekt des Räumlichen verloren.[10] Damit wird die Möglichkeit der Berücksichtigung des Leibes, der ja gerade im Zusammenhang mit Butlers Frage nach lebbaren und verworfenen Körpern von Bedeutung wäre, von Butler selbst nicht weiter verfolgt (vgl. Jäger 2004). Ein ähnliches Argument entwickelt Krüger (2001b), der Butler als Theoretikerin der Verinnerlichung liest. Seiner Ansicht nach handelt es sich bei Butlers Überlegungen um eine „Wiederentdeckung jener Problemlage, die zum Vergleich mit der Philosophischen Anthropologie einlädt“ (Krüger 2001b, 140). Ich gehe davon aus, dass Butlers Projekt mit einem sozialwissenschaftlichen Leibbegriff durchaus kompatibel ist. Mit Bezug auf Plessner möchte ich einen solchen Leibbegriff stark machen, der – ganz im Sinne Butlers – auf jede Tendenz zur Gleichsetzung mit dem Organismus verzichtet.

Gründe für einen sozialwissenschaftlichen Begriff des Leibes

Hierfür gibt es meines Erachtens drei Argumente, ein methodisch-strukturelles, ein antinaturalistisches und eines in Bezug auf den Aspekt der Inkorporierung. Zunächst zum *methodisch-strukturellen Argument*. Beschränkt man sich in der Betrachtung auf die Ebene des Körpers, so geht notwendig etwas verloren. Das, was über die fünf Sinne wahrnehmbar ist, stellt den Bereich dar, den die Naturwissenschaften untersuchen. Sie richten ihren Blick auf den Körper als Objekt. Dabei fällt notwendigerweise alles aus der Betrachtung heraus, was in Differenz zur feststellbaren Gestalt ist. Plessner beschreibt in den „Stufen“ die Differenz dessen, was über diese Wahrnehmung hinausgeht, bereits auf der Ebene des einfachen unbelebten Dings. Er unterscheidet in seiner phänomenologischen Betrachtung des einfachen Gegenstands zwischen den eigenschaftstragenden Seiten und dem Kern. Gegenstände sind immer in bestimmten Eigenschaften dinglich gegeben, sie sind so und so beschaffen. So ist ein Stein leicht oder schwer, rau oder glatt. Man kann ihn von vorne, von hinten, von oben oder von unten betrachten, und aus jeder Perspektive zeigt er sich anders. All diese Eigenschaften sind

Butlers oft übersehen. Zum Körper bei Butler und Beauvoir siehe auch Fishwick 2002, Heinämaa 1999 und 2003 und Hughes/Witz 1997.

10 Ein ähnliches Argument ließe sich in Bezug auf das zweite wichtige Paradigma der Geschlechterforschung entwickeln, den Ansatz des *Doing Gender* (Goffman 1994, Kessler/McKenna 1978, Zimmerman/West 1987). Auch hier wird der räumliche Aspekt des Körpers gegenüber dem Aspekt des „doing“ und damit der Wiederholung tendenziell vernachlässigt.

aber auf etwas bezogen: auf den Stein selbst. Dieses Selbst, der Kern des Steines, wird jedoch nie sichtbar. Er tritt lediglich durch die Eigenschaften vermittelt in Erscheinung. Zugleich hat der Kern gegenüber dem, was erscheint, eine gewisse Eigenständigkeit. Diese wird bei Plessner durch den Begriff der Kernsubstanz markiert. D.h. der Stein geht nicht in seinen Eigenschaften auf, er ist mehr als die bloße Summe der eigenschaftstragenden Seiten. Die Gestalt, die sinnlich wahrnehmbar ist, hat eine Art von nicht erscheinendem Ganzheitscharakter, der von der Gestalt selbst unterschieden ist. Dieser Kern ist im Unterschied zu den Aspekten des Dings unräumlich, Plessner nennt ihn „raumhaft". Das Ding hat also zwei Aspekte: die räumlichen Eigenschaften und den raumhaften Kern. Überträgt man diese Überlegungen nun auf den Körper, lässt sich folgendes feststellen: Am Körper als Objekt betrachtet werden immer nur die eigenschaftstragenden Seiten sichtbar. Der naturwissenschaftliche Blick ist auf das Räumliche gerichtet. Den Kern allerdings bekommt er nie zu fassen, egal wie weit er den Gegenstand in immer kleinere Betrachtungseinheiten zerlegt. Es zeigen sich lediglich neue Eigenschaften. In Plessners Stufenmodell ist es auf der Stufe des einfachen Dings der Kern, der sich nur raumhaft zeigt. Auf der Stufe des Lebendigen ist es das lebendige Selbst, das nur als Bezugspunkt der verschiedenen Eigenschaften erscheint. Und auch das leibliche Selbst zeigt sich nur raumhaft, aber nicht räumlich. Das heißt aber nicht, dass es dieses Selbst nicht gibt. Es ist anschaulich, aber nicht gegenständlich. Wenn man davon ausgeht, dass auf genau dieser Ebene, auf der Ebene des lebendigen, leiblichen Selbst, das stattfindet, was mit dem Begriff der Inkorporierung zu fassen versucht wird, so wäre es fatal, genau diesen Bereich von vornherein aus der sozialwissenschaftlichen Analyse auszuschließen.

Es gibt noch ein weiteres Argument für die Einführung eines solchen sozialwissenschaftlichen Leibbegriffs, das *Anti-Naturalismus-Argument*. Wenn ich vom Leib spreche, so möchte ich mich von solchen Ansätzen distanzieren, die mit dem Begriff des Leibes glauben, auf die „Natur" des Menschen zurückgreifen zu können. Leib wäre in diesem Sinne etwas Ursprüngliches, Natürliches, der sozialen Ordnung Vorgängiges. Doch genau darum geht es mit der Einführung des Leibbegriffes nicht. Im Gegenteil, es geht darum zu zeigen, wie auch und gerade die Ebene des Leibes gesellschaftlichen und sozialen Einflüssen ausgesetzt ist. Dass der hier favorisierte Leibbegriff ohne Naturalisierungen und Essentialisierungen auskommt, zeigt sich besonders in der empirischen Arbeit von Lindemann (1993a). Ihre Beschreibung des Geschlechtswechsels Transsexueller zeigt detailliert auf, wie das Leibempfinden sich im Laufe des Geschlechtswechsels verändert. Das im Ausgangsgeschlecht kongruente Verhältnis von Körper und Leib wird im Laufe des Geschlechtswechsels aufgelöst und in der Position des Wunschgeschlechts wieder neu zur Deckung gebracht. Selbst vermeintlich eindeutige Körperzeichen wie der Penis können unter günstigen Bedingungen von den Betroffenen so umgedeutet werden, dass sie auch auf der Ebene des leiblichen sich Spürens ihre vergeschlechtlichende Wirkung verlieren. So verstanden verzichtet der Begriff des Leibes auf inhaltlich festgelegte Bestimmung. Auch der Leib ist veränderbar. Plessner spricht dem Leib eine eigene Daseinsdimension zu, ohne diese jedoch in Bezug auf deren Eigenschaften zu bestimmen. Hier sei noch einmal kurz an das Ding und die eigenschaftstragenden Seiten erinnert. Der Kern des Dings selbst ist sozusagen eigenschaftslos, seine

Eigenschaften zeigen sich immer nur auf den eigenschaftstragenden Seiten, aber nie im Kern selbst, d.h. der Kern ist nicht wesensbestimmt. Es geht lediglich um ein strukturelles Verhältnis. Bei Schmitz wird das leibliche Empfinden als dynamisches Gewoge beschrieben. Es ist ein Gewoge von Leibesinseln, die sich bilden und wieder vergehen. Die damit verbundenen Regungen sind für das Selbst unmittelbar, sie fesseln das Selbst an den absoluten Ort des Hier-Jetzt, und Schmitz verwendet bestimmte Begriffe, um diese Regungen zu beschreiben. Aber sie sind labil und stets wandelbar. Mit einem solchen Leibbegriff geht allerdings einher, dass der Leib keine klar definierte Grenze darstellt, d.h. er kann nicht als fixer Bezugspunkt in Argumenten für oder gegen bestimmte körperlich-leibliche Manipulationen dienen. Die Dimension des Leiblichen als Dimension des Unverfügbaren einzuführen, wie das z.B. bei Barkhaus/Fleig (2002) versucht wird, funktioniert auf dieser Grundlage nicht. Was allerdings mit dem Rekurs auf die Ebene des Leibes und auf das Ich in Selbststellung möglich wird, ist die detaillierte Beschreibung und Erfassung der konkreten Auswirkungen bestimmter technologischer Entwicklungen. Damit wird eine Grundlage zur Verfügung gestellt, auf der (politisch) entschieden werden kann, ob diese technologischen Entwicklungen samt ihrer Auswirkungen gewollt sind oder nicht.

Das dritte Argument für die Erweiterung des Körperbegriffs um die Dimension des Leibes in dem hier vorgeschlagenen Sinne hat mit der Frage der Inkorporierung sozialer Ordnung zu tun. Ich nenne es kurz das *Inkorporierungsargument.* Im Zusammenhang mit der Inkorporierungsthese ist es nämlich äußerst gewinnbringend, den Leib als zusätzliche Dimension und Analysekategorie einzuführen. Es bleibt sonst oft unbeantwortet, wie Prozesse der Inkorporierung zu denken sind. Pierre Bourdieu stellt z.B. in seinem Habituskonzept keine Erklärung bereit, wie es funktioniert, dass das, was inkorporiert worden ist, als natürlich erscheint. Und wie zu erklären ist, dass sich soziale Ordnung gerade über und durch den Körper unbewusst reproduziert. Beide Fragen lassen sich mit Bezug auf die Unterscheidung von Körper und Leib und das auf dieser Unterscheidung basierende Konzept der Verschränkung von Körper und Leib beantworten. Zunächst also zum Zusammenhang zwischen präreflexiver Anerkennung sozialer Ordnung und der körperlich-leiblichen Verfasstheit, den Bourdieu mit dem Habitus zwar unterstellt, aber nicht erklären kann. Plessner stellt mit seiner Theorie der exzentrischen Positionalität hier eine Ergänzung zur Verfügung. Relevant ist an dieser Stelle besonders die zentrische Position. Diese Stufe der Umweltbeziehung ist bereits sehr komplex. Plessner verortet hier – gebunden an den Leib – einen Austausch zwischen Selbst und Umwelt, zu dem Einwirken und Reagieren auf die Umwelt genauso dazugehören wie Lernen und Erinnern. Da es nicht merkt, dass es merkt, da es ein „sich" und noch kein „Ich" ist, findet all das unbemerkt bzw. präreflexiv statt. Da in Plessners Stufenmodell die Eigenschaften der niedrigeren Stufe auf der nächsthöheren in modifizierter Form erhalten bleiben, gibt es auch auf der Ebene des Menschen einen Leib. Auf der Ebene des Leibes finden weiterhin Interaktionen mit der Umwelt statt, die unbemerkt verlaufen. Und hier ist ein Gedächtnis zu verorten, das dem Bewusstsein nur bedingt zugänglich ist. Übertragen auf das Habituskonzept ist also davon auszugehen, dass die Aneignung des Habitus sozusagen auf der Ebene der zentrischen Position und damit auf der Ebene des Leibes zu verorten ist. Das, was sich leiblich bemerkbar macht, ist etwas, das für das Selbst eine besondere Qualität von „wirklich sein" gewinnt. Wirklich insofern, als dass es sich nicht ohne weiteres davon distanzieren kann. Denn leiblich ist es sozusagen das Selbst selbst, das sich spürt. Und zwar auch dann, wenn es sich bei dem, was es spürt, um sozial konstruierte Sachverhalte handelt, die nicht natürlich und unabänderlich vorgegeben sind. Diese drei Argumente begründen m.E. die Einführung der Leibesebene in die (empirische) Sozialforschung.

Die Verschränkung von Körper und Leib

Auf der Grundlage der bei Plessner ausgearbeiteten Differenzierung der doppelten Gegebenheitsweise des Körpers beruht das Konzept der *Verschränkung* von Körper und Leib (Lindemann 1993a, 1995; Jäger 2004). Die Verschränkungsthese stellt die Grundlage für den eben geforderten Leibbegriff jenseits von Naturalisierung und Organismus dar. Dieses Konzept ist bei Plessner selbst zwar im Ansatz entwickelt, die Frage der Inkorporierung, die in Körpersoziologie und Geschlechterforschung vehement diskutiert wird, steht jedoch dabei nicht im Zentrum seines Interesses. Er spricht in den „Stufen" von Verschränkung als der auf der exzentrischen Stufe zu leistenden Vermittlung zwischen der Differenz von Körper und Leib. [11] In einem Aufsatz mit dem Titel „Der Aussagewert einer philosophischen Anthropologie" taucht der Ausdruck in einer Überschrift auf. Auch dort, wenn es um „Die Verschränkung von Körper und Leib als Schlüssel zur philosophischen Anthropologie" geht, (Plessner 2000, 141–145), steht die Doppelnatur des Menschen, die „nicht statisch zu fassen ist, sondern eine ständig zu durchlebende und zu vollziehende Verschränkung des Leibes in den Körper bedeutet", im Vordergrund (Plessner 2000, 141). Auch Krüger hebt diesen Aspekt des permanenten Vollzugs der Ambivalenz zwischen Körperhaben und Leibsein hervor: „Der eigene Körper *ist* Leib, obgleich wir ihn auch als Körper *haben* können. ‚Die wahre Crux der Leiblichkeit ist ihre Verschränkung in den Körper', schreibt Plessner. Der eigene Körper geht weder darin auf, dass wir ihn ausschließlich wie andere Körper auch haben können, noch darin, dass er nur Leib ist. Er begegnet uns dazwischen, schon und noch immer Leib zu sein, wo wir ihn doch als Körper haben können. Diesseits von den Grenzen der totalen Entkörperlichung und der totalen Entleiblichung ein Leben zu führen,

[11] Hier besteht eine Differenz zwischen zentrischer und exzentrischer Position, auf die Krüger besonders hinweist. Die Differenz zwischen Körper und Leib ist nur für exzentrische Wesen bereits auf der zentrischen Stufe beobachtbar. Auf der Stufe des Tieres wird diese Differenz nicht als Differenz vollzogen, Körper und Leib stellen eine unmittelbare Einheit dar (Krüger 1999, 38 ff., „Die Körper-Leib-Differenz am eigenen Körper"). Erst der Mensch ist dazu gezwungen, die Differenz zwischen Körper und Leib vollziehend zu gestalten. Auf der Stufe der exzentrischen Position handelt es sich nicht länger um eine unmittelbare Einheit, sondern um eine immer wieder herzustellende: *„Die Körper-Leib-Differenz ist eine Frageposition, in welche der Haussäuger nicht von sich selbst gerät"* (Krüger 1999, 48, Hervorhebung im Original). An anderer Stelle spricht Krüger in diesem Zusammenhang auch von dem akut leiblichen Ich und dem soziokulturellen Ich an möglichen Verkörperungen (Krüger 2001, 50). Zur Unmittelbarkeit des Leibseins und der Mittelbarkeit des Körperhabens siehe auch Krüger 2001, 93 ff.

das heißt, im Spiel zwischen dem Leib und dem Körper die dem eigenen Körper angemessene Verschränkung beider auszubilden, wodurch sie sich gegenseitig begrenzen können" (Krüger 2001a, 93–94).

Eine (körpersoziologische) Wendung, die sich eingehend mit dem Verhältnis zwischen Körper und Leib in einer sozialwissenschaftlichen Perspektive befasst, vollzieht Lindemann. Sie schlägt eine Interpretation der exzentrischen Positionalität vor, die den Körper selbst und nicht nur die jeweiligen Körpertechniken als gesellschaftlich und sozial konstruiert begreift: „Die Verschränkung von ‚Körper' und ‚Leib' ist wesentlich eine Verschränkung von einem von Wissen und Symbolstrukturen durchzogenen Körper und Leib. Der Begriff der Verschränkung besagt, daß ein leibliches Selbst nicht-relativierbar hier-jetzt auf die Umwelt bezogen ist und zugleich aus dieser Relation herausgesetzt ist und so erfährt, daß es einen Körper hat, der sich an einer relativierbaren Raum-Zeit-Stelle befindet. Wenn es den Körper im Sinne des Wissens und Zeichenverständnisses auffaßt, die es je historisch von diesem gibt, erlebt es sich umgekehrt leiblich gemäß dem Körper, den es hat" (Lindemann 1993a, 30–31). Mit Lindemann wird Plessners Konzept der Verschränkung von Körper und Leib zu einer Verschränkung von Körper*wissen* und Leib*erfahrung*.

Auf dieser Grundlage kann die Verschränkungsthese als Verbindungsstück für ein poststrukturalistisches und ein phänomenologisches Körperverständnis dienen.[12] Der Begriff Körper wird erweitert um die Dimension des Wissens, das diesen Körper bestimmt. Versteht man dieses Wissen mit Foucault als diskursiv bestimmt, so bietet dieser Aspekt der Verschränkungsthese eine Anknüpfungsstelle für ein poststrukturalistisches Körperverständnis. In diesem Sinne gilt es, die je historisch wirksamen Diskurse über den Körper zu beschreiben. Das alleine reicht jedoch nicht, denn der zweite Aspekt der Verschränkungsthese bezieht sich auf den Leib, der nach Lindemann ebenfalls von den Wissens- und Symbolstrukturen durchzogen ist. Und zwar insofern, als das jeweils gültige Körperwissen sich auf der leiblichen Ebene niederschlägt. Der Leib kann nur mit Bezug auf ein Wissen erfahren werden, und so „erleben wir den Leib, der wir sind, als den Körper, den wir haben" (Lindemann 1995). Hier gewinnt der Begriff der Verschränkung eine genauere Kontur. Das Selbst in der exzentrischen Position weiß, dass es einen Körper hat. Diesen begreift es gemäß dem jeweiligen historischen Wissen über den Körper. Die Leibempfindung folgt diesem Wissen, und das leibliche Selbst erfährt sich gemäß dem Körper, den es hat. Auf der Grundlage der exzentrischen Positionalität ist es möglich, selbst die Dinge, die unmittelbar erlebt werden, als kulturell vermittelt zu denken. Es ist eine kulturelle Ordnung, die zwischen meinem sich in der zentrischen Position befindenden Leib und meinem exzentrisch wahrzunehmenden Körper vermittelt. Da die zentrische Position nicht völlig überwunden ist, ist unser Dasein weiterhin an ein unrelativierbares Hier-Jetzt gebunden. Es entsteht eine vermittelte Unmittelbarkeit und mit dieser einhergehend das, was wir als Wirklichkeit erfahren. Der Leib ist ein absoluter Ort, der sich – einmal mit einem kulturellen Zeichensystem überzogen – durch

[12] In eine ähnliche Richtung argumentiert Crossley (1994) in Bezug auf das poststrukturalistische Körperverständnis Foucaults und die Leibesphänomenologie Merleau-Pontys, die er als komplementär ansieht.

einen Hier-Jetzt-Charakter auszeichnet und als (materielle) Realität erfahrbar wird.[13] So werden soziale Ordnungen auf der leiblichen Ebene abgesichert, das Soziale wird inkorporiert.

Folgt man der hier vorgeschlagenen Begriffsfestlegung, kann die Rede vom Körper präzisiert werden. Mit der Unterscheidung von Körper und Leib wird klar, um welchen Aspekt der körperlich-leiblichen Existenz der sozialen Akteure es gerade geht, und zugleich wird deutlich, dass es immer zwei mögliche Perspektiven gibt. Die Unterscheidung zwischen Körper und Leib ist unabdingbare Voraussetzung für die Verschränkungsthese, innerhalb derer der Leib verstanden werden kann als Ort, an dem ein bestimmtes Körperwissen wirksam wird. Der körperliche Leib wird dabei nicht als natürlich begriffen, sondern (mit Foucault) als historisches a priori, oder (mit Plessner) als natürlich künstlich, beziehungsweise vermittelt unvermittelt. So verstanden, kann er gleichzeitig in seiner Kontingenz und in seiner Materialität betrachtet werden und damit als formbar, aber dennoch einer bestimmten Eigenlogik folgend. Die Materialität wird nicht verstanden als eine unveränderliche, vorgängige Materialität, sondern als etwas, das sich auf der Ebene des Leibes in der Erfahrung des Selbst bemerkbar macht. Das, was ich von mir selbst spüre, was sich mir als hier und jetzt aufdrängt, ist materiell – und zugleich Ergebnis eines sozial geprägten Prozesses der Materialisierung (wie bei Butler). Mit einer derart gestalteten Bezugnahme auf den Leib unterläuft die Verschränkungsthese die poststrukturalistische Kritik an der Tradition der Phänomenologie und am Begriff des Leibes, und es wird möglich, einen Mittelweg zwischen konstruktivistischen und essentialistischen bzw. naturalistischen Ansätzen einzuschlagen.

Welche Möglichkeiten eröffnet die These der Verschränkung von Körper und Leib? Auf der Grundlage der Differenzierung und der Verschränkung eröffnen sich drei Ebenen der Analyse, oder, in anderen Worten, es lassen sich drei Geschichten erzählen: die Geschichte des Körpers, die Geschichte des Leibes und die Geschichte der Verschränkung. Geschichte wird hier im Sinne Foucaults auch und gerade als Geschichte der Gegenwart verstanden. Die *Geschichte des Körpers* ist eine Geschichte des Körperwissens: Es kann sozialwissenschaftlich-historisch analysiert werden, wie der Körper in den verschiedenen Formen von Körperwissen in (natur)wissenschaftlichen und anderen Diskursen beschrieben und erfasst wird. Mit oder ohne direkten Anschluss an Foucault wird untersucht, wie der Körper mit verschiedenen Macht- und Wissenssystemen überzogen wird. Zu Arbeiten in diese Richtung gehört die Studie von Laqueur, der anhand von medizinischer Literatur untersucht, wie es im 18. Jahrhundert zu einer signifikanten Veränderung im Denken über die Geschlechterdifferenz kommt (Laqueur 1992), oder auch die – ebenfalls auf die Medizin ausgerichtete – Untersuchung von Honegger (1992).

Die *Geschichte des Leibes* ist als Geschichte der leiblichen Erfahrungen zu verstehen, die zu verschiedenen Zeiten gemäß dem jeweils geltenden Körperwissen gemacht wer-

[13] An dieser Stelle wäre es interessant, die Unterschiede zwischen Schmitz und Plessner genauer herauszuarbeiten. Krüger differenziert im Anschluss an Plessner drei Aspekte des Leibes, das Selbstverständliche, das Eingespielte und das Willkürliche bzw. Unmittelbare (Krüger 2001, 94 ff.). Schmitz stellt in seiner Phänomenologie des Leibes das Unmittelbare in den Vordergrund.

den. Wenn man Leiblichkeit im Anschluss an Bourdieu als Konstituens von Sozialität betrachten möchte, gilt es, die damit einhergehende Ausweitung des empirisch zu untersuchenden Gegenstandsbereichs der Soziologie auch begrifflich fassbar zu machen. Und genau das wird mit der Verschränkungsthese möglich. Der Leib wird nicht länger als Ort der Reproduktion sozialer Ordnung vorausgesetzt, sondern empirisch untersucht. Mit der These der Verschränkung von Körper und Leib wird der „einfache" Zugang zum Leib nach Lindemann in zweifacher Hinsicht problematisch: „Zum einen ist es in diesem Rahmen nicht möglich, davon auszugehen, der Leib sei derart durch Diskurse geformt, daß es an ihm außer den ihn formenden Mächten nichts mehr zu untersuchen gäbe. [...] Zum anderen gibt es aber auch keinen unvermittelten Zugang zum Leib, denn dieser wird in seiner räumlichen Struktur selbst einer kulturellen Formung unterworfen. Der phänomenologischen Reduktion gelingt es lediglich, die Strukturalität des Leibes als ein vorläufig universales Phänomen auszuweisen, jede bestimmte Form des Leibes muß dagegen als historisch variabel verstanden werden" (Lindemann 1996, 173). Die Frage danach, ob der Leib eine natürliche Voraussetzung ist, beantwortet Lindemann mit einem Jein. „Der Leib ist einerseits total natürlich, denn das Faktum der Strukturalität ist nicht auf eine Kultur relativ; andererseits ist der Leib aber total relativ auf die jeweilige Kultur, denn seine Form ist eine je historische, an der kein Substrat feststellbar ist, das sich diesseits von ihr befände" (Lindemann 1996, 175). Diese Antwort ist jedoch insofern als ein eindeutiges Nein zu verstehen, da Lindemann die Suche und Beschreibung eines wie auch immer gearteten natürlichen Substrats, das vor jeder kulturell-historischen Prägung liegt, für unmöglich hält. Bezogen auf Körper und Leib heißt das konkret, jedes Wissen als relativ zu verstehen, als geprägt von der jeweiligen kulturell-gesellschaftlichen Ordnung, innerhalb derer es formuliert wird. Und es heißt (im Sinne der Geschlechterforschung) zu untersuchen, welche gesellschaftlichen Setzungen (Geschlecht, Rasse, Klasse) durch den Bezug auf eine wie auch immer geartete Natur abgesichert werden. Damit wird es denkbar, auch den Leib zum Gegenstand einer Genealogie im Sinne Foucaults zu machen. In der historischen Untersuchung Dudens (1987) lässt sich das Verhältnis zwischen Körperwissen und Leiberfahrung an einem konkreten Beispiel nachzeichnen. Dudens Untersuchung medizinischen Wissens und leiblicher Erfahrung von Frauen zu Beginn des 18. Jahrhunderts zeigt, wie Körperwissen auf der leiblichen Ebene spürbar wird. Von dem modernen Körper, den wir mit Hilfe von Medizin und Biologie zu kennen glauben und dessen naturwissenschaftliche Erkundung einen Anspruch auf Allgemeingültigkeit erhebt, ist in den Beschreibungen der „Krankheiten der Weiber" eines Eisenacher Arztes, die Duden vorstellt, nichts zu finden. Lindemann führt in ihrem Bezug auf Duden eine logische Differenz zwischen Körper bzw. Wissen und Leib ein. Damit vermeidet sie, die Beschreibungen des eigenleiblichen Spürens der Frauen einfach als falsch abzuwerten. In der Rede der Eisenacher Frauen lassen sich die Wissenskonzepte ihrer Zeit nachweisen, und diese Wissenskonzepte sind für die damaligen Empfindungen genauso relevant wie die modernen Wissenskonzepte für unsere heutige Leiberfahrung.

Als dritter, bislang am wenigsten erforschter Bereich eröffnet sich die Möglichkeit, die *Geschichte der Verschränkung* selbst zu schreiben, denn es ist davon auszugehen, dass zu unterschiedlichen Zeiten die Art und Weise, wie das Körperwissen auf die Leiberfahrung einwirkt, ebenfalls unterschiedlich ist. Wie das Verhältnis des körperlich-leiblich verfassten Menschen zur Umwelt und damit das Verhältnis von zentrischer und exzentrischer Position je konkret vermittelt wird, variiert mit dem historisch und gesellschaftlich unterschiedlichen Körperwissen. Begreift man die Verschränkung als lediglich strukturell, aber nicht konkret inhaltlich bestimmt, werden Unterschiede sichtbar. So ist auffällig, dass in der aktuellen Form der Verschränkung der naturwissenschaftliche Körperdiskurs den Leibesdiskurs mehr oder weniger vollständig verdeckt hat. Unser Körperwissen basiert in weiten Teilen auf einem naturwissenschaftlich fundierten Körperverständnis oder zumindest einem Körperverständnis, das die Gegenstandsstellung gegenüber der Selbststellung favorisiert. Die Körpersoziologie reproduziert dieses Verständnis bislang mit ihrer starken Betonung der Repräsentationsfunktion des Körpers. Der Körper wird als Zeichen betrachtet, welche Bedeutung dieser Zeichencharakter jedoch für den Zeichenträger selbst hat, wird nicht untersucht. In den Körperdiskurs können jedoch auch Wissensformen eingehen, die sich auf die Ebene der Leiberfahrung einlassen und diese berücksichtigen. Vorarbeiten zur Offenlegung dieser verdeckten Diskurse haben sowohl Schmitz als auch Foucault geleistet (Schmitz 1965; Foucault 1989). Auffälligerweise beziehen sich beide dabei auf Körperpraxen und Leiberfahrungen aus der Antike, Schmitz in seiner Suche nach einem inzwischen verborgenen Diskurs des Leibes, Foucault im Zusammenhang mit seiner Beschreibung von Arten des Umgangs mit sich selbst, die weniger stark von Wahrheitsdiskursen geregelt sind, als das in der Neuzeit der Fall ist.

Das Konzept der Verschränkung von Körper und Leib ist ein Konzept der begrifflichen Differenzierung. Diese Differenzierung ist meiner Ansicht nach für Theorien des Körpers und der Inkorporierung insofern relevant, als dass sie überhaupt erst den Raum, an dem diese Inkorporierung stattfindet, einer Beschreibung und somit einer sozialwissenschaftlichen Theorie und Empirie zugänglich macht. Ich bewege mich damit immer noch auf der Ebene von Begriffen. Ich gehe jedoch mit Lindemann davon aus, dass „einem historischen Wissen über die Dinge eine Sozialwelt mit bestimmten institutionalisierten Strukturen und spezifischen Formen des Selbsterlebens, bzw. der Ich-Struktur“ (Lindemann 1995, 137) entspricht, d.h. zwischen einer bestimmten Gesellschaftsform und Formen des Selbsterlebens müsste es nachweisbare Korrelationen geben. In Bezug auf die Geschlechterordnung hat Lindemann diese Korrelationen empirisch nachgewiesen. Bourdieu nimmt sich in „Die feinen Unterschiede“ (Bourdieu 1987) etwas Ähnliches in Bezug auf die Klassenstruktur vor. Auch er vertritt die These einer Korrelation zwischen verschiedenen Positionen innerhalb der Gesellschaft und dem Selbsterleben und der Ich-Struktur. Ich gehe davon aus, dass es neben einer Historisierung des Leibes auch notwendig ist, das Verhältnis von Körper und Leib als historisch vermitteltes zu begreifen und dementsprechend zu befragen. Es erscheint plausibel zu unterstellen, dass zu unterschiedlichen Zeiten und in unterschiedlichen Kulturen die Verschränkung von Körper und Leib eine je unterschiedliche Form annimmt. Die Unterscheidung von Körper und Leib verstehe ich als Grundlage für weitere theoretische und empirische Ausdifferenzierung der Inkorporierungsthese. Soziale Ordnung kann unter Berücksichtigung der Ebene des Leibes noch einmal anders verstanden und beschrieben werden. Das Feld der Körpersoziologie und der Geschlechterforschung umfasst vor diesem Hintergrund nicht nur eine Einbeziehung des wie auch immer begrifflich bestimmten Gegenstands Körper. Es wird erweitert um die Dimension der Leiblichkeit. Als begriffliches Instrument ist die Differenzierung zwischen Körper und Leib und auch die Verschränkungsthese universell einsetzbar. Das Konzept der Verschränkung von Körper und Leib trifft dabei keine allgemeingültige Aussage darüber, *wie* Körperwissen und Leiberfahrung miteinander verschränkt sind. Dieses *Wie* lässt sich nicht theoretisch, sondern nur je konkret (historisch, soziologisch, ethnologisch, medizinisch, etc.) untersuchen. Die Allgemeingültigkeit der Verschränkungsthese beschränkt sich auf die Behauptung, dass eine solche Untersuchung über historische, disziplinäre und kulturelle Grenzen hinweg möglich ist. Die Ebene des Leibes ist keine Ebene der Wahrheit, sondern eine der Wirklichkeit.

Literatur

Alheit, P. et al. (Hg.), 1999, Biographie und Leib, Gießen.

Barkhaus, A. et al. (Hg.), 1996, Identität, Leiblichkeit, Normativität. Neue Horizonte anthropologischen Denkens, Frankfurt a. M.

Barkhaus, A./Fleig, A., 2002, Grenzverläufe. Der Körper als Schnitt-Stelle, München.

Beauvoir, S., 1968, Das andere Geschlecht. Sitte und Sexus der Frau, Reinbek.

Bendelow, G./Williams, S., 1998, The Lived Body. Sociological Themes, Embodied Issues, New York/London.

Bourdieu, P., 1987, Die feinen Unterschiede. Kritik der gesellschaftlichen Urteilskraft, Frankfurt a. M.

Butler, J., 1986, Sex and Gender in Simone de Beauvoir's The Second Sex, in: Yale French Studies 72.

Butler, J., 1990, Gender Trouble. Feminism and the Subversion of Identity, London/New York.

Butler, J., 1993, Bodies That Matter. On the Discursive Limits of Sex, London/New York.

Crossley, N., 1994, The Politics of Subjectivity: Between Foucault and Merleau-Ponty, Aldershot.

Davis, K., 1997, Embodied Practices. Feminist Perspectives on the Body, London.

Duden, B., 1987, Geschichte unter der Haut, Stuttgart.

Duden, B., 1993, Die Frau ohne Unterleib. Zu Judith Butlers Entkörperung. Ein Zeitdokument, in: Feministische Studien 11/2.

Featherstone, M./Hepworth, M./Turner, B., 1991, The Body. Social Process and Cultural Theory, London.

Featherstone, M./Turner, B. S. (Hg.), seit 1995, Body & Society, London.

Fishwick, S., 2002, The Body in the Work of Simone de Beauvoir, New York.

Foucault, M., 1989, Die Sorge um sich. Sexualität und Wahrheit 3, Frankfurt a. M.

Frank, A. W., 1991, For a Sociology of the Body: An Analytical Review, in: Featherstone, M./Hepworth, M./Turner, B., 1991, The Body. Social Process and Cultural Theory, London.

Gamm, G./Gutmann, M./Manzei, A. (Hg), 2005, Zwischen Anthropologie und Gesellschaftstheorie. Zur Renaissance Helmuth Plessners im Kontext der modernen Lebenswissenschaften, Bielefeld.

Goffman, E., 1994, Interaktion und Geschlecht, Frankfurt a. M./New York.

Gugutzer, R., 2002, Leib, Körper, Identität. Eine phänomenologisch-soziologische Untersuchung zur personalen Identität, Konstanz.

Gugutzer, R., 2004, Soziologie des Körpers, Bielefeld.

Hahn, K./Meuser, M., 2002, Körperrepräsentationen. Die Ordnung des Sozialen und der Körper, Opladen.

Haucke, K., 2000, Plessner zur Einführung, Hamburg.

Heinämaa, S., 1999, Was ist eine Frau? Butler und Beauvoir über die Grundlagen der Geschlechterdifferenz, in: Die Philosophin 20.

Heinämaa, S., 2003, Toward a Phenomenology of Sexual Difference. Husserl, Merlau-Ponty, Beauvoir, Lanham.

Honegger, C., 1992, Die Ordnung der Geschlechter. Die Wissenschaften vom Menschen und das Weib, Frankfurt a. M./New York.

Honneth, A./Joas, H., 1980, Soziales Handeln und menschliche Natur. Anthropologische Grundlagen der Sozialwissenschaften, Frankfurt a. M.

Hughes, A./Witz, A., 1997, Feminism and the Matter of Bodies: From de Beauvoir to Butler, in: Body & Society 3/1.

Jäger, U., 2004, Der Körper, der Leib und die Soziologie. Entwurf einer Theorie der Inkorporierung, Königstein.

Kämpf, H., 2001, Helmuth Plessner. Eine Einführung, Düsseldorf.

Kessler, S./McKenna, W., 1978, Gender. An Ethnomethodological Approach, Chicago/London.

Krüger, H.-P., 1999, Zwischen Lachen und Weinen. Band 1: Das Spektrum menschlicher Phänomene, Berlin.

Krüger, H.-P., 2000a, Schwerpunkt: Das Schauspiel der Kultur im Spiegel der Natur. Helmuth Plessners Philosophische Anthropologie, in: Deutsche Zeitschrift für Philosophie, 48/2.

Krüger, H.-P., 2000b, Das Spiel zwischen Leibsein und Körperhaben. Helmuth Plessners Philosophische Anthropologie, in: Deutsche Zeitschrift für Philosophie, 48/2.

Krüger, H.-P., 2001a, Zwischen Lachen und Weinen. Band 2: Der dritte Weg. Philosophische Anthropologie und die Geschlechterfrage, Berlin.

Krüger, H.-P., 2001b, Die Grenzen der Materialisierung diskursiver Performativität an psychisch lebbarer Sozialität. Judith Butlers unbekannte Wiederentdeckung der Unumgänglichkeit Philosophischer Anthropologie, in: Berliner Debatte Initial, 12/1.

Laqueur, T., 1992, Auf den Leib geschrieben. Die Inszenierung der Geschlechter von der Antike bis Freud, Frankfurt a. M./New York.

Lindemann, G., 1993a, Das paradoxe Geschlecht. Transsexualität im Spannungsfeld von Körper, Leib und Gefühl, Frankfurt a. M.

Lindemann, G., 1993b, Der Körper und der Feminismus. Judith Butlers Begriff des ‚leiblichen Stils' bleibt unzureichend, in: Frankfurter Rundschau, 15. Juni 1993.

Lindemann G., 1995, Die Verschränkung von Körper und Leib als theoretische Grundlage einer Soziologie des Körpers und leiblicher Erfahrung, in: Friedrich, J./Westerman, B. (Hg.), Unter offenem Horizont. Anthropologie nach Helmuth Plessner, Frankfurt a. M.

Lindemann, G., 1996, Zeichentheoretische Überlegungen zum Verhältnis von Körper und Leib, in: Barkhaus, A. et al., 1996, Identität, Leiblichkeit, Normativität. Neue Horizonte anthropologischen Denkens, Frankfurt a. M.

Lindemann, G., 2002, Die Grenzen des Sozialen. Zur sozio-technischen Konstruktion von Leben und Tod in der Intensivmedizin, München.

Lyon, M. L., 1997, The Material Body, Social Processes and Emotion: Techniques of the Body Revisited, in: Body & Society, 3/1.

Manzei, A., 2003, Körper – Technik – Grenzen. Kritische Anthropologie am Beispiel der Transplantationsmedizin, Münster.

Merleau-Ponty, M., 1966, Der Leib als geschlechtlich Seiendes, in: Die Phänomenologie der Wahrnehmung, Berlin.

Meuser, M., 1997, Die leiblich-affektive Dimension sozialen Handelns. Aspekte einer Soziologie des Körpers und der Emotionen. Bremen/Köln, unveröffentlichtes Manuskript.

Meuser, M., 2002, Körper und Sozialität. Zur handlungstheoretischen Fundierung einer Soziologie des Körpers, in: Hahn, K./Meuser, M. (Hg.), Körperrepräsentationen. Die Ordnung des sozialen und der Körper, Konstanz.

Moi, T., 2001, What is a Woman and Other Essays, Oxford.

Nettleton, S./Watson, J. (Hg.), 1998, The Body in Everyday Life, New York/London.

Plessner, H., 1975, Die Stufen des Organischen und der Mensch, Berlin.

Plessner, H., 2000, Der Mensch als Lebewesen, in: Ders., Mit anderen Augen. Aspekte einer philosophischen Anthropologie, Stuttgart.

Radley, A., 1995, The Elusory Body and Social Constructionist Theory, in: Body & Society, 1/2.

Sartre, J.-P., 1994, Freiheit und Faktizität: Die Situation, in: Das Sein und das Nichts. Versuch einer phänomenologischen Ontologie, Reinbek.

Schmitz, H., 1965, System der Philosophie, Band 2/1, Der Leib, Bonn.

Schroer, M., 2005, Soziologie des Körpers, Frankfurt a. M.

Schüßler, K., 2000, Helmuth Plessner. Eine intellektuelle Biographie, Berlin/Wien.

Scott, S./Morgan, D. (Hg.), 1993, Body Matters. Essays on the Sociology of the Body. London/Washington.

Stoller, S./Vetter, H. (Hg.), 1997, Phänomenologie und Geschlechterdifferenz, Wien.

Turner, B. S., 1984, The Body and Society. Explorations in Social Theory, London.

Turner, B. S., 1992, Regulating Bodies. Essays in Medical Sociology, London.

Turner, B. S.,1996, The Body. Social Process and Cultural Theory, London.

Turner, B. S., 1997, What is the Sociology of the Body? in: Body & Society, 3/1.

Ussher, J. M., 1997, Body Talk. The Material and Discursive Regulation of Sexuality, Madness and Reproduction, London/New York.

Villa, P.-I., 2000, Sexy Bodies. Eine soziologische Reise durch den Geschlechtskörper, Opladen.

Wacquant, L., 1995, Pugs at Work. Bodily Capital and Bodily Labour Among Professional Boxers, in: Body & Society, 1/1.

Young, I. M., 2003, Lived Body versus Gender, in: Eagleton, M. (Hg.), A Concise Companion to Feminist Theory, Oxford.

Zimmerman, D. H./West, C. ,1987, Doing Gender, in: Gender & Society 1.

HEIKE KÄMPF

Der Mensch als historisches Wesen

Perspektiven einer philosophischen Anthropologie im Anschluss an Diltheys Hermeneutik

Der Versuch, den Menschen als „historisches Wesen“ zu denken, spricht zunächst die Skepsis gegenüber der Möglichkeit aus, den Menschen außerhalb seiner konkreten gesellschaftlich-geschichtlichen Situiertheit erkennen zu können. Die Einsicht, „daß der Mensch geworden ist, daß auch sein Erkenntnisvermögen geworden ist“, die Nietzsche dem „historischen Sinn“ zuschreibt (Nietzsche 1994a, 257), dessen Überhandnehmen er an anderer Stelle allerdings beklagt (Nietzsche 1994b, 203), trägt diesen Versuch. Die Herausforderung, vor die sich eine philosophische Anthropologie gestellt sieht, die diesen historischen Sinn in sich aufnimmt, besteht darin, den Menschen in seiner Wandlungsfähigkeit zu begreifen, also gerade das als „wesentlich“ auszuzeichnen, was dem Wandel unterliegt. Darüber hinaus kann sie nicht, wie Nietzsche weiter zu bedenken gibt, vom „gegenwärtigen Menschen“ (Nietzsche 1994a, 257) ausgehen. Damit wird die Forderung nach der Integration historischer Forschungen nahegelegt, um nach einer Antwort auf die von Kant gestellte Frage zu suchen, was der Mensch ist.

Diltheys Schriften können im Rahmen dieser Aufgabenstellung deshalb bis heute wegweisend sein, weil sie Überlegungen zur Geschichtlichkeit des Menschen mit anthropologischen und wissenschaftstheoretischen Reflexionen verbinden. Es lässt sich sagen, dass bei Dilthey die Einsicht in die historische Bedingtheit des Menschen nicht nur negativ, als Wissen um die „uneinholbaren Vorzeichnungen möglicher Erkenntnis“ (Gadamer 1995, 231) in den Blick kommt. Vielmehr liegt gerade in Diltheys Kritik der Erkenntnis auch die Möglichkeit begründet, durch die Geschichte eine Antwort auf die Frage nach dem Wesen des Menschen zu erhalten. Die Geschichte wird dabei weder als fortschreitender Prozess der Verwirklichung einer teleologischen Bestimmung des Menschen aufgefasst, noch bedingt sie Deformationen einer „eigentlichen“ oder „ursprünglichen“ menschlichen Natur. In dieser anthropologischen Fragerichtung rücken vielmehr historisch variable Bedeutungs- und Sinnbezüge, durch die Menschen zu verschiedenen Zeiten sich und ihre Beziehungen begreifen und gestalten, in den Vordergrund des Interesses. Diltheys Satz, dass der Mensch nur durch die Geschichte erfahren kann, was er ist, bezieht sich demnach nicht auf die Erkenntnis einer objektiven Gesetzmäßigkeit der Geschichte, sondern ist vielmehr so zu verstehen, dass nur das Studium der geschichtlich variablen Selbstverständnisse, die gestaltend in das Leben und Erfahren einer jeweiligen Epoche eingreifen, den Menschen über seine Möglichkeiten belehrt, in der gesellschaftlich-geschichtlichen Welt zu sein. Anders als etwa Heideggers Überlegungen zur Geschichtlichkeit, in denen er sich ausdrücklich auf Dilthey beruft und auf der anderen Seite von ihm abgrenzt (Heidegger 1993, 397), bleibt Diltheys Frage nach der Geschichtlichkeit des Menschen enger mit der Untersuchung konkreter, inhaltlicher Welt- und Selbstverständnisses des Menschen verbunden.[1] Ihm geht es darum, gewissermaßen den Blick auf den Eigensinn vergangener Zeiten freizugeben, so dass diese nicht nur als Vorgeschichten der Gegenwart erscheinen können. Und erst darin können die Geisteswissenschaften, die sich der Untersuchung der gesellschaftlich-geschichtlichen Welt zuwenden, zu Medien menschlicher Selbsterkenntnis werden, wie es sich Dilthey sowohl in Abgrenzung zu naturwissenschaftlichen wie zu introspektiven Verfahren erhofft: „Alle letzten Fragen nach dem Wert der Geschichte haben schließlich ihre Lösung darin, daß der Mensch sich in ihr selbst erkennt. Nicht durch Introspektion erfassen wir die menschliche Natur." (Dilthey 1992b, 250)

Diltheys Versuche einer Grundlegung der Geisteswissenschaften und die Frage nach der besonderen Verfassung menschlicher Lebenswirklichkeit sind dort besonders eng ineinander verwoben, wo Dilthey den Geisteswissenschaften diese Lebenswirklichkeit, die sich im Verstehen aufbaut, als Untersuchungsgegenstand zuweist. Diese Lebenswirklichkeit des Menschen ist demnach nur im Verstehen gegeben, d.h. nur insofern gegeben, wie Menschen sich im Medium geteilter Bedeutungsbezüge bewegen und verständigen. Aus dieser Blickrichtung erscheint der Mensch sowohl als Objekt wie als Subjekt des historischen Wandels, als geschichtlich Erwirkter wie als Geschichte Bewirkender. Daher biete der Ausgang vom Begriff der Geschichtlichkeit eine bisher wenig beleuchtete Perspektive auf die Anthropologie, die nicht primär als Diskurs erscheint, der menschliche und tierische Verhaltensweisen differenziert und kontrastiert, sondern im Rahmen einer Selbstproblematisierung des hermeneutischen Verstehensbegriffs entsteht. In dieser Fragerichtung wird hier zunächst den Überlegungen Diltheys, die in Richtung auf einen Begriff des Menschen als historisches Wesen weisen, nachgegangen, um schließlich Perspektiven aufzuzeigen, die sich aus dieser Lesart für eine hermeneutisch orientierte Anthropologie ergeben. Die im Folgenden anvisierte Weiterführung des Begriffs des Menschen als historisches Wesen mündet schließlich auch in einer Kritik an der Möglichkeit, die historische Überlieferung auf anthropologische Konstanten hin zu befragen. Während sich bei Dilthey eine Kritik der Naturbestimmtheit des Menschen im Begriff der Geschichtlichkeit ausspricht, soll im Weiteren verdeutlicht werden, dass auch die Geschichte nicht länger als Medium der Selbsterkenntnis dienen kann. Vielmehr destruiert die Einsicht in die historische Variabilität menschlicher Selbstverständnisse auch den festen Halt, den Dilthey noch in der Überlieferung fand, um definitive Bestimmungen des Menschen vorzunehmen. Die Historisierung des Wissens des Menschen von sich sowie der Aufweis der praktischen Relevanz dieses Wissens, welches in die Selbstverständigungsprozesse eingeht, führt gewissermaßen in die paradoxe Situation, dass die Bestimmung des Menschen als historisches

[1] Heideggers Kritik an Diltheys Begriff der Geschichtlichkeit schließt daher auch an die Einwände des Grafen Yorck an, der Diltheys mangelnde Differenzierung zwischen Historischem und Ontischem kritisiert (Heidegger 1993, 379–404). Zur Entstehung und Entwicklung der Bezugnahme Heideggers auf Dilthey siehe Rodi 1990.

Wesen letztlich die Möglichkeit seiner Bestimmbarkeit aufhebt. Daher oszilliert das historisch motivierte, hermeneutische Denken zwischen Verabschiedung und Wiedereinsetzung einer philosophischen Anthropologie. Wenn etwa immer wieder darauf hingewiesen wird, Dilthey habe keine Anthropologie entwickelt, sondern weise einer philosophischen Anthropologie den Weg zu einer psychologischen Aufklärung des menschlichen Weltverhältnisses, wird weiter an einer fundierenden Rolle der Anthropologie festgehalten, die gewissermaßen ihre eigene Geschichtlichkeit vergisst. Es lässt sich eher sagen, dass Dilthey die Möglichkeit einer fundierenden Anthropologie radikal in Zweifel zieht, indem er die unhintergehbare historische Situiertheit allen Wissens vom Menschen im Begriff des „geschichtlichen Bewusstseins" ausspricht. Es soll im Folgenden verdeutlicht werden, dass Diltheys Hermeneutik einen Schritt in Richtung auf eine Reflexivierung des anthropologischen Wissens getan hat, der auch das Anliegen einer historischen Aufklärung der menschlichen Natur destruiert. Denn wenn das Wissen, das der Mensch von sich erwirbt, in sein Selbstverständnis eingreift und darin die Geschichtlichkeit seines Wesens bezeugt, lässt sich kein Standort mehr etablieren, von dem her objektive Erkenntnisse formulierbar wären. Vielmehr gerät dieser Standort im Verstehen selbst in Bewegung und lässt den um ein Selbstverstehen bemühten Menschen nicht unberührt.

Dass Dilthey selbst allerdings vor dieser Konsequenz seines Denkens zurückschreckt, wird in seinen wiederkehrenden Bezügen auf eine überhistorische Natur des Menschen deutlich, die wiederum nur aus einer inkonsequenten Inanspruchnahme eines überhistorischen Standpunktes möglich wird. So hat es Marquard als „denkwürdiges Phänomen" bezeichnet, dass „gerade die Geschäftsträger des historischen Bewußtseins die immergleiche Menschennatur proklamieren" (Marquard 1982, 132–133).

Ein konsequentes Denken der Geschichtlichkeit führt dagegen zu einer Kritik anthropologischer Bestimmungen, die mit dem Anspruch objektiver Erkenntnis auftreten und so die selbstkonstitutive Dimension anthropologischen Wissens außer Acht lassen. Ich möchte diese dem hermeneutischen Verstehensbegriff inhärente Einsicht in die reflexive Dimension anthropologischen Wissens verdeutlichen, die das Subjekt des Verstehens in Bewegung bringt. Vielmehr entzieht sich der Mensch als Subjekt und Gegenstand des Verstehens beständig seiner eigenen Fixierung. Dabei ist zu zeigen, dass diese Struktur der Entzogenheit des Menschen im Prozess des Selbstverstehens nicht als Mangel zu betrachten ist, der durch einen genetischen, vorgeschichtlichen Rekurs auf eine „Konstante im anthropologischen Organisationsplan" zu beheben wäre, wie es Dux kritisch gegen Plessners Denken der Geschichtlichkeit einwendet (Dux 1990–1991, 65). Vielmehr soll die produktive Dimension des chronischen Scheiterns der Selbstfestlegung und -fixierung aufgewiesen werden. Es lässt sich sagen, dass im produktiven Scheitern erst der Weg für eine verantwortliche Praxis anthropologischer Selbstverständigungsprozesse freigegeben wird, die ihre eigenen Disqualifizierungs- und Marginalisierungstendenzen durchschaut und überschreitet. Diese Radikalisierung des Denkens der Geschichtlichkeit lässt sich in Anlehnung an Plessner vornehmen. Plessners Bezüge auf Dilthey werden daher nicht primär in einer integrativen Betrachtung des „ganzen Menschen" aufgesucht, die eine Überwindung der Kluft zwischen einer „bloß physiologischen und einer bloß mentalistisch-psychologischen Arbeitsmethode“ (Giammusso 1990–1991, 135) in der Anthropologie anstrebt, die Giammussos Rekonstruktion des Verhältnisses zwischen Dilthey und Plessner leitet.[2] Vielmehr geht es im Folgenden um den Versuch einer konsequenten Fortführung des historischen Denkens, das die Selbstentsicherung des Menschen im Bemühen um ein Selbstverstehen nicht scheut.

Die Geschichtlichkeit menschlicher Lebenswirklichkeit

Im Kontext des Anliegens, die gesellschaftlich-geschichtliche Welt als unhintergehbare Realität des Menschen auszuweisen und darüber hinaus zu zeigen, dass diese Realität dem historischen Wandel unterliegt, erlangt der hermeneutische Verstehensbegriff eine besondere Wendung: Hier erweist sich das Verstehen als unhintergehbar, insofern es mir die soziale Welt erschließt, indem ich sie in ihrer Bedeutsamkeit für mich erfahre. Die gesellschaftlich-geschichtliche Welt baut sich im Medium der Gemeinsamkeit auf, in dem die Individuen durch ihre gemeinsame als-Struktur der Erfahrung, die geteilten Interpretations- und Deutungsmuster verbunden sind und füreinander sichtbar werden. Diese Einsicht formuliert Dilthey so:

„Jedes Wort, jeder Satz, jede Gebärde oder Höflichkeitsformel, jedes Kunstwerk und jede historische Tat sind nur verständlich, weil eine Gemeinsamkeit den sich in ihnen Äußernden mit dem Verstehenden verbindet; der einzelne erlebt, denkt und handelt stets in einer Sphäre der Gemeinsamkeit, und nur in einer solchen versteht er. Alles Verstandene trägt gleichsam die Marke des Bekanntseins aus solcher Gemeinsamkeit an sich. Wir leben in dieser Atmosphäre, sie umgibt uns beständig. Wir sind eingetaucht in sie. Wir sind in der geschichtlichen und verstandenen Welt überall zu Hause, wir verstehen Sinn und Bedeutung von dem allen, wir selbst sind verwebt in diese Gemeinsamkeiten.“ (Dilthey 1992a, 147)

Die Zugehörigkeit des Menschen zur gesellschaftlich-geschichtlichen Welt wird ihm also nicht dadurch zuteil, dass er als Kreuzungsort verschiedener Kultursysteme und Organisationen nur funktionierte. Vielmehr muss er diese Zugehörigkeit durch seine individuellen Verstehensleistungen immer wieder selbst herstellen und sich seine Umgebung in ihrer Bedeutsamkeit und Sinnhaftigkeit erschließen. Dieses Verstehen gehört demnach untrennbar zum Lebensvollzug des Menschen.

---

2 Giammusso bezeichnet die Plessnersche Anthropologie als Hermeneutik, insofern sich die „Interpretation geschriebener Texte“ zur „Interpretation menschlicher Äußerungen erweitert“, wobei Giammusso aufweist, dass diese Interpretationen dem „diltheyschen Prinzip, den ganzen Menschen zu betrachten“, verpflichtet sind (Giammusso 1990–1991, 135). Auf Plessners Erweiterung der Hermeneutik auf sprachlose Räume ist in vielen Untersuchungen eingegangen worden (vgl. z.B. Gadamer 1993, 204; Habermas 1998, 140). Zu den Bezügen Plessners auf Dilthey, die sich in dessen Schrift „Macht und menschliche Natur“ über den Begriff der „Unergründlichkeit“ des Menschen ergeben vgl. Krüger 2001, 271–286. Krüger stellt hier den Begriff der Geschichtlichkeit insbesondere in den Kontext der Machttheorie, die er über die Frage nach dem Verhalten des Menschen zur eigenen Unbestimmtheit in den Blick nimmt (ebd. 272).

Das hermeneutische, kunstmäßige Verstehen als interpretative Praxis, die sich der Frage nach dem Menschen und dem ihm eigentümlichen Sein in der gesellschaftlich-geschichtlichen Welt zuwendet, kann von dieser Erfahrung der integrativen Kraft des Verstehens nicht abstrahieren, ohne zugleich ihren Gegenstand, nämlich die Wirklichkeit des Menschen als Modi der Verbundenheit mit anderen, zu verlieren. Der geschichtliche Wandel der gesellschaftlichen Welt vollzieht sich als Wandel der Bedeutungsbezüge, der Ideen und Begriffe, in denen Menschen sich verstehen und ihre gemeinsame Welt aufbauen. Der Begriff der Geschichtlichkeit bezeichnet daher nicht primär die Weise, in der sich der Mensch auf die Vergangenheit bezieht, sondern sie spricht die Medialität und Plastizität menschlicher Lebenswirklichkeiten aus, durch die er überhaupt erst Geschichte hat. Diese Verwobenheit der „Kunst des Verstehens" mit der Alltagspraxis, in der der Einzelne an der sozialen Welt partizipiert, gibt einen neuen Blick auf die Hermeneutik frei, die ihren Ursprung und ihren privilegierten Ort nicht in der Textexegese sondern in der sozialen Welt findet. In diese Richtung weisen schon die Überlegungen Schleiermachers: Er greift über das damalige Hermeneutikverständnis hinaus, indem er die Anwendung der Hermeneutik als „Kunst des Verstehens" in alltäglichen, zwischenmenschlichen Begegnungen aufsucht. Gegen die Eingrenzung des Anwendungsbereichs der Hermeneutik auf in fremder Sprache verfasste Texte wendet er ein: „Ja, ich gestehe, daß ich diese Ausübung der Hermeneutik im Gebiet der Muttersprache und im unmittelbaren Verkehr mit Menschen für einen sehr wesentlichen Teil des gebildeten Lebens halte, abgesehen von allen philosophischen oder theologischen Studien." (Schleiermacher 1993, 315) In dieselbe Richtung, die Auslegungskunst in den Lebenszusammenhang zu integrieren, weist auch das folgende Zitat: „Sollte nun diese Beobachtungs- und Auslegungskunst der lebenskundigen, welterfahrenen, staatsklugen Männer, soweit ihr Gegenstand die Rede ist, wirklich eine ganz andere sein als die, welche wir bei unsern Büchern anwenden? [...] Das glaube ich nicht, sondern nur wie zwei verschiedene Anwendungen derselben Kunst, in deren einer einige Motive wirksamer hervortreten, andere mehr zurück, und in der andern umgekehrt." (Schleiermacher 1993, 316)

In dieser Perspektive kündigt sich die Einbettung der Hermeneutik in alltägliche, zwischenmenschliche Begegnungen an, die die Kunst des Verstehens aus der Einseitigkeit der Textexegese herausführt. Indem die Alltagspraxis als Ort *des* Verstehens erscheint, welches die Hermeneutik zur Kunstfertigkeit bringt, lässt diese sich nicht nur von naturwissenschaftlichen Methoden abgrenzen. Sie leitet auch eine Profanisierung ein, die eine Rückführung der hermeneutischen Tätigkeit auf den Götterboten Hermes fragwürdig werden lässt. Vielmehr scheint der Verstehensprozess in die alltägliche Praxis verwoben und auch das kunstmäßige, bewusste Verstehen, das die Textexegese leitet, geht aus dieser Alltagspraxis hervor, insofern es, wie Schleiermacher betont, in jedem Moment des „Nichtverstehens" erforderlich wird. Die Reduktion der Hermeneutik auf die Aufgabe, Missverständnisse zu vermeiden, wird im Kontext dieser Überlegungen überschritten: Ein Missverstehen würde die Verstehensbemühungen ebenso wenig herausfordern können wie das scheinbar Selbstverständliche, weil es unbemerkt bliebe, und sich dort abspielte, „wo das Verstehen sich von selbst versteht, das heißt, wo überhaupt keine hermeneutische Operation mit bestimmtem Bewußtsein vorkommt." (Schleiermacher 1993, 333)

Mit diesen frühen Überlegungen Schleiermachers wird ein Übergang von der Textexegese zur gesellschaftlichen Praxis der Verständigung hergestellt, die eine anthropologische Wendung der Hermeneutik ermöglicht, sobald ihr Gegenstand die gesellschaftlich-geschichtliche Welt wird. Das Verstehen erscheint gewissermaßen als Vollzugsweise des Lebens in der Gesellschaft. Die spezifisch integrative Kraft, die das Verstehen entfaltet, und die es als individuellen Lebensvollzug unverzichtbar werden lässt, besteht darin, dass sie den Menschen an der Gesellschaft partizipieren lässt, indem er selbst eine Operation vollzieht, die ihm die interindividuelle Wirklichkeit überhaupt erst öffnet. In den Kategorien von Sinn und Bedeutung baut sich erst die gesellschaftlich-geschichtliche Welt auf, in der sich der Mensch mit anderen in einer Sphäre der Gemeinsamkeit verbunden findet. In dieser Lesart wird das Nichtverstehen zur Erfahrung eines Wirklichkeitsverlustes. Der hermeneutische Wille zu verstehen ist daher auch von bloß theoretischer Neugier oder einem Wissenwollen zu unterscheiden. Er spricht keine theoretische Haltung aus, sondern die Notwendigkeit des Menschen, die Bedeutungen der eigenen und fremden Äußerungen zu verstehen, um in der gemeinsamen Wirklichkeit sichtbar und ansprechbar zu werden, d.h. um als Mensch überhaupt da zu sein.

Diltheys Einsicht, dass Sinn und Bedeutung erst mit dem Menschen in die Welt kommen, widerspricht daher deutlich solchen Bemühungen, zu einem „Reich des Sinns“ als „Zeitloses im Historischen oder über dem Historischen“ vorzudringen, in denen sich etwa Eduard Spranger mit Dilthey wie mit Heinrich Rickert verbunden findet (Spranger 1923–1924, 198). Dilthey gelingt es vielmehr, den Geisteswissenschaften einen eigenen Gegenstandsbereich zuzuweisen, nämlich die menschliche Welt in ihren Sinn- und Bedeutungszusammenhängen, in die die Individuen verstrickt sind.

Die alltägliche Deutungspraxis, die die Lebenswirklichkeit des Menschen konstituiert, und die sich nur dem verstehend an ihr Partizipierenden erschließt, bringt Dilthey schließlich als Argument sowohl gegen die Möglichkeit der Erkenntnis dieser gesellschaftlich-geschichtlichen Welt wie gegen ihre Aufklärbarkeit durch naturwissenschaftliche Verfahren ins Spiel: Beide Zugangsweisen vertreiben den Menschen aus dieser Welt, in der allein er seine Wirklichkeit hat. Während die Überwindung von Anthropozentrismus und Anthropomorphismus dem Gegenstand der Naturwissenschaften angemessen erscheint, wird sie für die gesellschaftlich-geschichtliche Welt insofern problematisch, als sie zugleich den geisteswissenschaftlichen Gegenstand auslöschte und die Gesellschaft gewissermaßen wie eine zweite Natur konstruierte. Für Dilthey ist die Naturwissenschaft um den Preis des Verlustes der Verbundenheit des Menschen mit der Natur erkauft:

„Wir bemächtigen uns dieser physischen Natur durch das Studium der Gesetze. Diese Gesetze können nur gefunden werden, indem der Erlebnischarakter unserer Eindrücke von der Natur, der Zusammenhang in dem wir, sofern wir selber Natur sind, mit ihm stehen, das lebendige Gefühl, in dem wir sie genießen, immer mehr zurücktritt hinter das abstrakte Auffassen derselben nach den Relationen von Raum, Zeit, Masse, Bewegung. Alle diese Momente wirken dahin zusammen, daß der Mensch sich selbst ausschaltet, um aus seinen Eindrücken diesen großen Gegenstand Natur als eine Ordnung nach Gesetzen zu konstruieren.“ (Dilthey 1992a, 82–83)

Dieses Verfahren, das Dilthey als Selbstausschaltung des Menschen bezeichnet, weil es von seiner eigenen Zugehörigkeit zu dem Untersuchungsgegenstand abstrahiert, lässt sich deshalb nicht auf das Studium der gesellschaftlich-geschichtlichen Welt anwenden, weil diese sich nur in dieser Zugehörigkeit erschließt. Die Erkenntnishaltung vertreibt den Menschen aus seiner Lebenswirklichkeit, weil sie sich ihm nur verstehend öffnet. Sobald sich die Frage nach der Realität der Außenwelt und Mitwelt stellt, ist dieser Lebenszusammenhang zerschnitten, in dem allein die gesellschaftlich-geschichtliche Welt ihre Realität hat. Die Geisteswissenschaften oder die „moralisch-politischen Wissenschaften", wie Dilthey sie früher bezeichnet, sollen aber gerade diese Lebenswirklichkeit des Menschen zu ihrem Gegenstand machen, der sich nur im Verstehen gibt. Sie sollen sich auf *die* „Realität" beziehen, die mir, wie es Dilthey an anderer Stelle formuliert, „in meinem Erleben und Verstehen" aufgeht, wobei mir ihre „objektive Geltung" durch den „beständigen Austausch mit dem Erleben und dem Verstehen anderer" garantiert ist (Dilthey 1992a, 119). Die Verständigungspraxis, die im Medium geteilter Bedeutungs- und Sinnbezüge möglich wird, bildet demnach auch die Grundlage der Selbstvergewisserung der Realität der subjektiv gegebenen Lebenswirklichkeit.

Eine Zurückweisung der reinen Erkenntnishaltung, durch die Natur konstruierbar wird, erscheint für Dilthey schon in seinen frühen Schriften notwendig, um zu einer Grundlegung derjenigen Wissenschaften zu kommen, die sich auf das Studium der Gesellschaft und der Geschichte beziehen: So schreibt er in seiner „Einleitung in die Geisteswissenschaften": „In den Adern des erkennenden Subjekts, das Locke, Hume und Kant konstruieren, rinnt nicht wirkliches Blut, sondern der verdünnte Saft von Vernunft als bloßer Denktätigkeit." (Dilthey 1990, XVIII) Das Studium der Geschichte und der Gesellschaft muss hingegen, so argumentiert Dilthey weiter, den „ganzen Menschen" (ebd.) in den Blick bringen, der mit seinem Wollen, Denken und Fühlen in den „Wirkungszusammenhang" verstrickt ist, den es zu untersuchen gilt. In dieser Blickrichtung erscheint der Mensch zunächst als kleinster Teil eines zusammenwirkenden Ganzen, in dem er sich als „Kreuzungsort" der verschiedenen kulturellen Systeme und sozialen Organisationen vorfindet. Dieser „ganze Mensch" ist nicht der souveräne Konstrukteur der Gesellschaft, so wenig wie andererseits „die" Gesellschaft oder „das" Soziale als Konstrukteure des Menschen zu denken sind. Die Erforschung des Menschen ist daher genau so wenig von seiner jeweiligen Zugehörigkeit zur gesellschaftlich-geschichtlichen Welt zu trennen, wie die Erforschung der gesellschaftlich-geschichtlichen Welt ohne den Menschen auskommt. Diltheys Rede vom „ganzen" Menschen lässt sich also nicht so verstehen, dass dieser – dem Erkenntnissubjekt analog – als festes Fundament der Begründung der Geisteswissenschaften dienen könnte. Vielmehr betont er, dass „der Mensch als eine der Geschichte und Gesellschaft voraufgehende Tatsache" eine „Fiktion der genetischen Erklärung" ist (Dilthey 1990a, 31). Auch die Psychologie kann den Menschen nicht aus seiner gesellschaftlichen und historischen Verstrickung lösen: „Den Menschen aber, wie er abgesehen von der Wechselwirkung in der Gesellschaft, gleichsam *vor* ihr ist, findet sie [die Psychologie] weder in der Erfahrung noch vermag sie ihn zu erschließen" (Dilthey 1990a, 30).

Der Gedanke der Geschichtlichkeit des Menschen scheint auch in diesen Überlegungen Diltheys zur Begründung der Geisteswissenschaften insofern leitend zu sein, als der Mensch nicht nur als gewissermaßen kleinstes zu erforschendes Rädchen im Getriebe der Gesellschaft und Geschichte aufgefasst werden kann, sondern sich über seine Verstrickung in diesen Zusammenhang wandelt. Daher entzieht er sich auch der Erkenntnis durch die Wissenschaften, die ihn isoliert betrachten. Der „ganze Mensch" ist, anders als das erkennende Subjekt, in den „Wirkungszusammenhang" gewissermaßen als Erwirkter und Bewirkender einbezogen. Es ist der in seinem Wollen, Denken und Fühlen geprägte Mensch, der, wie Dilthey an anderer Stelle ausführt, von einem „Lebenshorizont" umschlossen ist, der die „Begrenzung" bildet, „in welcher die Menschen einer Zeit in Bezug auf ihr Denken, Fühlen und Wollen leben. Es besteht in ihr ein Verhältnis von Leben, Lebensbezügen, Lebenserfahrung und Gedankenbildung, welche die Einzelnen in einem bestimmten Kreis von Modifikationen der Auffassung, Wertbildung und Zwecksetzung festhält und bindet." (Dilthey 1992a, 177–178)

Gerade, indem der Mensch von Dilthey als „ganzer Mensch" in den Blick genommen wird, verliert er seine Einheitlichkeit: Als ganzer Mensch existiert er nur in seiner historischen Wandelbarkeit und Bedingtheit. Auch die Geschichte verliert ihre Kontinuität und wird in Zeithorizonte zersplittert.

An dieser Stelle zeigt sich zum einen das methodologische Problem, insofern das deutende hermeneutische Verstehen, das an die jeweils herrschenden Interpretationskonstrukte gebunden bleibt, die Möglichkeit des Überschreitens des jeweiligen Lebenshorizontes nicht vollziehen kann, so dass Dilthey zu den Begriffen des „Nacherlebens", „Einfühlens" und „Analogieschlusses" greift, um den Übergang zu vollziehen. Damit diese Vollzugsformen nicht bloßes Missverstehen produzieren, greift Dilthey wiederum auf Ideen einer gemeinsamen Menschennatur zurück. Zum anderen destruiert er die Geschichtsphilosophie in ihrem Anspruch, den Heinrich Rickert gegen Dilthey wendet, nämlich „alles *bloß* Geschichtliche" in der Geschichtsbetrachtung „auszuschalten" (Rickert 1920, 50). [3]

Während der Bruch mit der Geschichtsphilosophie Diltheys Anliegen nicht entgegenläuft, sondern es sogar befördert, wird doch an dieser Stelle das Problem deutlich sichtbar, durch welches Diltheys Überlegungen eine grundsätzliche Spannung und Widersprüchlichkeit erhalten: Der starke Begriff von Zugehörigkeit, der sich auf die lebensweltliche Verstehenspraxis bezieht, verbaut die Möglichkeit, mit dem Verstehen über die jeweilige Lebenswirklichkeit hinauszugelangen. Obwohl Dilthey den Vermittlungscharakter des Verstehens deutlich ausspricht und dieser sogar die Ermöglichungsbedingung der Pluralität menschlicher Lebenswirklichkeiten ist, erhält der jeweilige Lebenshorizont seine „Wirklichkeit" im Denken Diltheys nur durch die Vermittlungsvergessenheit der Praxis, durch die der Verstehensvollzug erst seine integrative Kraft entfalten kann. In einer Revision dieses Verstehensbegriffs, liegt – wie ich weiter unten ausführen werde – die Möglichkeit, den Menschen als geschichtliches Wesen zu begrei-

3 Max Scheler hat auf diese Herausforderung der Diltheyschen Historisierung im Rahmen seiner Anthropologie insofern reagiert, als er in Abgrenzung zu Dilthey versucht, den Menschen als das Wesen zu bestimmen, das seinerseits zum Erleben von Wesensgehalten befähigt ist (vgl. Scheler 1972).

fen, ohne auf die Annahme einer universalen, zeitlosen Menschennatur zurückgreifen zu müssen, durch die Dilthey sein eigenes Projekt konterkariert. Denn um die Geschichtlichkeit des Menschen freizulegen, d.h. in gewisser Weise den Gedanken der Welterzeugung durch Interpretationen, und den diesseitigen Einfluss der Ideen und Begriffe sichtbar zu machen, muss Dilthey den Anspruch des Menschen auf Erkenntnis überzeitlicher Wahrheit und auf überhistorische Geltung seines Wissens zurücknehmen.

Der Standpunkt der Immanenz und das Problem der Selbstrelativierung

Als geschichtliches Wesen kann der Mensch demnach nur zu Interpretationen der Lebenswirklichkeit kommen, aus der sie hervorgehen und auf die sie zurückwirken. Aus seiner historischen Situiertheit kann er sich nur insoweit befreien, als er sich auf seine jeweilige Situation besinnt, um zu Interpretationen des spezifisch Menschlichen zu gelangen. Alle Wesensbestimmungen des Menschen, mögen sie auch mit dem Anspruch auftreten, ewige Wahrheiten auszusprechen, sind von dieser unhintergehbaren Situiertheit menschlichen Wissens bedingt. Diese Interpretationen wiederum können innerhalb des Lebenshorizontes, in dem sie möglich waren, Wirksamkeit entfalten, indem sie, wie es Dilthey formuliert, „Macht über die Menschen" (Dilthey 1990b, 379) erlangen. D.h. sie erlangen Wirksamkeit insofern sie sich in das Selbstverständnis der Menschen einspielen und in ihren Lebenszusammenhang eingreifen. Daher sind diese Interpretationen nicht nur *geschichtlich bedingt* sondern auch *geschichtsbedingend*. In diesem Sinne „macht" der Mensch die Geschichte, aber nur insoweit, wie ihm seine geschichtliche Situation einerseits die Selbstbesinnung und andererseits den Einfluss der Ergebnisse dieser Besinnung auf die Gestaltung des Lebenszusammenhangs ermöglicht.

Dieser Standpunkt der Immanenz bedingt auch eine Selbstrelativierung der eigenen, historisch gewordenen Kategorien und Ideen und bietet daher selbst auch kein objektives, überhistorisches Kriterium der Gültigkeit der jeweiligen Interpretationen, in denen Menschen ihre Wirklichkeit aufbauen. Vielmehr lässt sich nur ihre jeweilige Geltung feststellen, insofern sie ihren Einfluss auf die konkrete Lebensgestaltung einer Zeit geltend machen.

Resümierend lässt sich festhalten, dass der Begriff der Geschichtlichkeit die Wandelbarkeit der Sinn- und Bedeutungsbezüge anspricht, in denen der Mensch seine Lebenswirklichkeit aufbaut. Diese Bedeutungsbezüge, in die der einzelne durch sein geschichtlich geprägtes Verständnis verwickelt ist, stiften die gemeinsame menschliche Wirklichkeit, die Dilthey auch als gesellschaftlich-geschichtliche Welt bezeichnet. Die für den Menschen bedeutsame und das heißt verständliche Welt ist demnach nicht als bloßer Schein oder als Schattenreich zu begreifen, sondern vielmehr als unhintergehbare Realität. In dieser Perspektive erscheint der Mensch als geschichtliches Wesen nicht länger, wie in Gadamers gleichlautendem Aufsatz, als „Bürger zweier Welten" (vgl. Gadamer 1995). Er bleibt auch insofern in diese ihm gegebene Welt verstrickt, als alle Erkenntnis aus dieser menschlichen Wirklichkeit hervorgeht und auf sie zurückwirkt. Diltheys Kritik an der Möglichkeit allgemeingültiger Erkenntnis spricht sich in dieser Historisierung der Vernunft aus. Die Vorstellung, dass der Mensch Zugang zum Ewigen oder Absoluten hat, weist Dilthey von hier aus als Selbstmissverständnis zurück. Sie wird von ihm als „Schein" bezeichnet, in welchem der Mensch, „dies Geschöpf der Zeit", „frohmütiger und kraftvoller" schafft (Dilthey 1990b, 364).

Diese Destruktion des Wahrheitsanspruchs religiöser und philosophischer Ideen und Systeme, die sich aus einer Kritik der Erkenntnismöglichkeiten des Menschen ergibt, versteht Dilthey nicht nur als Last, sondern auch als Befreiung des menschlichen Geistes:

„Die Endlichkeit jeder geschichtlichen Erscheinung, sie sei eine Religion oder ein Ideal oder philosophisches System, sonach die Relativität jeder Art von menschlicher Auffassung des Zusammenhanges der Dinge ist das letzte Wort der historischen Weltanschauung, alles im Prozeß fließend, nichts bleibend. [...] Die geschichtliche Weltanschauung ist die Befreierin des menschlichen Geistes von der letzten Kette, die Naturwissenschaft und Philosophie noch nicht zerrissen haben." (Dilthey 1990c, 9)

Die Erkenntnis der Geschichtlichkeit des Menschen, die auch die Geschichtlichkeit und historische Gebundenheit seiner Ansprüche auf Erkenntnis überzeitlicher Wahrheit einschließt, lässt sich gewissermaßen als „Durchbruch" des historischen Bewusstseins oder geschichtlichen Bewusstseins bezeichnen, das die „geschichtliche Weltanschauung" trägt. Im „historischen Bewusstsein" kommt die Historizität aller menschlichen Äußerungen in den Blick. Es entdeckt den Menschen als weltbildende Macht und gibt den Blick auf die gesellschaftlich-geschichtliche Welt erst frei, indem sie *als* Schöpfung des Menschen erscheint. Diese Situation wird besonders deutlich, wenn Dilthey ausführt: „Alles ist hier durch geistiges Tun entstanden und trägt daher den Charakter der Historizität. In die Sinnenwelt selbst ist es verwoben als Produkt der Geschichte. Von der Verteilung der Bäume in einem Park, der Anordnung der Häuser in einer Straße, dem zweckmäßigen Werkzeug des Handwerkers bis zu dem Strafurteil im Gerichtsgebäude ist um uns stündlich geschichtlich Gewordenes." (Dilthey 1992a, 147)

Mithin öffnet sich die gesellschaftliche Welt erst im historischen Bewusstsein *als* geschichtliche, weil dem historischen Bewusstsein alles in ihr Gegebene als Produkt des Menschen verständlich wird. Diese Interpretation legt auch das folgende Zitat nahe: „Alles Gegebene ist hier hervorgebracht, also geschichtlich; es ist verstanden, also enthält es ein Gemeinsames in sich; es ist bekannt, weil verstanden." (Dilthey 1992a, 148)

In dieser Fassung wird deutlich, dass sich die soziale Welt in ihrer Geschichtlichkeit erst im Medium des historischen Bewusstseins erschließt, in welchem die Dinge in der Peripherie eines Menschen erscheinen. Daher überschreitet und konterkariert der Anspruch des historischen Bewusstseins auch den Anspruch des „nacherlebenden" Verstehens einer vergangenen Lebenswirklichkeit, die sich selbst *nicht* im Medium des historischen Bewusstseins bewegt. Vielmehr wird hier deutlich, dass sich der Mensch nur dann in der Geschichte finden kann, wenn er das historische Material *als* Objektivationen menschlichen Lebens versteht. Die Einsicht in die Geschichtlichkeit kommt hier nicht als unüberwindliche Grenze des Versuchs, Epochen in ihren jeweiligen Sinnbezügen zu verstehen, in den Blick, sondern sie ermöglicht diese Blickstellung erst. Diese historisierende Interpretation, die im geschichtlichen Bewusstsein möglich wird, gerät zwangsläufig in Konflikt mit Ansprüchen eines nachvollziehenden oder einfühlenden Verstehens. Die Interpretationen der Geschichte, in der der Mensch als sich selbst gestaltendes Zuschreibungssubjekt seiner Lebenswirklichkeit erscheint, übersteigt notwendig die gelebte Wirklichkeit einer Zeit, die die Geschichtlichkeit ihrer Kategorien *nicht* durchschaut. Diese Erlebniswirklichkeit muss im historischen Bewusstsein als Selbstmissverständnis, als „Schein“ gedeutet werden, wie es Dilthey selbst – wie oben zitiert – unter anderem in Hinblick auf das philosophische Selbstverständnis tut, denn nur im Verzicht auf die Möglichkeit der Erkenntnis überzeitlicher Wahrheit öffnet sich der historischen Interpretation ihr Gegenstand. Wenn Dilthey schließlich alles, „dem der Mensch wirkend sein Gepräge aufgedrückt hat“ (Dilthey 1992a, 148), zum Gegenstand der Geisteswissenschaften erklärt, wird deutlich, dass sich der Gegenstand der geisteswissenschaftlichen Forschung erst über die Kritik menschlicher Erkenntnisfähigkeiten gibt, die *den Menschen selbst* (weder ein überzeitliches Wahrheitsgeschehen noch eine List der Natur) als Urheber seiner Welt entdeckt. Die Interpretation der Geschichte kann daher keinen Beleg für die Geschichtlichkeit des Menschen liefern, sondern diese Geschichtlichkeit öffnet sich erst einer historisierenden Interpretation, die den Menschen als Subjekt und Objekt seiner Geschichte *einsetzt*. Eine solche Interpretation historischer Dokumente wendet sich der Geschichte mit der Frage nach Prozessen menschlicher Selbstkonstituierung zu. In dieser Fragerichtung kann der Mensch daher nicht aus der Geschichtsbetrachtung verbannt werden, weil sie sich den Prozessen seiner Umgestaltung zuwendet. Und so nimmt beispielsweise auch Michel Foucault seine Formulierung vom „Tod des Menschen“ zurück, indem er darauf verweist, dass „die Menschen im Laufe ihrer Geschichte niemals aufgehört haben, sich selbst zu konstruieren, das heißt ihre Subjektivität beständig zu verschieben. [...] Die Menschen treten ständig in einen Prozeß ein, der sie als Objekte konstituiert und sie dabei gleichzeitig verschiebt, verformt, verwandelt – und der sie als Subjekte umgestaltet.“ (Foucault 1997, 85)

Daher lässt sich sagen, dass der Gedanke der Geschichtlichkeit des Menschen als Interpretationsrahmen einer konkreten Anthropologie dienen kann, die solche Prozesse und Praktiken verfolgt, in denen sich der Mensch in seinem Selbst- und Weltverhältnis umgestaltet. Dazu muss jedoch – gegen die Überlegungen Diltheys – die konstruktive Dimension dieser Geschichtsbetrachtung eingestanden werden.

Eine weitere Perspektive bietet der Aspekt der Selbstrelativierung für ein Denken der Geschichtlichkeit: Während Dilthey die hereinbrechende „Anarchie der Überzeugungen“ (Dilthey 1990c, 9), die dem historischen Bewusstsein aufgehen, ohne dass es über die Mittel verfügte, sie zu beseitigen, beunruhigt, lässt sich doch sagen, dass das historische Bewusstsein seine positive, befreiende Kraft darin entfaltet, dass es einer dogmatischen Schließung der jeweils herrschenden Auffassungen entgegensteht. In Hinblick auf die jeweils in einem historischen Kontext herrschenden und bestimmenden Auffassungen des Menschen, der jeweils geltenden Anthropologien, lässt sich sagen, dass im Gedanken der Geschichtlichkeit die Idee einer Anthropologie unter Einschluss einer Anthropologiekritik vorgezeichnet wird.

In diese Richtung weist vor allem Helmuth Plessners Diltheyrezeption. Demnach beginnt mit Dilthey „die neue Anthropologie“ (Plessner 1981, 165), die sich gegen eine apriorisch verfahrende Anthropologie oder Existenzialanalyse wenden lässt. Diese erscheinen aus der Blickrichtung der Geschichtlichkeit menschlicher Vernunft als Verabsolutierungen nur einer, nämlich der eigenen, menschlichen Möglichkeit in der Welt zu sein (vgl. Plessner 1981, 151–159). In der Relativierung der eigenen Position, die sich selbst als geschichtlich bedingte begreift, können daher erst andere Formen des Menschseins als gleichmöglich in den Blick kommen, ohne dass den Menschen vergangener Epochen oder anderer Kulturzugehörigkeit die Menschlichkeit abgesprochen wird. Im Rahmen dieser Überlegungen, die auf eine Begründung einer politischen Anthropologie gehen, birgt die Selbstrelativierung jeder Idee eines feststellbaren Wesens oder einer Natur des Menschen die Möglichkeit kritischer Zurückweisung solcher Ansprüche. Während Dilthey den Verlust der Möglichkeit jenseitiger Verankerung von Geltungsansprüchen als Mangel empfindet, erschließt sich nun die Frage nach der Gestaltung der gesellschaftlich-geschichtlichen Welt selbst als Horizont kritischer Reflexion. Das Kriterium für die Zurückweisung festlegender und vereindeutigender Bestimmungen des Menschen kann in der Praxis selbst aufgesucht werden, d.h. in einer Kritik der Effekte, die diese Bestimmungen in der Gestaltung des politisch-gesellschaftlichen Zusammenlebens erzielen. In seiner Formulierung, den Menschen als „Macht und offene Frage" zu verstehen, greift Plessner den Diltheyschen Gedanken der Geschichtlichkeit insofern auf, als der Mensch hier als Geschöpf und Schöpfer seiner Geschichte erscheint, der an seine eigenen Schöpfungen gebunden bleibt. Damit wächst dem Menschen eine besondere Verantwortung für die Gestaltung seiner Welt und seiner Praxis zu, die er nicht zuletzt dadurch wahrnehmen kann, dass er sich einer letztgültigen Bestimmung des Menschen verweigert. Der Mensch erscheint hier im Sinne Diltheys als weltbildende Macht,[4] die theoretische wie praktische Implikationen enthält: Die „theoretische Macht" besteht darin, dass „von der Wendung der Blickstellung abhängt, daß die Vergangenheit als bis in die Blickstellung selbst noch hineinwirkender Zusammenhang oder als Geschichte erfaßt wird." Die „praktisch-politische" Macht besteht wiederum darin, dass „von den Entscheidungen der je um ihre Gegenwart ringenden Generationen die Vergangenheit mitgestaltet wird." (Plessner 1981, 183–184) Der Mensch erscheint als „offene Frage", weil ihm gewissermaßen durch die verantwortliche Übernahme seiner Geschichtlichkeit die Selbstrelativierung seines jeweiligen Selbstverständnisses aufgegeben ist, die ihm seine letztgültige Selbstbestimmung verwehrt. Mit dieser Übernahme der Geschichtlichkeit gelingt es, den Horizont der Zukunft offen zu halten und den Blick auf die Vergangenheit von vereinseitigenden Interpretationen zu befreien (vgl. Kämpf 2001, 72–78). In dieser Lesart der Geschichtlichkeit des Menschen liegt die Betonung also nicht auf der Traditionsgebundenheit der jeweiligen Lebensweisen, sondern vielmehr auf der Möglichkeit der Zurückweisung der Zwangsansprüche des jeweiligen Wissens, dessen Zeitgebundenheit geltend gemacht werden kann.

In dieser Perspektive erscheint Plessners These von der „Unergründlichkeit des Menschen" nicht als vorgeschichtliche, „uranfängliche Verfassung" des Menschen, wie es Dux in einer historisch-genetischen Lesart von Plessners Begriff der Geschichtlichkeit

[4] Dieser Begriff lässt sich auch bei Heidegger finden, der versucht, verschiedene Seinsarten zu charakterisieren: Demnach ist der Stein „weltlos", das Tier „weltarm" und der Mensch „weltbildend" (Heidegger 1983, 360–391). Versuche, das menschliche Weltverhältnis in Kontrast oder Analogie zu tierischen Umweltverhältnissen zu bestimmen, prägen weithin die philosophischen Anthropologien des 20. Jahrhunderts.

behauptet (Dux 1990–1991, 69).[5] Vielmehr wird diese Annahme der Unergründlichkeit als verantwortliche Übernahme der Geschichtlichkeit lesbar, weil sie verdeutlicht, dass das Wissen des Menschen von sich in das Selbstverständnis eingeht. Der Gedanke, dass der Mensch als Verstehender nicht unberührt von dem Verständnis bleibt, das er von sich gewinnt, gibt den Blick auf die praktische Dimension der Anthropologie frei, die sich als ihr „Theorie-Effekt" ansprechen lässt. Dieser verdeutlicht, dass anthropologischen Bestimmungen als Weisen menschlicher Selbstbestimmung performative Macht zukommt, deren Auswirkungen auf das Feld der politischen Praxis kritisch zu reflektieren sind (vgl. Kämpf 2005). Daher kann es nicht darum gehen, die Geschichtlichkeit des Menschen durch eine „Konstitutionstheorie der Geschichte", die Dux vorschlägt (Dux 1990–1991, 68), zu hintergehen. Viel eher lässt sich mit dem Wissen um die performative Macht des anthropologischen Denkens, die die Unhintergehbarkeit der Geschichte offenlegt, der Versuch einer letztgültigen Bestimmung des Menschen kritisch zurückweisen. Ebenso wenig scheint es treffend zu sagen, dass Plessner die Einsicht in die Standortbedingtheit des Geschichtsverstehens in eine willkürliche Entscheidung überführt, wie es Dux interpretiert, wenn er schreibt: „Jede Zeit legt für sich fest, wie sie Geschichte verstehen will" (Dux 1990–1991, 64). Viel eher impliziert die Forderung nach Offenheit gegenüber der Vergangenheit die Möglichkeit, definitive und abschließende Geschichtsverständnisse stets neu zu befragen und keine Entscheidung zu erzwingen, sondern einen Streit der Interpretationen in Gang zu bringen, in dem niemand das letzte Wort hat, der aber nicht kriterienlos bleibt, wie oben ausgeführt wurde. Dass eine verantwortliche Übernahme der Geschichtlichkeit auch den Horizont der Zukunft unabschließbar werden lässt, indem sie das Denken der Unergründlichkeit integriert, betont Krüger, wenn er ausführt, dass es Plessner gerade in seiner Schrift „Macht und menschliche Natur" darum geht, die „geschichtlich künftigen Bestimmungsmöglichkeiten offen zu halten" (Krüger 2001, 273).

Menschliche Selbsterkenntnis und der Umweg des Verstehens

Der Zirkel des Ausdrucksverstehens, den Dilthey in der Zirkulation von Erlebnis, Ausdruck, Verstehen beschreibt, kann im Kontext der hier verfolgten Fragestellung zunächst als Antwort auf die Frage gelesen werden, wie es zu denken ist, dass sich der Mensch historisch wandelt. Der Gedanke, dass der Mensch ein „historisches" Wesen ist, insofern er sich selbst umgestaltet, verwehrt zum einen die Möglichkeit, den Menschen als passives Medium sozialer und kultureller Einschreibungen zu denken. In diesem Fall würde der Mensch nicht länger als Schöpfer seiner Geschichte, seines historischen Wandels in den Blick kommen können, sondern nur als ihr Produkt. Ebenso wenig kann der Mensch als Unterdrücker seiner animalischen Natur aufgefasst werden, denn in diesem Fall wären die historischen Wandlungen des Menschen als Wandel der

[5] Dagegen könnte in Anlehnung an Plessner eher die Geschichtlichkeit selbst als anthropologische Grundstruktur aufgefasst werden, in die sich der historische Wandel einspielt (vgl. Krüger 2001), so dass die Frage nach einer „uranfänglichen" Verfassung des Menschen vor oder außerhalb der Geschichte ihre zentrale Stellung einbüßte.

Oberflächenschicht seiner immergleichen Natur gedacht, die die Rede von seinem *wesentlichen* Wandel nicht rechtfertigen würde.

In der Zirkulation von Erlebnis, Ausdruck, Verstehen kann daher der Prozess aufgesucht werden, durch den sich der Mensch wandelt, indem er sich seinen Äußerungen anverwandelt. Diltheys Gedanke, dass der Mensch „uns nur unter Bedingung verwirklichter Möglichkeiten da" ist (Dilthey 1992a, 127), bedeutet auch, dass sich der Mensch nur in der Weise gegeben ist, wie er sich in seinen eigenen, in die gesellschaftlich-geschichtliche Wirklichkeit fallenden Äußerungen findet. Mit diesen Überlegungen wendet sich Dilthey gegen die Möglichkeit, durch Introspektion, durch Rückzug in die Innerlichkeit, zur Selbsterkenntnis zu kommen. Vielmehr verläuft die Selbsterkenntnis, wie Dilthey betont, auf dem Umweg des Verstehens: „Nur seine Handlungen, seine fixierten Lebensäußerungen, die Wirkungen derselben auf andere belehren den Menschen über sich selbst; so lernt er sich nur auf dem Umweg über das Verstehen selber kennen. Was wir einmal waren, wie wir uns entwickelten und zu dem wurden, was wir sind, erfahren wir daraus, wie wir handelten, welche Lebenspläne wir einst faßten, wie wir in einem Beruf wirksam waren, aus alten verschollenen Briefen, aus Urteilen über uns, die vor langen Tagen ausgesprochen wurden." (Dilthey 1992a, 87)

Die Erkenntniskritik setzt sich hier als Kritik der Selbsterkenntnis fort. Auch in dem Bemühen um Selbsterkenntnis kann der Mensch die Immanenz nicht überschreiten, sondern ist auf die diesseitige Welt verwiesen, die ihm gewissermaßen zu erkennen gibt, was er ist. Die Selbsterkenntnis wird insofern zum Ausdrucksverstehen und gewissermaßen zu einer Identifikationsleistung, die der Mensch vollziehen muss, indem er sich seine Äußerungen aneignet.

Der Umweg über das Verstehen wird damit zu dem Weg, auf dem sich der Mensch in seiner Wirklichkeit verankert, nachdem er jeden transzendentalen Halt und jeden unmittelbaren Zugang zu sich verloren hat. Diltheys Befreiung des Menschen führt hier dazu, dass er sich um so tiefer in die ihm gegebene Wirklichkeit einspinnt. Nur in dem Maße, wie er sich in dieser Welt zeigen und finden kann, *ist* er auch. Damit scheint der Mensch dieser selbstgeschaffenen Welt ausgeliefert, die sowohl seine Ausdrucksmöglichkeiten bestimmt als auch den Deutungshorizont bereitstellt, unter welchem er sich in seinen Äußerungen erkennen soll.

Der Prozess der Selbstkonstituierung des Menschen im Verstehen, die seine Geschichtlichkeit ausmacht, insofern das menschliche Leben als dasjenige Leben erscheint, das das Wissen von sich in sich hineinnimmt, wird insofern zirkulär, als dieses Wissen von sich nicht durch eine Überschreitung der Ausdrucksmöglichkeiten innerhalb des gegebenen Lebenshorizontes gewonnen werden kann. Vielmehr erscheint die Bindungskraft des Verstehens an den jeweiligen Lebenshorizont so stark, dass der Mensch in eine geradezu unerträgliche Enge gezwungen scheint. Die Bedingtheit des Erlebens von dem jeweiligen Bedeutungsgesichtspunkt her, von dem aus der Mensch sein Leben führt und begreift, kann im Denken Diltheys selbst nicht in Bewegung gebracht werden. Das Individuum bleibt, wie es Dilthey ausdrückt, „in sich selbst zentriert" (Dilthey 1992b, 258). Es führt sein Leben demnach in den „erworbenen und eingewöhnten Festigkeiten seines Wesens" (Dilthey 1992b, 259), so dass die geschichtliche Bedingtheit zur *determinierenden* Bedingung des Menschen gerät. Deshalb wird für Dilthey schließlich die „Phantasie“ zu dem Vermögen, das den Menschen aus der Begrenzung seines jeweiligen Lebenshorizontes befreit. Das Nacherleben fremder Lebenswirklichkeiten in der Phantasie wird für den Menschen zu einem Ausweg aus dem ihn bestimmenden Zeithorizont. In diesem Sinne schreibt Dilthey, dass „der von innen determinierte Mensch in seiner Imagination viele andere Existenzen erleben“ kann (Dilthey, 1992b, 216). Dieser, durch „die Realität des Lebens gebundene und bestimmte Mensch“ kann nicht nur durch die „Kunst“ sondern auch durch das „Verstehen des Geschichtlichen in Freiheit versetzt werden“ (Dilthey 1992b, 216). Der Geschichtsschreibung wird hier eine der Kunst verwandte Funktion zugewiesen, den Menschen aus seiner realen Erfahrungsenge zu befreien und neue Erlebniswirklichkeiten zu öffnen.

Für Dilthey scheint auch in diesen Ausführungen das Geschichtsverständnis Leopold von Rankes leitend zu bleiben: Dieser weist dem Historiker u.a. die Aufgabe zu, das lebendige Dasein, den Lebenshorizont einer Zeit aufzufassen und dem Leser zu verstehen zu geben. Ranke beschreibt zum Beispiel in seinem Werk zur Reformationszeit seine Wanderungen durch die Archive, in denen er die „toten Papiere“ aufsucht, die für ihn jedoch „Überreste eines Lebens“ sind, „dessen Anschauung dem Geiste nach und nach aus ihnen emporsteigt“ (Ranke o.J., 2). Der Historiker wird gewissermaßen zum Medium, in dem sich der Eigensinn einer Epoche aussprechen kann.[6]

Dieses Nacherleben bleibt jedoch für die reale Erlebniswirklichkeit weitgehend folgenlos. Die starke Entgegensetzung von realer Determiniertheit und Freiheit in der Imagination ergibt sich aus der These der Geschichtlichkeit des Menschen insofern diese die unhintergehbare Gebundenheit an die jeweils geltenden Deutungs- und Sinnbezüge ausspricht, durch die der Mensch an der gemeinsamen Wirklichkeit verstehend partizipiert.

Während Dilthey also auf der einen Seite die Relativität und Wandelbarkeit der Bedeutungsbezüge, in denen sich Menschen verstehen, auf die Vermittlungsstruktur des Verstehens zurückführt, wird auf der anderen Seite die integrative Kraft des Verstehens, die den Menschen an seine Welt bindet, nur dadurch gewahrt, dass ihm im Verstehensvollzug diese Vermitteltheit verdeckt bleibt. Auch Diltheys oben zitierten Beschreibungen der Traulichkeit und Vertrautheit, die das Verstehen des geschichtlichen Bewusstseins herstellt, indem es alles als „Gewordenes“ begreift, zeugt davon, dass selbst in dieser Bewusstseinsstellung, die Dilthey als Signatur der Lebenswirklichkeit seiner Zeit und nicht als abstrakte Erkenntnishaltung versteht, die Integrationskraft des Verstehens ungebrochen ist, durch die der Mensch in seiner Welt „zu Hause“ ist. So wie es dem Menschen verwehrt ist, einen festen Halt in einer jenseitigen Welt zu finden, den ihm, wie es Plessner einmal formuliert hat, der „Glauben“ gewährt (Plessner,1975, 346), so

---

6 Dieses Anliegen Rankes, gleichsam sich selbst auszulöschen, um die Dokumente sprechen zu lassen, ist besonders von Johann Gustav Droysen, der die hermeneutische Methode in den Geschichtswissenschaften stark machte, heftig kritisiert worden. Droysen betont dagegen die Standortgebundenheit des Verstehens (vgl. Droysen 1977, 236). In der ungebrochenen Begeisterung Diltheys für Ranke wird wieder die Paradoxie seines Bemühens deutlich: auf der einen Seite die historische Bedingtheit des Verstehens anzuerkennen, um das Verständnis des Eigensinns vergangener Zeiten zu ermöglichen, auf der anderen Seite aber gleichzeitig dieses Verständnis des Eigensinns mit dem Aufweis der historischen Bedingtheit des Verstehens zu verhindern. Diese Problematik kann ebenso wenig durch den Begriff des Nacherlebens wie durch ein Bekenntnis zur eigenen Tradition gelöst werden.

ist er aber ebenso wenig in der Lage, sich in seiner Zeit zu verankern. Auch die von Dilthey angestrebte Beheimatung im Verstehen wird von der reflexiven Abständigkeit zu sich stets durchquert und überschritten. Zu der Dialektik der Grundsituation des Menschen als „offene Immanenz“, die ihn einen Gegenhalt in der Transzendenz suchen lässt, „der aber“, wie Fahrenbach ausführt, „auch stets wieder zerbricht“ (Fahrenbach 1990–1991, 109), kommt hier die exzentrische Öffnung des Verstehensprozesses hinzu, die den Menschen zur steten Überschreitung seines vertrauten Welt- und Selbstverständnisses führt und seine Fremdheit in der Welt nie ganz tilgen kann. Wenn das Wissen um die Vermitteltheit des Verstehens in den Verstehensprozess aufgenommen wird, wird es möglich, eine stets zu überschreitende Transzendenz in der Immanenz zu denken, die aus der Zirkularität des Verstehens herausführt, ohne in das Reich der Phantasie überzugehen: Mit der Reflexivierung des Verstehens, in der der Mensch seine Zentrierung in sich selbst verliert, bricht er auch mit der Vertrautheit der ihm gegebenen Welt. Der Mensch kann sich durch diese Reflexivierung des Verstehensprozesses auch nicht länger in der gesellschaftlich-geschichtlichen Welt beheimaten. Vielmehr öffnet sie sich ihm in ihrer Fragwürdigkeit und Fremdheit. In dem Moment, in dem sich das Wissen um die Bedingtheit des eigenen Verstehens in den Verstehensprozess, den aktuellen Lebensvollzug, einschreibt, wird die Selbstbesinnung ein Moment des Verstehens, das auch in die aktuelle Praxis der Verständigung eingreift. Diese spezifische Reflexivierung des Verstehens entlässt den Menschen nicht aus seiner zeitbedingten Deutungspraxis, die seine Verbindung mit der geteilten Wirklichkeit der gesellschaftlich-geschichtlichen Welt ausmacht, noch befähigt sie ihn zur Erkenntnis der Welt außerhalb seiner Lebensbezüge. Ebenso wenig hebt das Wissen um die Bedingtheit des Verstehens diese Bedingtheit auf, wie Gadamer betont (Gadamer 1995, 231). Aber durch diese Reflexivierung des Verstehens, in welcher das Wissen um die Bedingtheit des Verstehens als distanzierendes Moment in den Verstehensprozess eingreift, eröffnet diese Distanz *im* Verstehen *zum* Verstehen die gegebene Welt in ihrer Mehrdeutigkeit und gibt sie auf neue Deutigkeiten frei.

In Hinblick auf die menschliche Selbsterkenntnis, die über den Umweg des Verstehens geschichtlicher, fixierter Äußerungen verläuft, heißt das, dass sie nie ganz gelingt, weil sich die Übereinstimmung des Menschen mit sich auch hier nicht einstellen will. Der Prozess des Selbstverstehens über die Deutung der eigenen Äußerungen wird vielmehr zu einer unablässigen Bewegung der Entzweiung des Menschen mit sich. In diesem Sinne lässt sich Plessners Begriff des „homo absconditus“ in Verbindung mit der Frage nach der Selbsterkenntnis des Menschen bringen, welcher versucht, sich über die Aneignung seiner Äußerungen zu erkennen: Dieser „kann sich nie ganz in seinen Taten erkennen – nur seinen Schatten, der ihm vorausläuft und hinter ihm zurückbleibt. [...] Sein Tun, zu dem er gezwungen ist, weil es ihm erst seine Lebensweise ermöglicht, verrät und verschleiert ihn.“ (Plessner 1983, 359)

Die Erwartung, dass sich der Mensch in seinen Äußerungen finden und erkennen könnte, wird von einem Verstehensvollzug durchquert, der das Wissen um seine Bedingtheit in sich aufgenommen hat. In dieser Transformation des Verstehensprozesses, der dem Menschen in der Reflexivierung eine feste Verankerung verwehrt, liegt die Unmöglichkeit einer gewissermaßen sich selbst ausschließenden Selbsterkenntnis begründet, da der Mensch im Versuch seiner selbstinklusiven Selbstbestimmung seinen eigenen Standort in Bewegung bringt, verschiebt und überschreitet. Deshalb scheitert der Versuch einer fixierenden Selbstverortung des Menschen. Mit diesen Überlegungen steht die anthropologische Wendung des hermeneutischen Verstehensbegriffs seiner ontologischen Wendung entgegen. Weder verliert sich der Mensch so ganz in seinen Taten, so dass das Verstehen zum Geschehen werden könnte, noch gehen sie bloß durch ihn hindurch, so dass es selbst verschwindet, aber er findet sich auch nicht in seinem Tun. Jenseits der starken Alternativen von Verstehen und Nichtverstehen, Beheimatung und Weltverlust, ermöglicht dieses reflexive, exzentrische Verstehen dem Menschen, *sich zu verstehen zu geben.*

Wenn die hier verfolgte anthropologische Selbstbesinnung auch auf der einen Seite die Sicherheit menschlicher Selbsterkenntnis destruiert, so erschließt sie auf der anderen Seite die praktisch-politische Dimension des anthropologischen Selbstverständigungsprozesses. Dieser Versuch, sich zu verstehen, bleibt notwendig unabschließbar, und er entfaltet seine kritische Kraft gerade in der Offenheit und Irritierbarkeit, die aus der reflexiven Einstellung erwächst. Die Möglichkeit, sich selbst und dem anderen verstehend gerecht zu werden, erschließt sich erst in diesem Scheitern definitorischer Bestimmungen, durch welches sich der Blick für das Unerwartete und Unvorhersehbare öffnet (vgl. Kämpf 2003).

Der Mensch kann, so lässt sich abschließend festhalten, als historisches Wesen begriffen werden, nicht nur, weil er geworden ist sondern auch, weil er stets im Werden begriffen ist, wobei er sich selbst und den anderen auf diese Möglichkeit des Werdens freigeben muss. Dass der Mensch nur als verwirklichte Möglichkeit da ist, wie es Dilthey formuliert hat, bedeutet dann auch, dass er selbst für die Möglichkeiten, unter denen er sich zeigen, das heißt: zu verstehen geben kann, Verantwortung trägt.

Literatur

Dilthey, W., 1990a, Einleitung in die Geisteswissenschaften. Versuch einer Grundlegung für das Studium der Gesellschaft und der Geschichte, in: Groethuysen, B. (Hg.), Gesammelte Schriften, I. Band., Göttingen.

Dilthey, W., 1990b, Das Wesen der Philosophie (1907), in: Misch, G. (Hg.), Gesammelte Schriften, V. Band: Die Geistige Welt, Göttingen.

Dilthey, W., 1990c, Rede zum 70. Geburtstag (1903), in: Misch, G. (Hg.), Gesammelte Schriften, V. Band: Die Geistige Welt, Göttingen.

Dilthey, W., 1992a, Der Aufbau der geschichtlichen Welt in den Geisteswissenschaften, in: Groethuysen, B. (Hg.), Gesammelte Schriften, VII. Band, Göttingen.

Dilthey, W., 1992b, Plan der Fortsetzung zum Aufbau der geschichtlichen Welt in den Geisteswissenschaften, in: Groethuysen, B. (Hg.), Gesammelte Schriften, VII. Band, Göttingen.

Droysen, J. G., 1977, Historik. Textausgabe von Peter Leyh, Stuttgart.

Dux, G., 1990–1991, Das Problem der Logik im historischen Verstehen. Zur Kritik der Entscheidung als geschichtsphilosophische und historische Kategorie, in: Rodi, F. (Hg.), Dilthey-Jahrbuch, Band 7, Göttingen.

Fahrenbach, H., 1990–1991, ‚Lebensphilosophische' oder ‚existenzphilosophische' Anthropologie? Plessners Auseinandersetzung mit Heidegger, in: Rodi, F. (Hg.), Dilthey-Jahrbuch, Band 7, Göttingen.

Foucault, M., 1997, Der Mensch ist ein Erfahrungstier. Gespräch mit Ducio Trombadori. Mit einem Vorwort von Wilhelm Schmid. Mit einer Bibliographie von Andrea Hemminger, Frankfurt a. M.

Gadamer, H.-G., 1993, Wie weit schreibt Sprache das Denken vor? (1970), in: Gesammelte Werke, Band 2: Hermeneutik II., Tübingen.

Gadamer, H.-G., 1995, Bürger zweier Welten (1985), in: Gesammelte Werke, Band 10: Hermeneutik im Rückblick, Tübingen.

Giammusso, S., 1990–1991, ‚Der ganze Mensch'. Das Problem einer Philosophischen Lehre vom Menschen bei Dilthey und Plessner, in: Rodi, F. (Hg.), Dilthey-Jahrbuch, Band 7, Göttingen.

Habermas, J., 1998, Aus einem Brief (1972), in: Ders., Philosophisch-politische Profile. Frankfurt a. M.

Heidegger, M., 1983, Die Grundbegriffe der Metaphysik. Welt – Endlichkeit – Einsamkeit, in: Gesamtausgabe. II. Abteilung. Vorlesungen 1923–1944, hg. v. F. W. v. Herrmann, Frankfurt a. M.

Heidegger, M., 1993, Sein und Zeit, Tübingen.

Kämpf, H., 2001, Helmuth Plessner. Eine Einführung, Düsseldorf.

Kämpf, H., 2003, Die Exzentrizität des Verstehens. Zur Debatte um die Verstehbarkeit des Fremden zwischen Hermeneutik und Ethnologie. Reihe: Sozialphilosophische Studien, hg. v. K. Röttgers, Bd V., Berlin.

Kämpf, H., 2005, ‚So wie der Mensch sich sieht, wird er'. Überlegungen zur politischen Verantwortung der philosophischen Anthropologie im Anschluss an Helmuth Plessner, in: Gamm, G./Gutmann, M./Manzei, A. (Hg.), Zwischen Anthropologie und Gesellschaftstheorie. Zur Renaissance Helmuth Plessners unter den Herausforderungen der biotechnologischen Medizin, Bielefeld.

Krüger, H.-P., 2001, Zwischen Lachen und Weinen, Band II: Der dritte Weg. Philosophische Anthropologie und die Geschlechterfrage, Berlin.

Marquard, O., 1982, Schwierigkeiten mit der Geschichtsphilosophie, Frankfurt a. M.

Nietzsche F., 1994a, Menschliches, Allzumenschliches. Ein Buch für freie Geister, in: Werke in drei Bänden, Band 1, Köln.

Nietzsche F., 1994b, Vom Nutzen und Nachteil der Historie für das Leben, in: Werke in drei Bänden, Band 1, Köln.

Plessner, H., 1981, Macht und menschliche Natur. Ein Versuch zur Anthropologie der geschichtlichen Weltansicht (1931), in: Ders., Gesammelte Schriften V: Macht und menschliche Natur, hg. v. G. Dux/O. Marquard/E. Ströker unter Mitwirkung von Richard W. Schmidt, Angelika Wetterer und Michael-Joachim Zemlin. Frankfurt a. M.

Plessner H., 1983, Homo absconditus (1969), in: Ders., Gesammelte Schriften VIII: Condition humana, hg. v. G. Dux/O. Marquard/E. Ströker unter Mitwirkung von Richard W. Schmidt, Angelika Wetterer und Michael-Joachim Zemlin, Frankfurt a. M.

Plessner, H., 1975, Die Stufen des Organischen und der Mensch. Einleitung in die philosophische Anthropologie, Berlin/New York.

Ranke, L. o.J., Deutsche Geschichte im Zeitalter der Reformation, Essen.

Rickert, H., 1920, Die Philosophie des Lebens. Darstellung und Kritik der philosophischen Modeströmung unserer Zeit, Tübingen.

Rodi, F., 1990, Die Bedeutung Diltheys für die Konzeption von ‚Sein und Zeit'. Zum Umfeld von Heideggers Kassler Vorträgen, in: Ders., Erkenntnis des Erkannten. Zur Hermeneutik des 19. und 20. Jahrhunderts, Frankfurt a. M.

Scheler, M., 1972, Versuche einer Philosophie des Lebens. Nietzsche – Dilthey – Bergson (1913), in: Gesammelte Werke. Band 3: Vom Umsturz der Werte. Abhandlungen und Aufsätze, Bern/München.

Schleiermacher, D. F. E., 1993, Über den Begriff der Hermeneutik mit Bezug auf F. A. Wolfs Andeutungen und Asts Lehrbuch, in: Schleiermacher, Hermeneutik und Kritik. Herausgegeben und eingeleitet von M. Frank, Frankfurt a. M.

Spranger, E. 1923–24, Rickerts System, in: Logos 12.

MATTHIAS SCHLOSSBERGER

Die Ordnung des menschlichen Gefühlslebens

Um den Streit philosophischer Ansätze zu forcieren, eignet sich kaum eine Auseinandersetzung besser als jene, die sich in der gegenwärtigen Lage der Philosophie um das Thema „Gefühle" entwickelt. Die Konjunktur, die das Thema in den letzten Jahren hat, ist kaum verwunderlich, zeichnen doch Gefühle die menschliche Situation als solche überhaupt erst aus. Philosophie, die eine Antwort auf die Frage geben will, wie sich der Mensch in der Welt vorfindet, muss sich diesem Thema zuwenden. Verwunderlich ist also weniger die Konjunktur der Philosophie der Gefühle,[1] sondern vielmehr, dass das Thema von der Philosophie einige Jahrzehnte ausgesprochen stiefmütterlich behandelt wurde. Sicher gibt es ganz verschiedene Gründe für diese Ignoranz, und vielleicht sind diese Gründe auch gar nicht so sehr in der Entwicklung zu suchen, die die Philosophie im vergangenen Jahrhundert durchgemacht hat. Aber auffällig ist doch, dass seit dem Ende des 2. Weltkrieges Theorien die Szene dominiert haben, die ihrem Wesen nach ungeeignet sind, von Gefühlen zu handeln.

Hier ist zum einen das Feld von im weiten Sinne des Begriffs sprachphilosophischen Ansätzen zu nennen (also nicht nur Sprachanalyse, sondern auch Hermeneutik, Poststrukturalismus etc.), zum anderen alle Spielarten des Naturalismus (von der Philosophie des Geistes bis zur Soziobiologie). Es ist wohl kein Zufall, dass die Bedeutung, die den Gefühlen gegenwärtig zuerkannt wird, mit der Renaissance einer Tradition zusammenfällt, die lange Jahre ein Schattendasein führte: der philosophischen Anthropologie in der Fassung Max Schelers und Helmuth Plessners. Diese Einschränkung ist erläuterungsbedürftig, denn üblicherweise fällt, wenn von philosophischer Anthropologie die Rede ist, neben den Namen der Genannten auch der Name Arnold Gehlens.[2] Wenn in den 60er und 70er Jahren philosophische Anthropologie im Gespräch war, so dachte

---

[1] Ich nenne hier nur eine Auswahl: Oksenberg Rorty (1980), Schmitz (1992), Fink-Eitel und Lohmann (1993), Landweer (1999), Voss (2004). Die in den letzten Jahren zunehmende Rezeption der Arbeiten von Hermann Schmitz zeigt die Konjunktur des Themas besonders deutlich, denn die wichtigsten seiner Arbeiten sind schon in den 60er Jahren erschienen, damals aber kaum zur Kenntnis genommen worden. Vgl. Schmitz (1969).

[2] So in zahlreichen Lexikonartikeln. Vgl. z.B. Habermas (1958), Marquard (1971) oder auch Plessner (1956).

man in erster Linie an Arnold Gehlen, der das Projekt, das Scheler und Plessner begonnen hatten, am konsequentesten und zeitgemäßesten umzusetzen schien.[3]

Im Folgenden soll jedoch gezeigt werden, dass die Annahme, es gebe so etwas wie einen Kern einer Denktradition namens philosophischer Anthropologie, deren Hauptprotagonisten Scheler, Plessner und Gehlen sind, äußerst fragwürdig ist.[4] Das zeigt sich nicht zuletzt daran, in welcher Weise Gefühle bei den jeweiligen Autoren behandelt werden. Die vermeintliche Zusammengehörigkeit der drei Autoren, die so häufig unterstellt wird, ist natürlich nicht völlig aus der Luft gegriffen. Jedem Leser der bekannten drei anthropologischen Hauptwerke (Scheler 1927, Plessner 1928, Gehlen 1940) wird auffallen, dass es einige Gemeinsamkeiten gibt, die jene Arbeiten als anthropologische auszeichnen. In allen drei Arbeiten spielt der Mensch-Tier-Vergleich eine Rolle, in allen drei Arbeiten werden die selben Referenzautoren angeführt: Es werden die Schimpansenversuche von Wolfgang Köhler diskutiert, die Umweltlehre Jacob von Uexkuells usw., der Mensch wird als weltoffen bezeichnet. Für alle drei Autoren gilt, was Gehlen einmal sehr bündig formuliert hat: Der Mensch ist von Natur aus ein Kulturwesen (Gehlen 1986, 80).

Damit aber sind die Gemeinsamkeiten im Wesentlichen erschöpft. Wie der Mensch-Tier-Vergleich durchgeführt wird, wie die These, dass der Mensch von Natur aus ein Kulturwesen sei, im Einzelnen begründet wird, ist durchaus sehr unterschiedlich. Vergleicht man die drei Autoren in Hinsicht auf weitere Gemeinsamkeiten, so zeigen sich fast nur noch Ähnlichkeiten zwischen Scheler und Plessner. Zwar gibt es zwischen Scheler und Plessner auch große Differenzen, aber der gemeinsame phänomenologische Ausgangspunkt führt zu zahlreichen, wesentlichen Gemeinsamkeiten – wobei trotz aller Eigenständigkeit und Originalität Plessners wichtige Theoreme zunächst von Scheler formuliert worden sind. Mit Plessners Anthropologie liegt ein zu Schelers Arbeiten teilweise komplementärer Entwurf der Grundstruktur der menschlichen Seinsweise vor. Plessner hat für die hier zu Diskussion stehende Grundstruktur eine ebenso treffende wie griffige Formel gefunden: die *exzentrische Positionalität*. In äußerst fruchtbarer Weise hat er die Anlagen von Schelers Anthropologie aufgegriffen und diese in einem originären Ansatz weiterentwickelt – ohne ihrer metaphysischen Aufladung bei Scheler verbunden zu bleiben, weshalb seine Anthropologie heute attraktiver erscheint als die Schelers.

---

[3] 1986 konnte Herbert Schnädelbach schreiben, Gehlen sei insofern der eigentliche Begründer der Philosophischen Anthropologie als es ihm gelungen sei, die Anthropologie treibenden Philosophen vor ihm – u.a. Max Scheler und Helmuth Plessner – „zu seinen ‚Vorläufern' zu machen" (Schnädelbach 1986, 271). Damit ist die Strategie Gehlens in der Tat gut beschrieben. Den Zeitgeist der 70er und 80er Jahre konnte Gehlen durch Politisierung sehr geschickt für seine Sache interessieren. Heute sieht die Lage anders aus. Die Renaissance Plessners hat die Aufmerksamkeit umgelenkt und führt zunehmend zu einem neuen Verständnis von philosophischer Anthropologie. Langsam wird erkannt, dass viele Vorurteile treffend gegen die philosophische Anthropologie Gehlens vorgebracht werden können, nicht aber gegen Plessner und Scheler.

[4] Vgl. einerseits: mit anderen Akzenten in eine ähnliche Richtung: Krüger in diesem Band, andererseits für die Gemeinsamkeit der drei Autoren: Fischer (2000, v.a. 232–235) und in diesem Band.

Bei Gehlen führt der Mensch-Tier-Vergleich zu der für seine Theorie zentralen These der menschlichen Instinktentbundenheit, die rhetorisch mit dem Begriff des Mängelwesens herausgestellt wird. Von hier aus ergibt sich alles Weitere, d.h. eine Theorie der Kompensationsbedürftigkeit durch Institutionen, um dem ständig gefährdeten Menschen sein Leben zu sichern. Gehlens Fragestellung lautet: Wie kann der Mensch in seiner Riskiertheit überleben?

Eine ganz andere Bedeutung bekommt der Mensch-Tier-Vergleich bei Scheler und Plessner. Ihnen geht es darum zu zeigen, inwiefern das, was der Mensch mit dem Tier gemein hat, mit dem, was ihn vom Tier unterscheidet, zusammengehört. Sie fragen nach den Strukturbedingungen der menschlichen Situation. In der Terminologie Plessners: Wie lebt ein Wesen, das sein Leben *exzentrisch* führen muss, weil es nicht einfach lebt, sondern sein eigenes Erleben erlebt, weil ihm „der Umschlag vom Sein innerhalb des eigenen Leibes zum Sein außerhalb des Leibes ein unaufhebbarer Doppelaspekt der Existenz, ein wirklicher Bruch seiner Natur" ist? (Plessner 1928, 292) Zentral ist daher der Ausgang bei der psychophysischen Indifferenz der Wahrnehmung. Von hier aus untersuchen Scheler und Plessner das Zusammenspiel von Leibkörper und Leibseele der exzentrisch gebrochenen menschlichen Situation (Scheler 1916, 413 ff., Plessner 1923, 1928), indem sie den spezifisch menschlichen Formen der Expressivität als der Antwort auf die Spannung von Leibsein und Körperhaben folgen (z.B. der Scham oder Lachen und Weinen). Während Gehlen, so auch sein Selbstverständnis, „empirische Philosophie" (z.B. Gehlen 1956, 8) treibt, arbeiten Scheler und Plessner mit einem – in einem weiten, aber doch strengen Sinne des Begriffs – phänomenologischen Ansatz (v.a. Scheler 1957a, Plessner 1931). Damit ist der entscheidende Vorzug herausgestellt, denn eine Theorie der Gefühle ist nur als phänomenologische Theorie möglich. Jede theoretische Analyse, in der Gefühle Thema sind – sei es ein bestimmtes Gefühl oder das Wesen der Gefühle überhaupt –, ist darauf angewiesen, dass derjenige, der spricht, weiß, wovon er spricht. Genauer gesagt: Er muss aus eigener Erfahrung wissen, wovon er spricht. Er muss die Gefühle kennen, er muss sie selbst gehabt oder bei anderen verstanden haben. Der Weg muss von der singulären Erfahrung zum Allgemeinen gehen (in diesem Sinne ist der Erfahrungsbegriff der Phänomenologie zu verstehen und vom Erfahrungsbegriff des Empirismus zu unterscheiden). Bloß mit raffinierter Theorie ist dem Thema nicht beizukommen.

Die phänomenologische Theorie der Erfahrung zielt bei Scheler und Plessner nicht auf überhistorische Ideen oder auf Letztbegründung (wie bei Husserl); ihre Pointe ist vielmehr die These vom Primat der Erfahrung.[5] Phänomenologische Einstellung fordert den unmittelbaren Kontakt mit der Welt, d.h. mit den Sachen, „wie sie sich unmittelbar im Er-leben, im Akte des Er-lebens geben und nur in ihm ‚selber' da sind". In diesem Sinne – aber nur in diesem Sinne –, so Scheler, ist Phänomenologie radikalster Empirismus (Scheler 1913a, 380). Wie dieser phänomenologische Begriff von Erfahrung zu verstehen ist, zeigt Scheler sehr schön am Beispiel der Bekehrungsgeschichte Buddhas. Als der Prinz zum ersten Mal in seinem Leben den Palast des Vaters verlässt, sieht er

[5] Vielleicht ist das so etwas wie der kleinste gemeinsame Nenner der phänomenologischen Bewegung. Vgl. etwa aus einem anderen Flügel der phänomenologischen Bewegung Merleau-Pontys Theorie des Primats der Wahrnehmung (2003).

zum ersten Mal einen Armen, einen Kranken und einen Toten. Je ein Beispiel reicht aus, um zu erfassen, was Armut, Krankheit und Tod bedeutet (Scheler 1928, 60 f.). In der Phänomenologie heißt diese Erfahrung des Wesens einer Sache a priori. A priori meint hier keine Erkenntnis, die vor aller Erfahrung liegt, sondern eine Erkenntnis, die weder diskursiv noch auf dem Weg vom Allgemeinen zum Besonderen gewonnen werden kann.

Es ist nicht verwunderlich, dass sich die Differenz zwischen Scheler und Plessner auf der einen, Gehlen auf der anderen Seite auch darin zeigt, was für eine Rolle Gefühle in den jeweiligen Theorien spielen. Weil Gehlen gar keinen ausgezeichneten Begriff des Leibes hat, haben Gefühle in seiner Anthropologie kaum eine Bedeutung. Mit einer Ausnahme: dem Ressentiment – aber hier handelt es sich eher um eine dem Charakter des Autors geschuldete Vorliebe als um eine theorieimmanente Affinität (Gehlen 1969). Ganz anders stellt sich die Lage bei Scheler und Plessner dar. Ausgehend von der psychophysischen Indifferenz des Leibes und seines Ausdrucks wird bei ihnen das Thema schon deshalb virulent, weil der Leib immer Träger von Gefühlen bzw. – um es mit einem altdeutschen, aber sehr treffenden Wort zu sagen – von Gemütsbewegungen ist.

Will man etwas über die spezifisch menschliche Situation erfahren, dann ist es nicht sinnvoll, so Plessner, bei der Sprache anzusetzen. Zwar macht die Sprache den Menschen zu dem, was er ist, aber das Welt- und Selbstverhältnis des Menschen bleibt durch das Verhältnis zu seinem (Leib-)Körper bestimmt. Alle Philosophie, die erst bei der Sprache ansetzt, kann dies nicht einholen. Statt von der Sprache auszugehen bietet es sich an, bei einer „symbolisch ungeprägten Äußerung" (Plessner 1982, 227) anzusetzen – etwa Lachen und Weinen – und von ihr ausgehend zu erläutern, was es heißt, ein Mensch zu sein. Plessner fordert, dass ein „Verständnis menschlichen Wesens, will es radikal bis in seine Grundverfassung vordringen – man mag sie Anthropologie oder Existenzphilosophie oder wie immer nennen – 1. vom Ausdruck in der Fülle seiner verschiedenen Möglichkeiten ausgehen, 2. das Ineinandergreifen der Ausdruckskomponenten in ihrer ganzen Breite, von den geistigen bis zu den körperlichen Komponenten verständlich machen muß." (Plessner 1982, 215)

Es ist schon seltsam, dass diejenigen, die eine Überlegenheit des sprachphilosophischen Ansatzes gegenüber der Phänomenologie behaupten, ihre Argumentation zumeist auf dem sterilen Terrain der Bedeutungstheorien entwickeln, all jene Fragen, in denen es nicht bloß um Theorie, sondern um ein praktisches Verstehen der menschlichen Situation geht, aber tendenziell ausblenden. Auch erweist es sich als Fehler, die Phänomenologie zu stark mit Husserl zu identifizieren, da ja die meisten Autoren, die gemeinhin der phänomenologischen Bewegung zugeordnet werden, sich von Husserls etwa ab 1906 abzeichnender Auslegung der Phänomenologie als Transzendentalphilosophie distanzieren. Wenn es etwa um die welterschließende Funktion der Sprache geht, dann ist eben nicht nur die Theorie der Bedeutung im Rahmen einer Auseinandersetzung mit dem Konzept des intentionalen Bewusstseins interessant. Hermeneutische Maxime sollte es doch sein, sich auch mit den starken Argumenten des vermeintlichen Gegners auseinanderzusetzen. Die welterschließende Bedeutung der Sprache wird z.B. bei Scheler keineswegs bestritten: „Es wäre ein großer Irrtum, zu meinen, daß das Werkzeug der Mitteilung, die Sprache, nur die Bedeutung und Funktion habe, Erlebnisse, die bereits wahrgenommen sind, mitzuteilen. Faktisch reicht der Einfluß erheblich viel weiter. Die Wortbedeutungen für seelische Tatbestände, die wir durch die Tradition aufnehmen, haben vielmehr eine weithin bestimmende Kraft für das, was wir an eigenen und fremden Erlebnissen wahrnehmen." (Scheler 1915, 149 f.) Ein Erlebnis, für das es kein Wort gibt bzw. für das demjenigen, der es erlebt, keine sprachliche Beschreibung bekannt ist, wird oft nur erlebt, aber nicht wahrgenommen, geschweige denn verstanden. Sprache prägt und öffnet die Welt – aber es muss etwas geben, das jenseits der Sprache liegt. Die Idee des Unbewussten wäre sonst sinnlos und die Werke der großen Schriftsteller unverständlich. „Hinter der Schicht von Erlebnissen, die nur als ‚Erfüllungen' vorhandener Wortbedeutungen – in dieser ihrer Funktion – gegeben sind, diese Erlebnisse selbst in Augenschein zu nehmen, ihre besondere Nuance, die in diesen Wortbedeutungen verschwindet, – das setzt eine seltene Freiheit der Selbstbetrachtung voraus, und die wenigen, die das gekonnt haben, können mit Recht Gefühlsentdecker (nicht ‚Erfinder', wie Ribot sagt) heißen. Nicht durch andere Erlebnisse oder durch eine größere Fülle solcher unterscheiden sich solche Mehrer im Reiche des Mikrokosmos, wie Franz von Assisi, Rousseau, Goethe, sondern an erster Stelle durch die Fähigkeit, ihr Erleben rein, d.h. unabhängig von der Gewalt der sprachlichen Tradition und der in aller Sprache steckenden ‚natürlichen Psychologie', aufzufassen." (Ebd.)

Scheler will sagen: Bei der Lektüre der großen Psychologen unter den Schriftstellern gibt es eine Erfahrung, die nur zu erklären ist, wenn es etwas gibt, das sich der Sprache zunächst entzieht. Eine Situation, die Gefühlsregung einer oder mehrerer Personen, wird beschrieben und im Augenblick der Lektüre stellt sich sogleich – oft mit aufdringlicher Evidenz – das Gefühl ein, dass eine selbsterlebte Begebenheit genauso zu verstehen ist, genauso gefühlt wurde. Martin Walser, selbst ein ausgezeichneter Psychologe, hat dieses Phänomen einmal sehr treffend mit Bezug auf Proust beschrieben: „Wenn ich durch eine Geste oder eine Phrase an Proust erinnert werde, durch ein logisch nicht mehr zu erklärendes Signal, durch eine Analogie vielleicht, habe ich das Gefühl, als ob ich mich im Besitz eines Zaubergerätes befände, das mich dem anderen gegenüber überlegen macht und ihn gewissermaßen ausliefert. Ich durchschaue ihn leichter, ich weiß mehr von ihm als er von mir. Proust-Leser sind im Vorteil."

Besonders im Fall Schelers wird die philosophische Anthropologie zu einer Theorie der Gefühle, in der nicht nur einzelne, sondern alle Formen von Gefühlen ihren Ort zugewiesen bekommen. Geht es um die Frage, in welcher Weise Gefühle in der Philosophie thematisch werden, so sind mit Scheler drei Komplexe zu unterscheiden: Erstens ist nach dem Wesen der Gefühle im Allgemeinen zu fragen, zweitens sind diejenigen Gefühle zu untersuchen, die menschliches Miteinander stiften und drittens muss es um die besondere Bedeutung der Gefühle für eine Strukturtheorie der menschlichen Situation gehen.

Diese drei Punkte sollen nun in ganz unterschiedlicher Ausführlichkeit behandelt werden. Dabei sollte sich zeigen, dass eine Theorie der Gefühle immer mehr ist als bloße Theorie der Gefühle. Das soll heißen: Viele klassische Probleme sind involviert und können vielleicht besser verstanden werden, wenn man sie im Rahmen einer Theorie der Gefühle behandelt.

1. Die Ordnung der Gefühle

Wenn nach dem Wesen der Gefühle im Allgemeinen gefragt wird, dann ist zunächst den Äquivokationen im Begriff Gefühl und seinen Derivaten nachzugehen. Husserl hat mit der ihm eigenen Nachdringlichkeit immer wieder auf dieses Problem hingewiesen. Wenn wir von Gefühlen bzw. von Fühlen sprechen, ist oft nicht klar, was wir ansprechen: eine Empfindung oder eine intentionale Bewegung. Wenn von „Hören" die Rede ist, so kann ja einerseits das bloß sinnliche Hören des Tones gemeint sein, andererseits auch das Auffassen dessen, was mit den gehörten Lauten ausgedrückt ist. Wir sprechen von „Schmerzen", zielen aber auf ganz Unterschiedliches, wenn wir einmal seelische Schmerzen, ein andermal eine bloß zuständliche Empfindung meinen. Diese Unterscheidung ist von fundamentaler Bedeutung, denn gleiche Empfindungen können wir auf verschiedene Weise fühlen, d.h. auffassen (Husserl 1901, 351). Empfindungen für sich genommen sind eben keine Gefühle.

Für Husserl war immer klar, dass Gefühle (nicht Empfindungen) eine kognitive Funktion haben. Fühlen ist oft ein Erkennen bzw. Sich-Orientieren. Dies bedeutet jedoch nicht, dass es sich um ein propositionales Wissen handelt. Im Akt der Freude sind wir der Freude hingegeben. Das intentionale Objekt, das, worüber wir uns freuen, kann, so Husserl, erst in einer eigenen „‚vergegenständlichenden' Wendung zum Gegenstand" werden (Husserl 1913, 66).

Scheler hat auf diese eher erkenntnistheoretisch motivierte Theorie Husserls aufbauend den Versuch unternommen, verschiedene Klassen von Gefühlen zu unterscheiden. Er fragt bei allen Gefühlen danach, inwiefern zuständliche (sinnliche) und intentionale Momente miteinander verbunden sind. Auf diese Weise kommt er zu einer Unterscheidung von drei bzw. vier Klassen von Gefühlen. Diese vier Klassen können unterschieden werden, weil das Verhältnis von zuständlichen und intentionalen Momenten je verschieden ist. Scheler nennt a) die rein sinnlichen Gefühle, die dadurch charakterisiert sind, dass sie von sich aus keinen intentionalen Bezug haben. Eine bloß sinnliche Empfindung kann sowohl angenehm als auch unangenehm empfunden werden. Davon zu unterscheiden sind b) die vitalen Gefühle und c) die seelischen Gefühle, bei denen zuständliche und intentionale Momente in einer notwendigen, wesenhaften Beziehung zueinander stehen. Das sinnliche Erleben im Moment des Sich-Schämens ist spezifisch für dieses Gefühl und immer mit der intentionalen Bewegung der Scham verbunden. Vitale Gefühle sind für Scheler z.B. Furcht und Hoffen oder Stimmungen wie Mattigkeit und Frische, während etwa Trauer oder geistige Freude zu den seelischen Gefühlen gezählt werden. Der Unterschied zwischen den vitalen und den seelischen Gefühlen ist nicht scharf, er besteht lediglich in einer anderen Gewichtung von sinnlichen im Verhältnis zu intentionalen Momenten. Während bei den vitalen Gefühlen das zuständliche Moment tendenziell dominiert, ist es bei den seelischen Gefühlen umgekehrt. Eine scharfe Unterscheidung gibt es aber zu den rein geistigen Gefühlen, die dadurch bestimmt sind, dass in ihnen das zuständliche Moment vollends fehlt (Scheler 1916, 344–357). Problematisch an diesem Stufenbau sind die harten schematischen Abgrenzungen, die faktisch kaum zu identifizieren sein dürften. Er sollte daher eher als der Versuch einer idealtypischen Ordnung angesehen werden, die den Vorzug hat, dass sich erklären lässt, weshalb die verschiedenen Gefühle so unterschiedlich sind, man aber dennoch von Gefühlen spricht.

Eine Fragestellung eigener Art ist nun, in welcher Weise Gefühle die Beziehung zu einem oder zu mehreren Anderen ermöglichen. Scheler hat hier ganz pauschal von Sympathiegefühlen gesprochen (1913c, 1923) und innerhalb der Gruppe von Sympathiegefühlen zwei Formen unterschieden. Zum einen ist da das weite Feld derjenigen Gefühle, die wir ohne ein Bewusstsein von Individualität und Unterschiedenheit unseres *ichs* vom *ich* eines Anderen zusammen mit Anderen fühlen können (sogenannte Einsfühlungen bzw. Gefühlsansteckungen). Man denke hier etwa an die fröhliche Atmosphäre, die entsteht, wenn sich Menschen wechselseitig mit ihrer Fröhlichkeit anstecken. Zum anderen ist da die Sphäre der eigentlichen Mitgefühle, die sich dadurch auszeichnen, dass in ihnen der Andere als Anderer gemeint ist. Scheler nennt Mitfreude und Mitleid. Mitgefühle sind Gefühle ganz eigener Art. Mitzufühlen heißt an den Gefühlen Anderer teilzunehmen; es heißt nicht: die Gefühle der Anderen auch zu fühlen. Das Mitgefühl ist auf das Gefühl des Anderen gerichtet. Zwar nennt Scheler nur Mitfreude und Mitleid, aber dieser Bestimmung nach wäre etwa auch Eifersucht ein Mitgefühl, weil sie sich auf die Gefühle richtet, die zwischen zwei Anderen vermutet werden (vgl. Schloßberger 2003).

2. Gefühle und die Erfahrung des Anderen

Besonders aufschlussreich ist der Beitrag der phänomenologischen Lehre vom Ausdruck für zwei klassische Themen der Philosophie: die Theorie des Selbstbewusstseins und die Theorie der Intersubjektivität.[6] Hier ist zunächst der Ansatz Diltheys interessant: Dilthey führt in seinem Aufsatz „Das Verstehen anderer Personen und ihrer Lebensäußerungen" (1927) eine sowohl von der Hermeneutik nach ihm, als auch von den Kritikern der Hermeneutik zumeist übergangene Unterscheidung von *elementarem* und *höherem* Verstehen ein, die von ganz grundsätzlicher Bedeutung für die Frage nach der Erfahrung des Anderen ist. Alles Verstehen verlangt, so Dilthey, die Erfahrung eines *anderen ich*. Diese wird nun nicht in einem vom Verstehen ablösbaren Akt geleistet: D.h. es gibt keine reine Erfahrung eines *anderen ich*, in der das *andere ich* nicht schon in irgendeiner Weise verstanden wird. Dieses Verstehen nennt Dilthey *elementares Verstehen* und grenzt es von den verschiedenen Formen *höheren Verstehens* ab. *Elementares Verstehen* ist immer Ausdrucksverstehen: d.h. immer Verstehen von Gefühlen bzw. von Gemütszuständen. Ich mache die Erfahrung eines Anderen: indem ich ihm z.B. ansehe, dass er traurig ist. Um ihn zu verstehen, muss ich nicht die Gründe der Traurigkeit kennen; erst alles Verstehen, dass die Gründe bzw. den Kontext betrifft, nennt Dilthey *höheres Verstehen*.

Ob Scheler Diltheys Arbeit kannte, als er begann, sich mit dem Problem der Erfahrung des Anderen zu beschäftigen, ist fraglich (die Arbeit Diltheys stammt zwar aus dem Jahr 1910, wurde aber erst 1927 veröffentlicht). Schelers mit Dilthey konvergie-

[6] Die in diesem Abschnitt diskutierten Theorien habe ich andernorts ausführlicher behandelt. Vgl. Schloßberger (2005).

rende These lautet: Die Erfahrung des Anderen ist originär und unmittelbar, d.h. nicht von einer ihr vorhergehenden Erfahrung ableitbar (Scheler 1913c); aber anders als Dilthey zieht Scheler die theoretischen Konsequenzen aus dieser Einsicht: Die Erfahrung des Anderen ist ursprünglich *psycho-physisch neutral*, d.h. indifferent gegenüber der Unterscheidung innen=psychisch und außen=physisch (Scheler 1915, 33). Die ursprünglichste Form der Wahrnehmung ist psycho-physisch indifferent, sie setzt am Ausdruck eines Leibes an, der immer Ausdruck eines Gemütszustandes ist (und nicht etwa an der Wahrnehmung des Körpers des Anderen!). Erst von dieser Form der Wahrnehmung ausgehend entwickeln sich dann die beiden Aktrichtungen *innere Wahrnehmung* und *äußere Wahrnehmung*. Diese These bedeutet einen Bruch mit der traditionellen Unterscheidung *innerer Wahrnehmung* und *äußerer Wahrnehmung*, nach welcher die *innere Wahrnehmung* als unfehlbar, weil nur auf die eigenen psychischen Gehalte zielend, angesehen wurde. Für Scheler ist die Wahrnehmung von Psychischem prinzipiell genauso fallibel wie die Wahrnehmung von Physischem. Innere Wahrnehmung zielt nicht auf die Wahrnehmung von Empfindungen – wir können nicht verstehen, wie sich eine Empfindung anfühlt – sondern auf das intentionale Fühlen eines *ich* – sowohl meines *eigenen ich* als auch des *fremden ich*: Verstehen kann ich nur, dass ein Anderer eine Empfindung als angenehm oder als unangenehm erlebt. An diesem Punkt wird der falsche Grundzug vieler Theorien deutlich: Identifiziert man die Frage nach der Erfahrung des Anderen mit der Frage, wie uns die Empfindungen Anderer zugänglich sind, dann ist der Zugang zu einer Lösung von vornherein verschlossen und das Problem des Fremdpsychischen erscheint tatsächlich als Scheinproblem.

In terminologisch ungewohnter Weise spricht Scheler von *innerer Selbstwahrnehmung* und *innerer Fremdwahrnehmung* bzw. von *äußerer Selbstwahrnehmung* und *äußerer Fremdwahrnehmung*. Es gibt ein berühmtes Beispiel, das diese Unterscheidung erläutert. Ernst Mach steigt in einen Bus ein und sieht einen Mann, dessen Gestalt sich in der Scheibe des Buses spiegelt; er denkt sich: Was für ein abgebrannter Schulmann steigt denn da ein. Zunächst ist dies ein Fall innerer *Fremd*wahrnehmung, denn bekanntlich irrt sich Mach in der Vermutung, der abgebrannte Schulmann sei ein Anderer. Wenn er aber realisiert, dass er selbst diese Figur des abgebrannten Schulmanns abgegeben hat, so handelt es sich um einen Fall innerer *Selbst*wahrnehmung. Wie das Beispiel zeigt, sind beide Formen fallibel. Wichtig an diesem Beispiel ist: In beiden Fällen handelt es sich um *innere Wahrnehmung*, da die Richtung der Wahrnehmung auf Psychisches, d.h. auf den Ausdruck zielt. Äußere Wahrnehmung hingegen haben wir nur dann, wenn wir uns selbst oder andere als Körper sehen, wenn wir z.B. wie ein Arzt die Mechanik eines Handgelenks untersuchen.

Inwiefern die innere Selbstwahrnehmung täuschen kann, sei an einem weiteren Beispiel erläutert: Freue ich mich, so kann ich mich natürlich nicht irren hinsichtlich der zuständlichen Qualität des Gefühls, aber im Auffassen des intentionalen Moments der Freude kann ich mich täuschen. So kann es sein, dass die Freude, die ich fühle, gar nicht wirklich meine Freude ist: Ich verlasse eine fröhliche Runde und merke, dass ich mich von der Freude Anderer bloß habe anstecken lassen (ohne die Freude wirklich zu teilen). Es fällt mir auf, weil die Freude in dem Moment quasi von mir abfällt, in dem ich die Runde der Anderen verlasse. Hier zeigt sich ein anderer wichtiger Aspekt von Schelers Theorie. Alles Verstehen – Selbstverstehen wie Fremdverstehen – ist daran gebunden, dass sich das Wahrzunehmende in Ausdruckstendenzen, d.h. im Verhalten einer Person zeigt. Das Wesen unseres eigenen Charakters, so Scheler, erfahren wir nicht in einsamer Selbstschau, sondern nur im Verlaufe unserer Handlungen (Scheler 1923, 291).

Die Pointe der Umstellung der traditionellen Kategorien von innerer und äußerer Wahrnehmung ist nun, dass Selbstbewusstsein verstanden als Selbstzuschreibung genauso fallibel ist wie die Fremdzuschreibung bei der Erfahrung des Anderen. Die Konsequenz dieser Umstellung ist die These Schelers, dass Selbstbewusstsein ineins mit dem Eintritt in die Sphäre der Intersubjektivität entsteht. Denn die Erfahrung des Anderen bedeutet immer einen Fall von Fremdzuschreibung – und von Fremdzuschreibung zu sprechen, ist nur sinnvoll, wo auch Selbstzuschreibung möglich ist.

In der ersten Auflage des Sympathiebuches (1913c) hatte Scheler eine Fundierungsordnung der Sympathieformen (d.h. der Formen menschlichen Zusammenlebens) gegeben, nach der galt: Soziales Miteinander, in dem der Andere noch nicht als Anderer erfahren wird (Sphäre der Einsfühlungen durch Gefühlsansteckung), fundiert Intersubjektivität, in der der Andere als Anderer verstanden wird. Verstehen wiederum fundiert Mitfühlen, d.h. das Teilnehmen an Gefühlen Anderer. In der zweiten Auflage (1923) erfährt die Lehre vom Mitgefühl eine Modifikation, die für die Frage nach der Erfahrung des Anderen von entscheidender Bedeutung ist. Erst im Mitgefühl mit dem Anderen, so Scheler, wird dieser als *wirklich* erfahren. Erst im Mitgefühl machen wir die Erfahrung: „Der Andere ist Dir als Mensch, als Lebewesen gleichwertig, der Andere existiert so wahr und echt wie Du; Fremdwert ist gleich Eigenwert" (Scheler 1923, 69). Somit ergibt sich eine neue Deutung der bisher dargelegten Theorie der unmittelbaren Fremdwahrnehmung. Diese Theorie deckt quasi nur den erkenntnistheoretischen Horizont der Frage nach dem Anderen ab. Sie gibt eine Antwort auf die Frage: Was für eine Form von Erfahrung ist das, in welchem Verhältnis steht diese Form von Erfahrung zu anderen Formen von Erfahrung? Die Frage nach der Erfahrung des Anderen sprengt aber den engen Rahmen erkenntnistheoretischer Fragestellung insofern, als die Erfahrung des Anderen in die Sphäre der Ethik und der Ontologie verweist und daher jeder Erkenntnistheorie vorausgeht.

3. Gefühle und die Idee einer Grundstruktur der menschlichen Existenz

In „Die Stellung des Menschen im Kosmos" beschreibt Scheler die Aufgabe der Philosophischen Anthropologie: Sie habe „genau zu zeigen, wie aus der Grundstruktur des Menschseins, wie sie in unseren Ausführungen nur kurz umschrieben wurde, alle spezifischen Monopole, Leistungen und Werke des Menschen hervorgehen" (Scheler 1928, 105). In dieser späten Schrift, die so häufig als Gründungsdokument der Philosophischen Anthropologie gelesen wird, hat Scheler dies jedoch kaum einzulösen vermocht. Philosophische Anthropologie wird dort zu einer geschichtsphilosophischen Metaphysik von Drang und Geist, die sich im Menschen verwirklichen. Der Ruhm dieser Schrift hat der Rezeption Schelers nicht gut getan. Häufig wird diese Arbeit nur gelesen, um sich über den Beginn der Philosophischen Anthropologie zu informieren. Richtet man das Projekt einer Philosophischen Anthropologie mit Scheler an der Frage aus, ob es so etwas wie eine Grundstruktur des Menschseins gibt, dann ist es ungleich interessanter, auf Schelers frühe Arbeiten zurückzugehen, v.a. auf seine beiden Hauptwerke „Der Formalismus in der Ethik und die materiale Wertethik" (in zwei Teilen 1913a, 1916) und auf „Wesen und Formen der Sympathie" (1913c, stark überarbeitet 1923^2).

Im Vorwort zur zweiten Auflage der Arbeit über die Sympathiegefühle hatte Scheler einen zweiten Band angekündigt, in dem er Studien über Wesen und Formen des Schamgefühls, der Angst und Furcht und des Ehrgefühls folgen lassen wollte. Wie so viele angekündigte Projekte ist dieser zweite Band nicht erschienen. Scheler hatte lediglich die Studie über das Schamgefühl abgeschlossen. Im Nachlass fand sich ein bereits auf das Jahr 1913 zurückgehendes fertiges Manuskript (Scheler 1957b), von dem zu Lebzeiten lediglich ein kleiner Ausschnitt veröffentlicht worden war (Scheler 1913b). In dieser Arbeit ist es Scheler auf faszinierende Weise gelungen, eine Analyse des Schamgefühls zu leisten, in der gezeigt wird, dass dieses Gefühl nur von der Idee einer spezifisch menschlichen Grundstruktur aus angemessen verstanden werden kann. Karl Löwith nannte sie „das Reifste und Beste, was Schelers Erfahrung und Scharfsinn auf dem ihm eigentümlichen Gebiet des emotionalen Lebens an wissenschaftlicher Klarlegung geleistet hat" (Löwith 1981, 222).

Es mutet heute etwas seltsam an, wenn Scheler behauptet, dass man unabhängig davon, was Ethnologie und Anthropologie an Ergebnissen lieferten, davon ausgehen müsse, „daß alle Menschen und Völker das Schamgefühl besitzen und irgendwelche Arten seiner Äußerungen". Selbst wenn Ethnologie und Anthropologie das Gegenteil behaupten würden, so Scheler, hätte man das volle Recht, das Schamgefühl „als eine evidente Tatsache anzunehmen" (Scheler 1957b, 91). Dieses Selbstbewusstsein Schelers hat seinen Grund in der Annahme einer Grundstruktur der menschlichen Existenz, in der die Möglichkeit und Notwendigkeit der Scham beschlossen liegt. Scheler glaubt an eine Unabhängigkeit seiner Perspektive von allen ethnologischen Untersuchungen, weil sich für ihn die Scham aus einer Grundstruktur ergibt, die er bei allen Menschen unterstellt. D.h. er versucht zu zeigen, wie aus dieser spezifischen Grundstruktur des Menschen, also eines in der Leib-Körper-Verschränkung lebenden, selbst-bewussten, auf Intersubjektivität angelegten Wesens, die Notwendigkeit bestimmter Verhaltensspielräume resultiert. Mit diesem Ansatz ist keine generelle Ablehnung von Ethnologie und Soziologie verbunden, es geht hier lediglich darum, ein falsches Selbstverständnis empirischer Disziplinen zurückzuweisen. Schelers rhetorisch etwas arrogant formulierte Position reformuliert nur die Logik des Forschungsprozesses. Zunächst muss klar sein, was gesucht wird. Die Sicherheit, mit der Scheler auftritt, hat ihren Grund in der Annahme, dass der biologischen Einheit der Gattung Mensch auch eine Einheit des menschlichen Wesens entspricht. Diese These entzieht sich keineswegs empirischer Falsifizierbarkeit. Würde die Ethnologie stichhaltig nachweisen können, dass die Menschen anderer Kulturen, die zwar biologisch Menschen sind, nicht die Grundstruktur der menschlichen Existenz aufweisen, so wäre der Schluss, den die unheilvolle evolutionistische Tradition der Ethnologie immer wieder gezogen hat, auch korrekt: Diese Menschen wären Tiere.

Das Schamgefühl ist für Scheler das Gefühl, in dem die einzigartige Zwischenstellung des Menschen, zwischen Göttlichem und Animalischem, am deutlichsten zum Ausdruck kommt: Einerseits ist es unsinnig, sich einen schämenden Gott vorzustellen, andererseits ist das Schamgefühl, obgleich Mensch und Tier viele Gefühle gemeinsam haben, ein spezifisch menschliches Gefühl. Es ist das Gefühl, dessen Besonderheit der lebendige Kontakt offenbart, der zwischen den übertierischen Akten, wie Denken, Schauen, Wollen, Lieben und den Lebensgefühlen und Lebenstrieben besteht, die sich bei Mensch und Tier allenfalls graduell unterscheiden (Scheler 1957b, 67).

Zunächst fragt Scheler nach den Lebensbedingungen eines Wesens, das sich schämen kann. Grundbedingung für das Auftreten des Schamgefühls ist die Notwendigkeit, einen Leib im sozialen Raum verkörpern zu müssen. Die Lage des Menschen ist folgende: Er ist ein Wesen, das potentiell den Leib und seine Funktionen kontrollieren kann, zugleich aber doch existentiell an das Leben des Organismus gebunden ist. Das Vermögen, sich zu schämen, ist dann gegeben durch die Möglichkeit einer plötzlichen bewussten Zurückwendung auf den Leib. Scheler gibt ein plastisches Beispiel: Ein schaffender Künstler, der in seiner Tätigkeit aufgeht, erlebt seinen Leib in keiner Weise als Ausgangspunkt seiner Intention. In jener Atmosphäre, in der er sein Werk schafft, lebt er in einer Welt, deren Sinngehalte unberührt sind von der objektiven Tatsache der realen Welt, deren Teil er ist. Wird er aus irgendeinem Grund aus seiner Tätigkeit gerissen, dann wird er auf seine begrenzte und abhängige leibliche Individualität verwiesen. Vorgänge dieser Art, so Scheler, sind Voraussetzungen für das Auftreten eines Schamgefühls. Keineswegs ist mit ihnen das Schamgefühl schon notwendig gegeben: „Wohl aber ist damit eine *Sphäre* eingegrenzt, ein idealer Ort bestimmt, in dem dieses Gefühl allein auftauchen kann und in dem es gleichsam ‚zu Hause' ist." Die Spannung zwischen Leibhaben und Leibsein, ist die Ermöglichungsbedingung der Scham: „Etwas wie eine Unausgeglichenheit und eine *Disharmonie des Menschen* zwischen dem Sinn und dem Anspruch seiner geistigen Person und seiner leiblichen Bedürftigkeit gehört also zur Grundbedingung des Ursprungs dieses Gefühles. Nur weil zum Wesen des Menschen ein Leib gehört, kann er in die Lage kommen, sich schämen zu *müssen*; und nur weil er sein geistiges Personsein als wesensunabhängig von einem solchen ‚Leibe' erlebt und von allem, was aus dem Leibe zu kommen vermag, ist es möglich, daß er in die Lage kommt, sich schämen zu *können.*" (Scheler 1957a, 68 f.)

Weil Scheler die Notwendigkeit des Auftretens des Schamgefühls aus der besonderen Situation eines selbst-bewussten Wesens rekonstruiert, dessen Selbstbewusstsein an einen Leib gebunden ist, kann bzw. muss er allen Versuchen, im Schamgefühl einen durch Erziehung und Kultur allererst entstehenden Affekt zu sehen, entschieden widersprechen. So weist Scheler alle Theorien zurück, nach denen die Scham erst durch das Tragen von Kleidung entstanden sein soll und behauptet umgekehrt, dass die primitiven Formen der Kleidung aus der Scham entstanden sind. Nach Scheler hat der Konflikt, der aus geistigem Anspruch und leiblicher Bedürftigkeit entsteht, seinen Grund nicht in einer bestimmten Kultur, sondern ist einer kulturübergreifenden Auszeichnung der menschlichen Natur. Aus ihr ergeben sich erst die unterschiedlichen kulturabhängigen Sitten. Als Beleg für diese These kann die bekannte Tatsache angeführt werden, dass sich Schamgefühle offensichtlich auch gegen erzieherischen Druck durchsetzen – ein

Beispiel ist die Schamhaftigkeit pubertierender Jugendlicher, die sich standhaft weigern, der Freikörperkultur ihrer Eltern am Nacktbadestrand zu folgen (damit ist natürlich nicht ausgeschlossen, dass es auch Schamgefühle gibt, die Ergebnis eines „Schäm dich!" der Eltern sind).

Die historisch wechselnden Deutungen des Schamgefühls, so Scheler immer wieder betonend, dürfen nicht mit diesem selbst verwechselt werden. Wie Scham bewertet und ausgedrückt wird, ist durchaus kulturabhängig. Die Frauen afrikanischer Stammesgesellschaften, die ihre Schamteile nicht bedecken, besitzen, so Scheler, nicht etwa keine Scham. Ihr ausgeprägtes Schamgefühl zeigt sich eben nur anders, etwa wenn sie dazu aufgefordert werden, sich einen Rock anzuziehen und sie sich dagegen sträuben, weil sie aufgrund der für sie üblichen Wahrnehmungsgewohnheiten davon ausgehen können, dass ihr unübliches Verhalten, einen Rock zu tragen, die Blicke der Männer ihres Stammes auf ihre Scham geradezu herausfordert (Scheler 1957b, 75 f.). Dieses Beispiel dient Scheler als Grundlage einer wichtigen Unterscheidung für die Auseinandersetzung mit Theorien, die Schamgefühle für ein Ergebnis von Erziehungsprozessen halten. Diesen sogenannten positivistischen Schamtheorien wirft er vor, dass sie zuerst die Tatsache der Scham mit dem Schamgefühl und dann auch noch das Schamgefühl selbst mit seinen speziellen Äußerungsformen verwechseln würden.[7]

Diese Unterscheidung sei kurz erläutert: Unter Scham bzw. dem puren Phänomen der Scham versteht Scheler die Tatsache, dass es so etwas wie ein Schamgefühl geben kann und muss, wenn ein Lebewesen zugleich an zwei Bewusstseinsstufen teilhat. Dies trifft für den Menschen zu. Er ist an seinen Leibkörper gebunden, ihm ist aufgegeben diesen zu verkörpern. In der Regel gelingt diese Verkörperung, aber eben nur in der Regel. *Schamgefühl* nennt Scheler das Gefühl, in dem sich das Phänomen der Scham aktuell realisiert, in dem es zu einem Konflikt zwischen dem wertwählenden und dem triebhaften Bewusstsein kommt. Von dem *Schamgefühl* zu unterscheiden ist jedoch die konkrete *Äußerungsform* (damit meint Scheler den Anlass) eines Schamgefühls, die aufgrund der großen Unterschiede der Kulturen auch sehr unterschiedlich sein kann. Der Fehler derjenigen, die diese Unterscheidung einebnen, läuft nach folgendem Muster ab: Ein kulturabhängiger Standard, wie man mit seinen Geschlechtsorganen in der Öffentlich-

[7] Schelers Kritik an den positivistischen Schamtheorien richtet sich vor allem gegen Sigmund Freud und damit implizit auch gegen alle Nachfolger Freuds. Freud sieht in der Menschheitsgeschichte eine zunehmende Verlagerung äußerer Zwänge in innere Zwänge (Freud 1930). Bei diesem Prozess der Internalisierung sollen Schamgefühle eine entscheidende Rolle gespielt haben. Die Zunahme von Schamgefühlen könne, so etwa Norbert Elias, quasi als Gradmesser des Zivilisationsprozesses begriffen werden (Elias 1939). Einmal ganz davon abgesehen, ob das Wesen des Schamgefühls richtig erfasst ist, wenn man es als Medium innerer Zwänge betrachtet, ist die These von Elias auch empirisch durch die Arbeiten Hans Peter Duerrs widerlegt. Duerr kann zeigen, dass Elias ein völlig verzerrtes Bild des Zusammenlebens auf „niedrigeren" Stufen des Zivilisationsprozesses gibt, wenn dieser annimmt, die Menschen in archaischen Gesellschaften lebten „like wild animals in the jungle, always in danger of being caught" (so Elias einmal auf einem Vortrag, zitiert nach Blok 1982, 205). Für Duerr liegt allen Zivilisationstheorien eine grundsätzlich falsche anthropologische Prämisse zu Grunde: die Annahme einer quasi tierischen Natur des Menschen, die erst durch kulturelle Überformung in eine ganz bestimmten Richtung gelenkt und dann kontrolliert werden kann. Über die auffälligen Parallelen zwischen Duerr und Scheler vgl. Schloßberger (2000a).

keit umzugehen habe, wird als das einzig richtige („zivilisierte") Schamverhalten angenommen, und so ist man nicht mehr in der Lage zu sehen, dass es erstens auch andere Standards gibt (also andere Anlässe, die Schamgefühle hervorrufen), und dass zweitens – dies ist Schelers Einwand hinzuzufügen – die Schamgefühle derjenigen, die mit diesen anderen Standards leben, keinesfalls weniger intensiv sind. Dieser Fehler, ein Schamgefühl überhaupt nicht als solches zu erkennen, oder aber nicht zu sehen, wie intensiv ein Schamgefühl ist, weil auch die Artikulationsform – also nicht nur der Anlass, weshalb etwas als schamhaft empfunden wird, sondern auch die Art und Weise, wie sich ein Schamgefühl ausdrückt – mitunter kulturell kodiert ist, zählt zu den Fehlern im Ansatz, die jenen Autoren unterlaufen sind, die das Schamgefühl als einen erst in bestimmten Kulturen erzeugten Affekt annehmen. Norbert Elias etwa projiziert die seiner Kultur eigenen Muster dessen, was als schamhaft gilt, auf fremde Kulturen, um dann auf ein mangelndes oder viel weniger intensives Schamgefühl zu schließen. Das Fremde wird hier oberflächlich am Maßstab des Eigenen gemessen und erscheint so viel fremder als es eigentlich ist. An Schelers Beispiel lässt sich sehr schön die Plausibilität der Unterscheidung von Schamgefühl und Äußerungsform des Schamgefühls zeigen: Wer aus dem Verhalten der Frauen in afrikanischen Stammesgesellschaften, ihre Scham nicht zu bedecken, den Schluss zieht, diese würden über kein Schamgefühl verfügen, wird Opfer der Einebnung der Unterscheidung von Schamgefühl und Äußerungsform eines Schamgefühles, weil er nicht sieht, auf welche Weise sich ein Schamgefühl artikuliert.

Nun könnte der Eindruck entstehen, Scheler sähe die wertvolle Funktion des geschlechtlichen Schamgefühls allein darin, alle geschlechtlichen Triebregungen zurückzuhalten. Diese Unterstellung würde Scheler jedoch weit von sich weisen. Die christliche Keuschheitsidee, für die das Schamgefühl als ein Gebot zölibatären Lebens auf das Ausschalten jeder geschlechtlichen Triebregung zielt, verkennt einerseits, dass das Schamgefühl abhängig ist von der Intensität des Geschlechtstriebes, andererseits, dass geschlechtliche Liebe und Geschlechtstrieb zweierlei sind. Der eigentliche Wert der Scham wird deutlich, wenn man sieht, dass das Schamgefühl nicht grundsätzlich auf eine Verneinung sinnlicher Triebe zielt, sondern diese vielmehr nur solange zurückhält, bis in einer sich anbahnenden Beziehung die Liebe zum Fundament des Begehrens geworden ist. Die Scham ist, „wie sie einerseits genährt ist vom Geschlechtstrieb, auch nur im Maße der *Liebes*fähigkeit vorhanden, und weigert nicht etwa der Liebe, sondern der Regung des *Geschlechts*triebes bis zur Entschiedenheit der Liebe ihren Ausdruck". Scheler nennt die Scham daher die natürlichste Gehilfin der Liebe „die Puppenhülle gleichsam, in der diese langsam zu reifen vermag" (Scheler 1957b, 101, 97).

Sich zu schämen kann nun sowohl ein Sichschämen *vor* sich selbst bedeuten als auch ein Sichschämen *vor* einem Anderen, aber auch ein Sichschämen *für* einen Anderen. Wesenhaft zur Scham gehört die individuierende Leistung, sich immer auf *ein* Individuum zu richten: „Scham ist also ein Schutzgefühl für das *individuelle Selbst* überhaupt – nicht notwendig für *mein* individuelles Selbst, sondern für ein solches, wo immer es gegeben ist, an mir oder einem anderen." (Scheler 1957b, 81)

Sieht man mit Scheler in der Scham den notwendigen Ausdruck eines Wesens, das, über die Möglichkeit der Triebhemmung verfügend, sich seiner selbst schämt, sei es vor sich selbst oder in Konfrontation mit der Sphäre des Allgemeinen vor oder für einen

Anderen, dann hat dies weitreichende Konsequenzen für unser Verständnis sogenannter primitiver Kulturen. Wenn nämlich die Scham als Rückwendung eines Wesens auf sich selbst notwendig zur Verfassung des Menschseins gehört, bedeutet dies, dass der Mensch immer schon individuiert ist in einer Weise, die oftmals erst als spezifisch neuzeitlich angesehen wird – etwa bei Elias oder Habermas, die meinen die Menschen sogenannter primitiver Kulturen bzw. archaischer Gesellschaften hätten keine Identitätsprobleme gehabt, weil es für sie keine Differenzierung zwischen Einzelnem, Allgemeinem und Besonderem gegeben hätte (Elias 1939, Habermas 1974). Schelers Analyse der Scham zeigt hingegen: Der Mensch ist als selbst-bewusstes Wesen immer schon Individuum und so sich selbst ein Problem. Typische Identitätsprobleme wie der Übergang vom Kindes- ins Erwachsenenalter sind in allen Kulturen bekannt. Schon deshalb scheint die so oft angestrengte Vermutung, die Welt des Erwachsenen in der archaischen Gesellschaft sei der Welt der Kinder sehr ähnlich, eine problematische Projektion aus einer evolutionistischen Perspektive zu sein, deren Plausibilität immer unmittelbar davon abhängig ist, inwiefern es gelingt, das Vergangene so zu ordnen und zu interpretieren, dass sich der Schluss auf eine aufsteigende Linie ergibt.

Der Mensch kann sich also schämen, weil er Individuum in der über tierische Individualität hinausgehenden Bedeutung eines zu sich selbst stellungnehmenden Wesens ist. Im Schamgefühl wird die Individualität d.h. Unvertretbarkeit der Person offenbar – ja man kann sogar von einer individuierenden Leistung des Schamgefühls sprechen: „In aller Scham nämlich“, so Scheler, „findet ein Actus statt, den ich *‚Rückwendung auf ein Selbst‘* nennen möchte.“ Das Besondere des Schamgefühls – verglichen mit anderen Gefühlen – liegt darin, dass es über die Subjektgebundenheit des Vollzugs, die allen Gefühlen eignet, ein nur reflexiv erfahrbares Gefühl ist. Das auslösende Moment eines Schamgefühls ist immer ein Selbst-bewusstwerden. Scheler macht dies an folgendem Beispiel deutlich: Eine Mutter, die ihr Kind nackt aus einem brennenden Haus rettet, wird sich erst in dem Moment schämen, da ihr Kind in Sicherheit ist, und sie sich ihrer Nacktheit bewusst wird (in dem Augenblick also, in dem es zu einer Rückwendung auf ihr eigenes Selbst kommt, da sie sich ihrer Situation bewusst wird). Dass sich ein Mensch schämt, bedeutet für Scheler jedoch nicht unbedingt, dass er sich „für sich“ schämt: „Es gibt in jedem Betrachte des Wortes Scham eine ebenso ursprüngliche ‚Scham vor sich selbst‘ und ein ‚Sichschämen vor sich selbst‘ wie eine Scham vor andern.“ (Scheler 1957b, 78) Aber auch wenn wir uns für Andere schämen gilt: Der Mensch steht als Individuum vor dem Gerichtshof *seines* Gewissens und empfindet Scham als *seine* Scham.

Jedes Schamgefühl erfolgt nach einer Rückwendung, einem Selbst-bewusstwerden: Obgleich eine Situation allen Anlass zur Scham in sich trüge, kann aber, so Scheler, die Liebe eines Menschen zu einem Anderem so stark sein, dass er „gefühlsmäßig ganz in ihn und seinen Anblick verloren ist“. Lässt diese Verlorenheit nach, so stellt sich mit dem aufkeimenden Bewusstsein seiner Lage Scham ein. Es ist jedoch nicht das Sichgesehenwissen an sich, das ein Schamgefühl bedingt, sondern ein Konflikt zwischen den beiden Sphären, die konstitutiv für die menschliche Sozialität sind: der Sphäre der Privatheit und der Sphäre der Öffentlichkeit (der Sphäre der Allgemeinheit).[8] Das Scham-

[8] Dies ist mittlerweile auch empirisch gut belegt. Vgl. Duerr (1988), § 10, Privatsphäre und Phantomwände, 165–176 und Duerr (1990) § 16, Theorie der Körperscham, 256–269, besonders 258.

gefühl wahrt die Privatsphäre, indem es einen Bereich des Individuums der Öffentlichkeit entziehen will. In Situationen, in denen man sich als Individuum erfährt, versucht man, den eigenen Körper bzw. seine Geschlechtsteile privat zu halten, sei es nun durch Kleidung oder durch das Gebot, den Blick nicht auf bestimmte Partien des Körpers zu richten. Ein weiteres Beispiel Schelers erläutert die Unterscheidung von öffentlicher und privater Sphäre im Hinblick auf das Schamgefühl: Ein Mensch, der einem Maler Modell steht, der einen Arzt als Patient besucht, der in Anwesenheit eines Dieners badet, schämt sich seiner Nacktheit zunächst nicht, obgleich er doch einem fremden Blick ausgesetzt ist. Es liegt in all diesen Situationen für diesen Menschen kein Grund vor, sich zu schämen, solange er sich nicht als Individuum, sondern als das Allgemeine weiß, das er je repräsentiert: dem Maler weiß er sich gegeben als *Schauplatz ästhetischer Phänomene*, dem Arzt als *Fall* und dem Diener als *Herr*. Erst wenn ein Mensch spürt, dass der Maler, der Arzt, der Diener ihn als Individuum meinen, wird er sich seiner Nacktheit schämen. Sich als Individuum betrachtet zu wissen, ist nicht unbedingt ein Grund, sich zu schämen. Der Mensch schämt sich in den von Scheler geschilderten Fällen, weil er unpersönlich behandelt werden will, aber persönlich im Sinne unvertretbarer Individualität behandelt wird. In der Konstellation wechselseitiger Anspruchshaltungen, in der Spannung zwischen fremdem und eigenem Anspruch, liegt der Grund sich zu schämen: Auch jemand, der persönlich behandelt werden will, aber unpersönlich behandelt wird, schämt sich. Merkt ein Mensch, so Scheler, dass der geliebte Partner ihn nicht als individuelle, unvertretbare Person begehrt, sondern als beliebiges, austauschbares Objekt bloß sexueller Befriedigung, so wird er mit Scham reagieren. „Jene ‚Rückwendung' auf das Selbst, in deren Dynamik die Scham beginnt, stellt sich weder ein, wenn man sich als Allgemeines, noch wenn man sich als Individuum ‚gegeben' weiß, sondern, wenn die fühlbare Intention des Andern zwischen einem individualisierenden und generalisierenden Meinen *schwankt* und wenn die eigene Intention und die erlebte Gegenintention hinsichtlich dieses Unterschiedes nicht gleiche, sondern entgegengesetzte Richtung haben." (Scheler 1957b, 79) Das Schamgefühl fungiert als *Schutzgefühl des Individuums vor der Allgemeinheit*, indem es einen privaten von einem öffentlichen Raum trennt. Das Phänomen der Scham zeigt, dass jeder Mensch in einem so ausgezeichneten Sinn individuiert ist, dass er sich zum Problem werden kann. Die für alle Menschen typische Identitätskrise Pubertät, in der es zu einer starken Zunahme von Schamgefühlen kommt, weil sich der eigene Körper in bisher ungekannter Weise verhält, belegt dies noch einmal indirekt.

Damit sind die beiden Strukturbedingen bestimmt, die konstitutiv für das Sich-schämen-Können sind: Der Mensch befindet sich einerseits in einer Spannung zwischen Unvertretbarkeit des Körpers und Anspruch des Geistes, andererseits in der Spannung zwischen Öffentlichkeit und Privatheit. Vergleicht man Schelers Theorie der Scham mit den klassischen Deutungen von Freud und Elias oder von Sartre, so zeigt sich ein fundamentaler Unterschied. Bei Elias und Sartre ist das Schamgefühl Ausdruck der Unterwerfung des Subjekts. Während für Elias und Sartre der sich Schämende die Macht des Anderen anerkennt und sich daher unterwirft, indem er sich schämt, wahrt das Schamgefühl nach Scheler die Integrität der Person und bekommt daher eine wichtige und positive Rolle in Identitätsbildungsprozessen zugesprochen. Nun könnte man nach den bislang gegebenen Beispielen einwenden, dies gelte nur für die Körperscham, nicht jedoch für die Scham in vielen anderen sozialen Situationen. Die Frage an Scheler lautet also: Welche Bedeutung hat denn ganz allgemein das, worüber ich mich schäme? Indem sich jemand schämt, so etwa Hilge Landweer an die Tradition von Elias und Sartre anknüpfend, erkennt er die Norm der Anderen an. Der sozial Unterlegene schämt sich etwa wegen seiner schlechten Kleidung, weil er die Norm der Stärkeren d.h. besser Gekleideten anerkennt. Daher gelte es für den Einzelnen ebenso wie für Gruppen, Strategien der Schamvermeidung zu entwickeln, um der Repression der Mächtigen zu entgehen. Diese Perspektive auf die Scham, sofern sie Teil einer allgemeinen Theorie der Scham ist, wird dem Phänomen schon deshalb nicht gerecht, weil es durchaus möglich ist, sich vor Anderen zu schämen, die einem vermittelt haben, dass man irgend etwas falsch gemacht hat, ohne dass man weiß, was man falsch gemacht hat. Entscheidend ist allein, dass man sich von Anderen nicht in der Weise wahrgenommen glaubt, in der man wahrgenommen werden möchte. Da es immer der Leibkörper ist, der im sozialen Raum agiert, ist es auch der Leibkörper, der auf diese Situation zu reagieren hat. Im übrigen mag es zwar Fälle geben, in denen tatsächlich der sich Schämende die Norm der mächtigen Anderen anerkannt hat, im klassischen Fall der Körperscham zeigt sich jedoch häufig der umgekehrte Fall: Der Heranwachsende, der sich schämt, obgleich alle Anderen Nacktheit natürlich finden, schämt sich nicht, weil er sich der Norm der Anderen unterwirft, sondern weil er seinen Wert, seinen Körper privat zu halten, angegriffen sieht.[9]

Auch in einer anderen Hinsicht ist ein Vergleich interessant. Nachdem Hans Peter Duerr gegen die Theorie von Elias geltend gemacht hatte, dass Scham nicht anerzogen, sondern universell sei, konnte man bei seinen Kritikern lesen, er sei der Ansicht, Scham sei angeboren (darauf reagierend: Duerr 1990, 261). Für viele Autoren ist nicht nur in Bezug auf das Schamgefühl, sondern generell für alle Gefühle offenbar nur die Alternative ‚kulturell erzeugt und daher nicht universal' oder ‚angeboren und daher universal verbreitet' denkbar (z.B. Roth, 2001, 264). Die Deutung Schelers zeigt wie fragwürdig diese Alternative ist. Wenn man die Scham von einer universalen Grundstruktur her versteht, dann ist sie ebenso universal wie diese Grundstruktur, keineswegs muss man sie aber als angeboren verstehen.

Auch für andere Gefühle ist ein analoges Verständnis von der menschlichen Grundsituation her plausibel. So hat Plessner Lachen und Weinen als transkulturelle menschliche Möglichkeiten begriffen, die Momente der von ihm als „exzentrische Positionalität" beschriebenen menschlichen Situation sind.

Plessner stellt den grundsätzlich übertierischen Charakter der menschlichen Existenz heraus, indem er Mensch und Tier vergleicht. Wie alles Lebendige lebt das Tier *positional*, das heißt gegen eine Umgebung gestellt. Anders als die offene Organisationsform der Pflanze, ist die Organisationsform des Tieres geschlossen, das heißt *zentrisch*. Das Tier hat Bewusstsein, es lebt, so Plessner, aus seiner Mitte heraus, in seine Mitte herein, aber es ist sich nicht selbst gegeben. Der Mensch teilt die zentrische Organisationsform des Tieres, aber er bricht mit dem Hier und Jetzt der zentrischen Positionsform. Der

---

9 Vgl. Landweer (1999). Andernorts habe ich mich mit dieser Position ausführlicher auseinandergesetzt. Vgl. Schloßberger (2000b, v.a. 821 f.).

Mensch weiß um seine Mitte, er lebt in diesem Bruch *exzentrisch*, er bildet ein rückbezügliches System, er hat Selbstbewusstsein (Plessner 1928, 288 ff.). Er kann nicht mehr in die Situation des tierischen Hier und Jetzt zurück; dieser Bruch ist radikal und konstitutiv für seine Existenz: „Und die Frage der Philosophie wie im Grunde jede Frage, die der Mensch sich tausendmal im Lauf seines Lebens vorzulegen hat: was soll ich tun, wie soll ich leben, wie komme ich mit dieser Existenz zu Rande –, bedeutet den (bei aller historischen Bedingtheit) wesenstypischen Ausdruck der Gebrochenheit oder Exzentrizität, der keine noch so naive, naturnahe, ungebrochene, daseinsfrohe und traditionsgebundene Epoche der Menschheit sich entwinden konnte." (Plessner 1928, 309)[10] So ist der Mensch für Plessner das Wesen, dessen Selbstentfremdung seiner Natur eingeschrieben ist: „‚Ich bin, aber ich habe mich nicht', charakterisiert die menschliche Situation in ihrem leibhaften Dasein [...] Dieser Abstand in mir und zu mir gibt mir erst die Möglichkeit, ihn zu überwinden. Er bedeutet keine Zerklüftung meines im Grunde ungeteilten Selbst, sondern geradezu die Voraussetzung, selbständig zu sein." (Plessner 1983a, 190)

Ist für Scheler das Schamgefühl ein Teil des „Clair-obscur der menschlichen Natur", in dem die Eigenartigkeit und Besonderheit des Menschen besonders deutlich ihren Ausdruck gewinnt (Scheler 1957b, 67), so zeigt sich „die geheime Komposition der menschlichen Natur" für Plessner nirgendwo unmittelbarer als in den Ausdrucksbewegungen des Lachens und Weinens (Plessner 1982, 236). Eine eingehende Untersuchung dieser Ausdrucksbewegung ist für Plessner deshalb prädestiniert, die Besonderheit der menschlichen Natur offenzulegen, weil Lachen und Weinen einerseits an die Körperlichkeit des Menschen gebunden sind, andererseits aber von der wesentlichen Distanz des Menschen zu sich selbst zeugen. Diese Doppelaspektivität der menschlichen Existenz kommt durch Lachen und Weinen besser zur Geltung als durch die Sprachfähigkeit oder die Vernunft, weil diese einseitiger die geistigen Fähigkeiten des Menschen betonen. Wer lacht oder weint, verfolgt keine Absichten, sondern wird überwältigt. Lachen und Weinen haben eine affektive Basis, sind aber doch an die exzentrische Situation gebunden. Diese wird erschüttert, wenn es eruptiv zu einem Lachen oder Weinen kommt: die konstitutive Distanz des Menschen zu sich ist gestört. Lachen und Weinen sind Ausdrucksformen einer Desorganisation. „Wer lacht oder weint, verliert in einem bestimmten Sinne die Beherrschung, und mit der sachlichen Verarbeitung der Situation ist es fürs erste zu Ende" (Plessner 1982, 224).

Vergleicht man nun Lachen und Weinen mit dem Schamgefühl hinsichtlich ihrer Bedeutung für eine Theorie der Grundstruktur der menschlichen Existenz, so zeigt sich eine wesentliche Gemeinsamkeit: Beide sind Ausdruck der für den Menschen konstitutiven Spannung von zentrischer und exzentrischer Existenz und dem Spiel von Rezentrierung und Exzentrierung. Allerdings unterscheiden sie sich in ihrer Bewegungsrichtung: Während das Schamgefühl eintritt, wenn man aus einem selbstvergessenen (zentrischen) Bewusstseinszustand herausgerissen wird (vgl. Schelers Beispiel des schaffenden Künstlers), verläuft die Bewegungsrichtung bei Lachen und Weinen umgekehrt, denn der Lachende oder Weinende verliert die Kontrolle über sich, er verliert seine exzentrische Distanz.

---

[10] Vgl. die ausführliche Interpretation bei Krüger (1999, v.a. 89–94, 2000, 2001, v.a. 93–96.)

Die Bezeichnung *exzentrisch*, so Plessner, „wahrt den Zusammenhang, mit der bei den Wirbeltieren in steigendem Maße zum Ausdruck kommenden zentrischen Lebensform und unterstreicht die im zoologischen Rahmen verbleibende *und* ihn sprengende Doppelnatur des Menschen, die nicht statisch zu fassen ist, sondern eine ständig zu durchlebende und zu vollziehende Verschränkung des Leibes in den Körper bedeutet“ (Plessner 1983b, 396). Aber die der zentrischen Positionsform des Tieres korrespondierende Umweltgebundenheit hat der Mensch hinter sich gelassen. Der Mensch lebt *weltoffen*. Weil die exzentrische Positionsform für alle Menschen zu allen Zeiten konstitutiv ist, ist sich der Mensch auch tendenziell immer ein Problem: „Die Idee des Paradieses, des Standes der Unschuld, des goldenen Zeitalters, ohne die noch keine menschliche Generation gelebt hat (heute heißt die Idee: Gemeinschaft) ist der Beweis für das, was dem Menschen fehlt, und für das Wissen darum, kraft dessen er über dem Tier steht.“ (Plessner 1928, 309) Das bedeutet natürlich, dass sich die Verschränkung von Leib und Körper auch ansatzweise bei Anthropoiden nachweisen lassen sollte (Plessner 1983b, 397). Die Figur der exzentrischen Positionalität ist zwar anthropologisch zu verstehen, inhäriert aber keinen Chauvinismus der Gattung. Nicht ob Lachen und Weinen Monopole des Menschen sind, steht zur Diskussion, sondern wie sie es sind (Plessner 1982, 228).

Literatur

Blok, A., 1982, Widder und Böcke. Ein Schlüssel zum mediterranen Ehrkodex, in: Nixdorff, H./Hauschild, T. (Hg.), Europäische Ethnologie, Berlin.

Dilthey, W., 1927, Das Verstehen anderer Personen und ihrer Lebensäußerungen (1910), in: Ders., Der Aufbau der geschichtlichen Welt in den Geisteswissenschaften, Gesammelte Schriften, VII. Band, Leipzig/Berlin.

Duerr, H. P., 1988, Nacktheit und Scham. Der Mythos vom Zivilisationsprozeß, Band 1, Frankfurt a. M.

Duerr, H. P., 1990, Intimität. Der Mythos vom Zivilisationsprozeß, Band 2, Frankfurt a. M.

Elias, N., 1939, Über den Prozeß der Zivilisation, 2 Bände, Basel.

Fischer, J., 2000, Philosophische Anthropologie. Zur Bildungsgeschichte eines Denkansatzes, Diss., Göttingen.

Fink-Eitel, H./Lohmann, G. (Hg.), 1993, Zur Philosophie der Gefühle, Frankfurt a. M.

Freud, S., 1930, Das Unbehagen in der Kultur, Wien.

Gehlen, A., 1986, Der Mensch. Seine Natur und seine Stellung in der Welt [1940, 1950[4]], Bonn.

Gehlen, A., 1956, Urmensch und Spätkultur, Bonn.

Gehlen, A., 1969, Moral und Hypermoral, Frankfurt a. M./Bonn.

Habermas, J., 1958, [Art.] Anthropologie, in: Diemer, A./Frenzel, I. (Hg.), [Das Fischer Lexikon] Philosophie, Frankfurt a. M.

Habermas, J., 1974, Können komplexe Gesellschaften eine vernünftige Identität ausbilden?, in: Ders./Henrich, D., Zwei Reden, Frankfurt a. M.

Husserl, E., 1913, Ideen zu einer reinen Phänomenologie und phänomenologischen Philosophie. Erstes Buch: Allgemeine Einführung in die Phänomenologie, Halle an der Saale.

Husserl, E., 1901, Logische Untersuchungen, Zweiter Band, Untersuchungen zur phänomenologischen Theorie der Erkenntnis, Halle an der Saale.

Landweer, H., 1999, Scham und Macht. Phänomenologische Untersuchungen zur Sozialität eines Gefühls, Tübingen.

Löwith, K., 1981, Max Scheler und das Problem einer philosophischen Anthropologie, in: Ders., Sämtliche Schriften Band 1, Mensch und Menschenwelt, Stuttgart.

Oksenberg Rorty, A. (Hg.), 1980, Explaining Emotions, Berkeley/Los Angeles.

Krüger, H.-P., 1999, Zwischen Lachen und Weinen, Band I, Das Spektrum menschlicher Phänomene, Berlin.

Krüger, H.-P., 2000, Das Spiel zwischen Leibsein und Körperhaben. Helmuth Plessners Philosophische Anthropologie, in: Deutsche Zeitschrift für Philosophie, 48/2.

Krüger, H.-P., 2001, Zwischen Lachen und Weinen, Band II, Der dritte Weg Philosophischer Anthropologie und die Geschlechterfrage, Berlin.

Marquard, O., 1971, [Art.] Anthropologie, in: Ritter, J. (Hg.), Historisches Wörterbuch der Philosophie, Bd. 1, Basel.

Merleau-Ponty, M., 2003, Das Primat der Wahrnehmung, Frankfurt a. M.

Plessner, H., 1923, Die Einheit der Sinne. Grundlinien einer Aesthesiologie des Geistes, Bonn.

Plessner, H., 1928, Die Stufen des Organischen und der Mensch. Einleitung in die Philosophische Anthropologie, Leipzig/Berlin.

Plessner, H., 1931, Macht und menschliche Natur. Ein Versuch zur Anthropologie der geschichtlichen Weltansicht, Berlin.

Plessner, H., 1982, Lachen und Weinen. Eine Untersuchung nach den Grenzen menschlichen Verhaltens (1941), in: Ders., Gesammelte Schriften Band VII, Frankfurt a. M.

Plessner, H., 1956, Artikel: Anthropologie IV. Philosophisch, in: Evangelisches Kirchenlexikon. Kirchentheologisches Handwörterbuch, Göttingen.

Plessner, H., 1983a, Die Frage nach der conditio humana, in: Ders., Gesammelte Werke Band VIII, Frankfurt a. M.

Plessner, H. 1983b, Der Aussagewert einer philosophischen Anthropologie (1973), in: Ders., Gesammelte Werke Band VIII, Frankfurt a. M.

Roth, G., 2001, Fühlen, Denken, Handeln. Wie das Gehirn unser Verhalten steuert, Frankfurt a. M.

Scheler, M. (1913a/1916), Der Formalismus in der Ethik und die materiale Wertethik (mit besonderer Berücksichtigung der Ethik Immanuel Kants), I. Teil, in: Jahrbuch für Philosophie und phänomenologische Forschung, I. Band, Halle an der Saale 1913; Der Formalismus in der Ethik und die materiale Wertethik. Neuer Versuch der Grundlegung eines ethischen Personalismus, II. Teil, in: Jahrbuch für Philosophie und phänomenologische Forschung, II. Band, Halle an der Saale 1916.

Scheler, M., 1913b, Das geschlechtliche Schamgefühl und seine Funktionen, in: Geschlecht und Gesellschaft, 8, 3/4 und 5.

Scheler, M., 1913c, Zur Phänomenologie und Theorie der Sympathiegefühle und von Liebe und Hass. Mit einem Anhang. Über den Grund zur Annahme der Existenz des fremden Ich, Halle an der Saale.

Scheler, M., 1915, Idole der Selbsterkenntnis, in: Ders., Abhandlungen und Aufsätze, Zweiter Band, Leipzig.

Scheler, M., 1923, Die Sinngesetze des emotionalen Lebens, I. Band, Wesen und Formen der Sympathie. Der „Phänomenologie der Sympathiegefühle“, 2. vermehrte und durchgesehene Auflage, Bonn.

Scheler, M., 1927, Die Sonderstellung des Menschen, in: Keyserling, H. (Hg.), Mensch und Erde, Darmstadt.

Scheler, M., 1928, Die Stellung des Menschen im Kosmos, Darmstadt (nahezu unveränderte Fassung von Scheler 1927).

Scheler, M., 1957a, Phänomenologie und Erkenntnistheorie [1911], in: Ders., Schriften aus dem Nachlaß, Band 1, Bern.

Scheler, M., 1957b, Über Scham und Schamgefühl [1913], in: Ders., Schriften aus dem Nachlaß, Band 1, Bern.

Schloßberger, M., 2000a, Rezeptionsschwierigkeiten. Hans Peter Duerrs Kritik an Norbert Elias' historischer Anthropologie, in: Leviathan, 28/1.

Schloßberger, M., 2000b, Philosophie der Scham, in: Deutsche Zeitschrift für Philosophie, 48/5.

Schloßberger, M., 2003, Das Mitgefühl als Gefühl, in: Bermes, C./Henckmann, W./Leonardy, H. (Hg.), Vernunft und Gefühl. Schelers Phänomenologie des emotionalen Lebens, Würzburg.

Schloßberger, M., 2005, Die Erfahrung des Anderen. Gefühle im menschlichen Miteinander, Berlin.

Schmitz, H., 1969, System der Philosophie. Dritter Band: Der Raum. Zeiter Teil. Der Gefühlsraum, Bonn.

Schmitz, H., 1992, Leib und Gefühl. Materialien zu einer philosophischen Therapeutik (1989), Paderborn.

Schnädelbach, H., 1986, Nachwort: in: Arnold Gehlen, Anthropologische und Sozialpsychologische Untersuchungen, Reinbek bei Hamburg.

Voss, C., 2004, Narrative Emotionen. Eine Untersuchung über Möglichkeiten und Grenzen philosophischer Emotionstheorien, Berlin.

KARIN KÖLLNER

Zu Helmuth Plessners Sozialtheorie

Plessners offene Sozialitätskonzeption vor dem Hintergrund von Sartres bewusstseinstheoretischer Intersubjektivitätsphilosophie[1]

Die originäre Methodik in Plessners Hauptwerk „Die Stufen des Organischen und der Mensch"[2] erlaubt es – wie mittlerweile immer häufiger betont wird – die Eigenständigkeit und Aktualität seiner Theoriekonstruktion hervorzuheben, nicht nur im Vergleich zur philosophischen Anthropologie Schelers oder Gehlens.[3] Im anthropologischen Bezugsproblem ähneln sich zunächst auch Plessner und Sartre.[4] Plessner selbst spricht im Vorwort zur zweiten Auflage seiner „Stufen" von „überraschende[n] Übereinstimmungen mit meinen Formulierungen" (Stufen, 34). Wie sie jedoch methodisch zu ihren Aussagen gelangen, ist der entscheidende Unterschied zwischen beiden, der sich entsprechend auf ihre jeweilige sozialtheoretische Begrifflichkeit auswirkt. Ein Theorienvergleich bietet sich also an, um voreiligen Synthetisierungsversuchen oder allzu allgemeinen Verortungen innerhalb bestimmter Philosophietraditionen entgegenzuwirken. Aufgabe dieses Vergleichs ist es zudem, die Methode Plessners für die soziologische Theorie zu erschließen, denn die Theorie der „Stufen" ist in der Methode verwirklicht und umgekehrt.[5]

---

1 Für wertvolle Anregungen und kritische Einwände danke ich Gesa Lindemann und Hans-Peter Krüger.

2 Im Folgenden kurz „Stufen", zitiert nach Gesammelte Schriften Band IV.

3 So etwa Krüger 2000, 289; Eßbach 1994, 15; ausführlich zu den Differenzen: Fischer 1997, 234–257.

4 Ähnlichkeiten der Ansätze von Plessner und Sartre wurden verschiedentlich in der Sekundärliteratur erwähnt, so etwa Fahrenbach 1994, 73 f.: „Es ist darum angemessener, den methodischen und theoretischen Status von Plessners philosophischer Anthropologie als phänomenologisch-transzendental [...] zu bestimmen. [...] Diese wesentlich regressiv-rekonstruktive Reflexions- und Explikationsform phänomenologisch-transzendentaler Anthropologie weist im Übrigen deutliche Parallelen zur ‚regressiv-progressiven Methode' von Sartres struktureller und historischer Anthropologie auf [...]." Die „anthropologisch-strukturelle Parallelen" beinhaltenden Positionen beider Autoren könnten dazu dienen, so Fahrenbach 2004, 631, moralphilosophische und ethische Aspekte an Plessners Anthropologie zu binden. Zur Abgrenzung gegenüber Sartre als Leibphilosophen: Fischer 1995, 254; auch 2000, 286; ebenfalls abgrenzend: Krüger 2004a, 81: „Sartre hat die (von Plessner geleistete) naturphilosophische Fundierung der Zeitlichkeit zwar stellenweise erwogen, aber grundsätzlich nicht durchführen können".

5 Aktuell werden Theorienvergleiche beispielsweise dazu verwendet, die soziologische Praxis von Theorienvergleichen zu kritisieren: vgl. Nassehi und Nollmann, die damit vor allem die Absicht

Im folgenden Beitrag interessiert mich vor allem Plessners methodisches Vorgehen, das die „Stufen“ zu einer genuinen Sozialtheorie macht. Wie sich die Methode inhaltlich auf die Begrifflichkeit von Sozialität auswirkt, möchte ich anhand einer Kontrastierung zu Sartres „Das Sein und das Nichts“[6] erläutern. Während Sartre aus einer bewusstseinstheoretischen Subjektivität heraus argumentiert, setzt Plessner beim Objekt an, i.e. bei den verschiedenen Lebensformen. Subjektivität taucht in den „Stufen“ in der Komplexitätssteigerung der Lebensweisen auf und wird so zum Gegenstand der Untersuchung. Das Verfahren der Anschauung schließt sich selbst mit ein. Mit der Einführung des Konzepts „Mitwelt“ verknüpft Plessner die exzentrische Lebensform des Subjekts mit Sozialität, sie sind gleichursprünglich. Das Primat des Objekts ermöglicht es, die eigenständige Erscheinung des Gegenüber zu berücksichtigen und damit die Differenz im Verhältnis von Ich und Anderem mitzudenken. Bei Sartres subjektivem Zugang wird der Andere eher an das eigene Bewusstsein gebunden und daher in der Form eines fremden Ich konzipiert. Darin liegt der Unterschied zu Plessners offener Sozialitätskonzeption, die die Bedingung der Erscheinungsweise des anderen Gegenüber im Anderen selbst sucht.

In den folgenden Ausführungen möchte ich zunächst Sartres Ansatz hinsichtlich des Sozialverhältnisses in groben Zügen nachzeichnen.[7] Eine Gegenüberstellung des Theorieaufbaus Plessners dient dazu, die unterschiedlichen Theoriekonstruktionen aufzuzeigen und die sozialtheoretische Wende in den „Stufen“ zu explizieren. Dabei werde ich besonders auf die Begriffe Mitwelt, Geist und Person und ihr Verhältnis zueinander eingehen, denn sie machen den Kern seiner Sozialtheorie aus. Die sozialtheoretischen Textstellen in den „Stufen“ lassen sich anschließend für die sozialwissenschaftliche Methode weiterentwickeln. Im letzten Abschnitt wird ein Vergleich die Unterschiedlichkeit beider Konzeptionen von Sozialität zeigen, die auf das Subjekt-Primat bei Sartre und das Objekt-Primat bei Plessner zurückzuführen ist.

---

verfolgen, „lehrbuchhafte Basis- und Lieblingsunterscheidungen“ der Soziologie zu unterlaufen (Nassehi/Nollmann 2004, 8); zur Kritik der Differenz von Theorie und Empirie vgl. im selben Band Saake 2004. Da Plessners Sozialtheorie und seine Methode in einem Blick zu sehen sind, ist es offensichtlich, dass diese Einheit auch Konsequenzen für die empirische soziologische Forschung haben muss. In der vorliegenden Arbeit werden mögliche Konsequenzen nur kurz erörtert (vgl. dazu ausführlich Lindemann 2002a, 2002b). Im Vordergrund steht vielmehr Plessners methodische Konstruktion seiner sozialtheoretischen Begrifflichkeit.

6 Im Folgenden abgekürzt SuN, zitiert nach Philosophische Schriften Band 3, die Kleinschreibung von „cogito“ und den drei Seinstypen (z.B. „An-sich-sein“) wurde vom Original übernommen. Da mein Hauptaugenmerk auf der Fundierung des Ego-Alter-Verhältnisses liegt, habe ich „Das Sein und das Nichts“ vorgezogen gegenüber den gesellschaftlich-historischen Zusammenhängen der „Kritik der dialektischen Vernunft“. Vgl. zu dieser Auswahl auch Theunissen 1965, 230 ff., der ebenfalls Intersubjektivitätskonzeptionen – bezüglich der Theorie des Anderen – untersucht, allerdings im Hinblick auf ihre transzendentalphilosophischen Ausarbeitungen in der Nachfolge Husserls.

7 Ich verwende Sartres Theorie als Kontrastfolie, um die Bedeutung von Plessners Konzeptualisierung der Intersubjektivität hervorzuheben. Eine ausführliche Kritik von „Das Sein und das Nichts“ ist hier nicht beabsichtigt.

I. Der Beweis der Fremdexistenz bei Sartre

Sartres methodisches Vorgehen in „Das Sein und das Nichts" ist nicht streng systematisch, sondern erweist sich als rekursive Verschränkung phänomenologischer Beschreibungen und ontologischer Beweise. Seine Analysen bewegen sich auf verschiedenen Ebenen, die im Verlauf der Untersuchung aufeinander verweisen. Eine Rekonstruktion seiner Methodik bleibt somit bruchstückhaft. Ich werde zunächst die phänomenologischen Aspekte, i.e. die Strukturen des Bewusstseins, und die daraus folgenden ontologischen Thesen Sartres erläutern. Von diesen Prämissen ausgehend, lässt sich dann der Beweis einer Fremdexistenz, der im Blick-Kapitel ausgeführt wird, darstellen.

Auf der phänomenologischen Ebene setzt Sartre mit folgenden Gedanken an: Gemäß der phänomenologischen Tradition setzt Erscheinung etwas voraus, dem sie erscheint, und das ist Bewusstsein. Die bewusste Wahrnehmung geht von der Existenz einer Realität aus. Sartre untersucht nun zunächst den Wirklichkeitscharakter eines Objekts, der nur dadurch zustande kommen kann, dass er unabhängig von Bewusstsein ist, denn sonst würde man in einen traumhaften Solipsismus geraten. Das bedeutet aber auch, dass es Aspekte eines realen Dinges geben muss, die in seiner konkreten Erscheinung dem Bewusstsein nicht dargeboten werden. Um die Identität eines Objekts zu gewährleisten, müssen die verschiedenen Aspekte miteinander in einem Zusammenhang stehen. Sartre führt dazu das Konzept „Regel" ein, das die überdauernde Realität eines Objektes durch die nicht beliebige „Reihe ihrer Erscheinungen" gewährleistet (SuN, 12 ff.). Diese Grundlage eines seine unendlichen Erscheinungen transzendierenden Dinges tritt selbst nicht auf und ist nicht abhängig von Bewusstsein, das ebenfalls die Erscheinung auf die Reihe hin transzendiert oder, anders gesagt, ihr eine Gestalt verleiht. Die Regel garantiert durch sich, dass sich ein bestimmter, nicht beliebiger Aspekt einer unendlichen Zahl von Aspekten manifestiert. Transzendierende Regel und transzendierendes Bewusstsein gewährleisten so den Wirklichkeitscharakter eines Dinges.

Auf der ontologischen Ebene besteht die Realität eines solchen Dinges darin, „das zu sein was es ist", wie sich Sartre ausdrückt (SuN, 42). Er beansprucht damit für das Ding einen Seinstypus, der mit sich identisch ist, das An-sich-sein. Das An-sich zeichnet sich dadurch aus, dass seine Seinsformen sich selbst nicht wahrnehmen können, sie haben kein Bewusstein von sich, sondern sie sind Objekte für ein fremdes Bewusstein.

Die phänomenologische Lehre besagt, so Sartre, aber nicht nur, dass eine Erscheinung etwas voraussetzt, dem sie erscheint, sondern – quasi von der anderen Seite her – dass die grundlegende Struktur des Bewusstseins intentional ist, das heißt, Bewusstsein ist immer Bewusstsein von etwas. Eine Problematik entsteht dann, wenn das Bewusstsein Objekt wird, man sich also seines Bewusstseins bewusst ist, z.B. so wie Sartre über Bewusstsein nachdenkt. Denn nach den vorherigen Thesen müsste das Objekt unabhängig von Bewusstsein bzw. nicht bewusst sein. Um diesem Widerspruch zu entkommen, unterscheidet Sartre zwei Arten von Bewusstsein: Das objektive, setzende oder reflexive Bewusstsein bezeichnet er als Bewusstsein von etwas. Die andere, nicht mit Erkenntnis gleich zu setzende Bewusstseinsform ist eins mit sich selbst, sie ist präreflexives Bewusstsein (von) sich. Die Klammern zeigen an, dass dieses „von" lediglich eine grammatikalische Notwendigkeit darstellt und nicht einen implizierten Abstand zu einem (Ich-)Objekt, denn das präreflexive Bewusstsein ist unmittelbar (SuN, 23). Subjekt und Objekt sind nicht unterscheidbar. Das ist dann der Fall, wenn ein Bewusstsein – für Sartre ist das gleichbedeutend mit Mensch – in seiner Tätigkeit, z.B. zählen, vollständig aufgeht. Zu einem Bewusstsein von seiner Zählungsaktivität gelangt der Mensch erst durch einen reflexiven Akt.

Dieses präreflexive cogito bildet die entscheidende Argumentationsstruktur für „Das Sein und das Nichts", denn für Sartre ist das nicht-setzende Bewusstsein der Existenzmodus für das setzende Bewusstsein. Das bedeutet, das cogito begründet die Erkenntnis und hat damit philosophisches Primat. Sartre legt seine gesamte Theorie auf das unmittelbare cogito aus, das Sartre zufolge als einziger sicherer Ausgangspunkt für die Argumentation dienen kann.

In ontologischer Hinsicht unterscheidet Sartre den Seinstypus des Bewusstseins, das Für-sich-sein, vom An-sich-sein eines Phänomens. Die Seinsformen des Für-sich existieren dadurch, dass sie einen Selbstbezug aufweisen und daher keine Identität ausmachen. Daraus ergibt sich für Sartre, dass das Für-sich definiert ist, „als das seiend, was es nicht ist, und als nicht das seiend, was es ist" (SuN, 42). Ein Mensch kann nicht in einer seiner Bestimmungen aufgehen, sondern seine Realität ist immer dadurch gekennzeichnet, dass er sich zu ihr verhält. Ich bin nicht traurig, sondern ich bin traurig, indem ich mich zugleich dazu verhalte, traurig zu sein. Ich kann versuchen, die Traurigkeit als meinen aktuellen Gefühlszustand aufrechtzuerhalten, oder ich kann versuchen sie abzuschütteln. In jedem Fall aber ist es unmöglich, das Traurigsein, als das Sein zu verstehen, das ich bin (vgl. SuN, 142 f.).

In vergleichbarer Weise denkt Sartre die Anwesenheit des Bewusstseins bei den Dingen. Die Dinge sind an sich. Sie sind was sie sind. Wenn die Dinge für ein Bewusstsein sind, erfahren sie eine Bestimmung dadurch, dass das Bewusstsein sich als das bestimmt, was die Dinge nicht sind (vgl. SuN, 327). Durch diese nichtende Beziehung zu den Dingen erscheint dem Bewusstsein eine differenzierte Welt, für die es selbst die Verantwortung trägt. Denn es ist das Für-sich, das die Dinge in einer bestimmten Weise erscheinen lässt. Der entscheidende Punkt ist dabei, dass es sich um die tatsächliche Erscheinungsweise der Dinge handelt. Aus diesem Grund lebt ein Mensch in einer Welt, die auf seinen Entwurf zurückgeht und die deshalb immer auch anders sein könnte (vgl. SuN, 111).

Aufgrund dieser Struktur kann sich das Für-sich nicht selbst begründen. Wenn das Für-sich nicht ist, was es ist, sondern nur das, was es nicht ist, kann das Für-sich nur der Grund seines eigenen Nichts sein, aber nicht der Grund seines Seins. Diesen Sachverhalt bezeichnet Sartre als Faktizität (vgl. SuN, 178).

Mit der Beschreibung des Für-sich-seins führt Sartre den Wert und damit eine ethische Problematik als konstitutiv ein. Denn der „Riss" im Für-sich offenbart einen Mangel an Identität, die im An-sich vorhanden ist. Dieser Mangel bewirkt ein unendliches Streben nach einer idealen Einheit, das sich im dynamischen Übergang zwischen unmittelbaren und erkennenden Bewusstsein zeigt. Der Wert als das „unbedingte Jenseits aller Überschreitungen" (SuN, 196) bildet den entgegengesetzten Differenzpol zur Faktizität, von dem das Für-sich heimgesucht wird. Der Wert ist dem Für-sich allerdings nicht als solcher bewusst. „Damit der Wert Gegenstand einer These wird, muß das Für-sich, das er heimsucht, vor dem Blick der Reflexion erscheinen." (SuN, 198 f.) In gleicher Weise wird der Wertbezug des Für-sich beim Anderen entdeckt. Es gibt in der Erfahrung des Anderen eine spontane Evidenz, dass im Überschreiten des An-sich durch das Für-sich, das letztere sich an einem Wert als dem umfassenden Sinn seiner Überschreitung orientiert (vgl. SuN, 199).

Auch wenn Sartre die ontologische und die phänomenologische Ebene getrennt analysiert, liegt für ihn der Schlüssel seiner Programmatik in der Überwindung der Gegensätze von Ontologisch-Abstraktem und Ontisch-Konkretem. Eben das ist das Besondere an Sartres „phänomenologischer Ontologie", dass sie im Sein des Anderen und im Sein mit dem Anderen eine Einheit des Ontologisch-Konstitutiven und des Ontisch-Konkreten entwirft (vgl. Theunissen 1965, 192 f.). Das Phänomen ist Existenz, das Sein von Welt fällt mit den sie enthüllenden Strukturen des Bewusstseins zusammen. Von seinen phänomenologischen Beobachtungen kann Sartre daher auf eine allgemeine Ontologie schließen.

Diese Besonderheit zeigt sich auch am methodischen Vorgehen Sartres, der von den konkreten menschlichen Verhaltensweisen ausgeht. Dabei ist die Innenperspektive des eigenen Bewusstseins die einzig zulässige Beschreibungsmöglichkeit, denn nur das eigene Ich ist zugänglich. Ausgangspunkt und Grundlage für die gesamte Theorie von „Das Sein und das Nichts" bildet das subjektive Bewusstsein. Aus der Subjektivität heraus rekonstruiert Sartre in der Reflexion auf das Eigene das ursprüngliche, nichtreflexive cogito, das als Phänomen allein für den ontologischen Beweis dienen kann. Somit bildet die konkrete Erfahrung im cogito das Fundament einer allgemeinen Ontologie, denn Ontisches und Ontologisches stehen nicht in Differenz zueinander.

Von diesem am Subjekt orientierten bewusstseinsphilosophischen Zugang aus muss Sartre folglich auch das Vorkommen fremden Bewusstseins und damit das Konzept von Intersubjektivität klären. Der Beweis einer Fremdexistenz kann für ihn nur im cogito liegen. Sartre setzt bei der Erfahrung des Selbstbewusstseins an, das er nicht mit Reflexion gleichsetzt, sondern mit der Erfahrung einer eigenen Subjektivität[8], in der ich mich von außen als Ich erfasse. Dies kommt durch mein eigenes Objekt-sein zustande, nämlich dadurch dass ich erfahre, wie sich Handlungen und Intentionen Anderer auf mich als Objekt beziehen (SuN, 440).[9] Da es keine Objekt-Objekt-Beziehung gibt, muss dieser Andere Subjekt sein. Der Beweis einer Fremdexistenz durch die evidente cogito-Erfahrung des eigenen Objekt-seins ist damit genauso gewiss wie die cogito-Erfahrung der eigenen Existenz. Dieses Objekt-Ich wird durch eine prinzipielle Anwesenheit des Anderen, die nicht an eine bestimmte Materialität gebunden ist, näher bestimmt (z.B.

---

8 Im Gegensatz zur immanenten Subjektivität des cogito muss dieses Subjekt-Ich als über den Anderen gestiftet verstanden werden (s.u.).

9 Sartre erläutert dieses Faktum anhand einer Reihe von Beispielen, die sich auf Erlebnisse des fremden Blicks beziehen. Am bekanntesten ist hierbei die Schlüssellochszene (SuN, 467 ff.), in der er einen Menschen beschreibt, der ein Paar in einem anderen Raum heimlich beobachtet und in dieser Aktivität vollständig aufgeht. Ein Bewusstsein von sich selbst erhält er erst durch ein Geräusch auf dem Gang, das ihn aus der Perspektive eines Anderen als heimlichen Beobachter erschließt. Scham als cogito-Erfahrung kann also nur vom Standpunkt eines Außenstehenden, und zwar eines Subjekts, das einen zum Objekt machen kann, erlebt werden.

Ich als Ehefrau, auch wenn der Ehemann gerade abwesend ist). Die Faktizität der Anderen bestimmt meine Situation.

Mit der eigenen Objektivierung durch den Anderen entsteht ein neuer Seinstypus, das Für-Andere-sein: Die Nichtungen des Anderen führen dazu, dass meine Entwürfe kontingent werden, mein Für-mich-sein wird aufgelöst. Der Andere konstituiert so eine andere Seinsweise für mich, nämlich das Für-Andere-sein. Dieser von Sartre eingeführte dritte Seinstypus klärt die ontologische Beziehung von Für-sich und An-sich: Der Subjekt-Andere erstarrt mein Für-mich, indem er meine Möglichkeiten und Entwürfe negiert und mich als eine objektive Faktizität setzt, die ist, was sie ist. Denn würde er meine Möglichkeiten anerkennen, wäre ich ja Subjekt und er als Objekt um seine Entwürfe gebracht. Indem der Andere mich so zu einem An-sich macht, erscheint für mich ein neues Sein, das Für-Andere-sein.

Entscheidend ist für Sartre, dass der Subjekt-Andere eine Evidenz meines unmittelbaren cogito ist und er dadurch, dass er mich zum Objekt macht, meine geschlossene Interiorität negiert. Mein Bewusstsein eines anderen Körpers ist hingegen ein äußerer Akt des setzenden Bewusstseins, das den Anderen zum Objekt-Anderen macht. Das Setzen des Anderen hat durch das Für-sich-Sein nur eine mögliche Struktur und schafft somit keine Gewissheit. Philosophisch gesehen hat das Erkennen der bewussten Körperlichkeit des Gegenüber keinen Wahrheitsgehalt, denn über das Sein der Objekte an sich kann introspektiv nichts gesagt werden. Dieses körperliche Gegenüber verweist auf jeden Fall nicht in gesicherter Weise auf ein Für-sich. Damit lässt sich vom Körper des Anderen aus auch nicht sein Bewusstsein beweisen. Das kann nur die Erfahrung meines Objekt-Sein in der Interiorität des cogito durch die Objektivierung seitens des Subjekt-Anderen. Der Beweis einer Fremdexistenz ist also nicht an den Körper des Anderen gebunden, sondern erfolgt für Sartre ausschließlich im eigenen cogito-Bewusstsein. Methodisch gesehen bedeutet das, dass Sartre das Bewusstsein erst in einem zweiten Schritt an das erscheinende Gegenüber bindet: Zunächst erfahre ich im cogito unmittelbar mein Objekt-sein. Meine Interiorität des Bewusstseins bleibt dabei erhalten, auch wenn sie durch den Anderen negiert wird. Da das cogito aber durch die nichtende Struktur des Für-sich ausgezeichnet ist, findet dann in Sartres theoretischem Aufbau objektivierende Erkenntnis statt. Erst in diesem Theorieschritt, durch die Objektivierung des Anderen, taucht der Körper in der Erkenntnis des setzenden Bewusstseins auf.[10]

Der innere Zusammenhang von Objekt-Ich und Subjekt-Anderer ist für Sartre die Grundlage menschlicher Sozialität, die Intersubjektivität als gemeinsame raum-zeitliche Welt ermöglicht: Im Für-sich gruppieren sich die Dinge auf mich als cogito-Zentrum hin. Durch den Anderen, der mich zum Objekt in seinem Raum macht, wird diese unmittelbare Beziehung gebrochen. Das raumbildende Vermögen des Anderen taucht als „kleiner Riß meines Universums" (SuN, 463) auf, die Dinge um mich erscheinen in

---

10 Ich möchte darauf hinweisen, dass es sich hier um ein philosophisches Primat handelt, das nicht mit einer realen Abfolge zu verwechseln ist. Auch beschränke ich mich auf die Körperbeziehung, wie sie sich in der Intersubjektivitätskonzeption des Blick-Kapitels darstellt. Sartre hat anschließend genauer ausgeführt, wie er Körperlichkeit versteht. Dabei unterscheidet er die faktische Körper-Erfahrung als Für-sich-sein von dem Körper-für-Andere, was mit dem oben Dargestelltem korrespondiert (vgl. zur Körper-Konstruktion Sartres etwa Kampits 1975, 162 ff.).

einer veränderten Distanz. Da diese gegenseitigen Verräumlichungen wechselseitig stattfinden, führen sie zur Erfahrung eines gemeinsamen Raums. Nach entsprechendem Muster entsteht eine allgemeine Zeit durch die autonomen Verzeitlichungen eines objektivierenden Ichs und eines objektivierenden Anderen. Die objektivierenden Aktivitäten finden wechselseitig statt. Was für mich als Objekt gilt, erfolgt in gleicher Weise für den Anderen, insofern er von mir objektiviert wird. Diese Reziprozität stellt Sartre in seinen ausführlichen psychologischen Studien als Kampf um faktische Werte dar, in dem es darum geht, dass der Andere mich so objektivieren soll, wie ich gerne erscheinen möchte. Die Konzeption von Sozialität bei Sartre erscheint daher schon immer mit der Frage der Ethik verknüpft. Dies war auch seine Absicht, denn „Das Sein und das Nichts" ist als Grundlegung einer Ethik konzipiert.

II. Plessners Theorie der Positionalitätsformen

Im Folgenden möchte ich Plessners systematischen Ansatz, der transzendentalphilosophische, phänomenologische und hermeneutische Annahmen[11] in einer eigenen Methode kombiniert, darstellen. Damit soll zudem die Begrifflichkeit der „Stufen des Organischen und der Mensch"[12] eingeführt werden. Bereits hier zeigen sich Unterschiede zu Sartre, die ich im abschließenden Kapitel explizit ausführen werde.

Plessners spezifische Problemstellung bildet den Beweggrund für die Entscheidung, Leben als Ausgangspunkt zu wählen und entsprechend die Theorie im Sinne einer Komplexitätssteigerung von Lebensformen systematisch aufzubauen: Plessner stellt sich die Aufgabe, den cartesischen Dualismus von äußerlicher Körperlichkeit und innerlicher Bewusstheit zu überwinden und Natur und Geist von einem Blickpunkt aus zu sehen. Die Untersuchung findet ihren Zugang daher vom Begriff des Lebens aus, das auch in nicht bewusster Form existiert und somit nur auf der Objektseite beschrieben werden kann. Diese „Wendung zum Objekt" (Stufen, 117) wird allerdings nicht naiv vollzogen, sondern im Rahmen eines kritisch kontrollierten Verfahrens. Der Gegenstand der Untersuchung wird nicht als bestehend vorausgesetzt, sondern durch ein kritisch konstruktives Verfahren begrenzt.

Plessner entwickelt dementsprechend folgende Methode: Die verschiedenen Lebensphänomene werden in ihren Zusammenhängen zunächst als konstitutive Wesensmerkmale des Lebendigen erfasst, wie sie sich logisch als bestimmte Seinsgesetzlichkeiten erschließen lassen. Die logisch begründeten Strukturformen des Lebens haben allerdings nur hypothetischen Charakter. Sie sollen nur dann gelten, wenn sie sich an einem materialen Sachverhalt belegen lassen. „Eine derartige apriorische Theorie des Organischen hat, so scheint es, mehr Verwandtschaft mit einer Dialektik als mit einer Phänomenologie. Sie geht von einem Grundsachverhalt, dessen Realität sie durchaus hypothetisch behandelt, aus und gelangt Schritt für Schritt von einer Wesenbestimmung zur anderen. Die Wesensbestimmungen *ergeben* sich auseinander, ordnen sich in Stufen, offenbaren sich als ein großer Zusammenhang, der damit wiederum als Manifestation

11 Vgl. dazu ausführlich die systematisch-genetische Untersuchung von Pietrowicz 1992.

12 „Stufen" werden hier als Niveauerhöhungen mit steigender Komplexität verstanden.

des Grundsachverhalts begriffen wird" (Stufen, 167). Zusammenfassend heißt das, die hypothetisch entwickelten und systematisch gesteigerten Komplexitätsniveaus gelten als Bedingungen der Existenz von Lebendigkeit und subjektiver Erfahrung. In einem zweiten Schritt wird untersucht, inwieweit sich die These am konkreten Sachverhalt aufweisen lässt. Durch das zweistufige Verfahren werden die Objekte genauer differenziert und begrenzt.

Entscheidend dafür, den cartesischen Dualismus zu überwinden und gleichzeitig eine orientierende Fragestellung für die vorerfahrungsmäßigen Bedingungen zu finden, war folgende Überlegung Plessners: Die Bedingungen können auch in den begegnenden Dingen untersucht werden und müssen sich nicht ausschließlich auf die Erkenntnisleistungen des Bewusstseinssubjekts beziehen (vgl. Stufen, 121 f.). In der Konsequenz heißt das, Untersuchungsgegenstand sind auch leblose, anorganische Dinge, die – ebenso wie Descartes', allerdings anthropozentrische, Differenz von Innerlichkeit und Körperlichkeit – ein Innen-Außen-Verhältnis als Bedingung ihrer Erscheinung aufweisen. Was ist nun mit der Innen-Außen-Differenz eines unbelebten Dinges gemeint? Ein Gegenstand erscheint reell immer nur in seinen einzelnen möglichen Seiten, seinen divergenten Aspekten. Aspektivität heißt „die von der Erscheinung her garantierte Gegenstellung zu einem Subjekt" (Stufen, 131). Damit ist gemeint, dass ein Objekt seine äußere Erscheinungsweise selbstständig einem Beobachter darbietet und mit dem Außen der Oberfläche auf einen inneren Zusammenhang verweist. Denn die möglichen, aber eben nicht beliebigen Aspekte (eine Zigarette kann von sich aus nicht als Bleistift erscheinen) sind durch den „Kern" eines Objekts garantiert. Die – nicht substantiell gedachte – Kernhaftigkeit ist die Bedingung für die einheitliche Wahrnehmung eines Phänomens. Diese Bedingung liegt im Gegenstand selbst: Materie kann sich in seinen Eigenschaften unterschiedlich raumhaft darstellen, wobei der Kern, selbst sozusagen raumlos, bestehen bleibt. Wenn diese unterschiedliche Darstellung vom Objekt selbst geleistet wird, spricht Plessner von Positionalität. Damit ist zunächst die These gemeint, dass bestimmte Dinge ihr Außen, ihre Grenze zur Umwelt selbst verändern können. Ein Ding, das sein Grenzverhältnis selbst gestaltet, lässt sich konkret an einem lebendigen Wesen aufweisen (eine Zigarette kann nicht von sich aus zur Asche werden). Lebendigkeit heißt also, dass sich ein Innen-Außen-Grenzverhältnis als anschaulich gegebene Eigenschaft am Körper zeigt. Das bedeutet, das Wesen setzt sein Sein selbst, nämlich über es hinaus zu sein bzw. ihm entgegen zu sein (Stufen, 181).

Damit stellt Plessner die Richtungsdivergenz des lebendigen Körpers als konstitutives Wesensmerkmal fest, die es erlaubt, dass Lebendiges die Gegenstellung und damit die Beziehung zur Umwelt selbst vollzieht. So behauptet der positionale Körper selbst Raum, er ist wesensmäßig raumhaft und ebenso zeithaft. Organismus und *gegen*wärtiges Positionsfeld bilden einen Funktionskreis, in dem sich Leben vollzieht. Die Form bedeutet dabei den Ausgleich zwischen der physikalischen Dinglichkeit und der Organisationsweise des Lebendigen, die das Verhältnis nach innen und außen garantiert. Auf welchem Komplexitätsniveau das Grenzverhältnis Organismus – Umwelt geregelt wird, untersucht Plessner anhand hypothetischer Wesensmerkmale, von denen gefordert wird, dass sie sich in Pflanze, Tier und Mensch anschaulich aufweisen lassen. Die Positionalität dient also als Prinzip, das die gesamte Untersuchung leitet und ihr dabei eine systematische Ordnung verleiht. Auf diese Weise kann Plessner verschiedene Lebensformen kontrastieren, indem er ihre Positionalitätscharaktere differenziert.

Plessner unterscheidet die offene Form der Pflanze von der geschlossenen des Tieres. „Offen" heißt hier, dass der lebendige Körper in seiner raum-zeithaften Darstellung unmittelbar in sein Positionsfeld eingegliedert ist. Die geschlossene Form ist dagegen in ihrer Entwicklung nach innen abgeschlossen und somit auf sich selbst gestellt. Die Organismus-Umwelt-Beziehung verläuft in gegensinnigen Prozessen durch einen Punkt hindurch, die Mitte, und wird von einem Selbst reguliert oder vermittelt (vgl. Stufen, 220 ff.). Das Selbst vermittelt ein aktives, motorisches „Wirken" mit einem sensorischen „Merken", das sich durch eine passive Organismus-Umwelt-Beziehung auszeichnet. Der Organismus hat Wirklichkeit als Körper (Mittel) und als sein Leib, d.h. im Körper. Das Selbst muss daher zu sich in Distanz stehen. Als Mitte ist das Selbst absolutes Hier und absolutes Jetzt und steht im ständigen Vollzug dieser rückbezüglichen Vermittlung gegen das Positionsfeld. Das bedeutet, Körperhaben und Leibsein bestehen vom Selbst aus nebeneinander. Folglich muss der Organismus zwischen beiden Aspekten wechseln, denn er ist dieser Vermittlung als Subjekt nicht enthoben. Merkmal dieser tierischen Organisation ist ihre Frontalität: Das Tier ist im spontanen Wechsel immer gegen das fremde Umfeld gerichtet.

Mit einer solchen Komplexität der Wesensmerkmale ist ein anderes Seinsniveau erreicht. Die Reflexivität der geschlossenen Form befindet sich gegenüber der offenen, nicht von sich abhebbaren Form der Pflanze auf einer höheren Existenzebene. Auf welche Weise die Vermittlung zu sich selbst erfolgt, kann noch einmal unterschieden werden. Plessner spricht von einer dezentralen und einer zentralen Organisationsweise. Erstere reguliert das Verhältnis zu sich und zur Umwelt vor allem auf motorischem Weg, der durch die Triebe und Instinkte gesteuert wird. Das Selbst merkt einen Reiz in der selben Weise wie das Selbst auf den Reiz wirkt bzw. reagiert. Das motorische Einwirken auf ein Objekt wird von Organen geleistet, die einzeln differenziert sind, d.h. nicht zentral aufeinander bezogen.

Zentrische Positionalität zeichnet sich durch die zentral gehandhabte Vermittlung mittels der Organe aus, das Primat liegt beim Sensorischen. Vielfältige Reize treffen auf den Körper ein und erweitern so den Spielraum möglicher Reaktionsweisen erheblich. Dieser Komplexität muss der Organismus gerecht werden. Wird der Vermittlungsakt unterbrochen und zwischen Reiz und Reaktion entsteht eine Kluft spricht Plessner von der zentral geschlossenen Form des Bewusstseins. Das Bewusstsein leistet die Abstimmung von Selbst und Außenfeld, die eben über diese leere Kluft zueinander in Relation stehen. Um die Vermittlung mit sich selbst und dem Positionsfeld über die Organe in einem Funktionskreis gewährleisten zu können, müssen die sensomotorischen Aktivitäten in einem Organ zentral repräsentiert sein (zentrales Nervensystem). Der Leib ist an das Zentralorgan gebunden, der Körper enthält das Zentralorgan, d.h. der Organismus hat Sich[13], er ist Subjekt. Zusammenfassend kann man sagen, dass zentrische Positionalität solchen Wesen zukommt, die ihr Leib-Körper-Grenzverhältnis aus der Mitte des

[13] Plessner unterscheidet das rückbezügliche „Sich" des Tieres vom „sich" des Menschen, das dieser Rückbezüglichkeit enthoben ist.

Hier-Jetzt heraus organisieren und sich auf diese Relation im spontanen Wechsel abstimmend beziehen können.

Mit der zentralen Organisationsweise dieses höheren Existenzniveaus, das sich am Tier erfahren lässt, hat Plessner Bewusstsein in die Untersuchung eingeführt. Dass Subjektivität und Bewusstsein auf der Objektseite auftauchen, ist gemäß seiner Argumentation kein Widerspruch, sondern nur konsequent: Das zentrische Wesen konstituiert das Positionsfeld durch die vom Bewusstsein strukturierte Anschauung. Damit ist die Anschauung Objekt und kann von einem anderen Bewusstsein (eines Beobachters) angeschaut werden.[14] „Natürlich sind ‚Empfinden' und ‚Anschauen' nur der Selbstbeobachtung zugängliche Arten, äußerem Feld sich zuzuwenden. Nachdem jedoch die Untersuchung der Positionalität eines bestimmten Typus Lebewesen dieselbe Struktur ihres Verhältnisses zum Außenfeld erwiesen hat, dürfen nicht etwa (per analogiam), sondern müssen die gleichen Begriffe hierfür eingesetzt werden. Denn die Betrachtung der Positionalität schließt das in der Selbstbeobachtung Zugängliche, sofern es den Bezug zum Außenfeld konstituiert, mit ein" (Stufen, 324).

Die zentrische Selbstbezüglichkeit kann hypothetisch noch einmal gesteigert werden, wobei sie auf der höheren Stufe erhalten bleibt: Die exzentrische Positionalität meint nämlich Lebewesen, die zugleich innerhalb und außerhalb des o.g. Abstimmungsverhältnisses stehen. Das bedeutet, der Bezug darauf, sich selbst zur Umwelt vermittelnd, also in abstimmender Weise zu verhalten, wird aus der zentralen Organisation des Organismus *und* aus Distanz zu ihr vollzogen. Damit ist für ein auf diese Weise exzentrisch positioniertes Lebewesen die Unterbrechung, die Leere konstitutiv, die sich aus dem Stehen innerhalb und außerhalb des Zentrums ergibt. Das exzentrische Wesen besitzt die Möglichkeit, sich auf seine zentrische Selbstbezüglichkeit nochmals vermittelnd zu beziehen.

Ein Selbst in exzentrischer Positionalität kann seine verschiedenen Weisen, Leib zu sein, unterscheiden (merken) und zugleich selbst selegieren, wie es sich mittels seines Körpers aktiv auf seine Umwelt bezieht (wirken). Mit „Selbst" ist also keine unmittelbare Gegebenheit des Bewusstseins gemeint, sondern etwas, was von einem Standpunkt außerhalb gehandhabt wird. Selbstbewusstsein ist dann die Reflexion auf diese Vermittlung. Während Bewusstsein schon ein Merkmal der zentrischen Position ist, ist Selbstbewusstsein als Bewusstseinsform der exzentrischen Position vorbehalten. Selbstbewusstsein ist mit dem höheren Komplexitätsniveau der Existenzweise gegeben. Die sensorischen und motorischen Möglichkeiten der Organe sind hier insgesamt reichhaltiger und erhöhen den Spielraum der Reaktionsweisen. Zudem wird die bewusste Abstimmung im Funktionskreis noch einmal unterbrochen und erhält dadurch eine grundsätzliche Offenheit. Identität in der Selbstvermittlung und eine bestimmte Umweltbeziehung müssen im Vollzug erst festgestellt werden. Das bedeutet, ein mit sich selbst identisches Ich-Subjekt kann nur empirisch hergestellt werden. Die exzentrische Positionalität sieht Plessner am Sachverhalt „Mensch" als erfüllt an.

Menschen stehen in vielfältigen Wechselbeziehungen zueinander. Welche konstitutiven Wesensmerkmale für dieses Phänomen notwendig sind, beschreibt Plessner im letzten Kapitel der „Stufen". An diesem Wendepunkt des Werkes – so mein im Folgen-

[14] Gerade dies vollzieht Plessner mit seiner selbstreferenziellen Methode.

den auszuführendes Argument – läuft die gesamte Studie auf eine Sozialtheorie zu. Dass und vor allem *wie* der Mensch sich zum Subjekt macht und seine Umweltbeziehung feststellt, ist notwendig mit dem Anderen verbunden. Mit der Einführung des Konzepts der Mitwelt verknüpft Plessner das empirische Menschsein mit dem Sozialen, exzentrische Position und Intersubjektivität sind gleichursprünglich.

III. Mitwelt, Person und Geist

Mit der exzentrischen Positionalität ist die Steigerung der Lebensweisen abgeschlossen. Mit der anschließenden Einführung der Konzepte Mitwelt, Person und Geist vollzieht Plessner die sozialtheoretische Wende in den „Stufen". An dieser Stelle geht es also methodisch für Plessner nicht mehr darum, das Verhältnis von Organismus und Umwelt in seinem Komplexitätsniveau zu erhöhen, sondern darum, die Bedingungen und Merkmale dieser Lebensform auszuführen. Die Art und Weise, wie Plessner den Begriff der Mitwelt einführt, macht deutlich, dass exzentrische Positionalität notwendigerweise als in sich sozial zu denken ist. Im Rahmen der Explikation der Mitwelt entwickelt Plessner seine Konzepte von Person und Geist.

Mitwelt, Person und Geist stehen in einem wechselseitigen Bedingungsverhältnis, das ich in der folgenden Darstellung besonders hervorheben möchte. Am Ende dieses Kapitels geht es um mögliche methodische Konsequenzen, die sich aus Plessners Sozialtheorie ziehen lassen. Die Überlegungen zu Mitwelt, Person und Geist sind in den „Stufen" nur sehr knapp ausgeführt und daher leicht missverständlich. Der Bezug zur Systematik der bisher analysierten Bedingungen und Wesensmerkmale der verschiedenen Lebensformen ist deswegen entscheidend für die Interpretation.[15]

Mitwelt

Die zentrische Position ist durch ihre Frontalität gekennzeichnet. Die nach innen abgeschlossene Existenz des Organismus ist einem Umfeld äußerer Dinge entgegengestellt. Diese Gegenübergestelltheit ist als Wesensmerkmal auch in der exzentrischen Position erhalten. Wenn die Gegenstellung beim Tier zwischen Innenwelt und Außenwelt wechselt und der Mensch dieser bewussten Vermittlung beider Stellungen entrückt ist, dann kann weder Innenwelt noch Außenwelt die Sphäre der Gegenstellung dieser Entrückung bilden. Das bedeutet, die Gegensphäre der exzentrischen Position muss einen anderen Wirklichkeitstypus ausmachen. Dazu führt Plessner den Begriff der Mitwelt ein. Der Mensch ist gegen die Welt und zugleich in der Welt. Die Mitwelt geht stofflich nicht über Innen- und Außenwelt hinaus, jedoch ist in ihr ein anderer, eben exzentrischer Bezug realisiert: In-sein – in der zentrischen Position – bei gleichzeitigem Dahinter-

[15] Im letzten Kapitel der „Stufen" rekapituliert Plessner an einigen Stellen seine Analysen und stellt sie in einen nun erreichten größeren Zusammenhang, durch den die Frage der Sozialität geklärt werden soll. Die Abfolge seiner Überlegungen spielt daher – im Gegensatz zur bisherigen Darstellung – keine wesentliche Rolle für die folgende Erläuterung.

bzw. Hindurch-sein – in der exzentrischen Position. Dieser exzentrische Bezug spiegelt sich auch in der jeweiligen Doppelaspektivität der Innen- und Außenwelt des Menschen.

In der Innenwelt des Erlebens von Gefühlen oder Gedanken ist der Mensch in der exzentrischen Position gleichzeitig in Distanz dazu, nie ganz unmittelbar, aber auch nicht gänzlich vermittelt, denn die zentrische Positionalität bleibt ja auch in der exzentrischen erhalten. Ich bin Schmerz, aber ich kann mich zugleich auch vom Vollzug des Schmerzes distanzieren. Diese Spaltung des Selbst steht zwischen einem eigenen und einem fremden Selbstsein, zwischen mir und dem Anderen in mir als Gegenpol. In der Selbststellung vollzieht der Mensch als Akt-Subjekt und in der Gegenstandstellung erhält er ein Bewusstsein seiner Ich-Subjektivität. Dies äußert sich im Phänomen „unechter" Gefühle wie im Spielen einer Rolle. Gewissheit über das eigene Erleben ist nicht erreichbar.

In der Selbststellung ist der Mensch Leib und hat sich als Leib, er erlebt seine innere Realität in der Gegenstellung. Das Leibsein schlägt in Körperhaben um, wenn der Mensch seinen Körper als Gegenstand der Vermittlung erfährt. Leib und Körper, als Gesamtkörper eine Einheit, bilden den Doppelaspekt der Außenwelt, die sich nur durch die Unterscheidung einer Innenwelt abheben lässt.

Auf der Grundlage dieser Überlegungen entwickelt Plessner sein Konzept der Intersubjektivität. Plessner analysiert das Verhältnis von Organismus und Umfeld hinsichtlich seiner, einem bestimmten Komplexitätsniveau entsprechenden, konstitutiven Wesensmerkmale. Durch die logisch begründete Steigerung der Komplexität dieses Verhältnisses formuliert er hypothetische Positionscharaktere, die dann Gültigkeit erhalten, wenn sie sich am anschaulich gegebenen Sachverhalt aufweisen lassen. Bei der Pflanze ist die Beziehung zwischen Organismus und Umfeld direkt, wobei sich diese Definition anhand der Unterscheidung direkt/indirekt streng genommen auf dieser Ebene noch gar nicht stellt. Die Pflanze hat ihre Grenze nicht, sie ist offen. In der geschlossenen Form des Tieres hat der Organismus seine Grenze nach innen abgeschlossen, und damit ist die Beziehung zum Außen mittelbar. In der zentrischen Position wird diese Vermittlung durch das Bewusstseinssubjekt unterbrochen. Diese Unterbrechung nimmt der Organismus aber selbst nicht wahr, d.h. die Beziehung zwischen Organismus und Umfeld ist dem Organismus selbst unmittelbar. Dieses Stehen in der Vermittlung, das einen direkten Bezug zum Außen schafft, ist auch in der exzentrischen Position erhalten. Nur ist sich der Organismus selbst nicht mehr verborgen, er weiß um seine Vermittlung von Körper und Leib. Damit ist er ins Nichts gestellt, denn er weiß darum, dass seine direkte Beziehung zu den Dingen „nur" mittelbar ist und damit auch anders ausfallen könnte.

Diese Ortlosigkeit der eigenen Stellung als Gesamtkörper nimmt er als Einheit im Vollzug stehend unmittelbar wahr. Die fremden Dinge außerhalb sind in erhalten gebliebener zentrischer Stellung auch unmittelbar. In der Konsequenz heißt das, dass alles Begegnende – die eigene raumzeitlose Stellung und fremde Dinge – in dieser *einen* Beziehung als raumzeitlos gilt. Da die Ortlosigkeit ein Merkmal exzentrisch positionierter Wesen ist, muss der Mensch zunächst sozusagen davon ausgehen, dass das Gegenüber ein Mensch ist. Erst in der Beschränkung lassen sich die verschiedenen Positionsformen der begegnenden Erscheinungen differenzieren. In der Bestimmung ihrer Position können Unterschiede erkannt werden, denn die Dinge lassen sich nicht alle gleich in eine Raum-Zeit-Position bringen. An den Widerständen, die die fremden Dinge selbst ihrer Bestimmung entgegensetzen, zeigen sich ihre positionalen Charaktere. „Bei der Annahme der Existenz anderer Iche handelt es sich nicht um Übertragung der eigenen Daseinsweise, in der ein Mensch für sich lebt, auf andere ihm nur körperhaft gegenwärtige Dinge, also um eine Ausdehnung des personalen Seinskreises, sondern um eine Einengung und Beschränkung dieses ursprünglich eben gerade nichtlokalisierten und seiner Lokalisierung Widerstände entgegensetzenden Seinskreises auf die ‚Menschen'." (Stufen, 374)[16] Am Phänomen (kindlicher) Anthropomorphisierungen, die sich erst durch die Sozialisation auflösen, kann dies gut beobachtet werden.

Methodisch gesehen liegt die Besonderheit Plessners Intersubjektivitätsansatz im Folgenden: Für ihn stellt sich nicht das Problem, wie Fremdbewusstsein überhaupt zustande kommen kann, er muss keine genetische Erklärung geben. Denn mit der eigenen exzentrischen Daseinsweise ist auch diejenige anderer Wesen zwangsläufig gegeben. Exzentrische Position und Sozialität sind gleichursprünglich. Das eine lässt sich nicht aus dem anderen erklären, beide Formen tauchen zugleich auf. Das bedeutet, dass die gesamte Untersuchung der verschiedenen Lebensformen nicht nur auf die exzentrische Stellung des Menschen, sondern ebenso auf Sozialität zuläuft. Mit dem Konzept der exzentrischen Position ist die Stufe erreicht, auf der Intersubjektivität genauer ausgeführt werden kann.

Die Mitwelt ist – wie oben erwähnt – das Feld der Gegenstellung der exzentrischen Stellung. Sie ist aber auch die Sphäre der Anderen. Denn in der Lokalisierung und Einengung der ursprünglichen Anthropomorphisierung aller begegnenden Entitäten zeigt sich, dass das exzentrisch gestellte Gegenüber sich nicht in Außenwelt und schon gar nicht in Innenwelt eintragen lässt. Das bedeutet, dem exzentrischen Anderen muss ein anderer Wirklichkeitstypus entsprechen, und das ist die Mitwelt. „Mitwelt ist die vom Menschen als Sphäre anderer Menschen erfaßte Form der eigenen Position. Man muß infolgedessen sagen, daß durch die exzentrische Positionsform die Mitwelt gebildet und zugleich ihre Realität [der exzentrischen Position, K.K.] gewährleistet wird." (Stufen, 375)

Die Mitwelt ist die „Sphäre des Einander" (Stufen, 378), des eigenen sich Andersseins im Selbstverhältnis und der Beziehung zum Anderen im Sozialverhältnis. Von der Sphäre der Mitwelt selbst lassen sich die Beziehungsmomente in *einer* historisch konkreten Lebensform ebenso unterscheiden wie die Beziehungsmomente von einer zu einer anderen historisch konkreten Lebensform. Damit ist sichergestellt, dass exzentrische Wesen ursprünglich miteinander verknüpft bleiben. „Als Glied der Mitwelt steht jeder Mensch da, wo der andere steht. In der Mitwelt gibt es nur Einen Menschen, genauer ausgedrückt, die Mitwelt gibt es nur als Einen Menschen." (Stufen, 378) Hier ist noch einmal ausgedrückt, dass alles Begegnende in *einer* raumzeitlosen Stellung und damit Beziehung des Einander steht, die mit der exzentrischen Lebensform gegeben ist.

[16] Vgl. hierzu auch Lindemann (1999).

Person

Die exzentrische Positionalität folgt aus der Distanzierung von der zentrischen, der Organismus weiß um seine Vermittlung nach innen und über sich hinaus. Diese Lebendigkeit ist im Menschen verwirklicht. „Mensch" bezeichnet bei Plessner also einen empirischen Sachverhalt der exzentrischen Position. Die Person ist nun die Organisationsform der Innen-, Außen- und Mitwelt als Einheit, d.h. sie ist positional dreifach charakterisiert (vgl. Stufen, 365).[17] Die Einheit der Beziehungen von Innen-, Außen- und Mitwelt zeichnet die Lebendigkeit von Personen aus. Sie ist nicht einfach die Summe dieser Wirklichkeitstypen, auch wenn sie darauf analysiert werden kann. Dies liegt daran, dass die Person nicht in einer einfachen Frontalstellung zur Welt steht, zumindest nicht in dualistischen Zusammenhängen zu denken ist. „So wenig wir [...] das Schema der Visavis-Stellung zur Außenwelt und das der Nachrichtenübermittlung von ihr, auf das lebendige Verhältnis der Person zur Außenwelt anwenden dürfen, so sinnlos wäre ihre Verwendung für das Verhältnis der Person zur Mitwelt." (Stufen, 376)

Die Mitwelt ist gleichzeitig eine Bedingung für die Existenz der exzentrisch gestellten Person und wird durch die Person gebildet, nämlich durch ihren geistigen Charakter. Das bedeutet, auch das Verhältnis von Mitwelt und Person an sich ist durch das Paradoxon der Lebendigkeit der Exzentrizität gekennzeichnet. Die reale Mitwelt ist die Voraussetzung, dass sich der Mensch als Element dieser Sphäre, nämlich als Person, erfassen kann und zugleich wird die Existenz der Mitwelt durch dieses Erfassen, durch den Vollzug, gebildet. Das Verhältnis von Person und Mitwelt ist in dem Sinne paradox, dass die Person ein Element der Mitwelt ist, d.h., dass die Mitwelt von Personen gebildet wird und dass umgekehrt die Mitwelt die Bedingung der Existenz von Personen ist. Die Existenz der Mitwelt und die Existenz der Person setzen einander wechselseitig voraus.

Geist

Die Doppelaspektivität des Ichs und die des Körpers und des Leibes, sind in der Wir-Form des Geistes „überbrückt", d.h. für die Person gilt der Bruch weiterhin (vgl. Stufen, 379). Der Geist ist der Bruch, Ich und Du, *und* seine Einheit, Wir. Einerseits ist Geist also die Voraussetzung für die subjektive Trennung von Innen- und Außenwelt. Damit ist gemeint, dass die Person ein gegenständliches Außen erfahren kann, das unabhängig von ihr ist und gleichzeitig dessen Einwirkungen zugänglich. Andererseits ist Geist die

[17] Es scheint so, als hätte Plessner die Verwendung der Begriffe Person und Mensch dahingehend unterschieden, dass mit dem Personbegriff der komplexe Weltcharakter des Lebendigen betont wird, der von einem Subjektzentrum als Einheit im ständigen Vollzug gehandhabt wird. Die Person ist also ein kommunikatives Gegenüber (s.u.). Der Mensch ist ein möglicher empirischer Nachweis für die exzentrische Position. Plessner verwendet „Mensch", wenn er Lebendigkeit durch die exzentrische Stellung ausdrücken will, die sich im Paradoxon der Frontalstellung und ihrer gleichzeitigen Aufhebung in der Distanz zeigt. Diese Unterscheidung müsste anhand des Textes genauer untersucht werden, würde hier aber zu weit führen.

Wir-Sphäre, die eine soziale Wirklichkeit konstituiert, die über ein einzelnes subjektives Bewusstsein hinausgeht. Als historisch ausgeformtes Moment der exzentrischen Positionalität ist Geist realisiert in der Mitwelt und macht deshalb selbst keinen eigenen Realitätstypus aus. Geist ist die mit der exzentrischen Positionsform geschaffene Sphäre der Lebendigkeit der Person. Das Wissen um das Paradoxon der Gegenstellung zu sich und zur Welt bei gleichzeitiger Distanzierung zeichnet die geistige Situation der Person aus (Stufen, 379).

Da Geist und personales Subjekt in den „Stufen" getrennt gedacht werden, lässt sich vom Subjekt aus Geist nur über die lebendige Struktur der Mitwelt thematisieren (s.u.). Der Geist ist die Bedingung dafür, dass man sich selbst als Person erfassen kann, denn er ermöglicht eine vom Subjekt unabhängige getrennte Wirklichkeit. Wiederum ist die Wirklichkeit dieser Mitwelt nicht in dem Sinne als getrennt zu verstehen, dass sie ein dualistisch einfaches Gegenüber für die Person darstellt, sondern ihr Verhältnis ist, wie oben dargestellt, paradox. In diesem Sinne hat die Person Geist, nicht wie sie ein Ding im Außenfeld hat, sondern sie ist Geist und hat Geist, indem sie lebt (vgl. Stufen, 377). Geist ist die treibende Kraft der Gebrochenheit, das Getrenntsein in Ich und Du und die Einheit im Wir, und drückt sich so in der Notwendigkeit, Leben zu vollziehen, aus. Als Geschichtlichkeit tritt diese Dynamik[18] erst mit der Existenzweise der exzentrischen Position auf und ist somit an die Gesellschaftlichkeit einer realen Mitwelt gebunden, in der die Person steht. Geist im Sinne Plessners kann daher weder als eigenständige metaphysische Macht noch als Selbstbewusstsein[19] verstanden werden, denn Geist ist ebenso an die soziokulturelle Wirklichkeit der Mitwelt gebunden wie an die Körperlichkeit der exzentrischen Positionalitätsform. Aus diesen Überlegungen lässt sich schließen, dass mit der höchsten Stufe der Lebensformen, der Exzentrizität, zugleich die Mitwelt, die Person und der Geist gegeben sind.

Methodische Konkretisierungsmöglichkeiten

Was ist nun mit der Wirklichkeit der Mitwelt konkret gemeint? Die Sozialtheorie der „Stufen des Organischen und der Mensch" ist vor allem an den Begriff der Mitwelt gebunden, den ich zunächst verdeutlichen werde. Daraufhin ist zu erörtern, welche me-

---

[18] Geist prägt sich in der Geschichtlichkeit der Mitwelt aus, wie Krüger mit seiner Rekonstruktion des Denkens Plessners genauer darlegt (2001a, v.a. 215–221). Als Medien, die diese Mitwelt erscheinen lassen, führt Krüger die Phänomene des Rollenspiels und der Sprache umfassend aus (ibid.). „Geistige Phänomene werden empirisch fassbar in der geschichtlichen Eigendynamik soziokultureller Personenrollen, die je einen bestimmten Habitus (für die Aufführung körperleiblicher Bewegungen) und einen bestimmten Diskurs (eine bestimmte Zuordnung von Syntax, Semantik und Pragmatik selbstreferenzieller Sprache) verknüpfen." (Krüger 2004, 274)

[19] Krüger analysiert in seiner problemgeschichtlichen Auseinandersetzung den Unterschied Plessners Geistbegriff zu Hegels, der vor allem in der Zuordnung zu Positionsformen im Gegensatz zu Bewusstseinsformen liegt. „Damit koppelt Plessner das Geistproblem als Positionalitätsproblem des Lebendigen stärker und entschiedener als Hegel von dem Modell des Selbstbewusstseins ab". (Krüger 2001b, 307)

thodischen Möglichkeiten sich für eine empirisch orientierte Forschung im Anschluss an Plessner eröffnen. Plessner selbst hat diese Überlegungen vom Konzept der Mitwelt aus nicht weiter geführt, sie ergeben sich jedoch unmittelbar aus dem Text.

Für ein empirisches Subjekt stellt sich das Problem der Vermittlung, *wie* die paradoxe Situation der exzentrischen Position im Vollzug zu handhaben ist, d.h. wie es sich zum Subjekt macht und seine Umweltbeziehung bestimmt. Der Mensch steht in der Mitwelt zu sich in der einen Beziehung, in der auch andere Menschen zu ihm stehen. Das heißt, die Vermittlung zu sich geschieht auf dieselbe Art wie die Anderer zu ihm. Da es sich bei Vermittlungsakten um reale Interaktionen handelt, wird dadurch eine bestimmte Wirklichkeit hergestellt, die sozial konstruiert ist.[20] Diese Wirklichkeit, die Mitwelt, wird sozusagen erlernt und kann sich dementsprechend in ihrer Realität auch ändern. Voraussetzung für die totale Gestaltbarkeit der Wirklichkeitssphäre ist die Tatsache, dass die Mitwelt selbst indifferent gegenüber Differenzen ist. Dies ist etwa durch die o.g. nicht dualistisch gedachten Verhältnisse oder die *eine* Beziehung ausgedrückt, die gegenüber Einzahl- und Mehrzahl-Unterscheidungen neutral ist. Die Mitwelt schließt die gesamte Breite soziokultureller Erscheinungen ein, durch die der Vollzug der Vermittlung in der exzentrischen Position gestaltet wird.[21]

Mit der Geschichtlichkeit aller soziokulturellen Phänomene ist eine Dynamik gemeint, die im Geistbegriff ausgedrückt ist. So lässt sich erklären, warum Geist über die Mitwelt thematisiert werden kann: Die selbstreferenzielle Dynamik (vgl. Krüger 2001a) der (versprachlichten) Lebenspraxis, die Plessner als „Geist" beschreibt, ist nämlich über die sozial hergestellten Erscheinungen in der Mitwelt beschreibbar. Die Wirklichkeit der Mitwelt kann nicht jederzeit neu erfunden werden, sondern sie wird durch die Geistdynamik geprägt, die grundsätzlich offen ist.[22] Die Mitwelt klärt auch das Zustandekommen einer intersubjektiv geteilten, gemeinsamen Welt, denn sie ist Wirklichkeit für einen wie für andere Menschen. Da alle exzentrischen Lebewesen durch den ununterbrochenen Zwang vollziehen zu müssen charakterisiert sind, wird die Frage, wie dies getan wird, sozial abgestimmt.

Bestimmte Beschreibungsmöglichkeiten von Sozialität lassen sich mit Plessner systematisch am Material begreifen. Wie etwa die Vermittlung zwischen Leibsein und Körperhaben ausfällt, d.h. was allgemein als Leib und was als Körper gelten kann, wird über soziale Handlungen angeeignet. In gleicher Weise wird die Geschlechtszugehörig-

---

20 „Die gesellschaftliche Konstruktion der Wirklichkeit" gehört mittlerweile zum Kanon der Soziologie. Das ebenso betitelte Werk von Berger und Luckmann (1980) ist nicht ohne Grund mit einer Einleitung von Helmuth Plessner versehen.

21 In den sog. „anthropologischen Grundgesetzen" beschreibt Plessner Grundmerkmale, wie exzentrische Positionalität gelebt wird. Dazu zählen die „natürliche Künstlichkeit" (Kultur und Kunst), die „vermittelte Unmittelbarkeit" (das Unsichtbarmachen der konstruktivistischen Entstehungsbedingungen geschaffener Wirklichkeit) und der „utopische Standort" (Transzendenz, Religion) (Stufen, 383–425). Da eine ausführliche Erläuterung an dieser Stelle nicht möglich ist, sei auf die Darstellung von Pietrowicz (1992, 444–483) verwiesen.

22 Ein Beispiel aus der jüngeren Geschichte soll dies verdeutlichen: Die geistige Idee, Passagierflugzeuge in Hochhäuser zu fliegen, wurde von Personen geschaffen. Dieser Geist entwickelt fortan eine Eigendynamik, die von Personen aufrecht erhalten wird: Die Idee manifestiert sich z.B. in der Gesetzgebung oder in Sicherheitsvorkehrungen im Flugverkehr als Wirklichkeit (Mitwelt).

keit erlernt. Mann-Sein bzw. Frau-Sein ist sowohl als leibliche als auch als körperliche Erfahrung sozial konstruiert. Damit kann eine konstruktivistische Geschlechterforschung, die auch materiale Phänomene wie Körper und Leib einbezieht, mit Plessner theoretisch begründet werden.[23]

Auch Plessners Personbegriff lässt sich auf methodische Instrumente der Beschreibung von Sozialität beziehen, nämlich die Reziprozität der Perspektiven bzw. die doppelte Kontingenz. Merkmal aller Lebendigkeit ist ja die vom Organismus geleistete Vermittlung zur Umwelt, die sich in seinem Grenzverhältnis zeigt und dementsprechend erschließen lässt. Dies trifft ebenso für die Person zu und das bedeutet, dass die Person sich in ihrem Grenzverhältnis als exzentrisch zeigt. Was bedeutet Sich-exzentrisch-Zeigen bzw. Sich-als-Person-Zeigen nun konkret? In der exzentrischen Position weiß das Lebewesen von seiner Innen- und Außenweltvermittlung. Die Person fungiert quasi als Beobachter der eigenen Vermittlung so wie in der Mitwelt auch ein Anderer als Beobachter dieser Vermittlung auftreten kann. Daher ist es möglich, die Perspektive des Anderen einzunehmen und das eigene Verhalten auf den Anderen abzustimmen. Das geschieht dadurch, dass Ego das Verhalten von Alter antizipiert und sein Verhalten danach richtet. In der gleichen Weise gilt dies für den Anderen. Es entsteht eine Situation reziproker Perspektivenübernahme, die durch die wechselseitig antizipierten Verhaltensweisen intersubjektiv abgestimmt ist.[24]

Diese Situation ist durch ihre Unbestimmtheit gekennzeichnet: Das Sich-als-Person-Zeigen signalisiert dem Anderen, dass Ego um sein Vermögen, ein Innen und ein Außen zu vermitteln, weiß und dementsprechend sein Verhalten abstimmen kann. Damit zeigt Ego dem Anderen, dass Ego sein Verhalten von der Umwelt, d.h. auch vom Anderen als Phänomen abhängig macht. Dementsprechend entwickelt Alter Erwartungen an Ego, nämlich sein (Egos) Verhalten auf Alters Verhalten abzustimmen. Das Gleiche gilt für Ego, auch Ego erwartet von Alter, dass er sein Verhalten abstimmt, es entsteht eine wechselseitige Abhängigkeit in den Erwartungen. Diese Erwartungen werden in dem Sinne verdoppelt, dass Alter diese Erwartungen von Ego erwartet und entsprechend Ego Erwartungen von Alter erwartet. Da Erwartungen auch immer anders ausfallen können, ist die Situation durch ihre Unbestimmtheit ausgezeichnet. Mit diesen Erwartungserwartungen entsteht eine Situation von doppelter Kontingenz.[25]

Plessners Intersubjektivitätskonzeption hat zudem Auswirkungen auf die hermeneutische Problematik. Die Deutung wird dadurch verkompliziert, dass bei Plessner nicht im Vorhinein feststeht, wer ein Anderer ist. Dies wird erst in einem einengenden Deutungsverfahren ermittelt, das sich nach der vom Objekt geleisteten raum-zeitlichen Dar-

---

23 Vgl. zur empirischen Geschlechtsforschung in Anlehnung an Plessner Gesa Lindemann (1993), die in ihrer Untersuchung am Phänomen der Transsexualität die soziale Konstruktion von Leiblichkeit, Körper und Geschlecht herausstellt. Aktuell zur Geschlechterdiskussion vgl. die nicht empirische Studie von Jäger 2004.

24 Die „Reziprozität der Perspektiven“ ist eine Beschreibungsmöglichkeit von Sozialität, die in soziologischen Handlungstheorien (etwa Mead, Schütz) Verwendung findet.

25 Der Begriff „doppelte Kontingenz“ stammt von Parsons und wurde von ihm in die soziologische Theorie eingeführt. Vor allem mit Luhmann (1984) hat er an Bedeutung gewonnen und sich innerhalb der Soziologie durchgesetzt.

stellung richtet. *Wer* in diesem Sinne ein kommunikatives Gegenüber ist, unterliegt also einer Deutung der eigenständigen Bedingungen des Gegenüber. In einem zweiten Schritt erfolgt die Deutung, *wie* der Andere zu verstehen ist. Dieses zweistufige Deutungsverfahren führt dazu, dass die anthropologische Bindung des Sozialen aufgehoben werden kann.[26]

Im Rahmen eines methodisch anderen Ansatzes hat auch Luckmann (1980) auf die Kontingenz der Grenzen der Sozialwelt aufmerksam gemacht. Ausgangspunkt seiner Überlegungen ist die formale Struktur der „universalen Projektion" des Leibes auf alles Begegnende, alles ist sozial. Die deutende Eingrenzung bzw. die Unterscheidung sozial – nicht sozial, die sich aus dieser Projektion ergibt, ist durch vielfältige soziokulturelle Prozesse bestimmt. Das körperliche Gegenüber bietet lediglich ein Indiz, das in einer spezifischen, ethnographisch und historisch variablen Kommunikationsart interpretiert wird. Luckmann zitiert einige Beispiele, die die Kontingenz gesellschaftlicher Klassifikationssysteme aufzeigen. So ist etwa die Unterscheidung Mensch – Tier – Pflanze für australische Stämme nicht relevant. Naturphänomene und Menschen werden zusammen geordnet in Gliederungen, die sich an für diese Gesellschaft relevanten Kriterien orientieren (vgl. Elkin, zitiert in Luckmann 1980, 77 f.). Ein weiteres Beispiel illustriert, dass auch Pflanzen als personale, mit Organen ausgestattete Wesen aufgefasst werden können (vgl. Fortune, zitiert ibid., 80 f.). Neben den ethnologischen Beispielen lässt sich die historische Variabilität der Sozialwelt, die nicht mit Menschen gleichzusetzen ist, auch an Rechtstexten nachweisen. Mit einer an Plessner angelehnten kritisch-reflexiven Methode untersucht Lindemann die Praxis der Personalisierung von Tieren in Tierstrafrechtsprozessen, die bis ins 18. Jahrhundert andauerten (Lindemann 2001). Besteht gesellschaftlicher Konsens in der Gleichsetzung von Sozialem und Menschlichem, entscheidet die anthropologische Differenz über die Grenzen des Sozialen. In einer empirischen Studie über die Konstruktion von Leben und Tod (Mensch – nicht Mensch) in der Intensivmedizin zeigt Lindemann die soziale Regulierungspraxis der Eingrenzung der Sozialwelt auf die Menschen (2002a). Wie die Studien von Lindemann zeigen, lässt sich mit Plessner die Begründung der Kontingenz des Sozialen am Material systematisch begreifen.[27]

IV. Plessner und Sartre im Vergleich

Mit dem Mitweltbegriff hat Plessner Sozialität nicht nur an die exzentrische Lebensform angefügt, sondern sie ist mit dem Auftreten dieser Existenzweise notwendigerweise gegeben. Plessners Studie erscheint so als genuine Sozialtheorie. Um diese besonde-

[26] Lindemann (2002b, 2005) hat herausgearbeitet, wie sich soziale Interaktion bzw. doppelte Kontingenz ausgehend von der exzentrischen Positionalität begreifen lassen. In ihren empirischen Forschungen kann sie gut zeigen, welche interpretativen Chancen sich aus der methodischen Umstellung auf ein zweistufiges Deutungsverfahren ergeben.

[27] Lindemanns Interpretation von Plessner gewinnt in den aktuellen Beschreibungen biomedizinischer und -ethischer Diskurse an Bedeutung, wie etwa bei Manzei (2003, 215), ansatzweise bei Lemke (2003, 173) und Hartung (2003) zu sehen ist.

ren Aspekte weiter herauszuarbeiten, werde ich nun die Kontrastierung mit Sartre heranziehen. Mein Interesse ist es zu zeigen, wie sich bestimmte methodische[28] und erkenntnistheoretische Entscheidungen auf die theoretische Fassung sozialer Begrifflichkeit auswirken.

Sartres Ausgangspunkt und Primat ist das cogito-Bewusstsein, das er vom erkennenden, objektivierenden Bewusstsein, dem keine philosophische Beweiskraft zugesprochen wird, abgrenzt. Das cogito-Bewusstsein ist unmittelbar, d.h. Subjekt und Objekt sind eins, geschlossen in der Interiorität des Subjekts. Damit erscheint immanente Subjektivität bei Sartre sozusagen als reines Bewusstsein, frei von Objektivität und materieller Körperlichkeit. Das Subjekt ist sich selbst transparent und als innere Einheit vom Fremden abgeschottet, die Innenwelt ist sich selbst eindeutig und unmittelbar bewusst. Erst im zweiten Schritt, mit dem Auftauchen eines Körpers auf der Objektseite in der Erkenntnis des objektivierenden Bewusstseins stellt sich die Vermittlungsaufgabe. Die Dinge außen werden so zum Störfall für die Selbsttransparenz des Subjekts, das nun auch in einem Verhältnis zu sich steht und vermitteln muss. Diese Ich-Subjektivität entsteht bei Sartre erst durch ein fremdes Bewusstsein, das meine immanente Subjektivität negiert. Ich bin reines Objekt in der Unmittelbarkeit des cogito und daher muss ein Anderer und nicht ich selbst Subjekt sein. Diese Schlussfolgerung zieht Sartre deshalb, weil für ihn eine Subjekt-Objekt-Beziehung direkt ist. Nur durch die Unmittelbarkeit des Objekt-Ichs und des Subjekt-Anderen ist der cogito-Beweis für die Existenz eines fremden Menschen erbracht. Denn Subjekt kann für Sartre nur ein menschliches Bewusstsein sein. An dieser Stelle überträgt Sartre die eigene Erfahrung der Objektivierung auf den Anderen, der folglich ebenso als menschliches Subjekt konstituiert sein muss, wie man selbst.

Die Unterschiedlichkeit zu Plessner liegt auf der Hand: Bei ihm liegt das Primat beim Objekt, i.e. den verschiedenen Daseinsweisen von unbelebten und belebten Dingen bzw. Wesen. Sie werden auf ihre Körperlichkeit im Verhältnis zur Umwelt untersucht. Die eigenständigen Wesensmerkmale bzw. Bedingungen werden als Thesen für die (subjektive) Anschauung logisch erschlossen. Von den Thesen wird gefordert, dass sie an Phänomenen anschaulich gegeben sind. Bewusstsein und Subjektivität als Untersuchungs*gegen*stand tauchen erst ab einer bestimmten Komplexitätsstufe der hypothetisch angenommenen positionalen Struktur auf – und zwar als Phänomene auf der Objektseite. Dies ist der entscheidende Unterschied zu Sartre, der Subjektivität von der Subjektseite her beschreibt. Bewusstein ist bei Plessner als Vollzug der Vermittlung von Innenfeld und Außenfeld bzw. merken und wirken gedacht. In der Merksphäre hat sich das Subjekt als Leib und in der Wirksphäre als Körper, d.h. Bewusstsein ist in jedem Fall – im Unterschied zu Sartre – mit Körperlichkeit verbunden. Zudem ist Subjektivität nicht zwingend menschlich, sondern wird zunächst auf der Ebene der geschlossenen Form des Tieres beschrieben. Eine Subjekt-Objekt-Beziehung ist bei Plessner von Anfang an

[28] Elke Völmicke hat in ihrer ausführlichen Darstellung der Transzendentalkritik in Plessners frühen Auseinandersetzungen mit Kant gezeigt, dass bei Plessner Philosophie und Methode nahezu gleichzusetzen sind (vgl. Völmicke 1994, 67). Dies betont noch einmal die Wichtigkeit der Methode, meint jedoch nicht Methodismus. Gegen den Vorwurf des Methodismus verwahrt sich Plessner ausdrücklich (vgl. Stufen, 117).

vermittelt, gleichgültig ob der Organismus davon weiß oder nicht. Weiß er davon, in der exzentrischen Position, dann weiß das Wesen von seiner Gegenstellung zu sich. Unmittelbares Bewusstsein und Selbsttransparenz gibt es nicht, auch in der Innenwelt ist der Doppelaspekt durch die exzentrische Stellung gewahrt.[29] Das Verhältnis zu sich und das Verhältnis anderer Dinge zu sich ist durch ein und denselben Wirklichkeitstypus, die Mitwelt, gekennzeichnet. Der Andere in seiner exzentrischen Position der Raumzeitlosigkeit wird durch ein beschränkendes Verfahren ermittelt. Wer ein Anderer ist, wird anhand der eigenständigen Erscheinungsweise des Körper-Anderen gedeutet und nicht an subjektive Bewusstseinsbegriffe gebunden. Damit ist eine weitere Besonderheit Plessners Theorie angesprochen: Es gibt keinen Beweis der Fremdexistenz, wie bei Sartre, sondern eine Deutung fremder Existenzen. Folglich kann auch eine radikal andere Lebensform als die eigene als Anderer bestimmt werden. Die Sozialitätskonzeption bei Plessner ist offen und auf Differenz angelegt. Der Andere wird nicht durch Übertragung des Eigenen konzipiert, sondern auf seine eigenständige Stellung hin interpretiert. Das heißt, das Gegenüber der Kommunikation zeigt sich sowohl als eigenständiger Körper als auch als zu deutender Träger von Geist. Verwirklicht ist dieser verkörperte Geistträger in Plessners Personbegriff.

Gleich welcher empirischen Gestalt der Andere ist (vgl. Stufen, 365), das soziale Verhältnis ist grundsätzlich mit der Existenzform der exzentrischen Position über die Wirklichkeit der Mitwelt gegeben. Sartre hat statt einer Mitwelt-Wirklichkeit zwei Seinstypen für die eigene Beziehung zu sich und die Beziehung des Anderen zu sich unterschieden, das Für-sich-sein und das Für-Andere-sein. Methodisch gesehen erscheint daher Sozialität bei Sartre einer Anthropologie nachgeschaltet, wie sich auch an der genetischen Herleitung einer Fremdexistenz zeigt. Hat das Eigene somit Primat, kann der Andere nur noch in einer homologen Form gefasst werden. Die Anthropologie Plessners als offene Existenzweise der exzentrischen Position ist dagegen wesensnotwendig durch Sozialität gekennzeichnet. Der Andere ist in seiner Eigenständigkeit ein radikal Anderer. Die Deutung des Gegenüber als Anderen muss streng getrennt werden von der Möglichkeit einer Existenz fremder Personen (vgl. Stufen, 374).

Das beschränkende Verfahren dieser Deutung ist deshalb nicht idealistisch gedacht, weil Plessner mit dem Konzept des Kernes die raumzeithafte Eigenständigkeit des Dinges gewährleistet. Die Bedingungen einer Erscheinung in Raum und Zeit sind mit Plessner neben der subjektiven Anschauung auch im Gegenstand selbst zu suchen. Das heißt, die eigene raumzeitlose Stellung in der exzentrischen Position, die zunächst auch von allen anderen begegnenden Dingen angenommen wird, wird in dem Sinne deutend beschränkt, dass sie sich an der raumzeithaften Eigenständigkeit des Gegenüber stößt. Zeigt sich das Gegenüber als exzentrisch gestellt, d.h. als Person, die von ihrer Vermittlung weiß und dieses Verhalten auf Andere abstimmen kann, so fällt die Deutung dementsprechend aus. Diese Situation ist durch ein zweistufiges Deutungsverfahren (s.o.) gekennzeichnet. Eine intersubjektiv geteilte Wirklichkeit beruht auf sozialen Interaktio-

[29] Wie sich der Unterschied selbst transparent – nicht selbst transparent auf weitere Theoriekonzepte auswirkt, lässt sich am Fremdverstehens-Begriff der Verstehenden Soziologie (Weber, Schütz) zeigen, der das Verstehen des Fremden im Gegensatz zum Eigenen problematisiert.

nen, durch die der Mensch lernt, auf welche Weise er seine exzentrische Vermittlung vollzieht.

Sartre hat sich durch sein Konzept der Regel ebenfalls von idealistischen Vorstellungen abgegrenzt. Regel ist als ein Prinzip zu verstehen, das zeitüberschreitend wirkt. Die Raumhaftigkeit des Phänomens ist bei Sartre aber zu Anfang seiner Studie nicht dargelegt. Die Zeitlichkeit, die in einem eigenen Kapitel (SuN, 216–321) ausgeführt wird, erhält insgesamt in „Das Sein und das Nichts" Vorrang vor der Entfaltung von Raum, bleibt jedoch auf Bewusstsein bezogen. Erst in der Begegnung mit dem Anderen spricht Sartre davon, dass Räumlichkeit als Anordnung meiner Welt auf mich als Zentrum durch den Anderen aufgelöst wird. „Der Andere, das ist zunächst die permanente Flucht der Dinge auf ein Ziel hin, das ich gleichzeitig in einer gewissen Distanz von mir als Gegenstand erfasse und das mir entgeht, insofern es um sich herum seine eigenen Distanzen entfaltet" (SuN, 461). In der eigenen cogito Erfahrung ist der Beweis für das raumbildende Vermögen des Subjekt-Anderen begründet und damit der Unterschied zu einem wahrgenommenen nicht bewussten Objekt. Folglich unterliegt bei Sartre die Räumlichkeit eines Gegenüber der eigenen Bewusstseinserfahrung und kann methodisch nur aufgrund der Selbsterfahrung des Subjekts zugeschrieben werden.[30] Ein eigenständiges, von Bewusstsein unabhängiges, raumübergreifendes Prinzip des begegnenden Phänomens scheint – auch mit dem Konzept der Regel – nicht gegeben zu sein. Die raumhaften Bedingungen der Erfahrung werden durch eine strikte Trennung von An-sich und Für-sich nicht in den Gegenständen selbst untersucht. Denn die Seinsform eines An-sich ist für Sartre nur über die Bewusstseinsformen des Für-sich beschreibbar. Auch die Bedingung der Zeitlichkeit einer Erfahrung im Gegenstand selbst führt Sartre mit dem Prinzip Regel (als zeitüberdauerndes Prinzip) nicht weiter aus. Verräumlichungen und Verzeitlichungen erfolgen bei Sartre durch die Objektivierungsaktivitäten der Bewusstseine und ermöglichen so die intersubjektive Erfahrung einer Welt, die nicht an eine Materialität angebunden zu sein scheint. Die sozial konstruierte Wirklichkeit wird bei Plessner hingegen durch seine Methode von Körperlichkeit ausgehend gedacht.

Sartre bleibt letztlich im autonomen Denken von Selbstbegründungsmustern verhaftet, während Plessner Körperlichkeit von Anfang an in seine Theorie einbezieht. Mit seinem methodischen Vorrang des Objekts – statt des Subjekts wie bei Sartre – lässt sich alles Begegnende von seiner Materialität her deuten. Bewusstsein wird als zentrischer Positionscharakter ein Untersuchungs*gegenstand*, denn der Vermittlungsvollzug, den das Bewusstsein leistet, ist immer an einen eigenständigen Körper gebunden. Dieser Verkörperungsvollzug wird in einer soziokulturell variablen Praxis interpretiert, die sich aufgrund des Objektprimats kritisch hinterfragen lässt: Berücksichtigt man ernsthaft die These Plessners, dass die Bedingung der Anschauung auch im Gegenstand selbst zu suchen ist, dann zeigt sich am Körper die Kontingenz (und nicht ein zufälliger Relati-

[30] Schütz kritisiert Sartre dahingehend, dass er mein Erfahren des Anderen mit dem Erfahren des Anderen von mir gleichsetzt. Zudem wirft Schütz Sartre vor, keinen echten Perspektivenwechsel mitzudenken, denn der Andere als Subjekt, wie er sich selbst wahrnimmt, entgeht mir gänzlich (vgl. Schütz 1963, 200). „Thus, mutual interaction in freedom has no place within Sartre's philosophy". (ibid., 203) Zu dieser Einschätzung gelangt Schütz wohl aufgrund seines eigenen Verstehensansatzes und durch Sartres Darstellung des sozialen Verhältnisses als Konflikt.

vismus) sowohl alltagsweltlicher als auch wissenschaftlicher Deutungen in Dualismen und bestimmten Differenzierungsmustern.

Der Sozialitätsbegriff Plessners ist im Gegensatz zu Sartres identitätslogisch übertragener Intersubjektivität offen, denn Plessners Begriff lässt es zu, den Deutungshorizont zu erweitern. Andererseits wird die Deutung durch die Materialität der Objekte selbst eingeschränkt. Ein Wesen in exzentrischer Position ist mit Plessner weder das Objekt einer empirischen Wissenschaft noch das Subjekt des Bewusstseins wie bei Sartre. Plessner entdeckt exzentrische Positionalität als Bedingung seines Vorgehens und schließt somit die eigene Theorie in sein kontrolliertes Verfahren mit ein. Nimmt man die Forderung soziologischer Diskussionen nach Selbstreferenz, Offenheit und der Auflösung verfestigter Dichotomien ernst, so muss mit der methodischen Arbeit am Begriff von Sozialität begonnen werden. Plessners „Die Stufen des Organischen und der Mensch“ leisten einen entscheidenden Beitrag zur Kritikfähigkeit der Soziologie.

Literatur

Berger, P./Luckmann, T., 1980, Die gesellschaftliche Konstruktion der Wirklichkeit, Frankfurt a. M.

Eßbach, W., 1994, Der Mittelpunkt außerhalb. Plessners philosophische Anthropologie, in: Dux, G./Wenzel, U. (Hg.), Der Prozeß der Geistesgeschichte. Studien zur ontogenetischen und historischen Entwicklung des Geistes, Frankfurt a. M.

Fahrenbach, H., 1994, ‚Phänomenologisch-transzendentale‘ oder ‚historisch-genetische‘ Anthropologie – eine Alternative?, in: Dux, G./Wenzel, U. (Hg.), Der Prozeß der Geistesgeschichte. Studien zur ontogenetischen und historischen Entwicklung des Geistes, Frankfurt a. M.

Fahrenbach, H., 2004, Philosophische Anthropologie *und* Ethik? Eine Grenzfrage im Werk Helmuth Plessners, in: Deutsche Zeitschrift für Philosophie, 52/4.

Fischer, J., 1995, Philosophische Anthropologie. Zur Rekonstruktion ihrer diagnostischen Kraft, in: Friedrich, J./Westermann, B. (Hg.), Unter offenem Horizont: Anthropologie nach Helmuth Plessner, Frankfurt a. M.

Fischer, J., 1997, Philosophische Anthropologie. Zur Bildungsgeschichte eines Denkansatzes, Dissertation Göttingen.

Fischer, J., 2000, Exzentrische Positionalität. Plessners Grundkategorie der Philosophischen Anthropologie, in: Deutsche Zeitschrift für Philosophie, 48/2.

Frank, M., 1991, Fragmente einer Geschichte der Selbstbewusstseins-Theorie von Kant bis Sartre, in: Ders. (Hg.), Selbstbewusstseintheorien von Fichte bis Sartre, Frankfurt a. M.

Hartung, G., 2003, Menschenwürde und Lebensschutz. Zur Annäherung von philosophischer Anthropologie und Rechtsdogmatik, in: Schwarte, L./Wulf, C. (Hg.), Körper und Recht. Anthropologische Dimensionen der Rechtsphilosophie, München.

Jäger, U., 2004, Der Körper, der Leib und die Soziologie. Entwurf einer Theorie der Inkorporierung, Königstein (Taunus).

Kampits, P., 1975, Sartre und die Frage nach dem Anderen, Wien/München.

Krüger, H.-P., 2000, Das Spiel zwischen Leibsein und Körperhaben – Plessners Philosophische Anthropologie, in: Deutsche Zeitschrift für Philosophie, 48/2.

Krüger, H.-P., 2001a, Zwischen Lachen und Weinen. Band 1. Das Spektrum menschlicher Phänomene, Berlin.

Krüger, H.-P., 2001b, Zwischen Lachen und Weinen. Band 2. Der dritte Weg Philosophischer Anthropologie und die Geschlechterfrage, Berlin.

Krüger, H.-P., 2004a, Die Aussetzung der lebendigen Natur als geschichtliche Aufgabe in ihr, in: Deutsche Zeitschrift für Philosophie, 52/1.

Krüger, H.-P., 2004b, Das Hirn im Kontext exzentrischer Positionierungen, in: Deutsche Zeitschrift für Philosophie, 52/2.

Lemke, T., 2003, Rechtssubjekt oder Biomasse? Reflexionen zum Verhältnis von Rassismus und Exklusion, in: Stingelin, M. (Hg.), Biopolitik und Rassismus, Frankfurt a. M.

Lindemann, G., 1993, Das paradoxe Geschlecht. Transsexualität im Spannungsfeld von Körper, Leib und Gefühl, Frankfurt a. M.

Lindemann, G., 1999, Bewusstsein, Leib und Biographie, in: Alheit u.a. (Hg.), Biographie und Leib, Gießen.

Lindemann, G., 2001, Die reflexive Anthropologie des Zivilisationsprozesses, in: Soziale Welt, 52/2.

Lindemann, G., 2002a, Die Grenzen des Sozialen: Zur sozio-technischen Konstruktion von Leben und Tod in der Intensivmedizin, München.

Lindemann, G., 2002b, Kritik der Soziologie, in: Deutsche Zeitschrift für Philosophie, 50/2.

Lindemann, G., 2004, Reflexive Anthropologie und die Analyse des Grenzregimes, in: Bröckling, U., u.a. (Hg.), Disziplinen des Lebens. Zwischen Anthropologie, Literatur und Politik, Tübingen.

Lindemann, G., 2005, Verstehen und Erklären bei Helmuth Plessner, in: Greshoff, R./Kneer, G./Schneider, W. (Hg.), Verstehen und Erklären. Eine Einführung in methodische Zugänge zum Sozialen, (i. V.).

Luckmann, T., 1980, Über die Grenzen der Sozialwelt, in: Lebenswelt und Gesellschaft, Paderborn/München/Wien.

Luhmann, N., 1984, Soziale Systeme. Grundriss einer allgemeinen Theorie, Frankfurt a. M.

Manzei, A., 2003, Eingedenken der Lebendigkeit im Subjekt? – Kritische Theorie und die anthropologischen Herausforderungen der biotechnologischen Medizin, in: Böhme, G./Manzei, A. (Hg.), Kritische Theorie der Technik und der Natur, München.

Nassehi, A./Nollmann, G., 2004, Einleitung: Wozu ein Theorienvergleich?, in: Nassehi, A./Nollmann, G. (Hg.), Bourdieu und Luhmann. Ein Theorienvergleich, Frankfurt a. M.

Pietrowicz, S., 1992, Helmuth Plessner: Genese und System seines philosophisch – anthropologischen Denkens, Freiburg (Breisgau).

Plessner, H., 1981, Die Stufen des Organischen und der Mensch, Gesammelte Schriften Band IV, Frankfurt a. M.

Saake, I., 2004, Theorien der Empirie, in: Nassehi, A./Nollmann, G. (Hg.), Bourdieu und Luhmann. Ein Theorienvergleich, Frankfurt a. M.

Sartre, J.-P., 1990, Bewusstsein und Selbsterkenntnis, Reinbek bei Hamburg.

Sartre, J.-P., 2003, Das Sein und das Nichts. Versuch einer phänomenologischen Ontologie, Philosophische Schriften Band 3, Reinbek bei Hamburg.

Schütz, A., 1963, The Problem of Social Reality, Collected Papers I, The Hague.

Theunissen, M., 1965, Der Andere. Studien zur Sozialontologie der Gegenwart, Berlin.

Völmicke, E., 1994, Grundzüge neukantianischen Denkens in den Frühschriften und der „Philosophischen Anthropologie“ Helmuth Plessners, Alfter.

Personenverzeichnis

Sachwortverzeichnis

www.ingramcontent.com/pod-product-compliance
Lightning Source LLC
LaVergne TN
LVHW081331011026
849161LV00013BB/2896